电力行业职业技能鉴定考核指导书

送电线路架设工

国网河北省电力有限公司人力资源部　组织编写
《电力行业职业技能鉴定考核指导书》编委会　编

中国建材工业出版社

图书在版编目(CIP)数据

送电线路架设工/国网河北省电力有限公司人力资源部组织编写．--北京：中国建材工业出版社，2018.11

电力行业职业技能鉴定考核指导书

ISBN 978-7-5160-2209-2

Ⅰ.①送…　Ⅱ.①国…　Ⅲ.①输电线路—工程施工—职业技能—鉴定—自学参考资料　Ⅳ.①TM726

中国版本图书馆CIP数据核字（2018）第061754号

内 容 简 介

为提高电网企业生产岗位人员理论和技能操作水平，有效提升员工履职能力，国网河北省电力有限公司根据电力行业职业技能鉴定指导书、国家电网公司技能培训规范，结合国网河北省电力有限公司生产实际，组织编写了《电力行业职业技能鉴定考核指导书》。

本书包括了送电线路架设工职业技能鉴定五个等级的理论试题、技能操作大纲和技能操作考核项目，规范了送电线路架设工各等级的技能鉴定标准。本书密切结合国网河北省电力有限公司生产实际，鉴定内容基本涵盖了当前生产现场的主要工作项目，考核操作步骤与现场规范一致，评分标准清晰明确，既可作为送电线路架设工技能鉴定指导书，也可作为送电线路架设工的培训教材。

本书是职业技能培训和技能鉴定考核命题的依据，可供劳动人事管理人员、职业技能培训及考评人员使用，也可供电力类职业技术院校教学和企业职工学习参考。

送电线路架设工

国网河北省电力有限公司人力资源部　组织编写

《电力行业职业技能鉴定考核指导书》编委会　编

出版发行：中国建材工业出版社

地　　址：北京市海淀区三里河路1号

邮　　编：100044

经　　销：全国各地新华书店

印　　刷：北京鑫正大印刷有限公司

开　　本：787mm×1092mm　1/16

印　　张：26.75

字　　数：500千字

版　　次：2018年11月第1版

印　　次：2018年11月第1次

定　　价：**87.00元**

本社网址：www.jccbs.com，微信公众号：zgjcgycbs

《送电线路架设工》编审委员会

前　言

为进一步加强国网河北省电力有限公司职业技能鉴定标准体系建设，使职业技能鉴定适应现代电网生产要求，更贴近生产工作实际，让技能鉴定工作更好地服务于公司技能人才队伍成长，国网河北省电力有限公司组织相关专家编写了《电力行业职业技能鉴定考核指导书》（以下简称《指导书》）系列丛书。

《指导书》编委会以提高员工理论水平和实操能力为出发点，以提升员工履职能力为落脚点，紧密结合公司生产实际和设备设施现状，依据电力行业职业技能鉴定指导书、中华人民共和国职业技能鉴定规范、中华人民共和国国家职业标准和国家电网公司生产技能人员职业能力培训规范所规定的范围和内容，编制了职业技能鉴定理论试题、技能操作大纲和技能操作项目，重点突出实用性、针对性和典型性。在国网河北省电力有限公司范围内公开考核内容，统一考核标准，进一步提升职业技能鉴定考核的公开性、公平性、公正性，有效提升公司生产技能人员的理论技能水平和岗位履职能力。

《指导书》按照国家劳动和社会保障部所规定的国家职业资格五级分级法进行分级编写。每级别中由“理论试题”“技能操作”两大部分组成。理论试题按照单选题、判断题、多选题、计算题、识图题五种题型进行选题，并以难易程度顺序组合排列。技能操作包含“技能操作大纲”和“技能操作项目”两部分内容。技能操作大纲系统规定了各工种相应等级的技能要求，设置了与技能要求相适应的技能培训项目与考核内容，其项目设置充分结合了电网企业现场生产实际。技能操作项目中规定了各项目的操作规范、考核要求及评分标准，既能保证考核鉴定的独立性，又能充分发挥对培训的引领作用，具有很强的系统性和可操作性。

《指导书》最大程度地力求内容与实际紧密结合，理论与实际操作并重，既可作为技能鉴定学习辅导教材，又可作为技能培训、专业技术比赛和相关技术人员的学习辅导材料。

因编者水平有限和时间仓促，书中难免存在错误和不妥之处，我们将在今后的再版修订中不断完善，敬请广大读者批评指正。

《电力行业职业技能鉴定考核指导书》编委会

编　制　说　明

国网河北省电力有限公司为积极推进电力行业特有工种职业技能鉴定工作，更好地提升技能人员岗位履职能力，推进公司技能员工队伍成长，保证职业技能鉴定考核公开、公平、公正，提高鉴定管理水平和管理效率，紧密结合各专业生产现场工作项目，组织编写了《电力行业职业技能鉴定考核指导书》(以下简称《指导书》)。

《指导书》编委会依据电力行业职业技能鉴定指导书、中华人民共和国职业技能鉴定规范、中华人民共和国国家职业标准和国家电网公司生产技能人员职业能力培训规范所规定的范围和内容进行编写，并按照国家劳动和社会保障部所规定的国家职业资格五级分级法进行分级。

一、分级原则

1. 依据考核等级及企业岗位级别

依据国家劳动和社会保障部规定，国家职业资格分为5个等级，从低到高依次为初级工、中级工、高级工、技师和高级技师。其框架结构如下图。

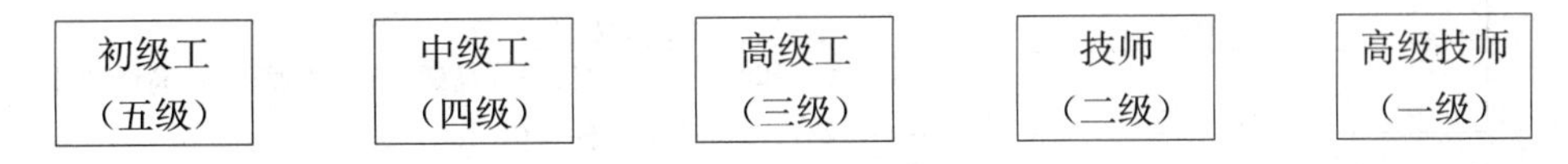

个别职业工种未全部设置5个等级，具体设置以各工种鉴定规范和国家职业标准为准。

2. 各等级鉴定内容设置

每个级别中由“理论试题”“技能操作”两大部分内容构成。

理论试题按照单选题、判断题、多选题、计算题、识图题5种题型进行选题，并以难易程度顺序组合排列。

技能操作含“技能操作大纲”和“技能操作项目”两部分。“技能操作大纲”系统规定了各工种相应等级的技能要求，设置了与技能要求相适应的技能培训项目与考核内容，使之完全公开、透明。其项目设置充分考虑到电网企业的实际需要，充分结合电网企业现场生产实际。“技能操作项目”规定了各项目的操作规范、考核要求及评分标准，既能保证考核鉴定的独立性，又能充分发挥对培训的引领作用，具有很强的针对性、系统性、操作性。

目前，该职业技能知识及能力四级涵盖五级；三级涵盖五、四级；二级涵盖五、四、三级；一级涵盖五、四、三、二级。

二、试题符号含义

1. 理论试题编码含义

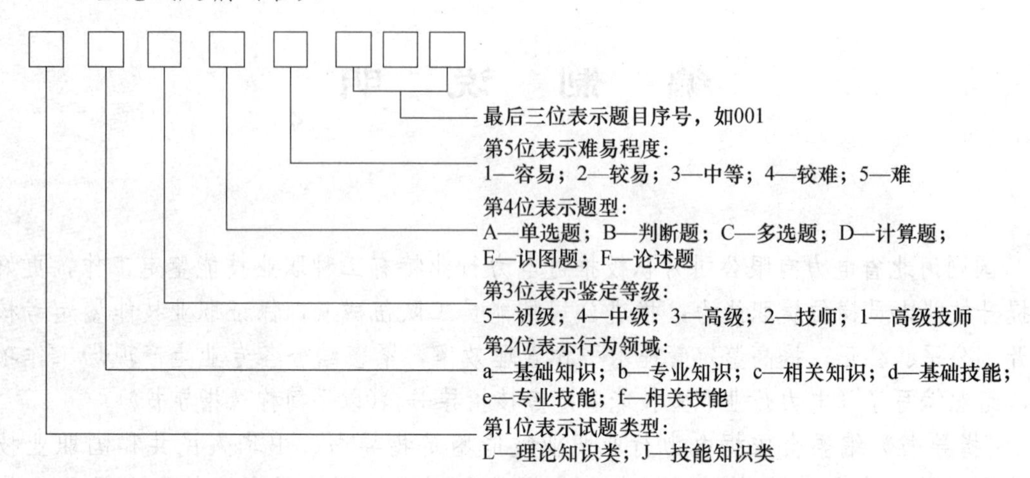

2. 技能操作试题编码含义

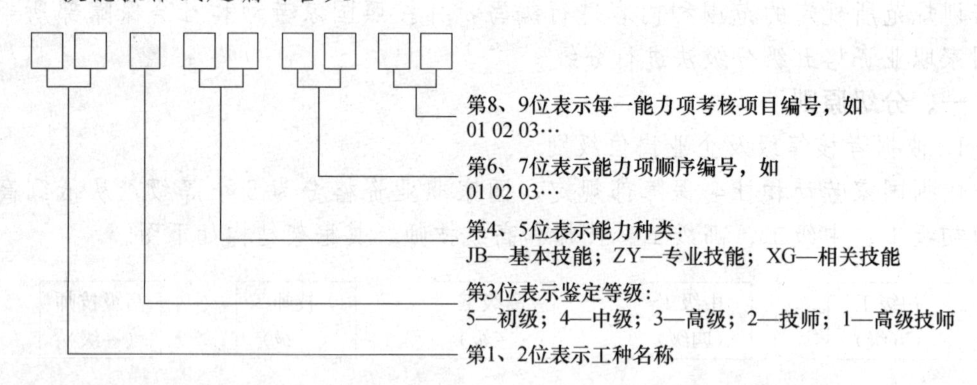

其中第1、2位表示具体工种名称，如GJ—高压线路带电检修工；SX—送电线路工；PX—配电线路工；DL—电力电缆工；BZ—变电站值班员；BY—变压器检修工；BJ—变电检修工；SY—电气试验工；JB—继电保护工；FK—电力负荷控制员；JC—用电监察员；CS—抄表核算收费员；ZJ—装表接电工；DX—电能表修校工；XJ—送电线路架设工；YA—变电一次安装工；EA—变电二次安装工；NP—农网配电营业工配电部分；NY—农网配电营业工营销部分；KS—用电客户受理员；DD—电力调度员；DZ—电网调度自动化运行值班员；CZ—电网调度自动化厂站端调试检修员；DW—电网调度自动化维护员。

三、评分标准相关名词解释

（1）行为领域：d—基础技能；e—专业技能；f—相关技能。

（2）题型：A—单项操作；B—多项操作；C—综合操作。

（3）鉴定范围：对农网配电营业工划分了配电和营销两个范围，对其他工种未明确划分鉴定范围，所以该项大部分为空。

目　录

第一部分　初　级　工

第二部分　中　级　工

第三部分 高 级 工

第四部分 技　师

第五部分 高级技师

第一部分　初　级　工

1　理论试题

1.1　单选题

La5A1001　正弦交流电的最大值是有效值的（　　）倍。
（A）2；（B）1；（C）2；（D）3。
答案：C

La5A1002　金属导体的电阻与（　　）无关。
（A）截面面积；（B）材料；（C）长度；（D）外加电压。
答案：D

La5A1003　铜导线与铝导线的导电性能相比，（　　）。
（A）两种导线差不多；（B）两种导线一样；（C）铝导线好；（D）铜导线好。
答案：D

La5A1004　电感元件的基本工作性能是（　　）。
（A）无功能量的交换；（B）产生电能；（C）消耗电能；（D）有功能量的交换。
答案：A

La5A1005　在纯电阻电路中，电路的功率因数为（　　）。
（A）1.1；（B）1；（C）0.85；（D）0。
答案：B

La5A1006　110kV 线路比 220kV 线路的输送距离（　　）。
（A）近；（B）相同；（C）远；（D）差不多。
答案：A

La5A1007　我国送电线路输送的三相交流电，频率为（　　）。
（A）45Hz；（B）55Hz；（C）60Hz；（D）50Hz。
答案：D

La5A1008　在输电线路中，输送功率一定时，其电压越高，（　　）。
（A）电流越大，线损越小；（B）电流越大，线损越大；（C）电流越小，线损越小；

（D）电流越小，线损越大。

答案：C

La5A1009　电杆组立过程中，吊点绳受力在（　　）的情况下最大。

（A）电杆刚离地；（B）电杆起立 90°；（C）电杆起立 45°；（D）电杆起立 60°。

答案：D

La5A2010　两根铜丝的质量相同，其中甲的长度是乙的 10 倍，则甲的电阻是乙的（　　）倍。

（A）1/100；（B）1/10；（C）100；（D）10。

答案：C

La5A2011　相位差说明两个频率相同的正弦交流电在（　　）上的超前或滞后的关系。

（A）周期；（B）频率；（C）角频率；（D）时间。

答案：D

La5A2012　对称三相电源星形连接时，线电压等于（　　）。

（A）额定容量除以额定电流；（B）1/3 倍的相电压；（C）相电压；（D）$\sqrt{3}$倍的相电压。

答案：D

La5A2013　对称三相电源三角形连接时，线电压等于（　　）。

（A）相电压；（B）$1/\sqrt{3}$倍的相电压；（C）$\sqrt{3}$倍的相电压；（D）额定容量除以额定电流。

答案：A

La5A2014　4Ω 的电阻，每秒通过 5C 的电量，消耗的功率是（　　）W。

（A）1.2；（B）80；（C）100；（D）20。

答案：C

La5A2015　R_1 和 R_2 为两个串联电阻，已知 $R_1=4R_2$，若 R_1 上消耗的功率为 1W，则 R_2 上消耗的功率为（　　）W。

（A）5；（B）20；（C）400；（D）0.25。

答案：D

La5A2016　额定电压相同的电阻串联的电路中，则阻值较大的电阻（　　）。

（A）发热量较小；（B）不能确定；（C）无明显差别；（D）发热量较大。

答案：D

La5A2017 通电直导线在磁场中受到力的作用，力的方向是用（　　）确定的。
（A）电磁感应定律；（B）右手定则；（C）左手定则；（D）右手螺旋法则。
答案：C

La5A2018 当导线和磁场发生相对运动时，在导线中产生感应电动势的方向可用（　　）确定。
（A）左手定则；（B）右手定则；（C）右手螺旋法则；（D）电磁感应定律。
答案：B

La5A2019 在R、L、C串联的交流电路中，当总电压相位滞后于电流时，则（　　）。
（A）$X_L > X_C$；（B）$X_L < X_C$；（C）$X_L = X_C$；（D）$R = X_L = X_C$。
答案：B

La5A2020 交流电的功率因数是指（　　）。
（A）有功功率与视在功率之比；（B）无功功率与有功功率之比；（C）无功功率与视在功率之比；（D）视在功率与有功功率之比。
答案：A

La5A2021 电阻值不随（　　）的变化而变化的电阻称为线性电阻。
（A）电压或电流；（B）有功功率；（C）无功功率；（D）电功率。
答案：A

La5A2022 力偶在任一轴线上的投影恒等于（　　）。
（A）2倍；（B）力偶的一半；（C）0；（D）力偶的本身。
答案：C

La5A2023 用于直线杆塔上固定及悬挂导线或地线的金具叫（　　）。
（A）并沟线夹；（B）悬垂线夹；（C）耐张线夹；（D）楔型线夹。
答案：B

La5A2024 用于耐张杆塔上固定及连接导线或地线的金具叫（　　）。
（A）楔型线夹；（B）耐张线夹；（C）并沟线夹；（D）悬垂线夹。
答案：B

La5A3025 对于高度超过（　　）m的作业称之为高处作业。
（A）2；（B）1.5；（C）3；（D）2.5。
答案：A

La5A3026 必须戴安全带的情况是（ ）。

（A）砂石运输；（B）在1m深的坑下作业；（C）高处作业；（D）坑上作业。

答案：C

La5A3027 张力架线时，施工段的理想长度为包含（ ）个放线滑车的线路长度。

（A）5；（B）20；（C）15；（D）10。

答案：B

La5A3028 当轴向力N不作用在中心轴上，而是作用在距中心轴为e的地方，则构件称为（ ）。

（A）偏心受弯构件；（B）轴心受拉构件；（C）轴心受压构件；（D）偏心受压构件。

答案：D

La5A4029 LGJ-120～150型导线应选配的倒装式螺栓耐张线夹型号为（ ）。

（A）NLD-4；（B）NLD-2；（C）NLD-3；（D）NLD-1。

答案：C

La5A5030 两只额定电压相同的灯泡，串联在适当的电压上，则功率较大的灯泡（ ）。

（A）与功率较小的发热量相等；（B）发热量小；（C）发热量大；（D）与功率较小的发热量不等。

答案：B

La5A5031 杆塔的定位高度就是（ ）。

（A）导线悬挂点下移对地安全距离后与杆塔施工基面间的高差值；（B）导线悬挂点与地面间的高差值；（C）导线悬挂点下移对地安全距离后与地面间的高差值；（D）导线悬挂点与杆塔施工基面间的高差值。

答案：A

Lb5A1032 线夹安装完毕后，悬垂绝缘子串应垂直地面，个别情况，其倾角不应超过（ ）。

（A）10°；（B）15°；（C）5°；（D）20°。

答案：C

Lb5A2033 输电线路工程中常见的钢芯铝绞线的字符表示为（ ）。

（A）JL/G1A；（B）JLHA1；（C）JG1A；（D）JLB1A。

答案：A

Lb5A2034　绝缘子用来使导线和杆塔之间保持（　　）状态。

（A）平衡；（B）稳定；（C）绝缘；（D）连接。

答案：C

Lb5A2035　当水泥强度等级高、水灰比小时，混凝土的强度（　　）。

（A）低；（B）有影响；（C）无影响；（D）高。

答案：D

Lb5A2036　混凝土强度等级表示混凝土的（　　）大小。

（A）抗压强度；（B）抗拉强度；（C）硬度；（D）质量。

答案：A

Lb5A2037　配合比一般以水、水泥、砂、石表示，以（　　）为基数 1。

（A）水泥；（B）水；（C）砂；（D）石。

答案：A

Lb5A2038　相邻两杆塔中心桩之间的水平距离称为（　　）。

（A）水平档距；（B）档距；（C）垂直档距；（D）代表档距。

答案：B

Lb5A3039　使用经纬仪和全站仪测量时，其精度等级不应小于（　　）。

（A）30″；（B）2″；（C）1′；（D）1′30″。

答案：B

Lb5A3040　均压环的作用是（　　）。

（A）使悬垂线夹及其他金具表面的电场趋于均匀；（B）使悬挂点周围的电场趋于平均；（C）使导线周围电场趋于均匀；（D）使悬垂绝缘子串的分布电压趋于均匀。

答案：D

Lb5A3041　导线直径在 12～22mm，档距在 350～700m 范围内，一般情况下安装防振锤个数为（　　）。

（A）1 个；（B）4 个；（C）3 个；（D）2 个。

答案：D

Lb5A3042　当连续 5 天，室外平均气温低于（　　）℃时，混凝土基础工程应采取冬期施工措施。

（A）－1；（B）5；（C）3；（D）0。

答案：B

Lb5A3043 送电工程基础地脚螺栓下端头加工成弯曲，原因是（ ）。

（A）为了增加钢筋与混凝土的粘结力；（B）容易绑扎骨架及钢筋笼子；（C）地脚螺栓太长，超过坑深；（D）为了增加混凝土的强度。

答案：A

Lb5A3044 施工基面高程允许偏差为（ ）。

（A）±100mm；（B）＋100mm，－50mm；（C）±200mm；（D）＋200mm，－100mm。

答案：D

Lb5A3045 混凝土浇筑因故中断超过2h，原混凝土的抗压强度达到（ ）以上，才能继续浇筑。

（A）1.2MPa；（B）2.5MPa；（C）5MPa；（D）4MPa。

答案：A

Lb5A3046 混凝土强度不低于（ ）时才能拆模。

（A）4MPa；（B）2.5MPa；（C）1.2MPa；（D）5MPa。

答案：B

Lb5A3047 《110kV～750kV架空输电线路施工及验收规范》规定，掏挖岩石除外，杆塔基础坑深的允许负误差是（ ）。

（A）－70mm；（B）－100mm；（C）－50mm；（D）－30mm。

答案：C

Lb5A3048 组立（ ）及以上电压等级线路的杆塔时，不得使用木抱杆。

（A）35kV；（B）220kV；（C）110kV；（D）500kV。

答案：B

Lb5A3049 整体立杆过程中，当杆顶起立离地（ ）时，应对电杆进行一次冲击试验。

（A）1.5m；（B）0.8m；（C）0.2m；（D）2.0m。

答案：B

Lb5A3050 在整体起立杆塔现场布置时，主牵引地锚、制动地锚、临时拉线地锚等均应布置在倒杆范围以外，主牵引地锚可稍偏远，使主牵引绳与地面夹角以不大于（ ）为宜。

（A）30°；（B）45°；（C）65°；（D）60°。

答案：A

Lb5A3051 抱杆长度超过（ ）以上一次无法整体起立时，多次对接组立应采取倒装方式，禁止采用正装方式对接组立悬浮抱杆。

（A）10m；（B）15m；（C）30m；（D）20m。

答案：C

Lb5A3052 牵引设备卷筒上的钢索至少应缠绕（ ）圈。牵引设备的制动装置应经常检查，保持有效的制动力。

（A）5；（B）4；（C）3；（D）6。

答案：A

Lb5A3053 各类压接管与耐张线夹之间的距离不应小于（ ）。

（A）25m；（B）15m；（C）20m；（D）10m。

答案：B

Lb5A3054 光缆放线滑轮轮槽底直径不应小于光缆直径的（ ）倍。

（A）15；（B）30；（C）20；（D）40。

答案：D

Lb5A3055 附件安装时，计算导线的提升力等于（ ）乘以导线单位质量。

（A）水平档距；（B）极限档距；（C）代表档距；（D）垂直档距。

答案：D

Lb5A3056 复合光缆放线滑车，在放线过程中，其包络角不得大于（ ）。

（A）50°；（B）40°；（C）30°；（D）60°。

答案：D

Lb5A3057 隐蔽工程的检查验收应在（ ）进行。

（A）中间验收检查；（B）竣工验收检查；（C）隐蔽后；（D）隐蔽前。

答案：D

Lb5A3058 由（ ）个以上基桩组成的基础，叫群桩基础。

（A）4；（B）3；（C）5；（D）2。

答案：D

Lb5A3059 送电线路中杆塔的水平档距为（ ）。

（A）耐张段内平均档距；（B）相邻档距中两弧垂最低点之间的距离；（C）杆塔两侧档距长度之和的一半；（D）相邻杆塔中心桩之间的水平距离。

答案：C

Lb5A3060　转角杆塔桩复测，测得的角度值与原设计的角度值之差不大于（　　），则认为合格。

（A）1′30″；（B）1′；（C）2′；（D）30″。

答案：A

Lb5A3061　110kV 线路与标准铁路交叉时，导线与轨顶垂直距离不得小于（　　）m。

（A）8.0；（B）7.5；（C）7.0；（D）6.5。

答案：B

Lb5A3062　竹、木跨越架的立柱埋深不得少于（　　）m。

（A）0.3；（B）0.4；（C）0.6；（D）0.5。

答案：D

Lb5A3063　已知一施工线路两边线的距离 D＝10m，与被跨线路的交叉角 $\theta=30^{\circ}$，跨越架的搭设宽度为（　　）m。

（A）30；（B）13；（C）26；（D）28。

答案：C

Lb5A3064　线路与铁路、高速公路、一级公路交叉时，最大弧垂应按导线温度为（　　）℃计算。

（A）80；（B）70；（C）40；（D）90。

答案：A

Lb5A3065　涡流是一种（　　）现象。

（A）电磁感应；（B）电流化学效应；（C）电流热效应；（D）磁滞现象。

答案：A

Lb5A4066　2500V 的摇表使用在额定电压为（　　）。

（A）1000V 及以上的电气设备上；（B）500V 及以上的电气设备上；（C）2000V 及以上的电气设备上；（D）10000V 及以上的电气设备上。

答案：A

Lb5A4067　LGJ-400/50 型导线与其相配合的架空地线的规格为（　　）。

（A）GJ-50 型；（B）GJ-35 型；（C）GJ-25 型；（D）GJ-70 型。

答案：A

Lb5A4068 导线断股、损伤进行缠绕处理时，缠绕长度以超过断股或损伤点以外各（ ）为宜。

（A）10～15mm；（B）5～10mm；（C）15～20mm；（D）20～30mm。

答案：D

Lb5A4069 混凝土终凝时间为（ ）。

（A）5～20h；（B）20～40h；（C）60～80h；（D）40～60h。

答案：A

Lb5A4070 接地体之间的连接，圆钢应为双面焊接，焊接长度应为其直径的6倍，扁钢的焊接长度不得小于接地体宽度的（ ）倍以上，并应四面焊接。

（A）5；（B）4；（C）6；（D）2。

答案：D

Lb5A4071 用人字倒落式抱杆起立杆塔，杆塔起立约（ ）时应停止牵引，利用临时拉线将杆塔调正、调直。

（A）60°；（B）80°；（C）70°；（D）90°。

答案：C

Lb5A4072 Ⅰ类设备中500kV导线弧垂误差必须在＋2.5％～－2.5％范围之内，三相导线不平衡度不超过（ ）。

（A）200mm；（B）80mm；（C）250mm；（D）300mm。

答案：D

Lb5A4073 悬垂线夹安装后，绝缘子串应垂直地平面，个别情况其顺线路方向与垂直位置的偏移角不应超过（ ），且最大偏移值不应超过（ ）。

（A）10°，100mm；（B）5°，100mm；（C）5°，200mm；（D）10°，200mm。

答案：C

Lb5A4074 复合光缆放线时，牵引绳与光缆的连接宜采用（ ）。

（A）铁丝；（B）旋转连接器；（C）抗弯连接器；（D）U形环。

答案：B

Lb5A4075 导、地线的安装曲线，系为不同温度下，导线应力、弧垂与（ ）的关系曲线。

（A）垂直档距；（B）水平档距；（C）档距；（D）代表档距。

答案：D

Lb5A4076 工程上所说的弧垂，如无特别指明，均系指（ ）。

（A）档距中点导线悬点连线至导线间的铅锤距离；（B）档距中点导线悬点连线至导线间的垂直距离；（C）导线悬点连线至导线最低点间的铅锤距离；（D）导线悬点连线至导线间的垂直距离。

答案：C

Lb5A4077 转角杆塔桩复测，是复查（ ）是否与原设计相符合。

（A）水平档距；（B）代表档距；（C）转角的角度值；（D）档距。

答案：C

Lb5A4078 架空地线对导线的保护角变小时，防雷保护的效果（ ）。

（A）根据地形确定；（B）变差；（C）无任何明显变化；（D）变好。

答案：D

Lb5A4079 导线的电阻与导线温度的关系是（ ）。

（A）温度下降，电阻增加；（B）温度升高，电阻增加；（C）温度变化，电阻不受任何影响；（D）温度升高，电阻减小。

答案：B

Lb5A5080 混凝土抗压强度的数值即为（ ）。

（A）混凝土的极限强度；（B）混凝土的强度极限；（C）混凝土的抗剪强度；（D）混凝土的强度等级。

答案：D

Lb5A5081 抱杆承托绳应绑扎在主材（ ）的上方。承托绳与主材连接处宜设置专门夹具，夹具的握着力应满足承托绳的承载能力。

（A）水平材；（B）节点；（C）横隔面；（D）夹具。

答案：B

Lb5A5082 所谓档距即指（ ）。

（A）相邻两杆塔中点之间的水平距离；（B）相邻两杆塔之间的水平距离；（C）相邻两杆塔之间的距离；（D）两杆塔中点之间的水平距离。

答案：A

Lb5A5083 C20 级混凝土，其（ ）为 20MPa。

（A）抗压强度；（B）抗剪强度；（C）弯曲抗压强度；（D）抗拉强度。

答案：A

Lb5A5084 输电线路杆塔的垂直档距（　　）。

(A) 决定杆塔承受水平荷载、风压荷载；(B) 决定杆塔承受的风压荷载；(C) 决定杆塔承受的垂直荷载；(D) 决定杆塔承受的水平荷载。

答案：C

Lb5A5085 垂直档距值为正表示导线对杆塔有（　　）。

(A) 水平力；(B) 下压力；(C) 上拔力；(D) 垂直力。

答案：B

Lb5A5086 垂直档距值为负表示导线对杆塔有（　　）。

(A) 垂直力；(B) 下压力；(C) 水平力；(D) 上拔力。

答案：D

Lc5A1087 定滑轮不省力，但可改变力的方向；动滑轮省力，且省力约（　　）。

(A) 1/2；(B) 1/4；(C) 1/3；(D) 2/3。

答案：A

Lc5A2088 起重滑车在起重过程中所做的有效功永远小于牵引力所做的功，功效永远（　　）100%。

(A) 小于；(B) 等于；(C) 大于；(D) 近似。

答案：A

Lc5A2089 钢丝绳线股是用同一直径钢丝绕捻制成的（　　）。

(A) 索式结构；(B) 复合结构；(C) 一般结构；(D) 普通结构。

答案：D

Lc5A2090 钢丝绳套在使用前必须经过（　　）超负荷试验合格。

(A) 110%；(B) 150%；(C) 125%；(D) 120%。

答案：C

Lc5A2091 一般混凝土用砂要求泥土杂物含量按质量计不大于砂总质量的（　　）。

(A) 15%；(B) 7%；(C) 5%；(D) 10%。

答案：C

Lc5A3092 安全管理评价工作应实行闭环动态管理，企业应结合安全生产实际和安全性评价内容，以（　　）年为一周期，按照“评价、分析、评估、整改”的过程循环推进。

(A) 5～10；(B) 2～3；(C) 3～5；(D) 1。

答案：B

Lc5A3093 （　　）天气可以进行高处作业。

（A）雷雨；（B）大雾；（C）五级风；（D）六级风。

答案：C

Lc5A3094 在气温低于零下（　　）时，不宜进行高处作业。

（A）20℃；（B）15℃；（C）10℃；（D）25℃。

答案：C

Lc5A3095 安全帽经高温、低温、浸水、紫外线照射预处理后做冲击测试，传递到头模上的力不超过（　　），帽壳不得有碎片脱落。

（A）2900N；（B）5900N；（C）4900N；（D）3900N。

答案：C

Lc5A3096 15～30m高度可能坠落范围半径是（　　）。

（A）3m；（B）6m；（C）5m；（D）4m。

答案：C

Lc5A3097 在下面有关叙述中，错误的是（　　）。

（A）钢筋表面积越大，其与混凝土的粘结力越大；（B）钢筋表面越光滑，其与混凝土的粘结力越大；（C）混凝土强度越高，其与钢筋的粘结力越大；（D）螺纹钢比普通钢筋的粘结力大。

答案：B

Lc5A4098 跨越不停电线路架线施工，在（　　）应停止工作。

（A）六级以上大风；（B）五级以上大风；（C）相应湿度大于90%；（D）阴天。

答案：B

Lc5A4099 组塔过程中，攀登高度（　　）m以上铁塔宜沿有护笼的爬梯上下。如无爬梯护笼时，应采用绳索式安全自锁器沿脚钉上下。

（A）60；（B）90；（C）80；（D）70。

答案：C

Lc5A4100 组塔过程中，铁塔高度大于（　　）m时，组立过程中抱杆顶端应设置航空警示灯或红色旗号。

（A）100；（B）80；（C）90；（D）70。

答案：A

Lc5A4101 不得利用树木或外露岩石等承力大小不明物体作为（ ）受力钢丝绳的地锚。

（A）次要；（B）主要；（C）一般；（D）其他。

答案：B

Lc5A4102 钢丝绳端部用绳卡连接时，绳卡压板应（ ）。

（A）在钢丝绳主要受力一边；（B）不在钢丝绳主要受力一边；（C）无所谓哪一边；（D）正反交叉设置。

答案：A

Lc5A5103 张力放线时，为防止静电伤害，牵张设备和导线必须（ ）。

（A）接地良好；（B）固定；（C）绝缘；（D）连接可靠。

答案：A

Jd5A1104 以螺栓连接构件时，对于单螺母，螺母拧紧后螺杆应露出螺母长度（ ）。

（A）4个螺距；（B）2个螺距；（C）3个螺距；（D）1个螺距。

答案：B

Jd5A1105 钢丝绳插套子时，钢丝绳的插接长度为钢丝绳直径的（ ）倍，且不得小于300mm。

（A）15；（B）10；（C）40；（D）23。

答案：A

Jd5A3106 錾子的楔角，一般是根据不同錾切材料而定，錾切碳素钢或普通铸铁时，其楔角应磨成（ ）。

（A）35°；（B）40°；（C）45°；（D）60°。

答案：D

Jd5A3107 锯割中，由于锯割材料的不同，用的锯条也不同。现在要锯割铝、紫铜成层材料时，应用（ ）。

（A）粗锯条；（B）细锯条；（C）中粗锯条；（D）普通锯条。

答案：A

Jd5A3108 光缆紧线时，必须使用（ ）。

（A）导线卡线器；（B）地线卡线器；（C）专用夹具；（D）钢丝绳。

答案：C

Jd5A3109　输电线路的平断面图就是（　　）。

（A）将同一条线路的平面图和纵断面图以相同的横向比例尺画在同一张图纸上；（B）将同一条线路的平面图和纵断面图画在同一张图纸上；（C）线路的施工平面图；（D）表达线路的施工纵断面的图纸。

答案：A

Jd5A4110　终勘工作应在初勘工作完成，（　　）定性后进行。

（A）室内选线；（B）设计；（C）初步设计；（D）施工图设计。

答案：C

Jd5A4111　十字丝玻璃片上的上、下短丝是测距离用的，称为（　　）。

（A）视距丝；（B）下丝；（C）上丝；（D）视距。

答案：A

Jd5A5112　当测量直线遇有障碍物，而障碍物上又无法立标杆或架仪器时，可采用（　　）绕过障碍向前测量。

（A）后视法；（B）前视法；（C）矩形法；（D）重转法。

答案：C

Je5A1113　人力放线在一个档距内，每根导、地线只允许有1个接续管和（　　）个补修管。

（A）1；（B）4；（C）3；（D）2。

答案：C

Je5A1114　各种类型的铝质绞线，在与金具的线夹夹紧时，除并沟线夹及使用预绞丝护线条外，安装时应在铝股外缠绕铝包带，铝包带应缠绕紧密，其缠绕方向应与外层铝股的绞制方向（　　）。

（A）绕两层；（B）相反；（C）任意；（D）一致。

答案：D

Je5A1115　杆塔基础设计时，埋置在土中的基础，其埋深宜大于土壤冻结深度，且不应小于（　　）m。

（A）0.6；（B）1.0；（C）1.5；（D）1.2。

答案：A

Je5A1116　杆塔基础（不含掏挖基础和岩石基础）坑深允许偏差为＋100mm、－50mm，坑底应平整。同基基础坑在允许偏差范围内按（　　）基坑操平。

（A）最浅；（B）最深；（C）中间；（D）没有要求。

答案：B

Je5A1117 浇制混凝土时，必须选用具有优良颗粒级配的砂，在允许情况下（　　）。

（A）按具体情况选用较粗的砂；（B）应采用混合砂；（C）按具体情况选用较细的砂；（D）没有要求。

答案：A

Je5A1118 采用楔形线夹连接的拉线，拉线弯曲部分不应有明显松股，断头侧应采取有效措施，以防止散股。线夹尾线宜露出（　　）mm，尾线回头后与本线应用镀锌铁线绑扎或压牢。

（A）300～500；（B）200；（C）400；（D）200～400。

答案：A

Je5A1119 杆塔及拉线基坑的回填应设防沉层，防沉层的上部边宽不得小于坑口边宽，其高度视土质夯实程度确定，并宜为（　　）mm。

（A）150～200；（B）400；（C）300～500；（D）200～300。

答案：C

Je5A2120 杆塔基础的坑深，应以设计施工基面为（　　）。

（A）基准；（B）条件；（C）前提；（D）依据。

答案：A

Je5A2121 附件安装应在（　　）后方可进行。

（A）杆塔全部校正，弧垂复测合格；（B）弧垂复测合格；（C）杆塔全部校正；（D）施工验收。

答案：A

Je5A2122 当转角杆塔为不等长度横担或横担较宽时，分坑时中心桩应向（　　）侧位移。

（A）内角；（B）前；（C）外角；（D）后。

答案：A

Je5A2123 铁塔基础坑及拉线基础坑回填应符合设计要求，一般应分层夯实，每回填（　　）mm 厚度夯实一次。

（A）300；（B）800；（C）500；（D）1000。

答案：A

Je5A2124 在山坡上开挖接地沟时，宜沿（　　）开挖，沟底应平整。

（A）顺坡；（B）等高线；（C）山坡横向；（D）设计型式图。

答案：B

Je5A2125 某钢芯铝绞线，铝线为24股，在张力放线时有三根铝线被磨断，对此应进行（　　）。

（A）缠绕；（B）加护线条；（C）锯断重接；（D）补修管处理。

答案：C

Je5A2126 采用杉木杆搭设跨越架，其立杆的间距不得大于（　　）m。

（A）1；（B）1.8；（C）1.5；（D）2。

答案：C

Je5A2127 在一般档距内最容易发生导线舞动，因此其导线接头（　　）。

（A）最多1个；（B）不能多于3个；（C）不允许有；（D）不能多于2个。

答案：A

Je5A2128 石坑回填应以石子与土按（　　）掺和后回填夯实。

（A）1∶3；（B）2∶1；（C）3∶1；（D）1∶1。

答案：C

Je5A2129 导线使用连接网套连接时，导线穿入网套必须到位；网套夹持导线的长度不得少于导线直径的（　　）倍。

（A）20；（B）35；（C）30；（D）25。

答案：C

Je5A2130 普通钢筋混凝土构件不得有（　　）。

（A）水纹；（B）纵向裂纹；（C）横向裂纹；（D）龟状纹。

答案：B

Je5A2131 每个基础的混凝土应一次连续浇成，在气温不高于25℃时，因故中断时间不得超过（　　）。

（A）2h；（B）30min；（C）6h；（D）24h。

答案：A

Je5A2132 岩石基础在开挖时需采用松动爆破法挖，以保证坑壁的（　　）。

（A）完整性；（B）硬度；（C）坚固性；（D）强度。

答案：A

Je5A2133 混凝土应分层浇灌，用插入式振捣器捣固时，插入式振捣器应插入下一层混凝土的厚度为（　　）mm。

（A）50～80；（B）30～50；（C）0～20；（D）80～100。

答案：B

Je5A2134 接续管或补修管与悬垂线夹中心的距离不应小于（ ）m。

（A）0.5；（B）15；（C）10；（D）5。

答案：D

Je5A2135 基础拆模时，应保证混凝土的表面及棱角不受破坏，且强度不应低于（ ）MPa。

（A）2.0；（B）2.5；（C）3.5；（D）3.0。

答案：B

Je5A2136 杆塔基础坑深度的允许偏差为（ ）mm。

（A）－100～＋50；（B）±100；（C）＋50～－100；（D）－50～＋100。

答案：D

Je5A2137 用人字抱杆整体立杆时，抱杆的初始角一般为（ ）。

（A）65°～70°；（B）60°～65°；（C）55°～60°；（D）55°～70°。

答案：B

Je5A2138 以两邻直线桩为基准，杆塔中心桩的横线路方向偏差应（ ）mm。

（A）不大于50；（B）不大于200；（C）不大于100；（D）不大于150。

答案：A

Je5A2139 铁塔现浇基础保护层的允许误差不得超过（ ）mm。

（A）－5；（B）＋15；（C）＋10；（D）－10。

答案：A

Je5A2140 线路复测或分坑测量时，实测转角桩的角度值与设计值的允许误差为（ ）。

（A）2″；（B）1′30″；（C）1′；（D）30″。

答案：B

Je5A2141 110～500kV架空送电线路导线或架空地线上的防振锤安装后，其安装距离误差不大于（ ）mm。

（A）＋30；（B）－20；（C）±25；（D）±30。

答案：D

Je5A2142 线路复测时，使用的经纬仪最小角度读数不应大于（ ）。

（A）1′；（B）1′30″；（C）30″；（D）2′。

答案：A

Je5A2143 混凝土杆焊接时，因焊口不正造成的分段或整根电杆的弯曲度均不应超过其对应长度的（ ）。超过时应割断调直，重新焊接。

（A）2.5‰；（B）2‰；（C）3‰；（D）5‰。

答案：B

Je5A3144 电气设备未经验电，一律视为（ ）。

（A）有电，不准用手触及；（B）完全无电；（C）无危险电压；（D）无电，可以用手触及。

答案：A

Je5A3145 组立的杆塔不得用临时拉线固定过夜。需要过夜时，应对临时拉线采取（ ）。

（A）保护措施；（B）防雷措施；（C）夜间施工措施；（D）安全措施。

答案：D

Je5A3146 内悬浮内（外）拉线抱杆分解组塔，抱杆长度超过 30m 以上一次无法整体起立时，多次对接组立应采取（ ）方式组立悬浮抱杆。

（A）斜装；（B）倒装；（C）单件组装；（D）正装。

答案：B

Je5A3147 送电线路电杆焊接时，氧气瓶与乙炔气瓶的距离不得小于（ ）m，气瓶距离明火不得小于 10m。

（A）4；（B）10；（C）6；（D）5。

答案：D

Je5A3148 锉削时，有个速度要求，通常每分钟要锉（ ）次。

（A）30～60；（B）20～30；（C）60～70；（D）50～80。

答案：A

Je5A3149 杆塔组装时，抱杆规格应根据（ ）计算确定。

（A）场地面积；（B）电压等级；（C）荷载；（D）起重机载重。

答案：C

Je5A3150 附件安装应在（ ）后方可进行。

（A）杆塔全部校正、弧垂复测合格；（B）弧垂复测合格；（C）杆塔全部校正；（D）施工验收。

答案：A

Je5A3151 同一耐张段、同一气象条件下，各档导线的水平张力（　　）。

（A）一样大；（B）弧垂点最大；（C）高悬挂点最大；（D）悬挂点最大。

答案：A

Je5A3152 送电线路转角杆塔的角度，若在前一直线延长线左面，则叫作（　　）。

（A）俯角；（B）仰角；（C）左转角；（D）右转角。

答案：C

Je5A3153 采用角铁桩或钢管桩时，一组桩的主桩上应控制（　　）根拉绳。

（A）三；（B）二；（C）一；（D）四。

答案：C

Je5A3154 内悬浮内（外）拉线抱杆分解组塔，提升抱杆宜设置（　　）腰环，且间距不得小于5m。

（A）三道；（B）两道；（C）一道；（D）四道。

答案：B

Je5A3155 线路绝缘子上刷硅油或防尘剂是为了（　　）。

（A）防止绝缘子闪络；（B）延长使用寿命；（C）增加强度；（D）防止绝缘子破裂。

答案：A

Je5A3156 耐张段内档距越小，过牵引应力（　　）。

（A）不变；（B）增加越多；（C）增加越少；（D）减少越少。

答案：B

Je5A3157 防振锤的安装距离 s，对一般轻型螺栓式或压接式耐张线夹时，是指（　　）。

（A）自线夹出口算起至防振锤夹板中心间的距离；（B）自线夹连接螺栓孔中心算起到防振锤夹板中心间的距离；（C）自线夹中心起到防振锤夹板中心间的距离；（D）都不对。

答案：B

Je5A3158 导线经液压连接后的握着强度不得小于原导线（　　）95%。

（A）总拉断力；（B）计算拉断力；（C）保证计算拉断力；（D）额定抗拉力。

答案：C

Je5A3159 耐张线夹承受导地线的（　　）。

（A）最大使用应力；（B）最大使用张力；（C）最大合力；（D）最大握力。

答案：B

Je5A4160 跨越架的搭设应有搭设方案或（ ），并经审批后办理相关手续。

（A）施工作业指导书；（B）施工组织设计；（C）质量通病防止措施；（D）强制性条文执行措施。

答案：A

Je5A4161 座地摇（平）臂抱杆分解组塔，抱杆采取单侧摇臂起吊构件时，应收紧抱杆四侧临时拉线；抱杆无拉线时，起吊构件对侧摇臂及起吊滑车组应（ ）。

（A）悬浮空中；（B）放松在地面固定；（C）松开；（D）收紧作为平衡拉线。

答案：D

Je5A4162 流动式起重机组塔，分段分片吊装铁塔时，控制绳应（ ）。

（A）随吊件同步调整；（B）根据吊件重量决定调整速度；（C）随吊件上升加快调整速度；（D）随吊车摆臂同步调整。

答案：A

Je5A4163 混凝土的配合比，一般以水：水泥：砂：石子（重量比）来表示，而以（ ）为基数1。

（A）水泥；（B）石子；（C）砂；（D）水。

答案：A

Je5A4164 采用提升架提升跨越架架体时，应控制拉线并用经纬仪监测调整（ ）。

（A）垂直度；（B）水平度；（C）弯曲度；（D）高度。

答案：A

Je5A4165 转角杆塔结构中心与线路中心桩在（ ）的偏移称为位移。

（A）导线方向；（B）顺线路方向；（C）横线路方向；（D）横担垂直方向。

答案：C

Je5A4166 转角杆塔导线拉线成八字形布置，朝（ ）。

（A）导线拉力反方向打；（B）线路转角的内侧方向打；（C）线路转角的外侧方向打；（D）顺线路方向打。

答案：C

Je5A4167 铁塔根开与基础根开的关系是（ ）。

（A）铁塔根开等于基础根开；（B）铁塔根开小于基础根开；（C）铁塔根开大于基础根开；（D）不一定。

答案：B

Je5A4168 输电线路基础地脚螺栓下端头加工成弯钩，作用是（　　）。

（A）为了增加钢筋与混凝土的粘结力；（B）因为地脚螺栓太长，超过基础坑深；（C）为了容易绑扎骨架及钢筋笼子；（D）为方便焊接。

答案：A

Je5A5169 护线条、预绞丝的主要作用是加强导线在悬点的强度，提高（　　）。

（A）线夹握力；（B）抗振性能；（C）保护线夹；（D）抗拉性能。

答案：B

Je5A5170 内拉线抱杆组塔时，腰环的作用是（　　）。

（A）帮助吊件就位；（B）提升抱杆；（C）稳定抱杆；（D）控制抱杆竖直状态。

答案：D

Jf5A2171 六级风及以上不得进行高处作业，在施工现场以树为参照物，（　　）为六级风。

（A）微枝折断；（B）大树枝摆动；（C）大树被吹倒；（D）全树摇动。

答案：B

Jf5A3172 任何施工人员，发现他人违章作业时，应该（　　）。

（A）当即予以制止；（B）报告专职安全员予以制止；（C）报告违章人员的主管领导予以制止；（D）报告生产领导予以制止。

答案：A

Jf5A3173 索道运行速度应根据所运输物件的重量，调整发动机转速，载重小车通过支架时，牵引速度应（　　），通过支架后方可正常运行。

（A）平稳；（B）缓慢；（C）匀速；（D）加速。

答案：B

Jf5A3174 带电的电气设备以及发电机、电动机等应使用（　　）灭火。

（A）干粉灭火器、二氧化碳灭火器或 1211 灭火器；（B）泡沫灭火器；（C）水；（D）干砂。

答案：A

Jf5A3175 混凝土电杆运输过程中要求（　　）。

（A）不易堆压；（B）放置平稳；（C）必须捆绑牢固；（D）分层堆放。

答案：C

Jf5A3176 当发现有人触电时，首先要做的工作是（ ）。

（A）尽快发出求救信号；（B）尽快将触电人拉开；（C）尽快切断电源；（D）拨打110报警。

答案：C

Jf5A3177 夹持已加工完的表面时，为了避免将表面夹坏，应在虎钳口上衬以（ ）。

（A）铜钳口；（B）胶皮垫；（C）棉布或棉丝；（D）木板。

答案：A

Jf5A3178 在工件上铰孔时，冷却液的选用是根据材料而定。现在在铝制品工件上铰孔，应选用（ ）。

（A）柴油；（B）煤油；（C）乳化液；（D）肥皂水。

答案：B

Jf5A3179 在杆塔上有人时，（ ）通过调整临时拉线来校正杆塔倾斜或弯曲。

（A）可以；（B）严禁；（C）不得；（D）禁止。

答案：D

Jf5A3180 横担吊装未达到设计位置前，杆上不得（ ）。

（A）有人；（B）有易燃易爆品；（C）有工器具；（D）有设备。

答案：A

Jf5A3181 污秽等级的划分，根据（ ）。

（A）大气情况决定；（B）污秽特征、运行经验，并结合盐密值三个因素综合考虑决定；（C）盐密值的大小决定；（D）运行经验决定。

答案：B

Jf5A3182 索道禁止超载使用，禁止（ ）。

（A）载工器具；（B）载人；（C）载设备；（D）载物品。

答案：B

Jf5A3183 钢制锚体的加强筋或拉环等焊接缝有裂纹或变形时应（ ），木质锚体应使用质地坚硬的木料。发现有虫蛀、腐烂变质者禁止使用。

（A）重新焊接；（B）直接废弃；（C）继续使用；（D）加倍使用。

答案：A

Jf5A3184 组塔作业过程中，吊件垂直（　　）不得有人。

（A）后方；（B）下方；（C）前方；（D）上方。

答案：B

Jf5A4185 用同一红外检测仪器相继测得的被测物表面温度和环境温度之差叫（　　）。

（A）温升；（B）相对温差；（C）温差；（D）绝对温差。

答案：A

Jf5A4186 抱杆规格应根据（　　）计算确定，不得超负荷使用。搬运、使用中不得抛掷和碰撞。

（A）形状；（B）荷载；（C）数量；（D）位置。

答案：B

Jf5A4187 线路专用货运索道，遇有雷雨、（　　）及以上大风等恶劣天气时不得作业。

（A）六级；（B）五级；（C）四级；（D）七级。

答案：B

Jf5A4188 塔上组装，高处作业人员应站在（　　）或其他安全位置，且安全防护用具已设置可靠后方准作业。

（A）节点外侧；（B）塔身内侧；（C）塔身顶部；（D）塔身外侧。

答案：B

Jf5A4189 组塔过程中在受力钢丝绳的（　　）侧不得有人。

（A）前方；（B）内角；（C）外角；（D）后方。

答案：B

Jf5A5190 索道运行时发现有卡滞现象应停机检查。对于任一监护点发出的停机指令，均应（　　），等查明原因且处理完毕后方可继续运行。

（A）继续观察；（B）立即停机；（C）边观察边使用；（D）继续使用。

答案：B

Jf5A5191 用滚杆拖运笨重物体时，添放滚杆的人员应站在（　　），并不得戴手套。

（A）滚动物体的侧方；（B）滚动物体的后方；（C）滚动物体的前方；（D）方便添放滚杆的方向。

答案：A

Jf5A5192 人的两脚着地点之间的电位差称为（　　）。

（A）接触电压；（B）跨步电压；（C）相对地电压；（D）没有电压。

答案：B

Jf5A5193 临时设置地锚，采用埋土地锚时，地锚绳套引出位置应开挖马道，马道与受力方向应（　　）。

（A）相反；（B）垂直；（C）平行；（D）一致。

答案：D

Jf5A5194 起重机作业位置的地基应（　　），附近的障碍物应清除。

（A）松软；（B）稳固；（C）平整；（D）清洁。

答案：B

Jf5A5195 组塔过程中，拆除抱杆应采取防止拆除段自由倾倒的措施，且宜（　　）拆除。不得提前拧松或拆除部分抱杆分段连接螺栓。

（A）分别；（B）整段；（C）全段；（D）分段。

答案：D

1.2 判断题

La5B1001 导体的电阻只与导体材料有关。(×)

La5B1002 在直流电路中，把电流流出的一端叫作电源的正极。(√)

La5B1003 电流 1A 表示每分钟通过导线任一截面的电量是 1C。(×)

La5B1004 送电线路架设地线可以保护导线及变电设备免受直接雷击。(√)

La5B2005 同一铁芯柱上两个相同匝数的绕组感应电动势的大小必相等。(√)

La5B2006 直线杆塔主要是支持线路正常运行时垂直荷载及水平荷载。(×)

La5B2007 超高压输电线路采用分裂导线的主要目的是为了减少电晕。(√)

La5B2008 终端杆塔的特点和作用与耐张、转角杆塔相同，只是用在线路的起点或终点处。(×)

La5B2009 两分裂导线中间隔棒的作用是保持导线间的距离。(×)

La5B3010 增大导线线径，可降低电晕损耗。(√)

La5B3011 送电线路的三相导线，在空间排列的几何位置是对称的。(×)

La5B3012 基础承受杆塔传递的荷载，所以基础自身有足够的强度就可以稳固杆塔。(×)

La5B3013 输电线路电压等级越高，输送的功率越大，输送距离也越远。(√)

La5B3014 交流电完成一个循环所用的时间，叫交流电的频率。(×)

La5B3015 正弦交流电的三要素为最大值、角频率、初相位。(√)

La5B3016 两平行导线通过同方向电流时互相排斥。(√)

La5B3017 当两个同频率正弦量的相位差为零时，称为同相位。(√)

La5B3018 在纯电阻交流电路中，电压与电流是同频率、同相位的正弦量。(√)

La5B3019 在小电流接地系统中发生单相接地故障时，因不破坏系统电压的对称，所以一般允许短时运行。(√)

La5B3020 高压输电线路通过的无功功率主要影响始末两端电压大小的差值。(√)

La5B3021 导线发生电晕会消耗电能、增加线路损耗，对无线电产生干扰。(√)

La5B3022 送电线路采用每相四分裂形式与每相单根导线形式相比，只是输送容量增大，其余方面并无区别。(×)

La5B4023 两只电容器在电路中使用，如果将两只电容器串联起来，则总电容量将减少。(√)

La5B4024 交流电的频率越高，电感线圈的感抗就越大。(√)

La5B4025 甲、乙两电炉额定电压都是 220V，但甲的功率是 1000W，乙的功率是 2000W，那么乙炉的电阻较大。(×)

La5B4026 感应电势的大小与磁通的大小成正比。(×)

La5B4027 电感具有通直流阻交流的作用。(√)

La5B4028 线性电路中的功率也可以应用叠加原理来计算。(×)

La5B4029 两个固定的互感线圈，当磁路介质改变时，其互感电动势不变。(×)

La5B5030 电力系统就是指发电厂、变电站送、配电线路直到用户，在电气上相互连接的整体。(√)

Lc5B1031 档距是指相邻两杆塔中心之间的水平距离。(√)

Lc5B1032 杆塔的全高称为杆塔的呼称高。(×)

Lc5B1033 线路跨越河流、深沟的线档称之为大跨越。(×)

Lc5B1034 相邻两档距之和的算术平均值称为垂直档距。(×)

Lc5B2035 垂直档距决定杆塔的垂直荷载，垂直档距的大小直接影响杆塔横担的强度。(√)

Lc5B2036 送电线路中导线在悬点等高的情况下，杆塔的水平档距与垂直档距相等。(√)

Lc5B2037 阻尼线的花边可将档距中央传到线夹附近的振动波及所带来的能量逐步消耗掉，从而使振动大大减弱，达到消振效果。(√)

Lc5B2038 铁塔组立主要分为两种方法，即整体组立和分解组立。(√)

Lc5B2039 混凝土的配合比是指混凝土材料用量的比例关系。(√)

Lc5B2040 固定杆塔的临时拉线，可以使用白棕绳。(×)

Lc5B2041 紧线器是用来拉紧架空导线和杆塔拉线的专用工具。(√)

Lc5B2042 内拉线抱杆的朝地滑车的作用在于提升抱杆。(√)

Lc5B2043 架空线路耐张杆与直线杆上悬式绝缘子，其数量按规定是相等的。(×)

Lc5B2044 同等条件下，卵石混凝土比碎石混凝土的强度高。(×)

Lc5B2045 基础重力很大的称为重力式基础。(×)

Lc5B2046 埋设地锚，只要地锚本身强度满足要求，就能保证施工安全。(×)

Lc5B2047 工作票签发人可以当工作负责人。(×)

Lc5B2048 10kV 电压的安全工作距离为 0.7m。(√)

Lc5B2049 跨越 330kV 电力线，无地线时，封顶网或杆与导线的垂直最小安全距离为 5m。(×)

Lc5B2050 电缆隧道应有充足的照明，并有防水、防火、通风措施，进入电缆井、电缆隧道前，应先通风排除浊气，并用仪器检测，合格后方可进入。(√)

Lc5B2051 在潮湿的工井内使用电气设备时，操作人员应穿绝缘靴。(√)

Lc5B2052 已建工井、排管改建作业应编制相关改建方案并经建设管理单位备案。(×)

Lc5B2053 在进行高落差电缆敷设施工时，应进行相关验算，采取必要的措施防止电缆坠落。(√)

Lc5B2054 电缆盘、输送机、电缆转弯处应按规定搭建牢固的放线架并放置稳妥，并设专人监护，电缆盘钢轴的强度和长度应与电缆盘重量和宽度相匹配，敷设电缆的机具应检查并调试正常。(√)

Lc5B3055 110kV 以上线路中永久拉线的对地夹角误差不得超过±1°。(√)

Lc5B3056 锯割速度应视金属工件材料而定，而锯割硬质材料速度可以快些，锯割软材料速度可以慢些。(×)

Lc5B3057 导线、地线液压连接时，应以合模为标准。(×)

Lc5B3058 当焊口缝隙太大，可用焊条填充处理。(×)

Lc5B3059 电气设备铜、铝接头不能直接连接。(√)

Lc5B3060 架空送电线路的档距越大，线间距离应该越大。(√)

Lc5B3061 线路工程设计、要求地线的最大使用应力能适用于全线所有耐张段。(√)

Lc5B3062 阻尼线的防振原理相当于多个联合的防振锤。(√)

Lc5B3063 在绝缘上加工频试验电压 1min，不发生闪络或击穿则认为设备绝缘是合格的。(√)

Lc5B3064 某电气元件两端交流电压的相位超前于流过它上面的电流时，该元件为容性负载。(×)

Lc5B3065 用滑轮敷设电缆时，作业人员应站在滑轮前进方向，可以在滑轮滚动时用手搬动滑轮。(×)

Lc5B3066 进行充油电缆接头安装时，应做好充油电缆接头附件及油压力箱的存放作业，并配备必要的消防器材。(√)

Lc5B3067 进行电缆终端瓷质绝缘子吊装时，应采取可靠的绑扎方式，防止瓷质绝缘子倾斜，并在吊装过程中做好相关的安全措施。(√)

Lc5B3068 工井内进行电缆中间接头安装时，应将压力容器摆放在井口位置，禁止放置在工井内。(√)

Lc5B3069 对施工区域内临近的运行电缆和接头，应采取妥善的安全防护措施加以保护，避免影响正常的施工作业。(√)

Lc5B3070 钢芯铝绞线损伤面积为导电部分截面的 5%及以下者可用零号砂纸作抛光处理。(×)

Lc5B3071 导线在同一截面处，单股损伤深度小于直径的 1/2，可以进行修光处理。(√)

Lc5B3072 同一次爆破中，不得使用两种不同的燃烧速度的导火索。(√)

Lc5B3073 导线接头接触不良往往是电气事故的根源之一。(√)

Lc5B4074 质量管理应坚持预防为主的原则，按照策划、实施、检查、处置的循环方式进行系统动作。(√)

Lc5B4075 当气温升高时，导线的弧垂会变大，而导线受力也随之增大。(×)

Lc5B4076 杆塔的垂直档距越大，则杆塔所受的导线垂直力越大。(√)

Lc5B4077 导线最大允许使用应力是指导线弧垂任意点的应力。(×)

Lc5B4078 杆塔基础坑深允许偏差为+100mm、−50mm，坑底应平整。(√)

Lc5B4079 插接的钢丝绳绳套，其插接长度不得小于其外径的 15 倍，且不得小于 300mm，新插接的钢丝绳绳套应作 100%允许负荷的抽样试验。(×)

Lc5B4080 同一线路顺线路方向的横断面构件螺栓穿入方向应统一。(√)

Lc5B4081 拉线连接采用的楔形线夹尾线，宜露出线夹 300～500mm，尾线与本线应采取有效方法扎牢或压牢。(√)

Lc5B4082 杆塔组立后，杆塔上、下两端 2m 范围以内的螺栓应尽可能使用防松螺栓。(×)

Lc5B4083 基础养护人员可在支撑模板上走动。(×)

Lc5B4084 杆塔各构件的组装应牢固，交叉处有空隙时应用螺栓紧固，直至无空隙。(×)

Lc5B4085 断裂前塑性材料的变形比脆性材料的变形大。(√)

Lc5B5086 双钩紧线器应经常润滑保养，紧线器受力后应至少保留 1/6 有效丝杆长度。(×)

Lc5B5087 拉线基础坑坑深不允许有正偏差。(×)

Lc5B5088 冬季日平均气温低于 5℃进行混凝土浇制施工时，应自浇制完成后 12h 以后浇水养护。(×)

Lc5B5089 为保证混凝土基础具有较高强度，在条件许可情况下水泥用量越大越好。(×)

Lc5B5090 任何人进入生产现场（办公室、控制室、值班室和检修班组除外），应戴安全帽。(√)

Lc5B5091 搅拌机在运转时，严禁将工具伸入滚筒内扒料。(√)

Jd5B1092 钢绞线内各钢丝应紧密绞合，不应有交错、断裂和折弯。(√)

Jd5B1093 线夹、压板的线槽和喇叭口，不允许有毛刺、锌刺等。(√)

Jd5B1094 用螺栓连接构件时，若需加垫者，每端不宜超过两个垫片。(√)

Jd5B1095 耐张金具绝缘子串上螺栓，穿钉的方向朝内朝外都是一样的。(×)

Jd5B1096 画局部剖视图时，局部剖切后，其断裂处用波浪线为界，以示剖切的范围。(√)

Jd5B1097 圆柱体的轴线用细实线绘制。(×)

Jd5B2098 500kV 直流线路金具可暂用交流 500kV 线路金具。(√)

Jd5B2099 设计规范要求线路塔腿是按面向受电侧顺时针 A、B、C、D 排列的。(√)

Jd5B2100 钢丝绳磨损（或腐蚀）部分在直径的 40%以内者可降级使用。(√)

Jd5B2101 不同绞制方向的导线或地线不得在同一耐张段内使用。(√)

Jd5B3102 锯弓中锯条齿尖的安装方向必须向前，不能装反。(√)

Je5B1103 内摇臂抱杆分解立塔，不受地形及地质条件限制。(√)

Je5B1104 倒装式组塔是从下至上的一种组装方法。(×)

Je5B1105 紧线完毕后应立即进行附件安装。(√)

Je5B1106 回填接地沟时应尽量选取好土，不得掺有石块及其他杂物，并需夯实。(√)

Je5B1107 接地引下线与杆塔的连接应接触良好，最好是使用焊接。(×)

Je5B2108 使用绞磨时，钢丝绳是顺时针绕在磨芯上，而上端引出绳牵引重物，下端引出绳由人拉紧。(×)

Je5B2109 张力放线是在导线展放过程中，始终保持一定的张力，从张力场放到牵引场，使导线处于悬空状态。(√)

Je5B2110 直线耐张杆塔在特殊情况下可以兼作不超过 5°的转角。(√)

Je5B2111 铁塔连接螺栓因无扣部分过长，为了使螺栓紧固，应该将螺杆穿入连接的角钢后再将螺母拧紧。(×)

Je5B2112 绞磨在工作时，钢丝绳绕在磨芯的圈数越多，而拉紧尾绳的人越省力。(√)

Je5B2113 张力放线采用的是耐张塔直路通过，直线塔档间紧线的施工方法。(√)

Je5B2114 在采用人工搅拌混凝土时，为了搅拌充分，应多加些水。(×)

Je5B2115 基础浇制时，不同品种的水泥可以在同一基基础中使用，但不可在同一个基础腿中混合使用。(√)

Je5B2116 混凝土自高处倾落的自由高度不应超过 3m。(×)

Je5B2117 铁塔塔脚应与基础顶面接触良好，若有空隙应垫铁片并灌以水泥砂浆。(√)

Je5B2118 石坑回填应以石子与土按 1∶3 掺和后回填夯实。(×)

Je5B2119 人字抱杆的根开宽度一般取抱杆长度的 1/3。(√)

Je5B2120 施工中若需改用砂子，根据具体情况在允许范围内应尽量选用较粗的砂。(√)

Je5B2121 混凝土用砂细些比粗些好。(×)

Je5B2122 进行装配式预制基础安装时，底座与立柱连接的螺栓、铁件及找平用的垫铁，都必须采取有效的防锈措施。(√)

Je5B2123 铁塔组立后，经检查合格即可随即浇制保护帽。(√)

Je5B2124 拉线杆塔组立后拉线调节到越紧越好。(×)

Je5B2125 在山区开挖接地体的接地沟时，应按顺坡方向开挖。(×)

Je5B2126 附件安装铝质绞线与金具的线夹等金具夹紧处使用铝包带时，铝包带可露出夹口，但不应超过 20mm。(×)

Je5B2127 接地装置是指接地引下线和埋置在地下的金属接地体相连接的整体。(√)

Je5B3128 转角杆塔的长横担应装在转角内侧。(×)

Je5B3129 配置钢模板时，应尽量错开模板间的接缝。(√)

Je5B3130 跨越架距公路路面垂直距离不小于 5m。(×)

Je5B3131 支模过程中，模板上刷的脱模剂滴在钢筋笼上对基础浇制后的强度并无影响。(×)

Je5B3132 搭设跨越架时，在带电体附近不得使用铁线绑扎。(√)

Je5B3133 张力放线时，导线压接后通过放线滑车的接续管必须加装保护钢套，以防止接续管弯曲。(√)

Je5B3134 进行混凝土电杆卡盘安装时，只要卡盘的规格、数量满足设计要求，可不用考虑卡盘的安装方向。(×)

Je5B3135 张力放线时，应先放牵引绳，用牵引绳引过导引绳。(×)

Je5B3136 组装叉梁时，先量出装抱箍的位置，装好抱箍后，安放叉梁，叉梁十字中心处要垫高，与叉梁抱箍持平，然后先连上叉梁，后连下叉梁。(√)

Je5B3137 铁塔基础岩石基坑开挖时，有一个基坑超挖了 240mm，施工人员发现后采用了回填土夯实的方法进行了处理。(×)

Je5B3138 拉线基础的坑深，在无施工基面要求时，应以拉线基础坑的中心位置标高为基准。(√)

Je5B3139 铁塔组装时，个别斜拉铁给不上，因此必须用丝杠吊紧后才能连接。(×)

Je5B3140 混凝土的强度检查，应以试块为参考结合现场检测方可认定。(×)

Je5B3141 岩石基础的坑深允许误差为 50～100mm。(×)

Je5B3142 现浇基础采用钢模板施工时，浇制前应在钢模和钢筋上涂一层隔离剂。(×)

Je5B3143 电杆整体起吊，当电杆与地面夹角约为 30°时应停止起吊，检查各部受力情况及做冲击试验，无误后再继续起吊。(×)

Je5B3144 现浇基础拆模时，混凝土强度可以低于 2.5MPa。(×)

Je5B3145 塔材需扩孔时，最大不得超出 3mm。(√)

Je5B3146 送电线路交叉跨越铁路和主要公路时，必须测交叉点至轨顶和路面高程，并记录铁路、公路被交叉跨越处的里程。(√)

Je5B3147 送电线路的杆塔接地装置主要是为了将雷电流引入大地，以保持线路有一定的耐雷水平。(√)

Je5B4148 张力放线跨越不停电线路时，跨越档两端的导线应接地。(√)

Je5B4149 附件安装时的接地应遵守下列规定：地线附件安装前，应采取接地措施。(√)

Je5B4150 人力牵引不停电跨越放线时，跨越档相邻两侧的施工导、地线不用接地。(×)

Je5B4151 不停电跨越架线的放线区段应尽量增加线档数量，牵引系统设备应经全面检查，确保完好。(×)

Je5B4152 架线前对导引绳、牵引绳及承力工器具应进行逐盘（件）检查，不合格的工器具禁止使用。(√)

Je5B4153 跨越不停电线路时，禁止作业人员在跨越架外侧攀登、作业，禁止从封顶架上通过。(×)

Je5B4154 导线、地线、钢丝绳等通过跨越架时，应用钢丝绳作引渡，引渡或牵引过程中，跨越架上不得有人。(×)

Je5B5155 跨越架上最后通过的导线、地线、引绳或封网绳等，应留有引绳做控制尾绳，防止滑落至带电体上。(×)

Je5B5156 跨越施工完毕后，应尽快将带电线路上方的绳、网拆除并回收。(√)

Je5B5157 架线附件安装时，地线有放电间隙的情况下，地线附件安装时应采取接地措施。(√)

Je5B5158 为使接地引下线与电杆可靠固定，可将接地引下线在电杆上适当缠绕。(×)

Jf5B1159 验电器使用前应在确有电源处试测，证明验电器完好，方可使用。(√)

Jf5B2160 高压验电器测试时必须戴合格的绝缘手套，不能一人单独测试，旁边必须有人监护。(√)

Jf5B2161 施工中必须严格贯彻质量标准要求，严格执行工艺操作规程，严格按照设计要求施工。(√)

Jf5B3162 露天爆破时，为避免飞石伤人、畜，必须将其撤出 100m 以外。（×）

Jf5B3163 雨天、冰雪天不宜用脚扣登水泥电杆。（√）

Jf5B3164 采用机动车辆运输货物时，车厢内不准载人。（√）

Jf5B3165 电工用钳子绝缘手柄的耐压为 500V。（√）

Jf5B3166 拆接地线时应先拆接地端。（×）

Jf5B3167 邻近带电体工作，工作负责人（监护人）可以做其他工作。（×）

Jf5B3168 以旧线牵引新线换线的相关规定，注意旧线缺陷，必要时采取加固措施，新旧导线连接可靠，并能顺利通过滑轮。（√）

Jf5B3169 采用以旧线带新线的方式施工，应检查确认旧导线完好牢固；若放线通道中有带电线路和带电设备，应与之保持安全距离，无法保证安全距离时应采取搭设跨越架等措施或停电。（√）

Jf5B3170 保安接地线仅作为预防感应电使用，不得以此代替工作接地线。（√）

Jf5B3171 保安接地线可以代替工作接地线。（×）

Jf5B3172 接地线不得用缠绕法连接，应使用专用夹具，连接应可靠。（√）

Jf5B3173 装设接地线时，应先接接地端，后接导线或地线端，拆除时的顺序相反。（√）

Jf5B3174 挂接地线或拆接地线时应设监护人，操作人员应使用绝缘棒或绳、戴绝缘手套，并穿绝缘鞋。（√）

Jf5B3175 接地线可以用缠绕法连接，连接应可靠。（×）

Jf5B3176 装设接地线时，应先接导线或地线端，后接接地端，拆除时的顺序相反。（×）

Jf5B4177 架线前，放线施工段内的杆塔应与接地装置连接，并确认接地装置符合设计要求。（√）

Jf5B4178 牵引设备和张力设备应可靠接地，操作人员应站在干燥的绝缘垫上且不得与未站在绝缘垫上的人员接触。（√）

Jf5B4179 牵引设备和张力设备应可靠接地，操作人员应站在干燥的绝缘垫上可以与未站在绝缘垫上的人员接触。（×）

Jf5B4180 牵引机及张力机出线端的牵引绳及导线上应安装接地滑车。（√）

Jf5B4181 工作票负责人和工作票签发人资格应经培训合格，并经线路运维单位审核备案。（√）

Jf5B4182 下列情况应填用电力线路第一种工作票：在直流线路不需要停电时的工作。（×）

Jf5B4183 人体在 35kV 带电线路杆塔上作业与带电导线最小安全距离为 0.7m。（×）

Jf5B4184 在邻近 330kV 带电体作业时，人体与带电体之间的最小安全距离应不小于 3m。（×）

Jf5B4185 人体在邻近或交叉其他 110kV 电力线作业的最小安全距离为 1.5m。（×）

Jf5B4186 邻近或交叉 220kV 带电电力线作业的安全距离为 3m。（×）

Jf5B4187 邻近带电体作业时，上下传递物件应用绝缘绳索，作业全过程应设专人监护。（√）

Jf5B4188 跨越不停电线路架线施工应在良好天气下进行，遇雷电、雨、雪、霜、雾，相对湿度大于85%或6级以上大风天气时，应停止作业，如施工中遇到上述情况，则应将已展放好的网、绳加以安全保护。（×）

Jf5B4189 挂工作接地线时，应先接接地端，后接导线或地线端，接地线连接应可靠，不得缠绕，拆除时的顺序与此相反。（√）

Jf5B5190 挂拆工作接地线遵守下列规定：在绝缘架空地线上作业时，不应将该架空地线接地。（×）

Jf5B5191 作业间断或过夜时，作业段内的全部工作接地线不用保留。（×）

Jf5B5192 工作接地线一经拆除，该线路即视为带电，禁止任何人再登杆塔进行任何作业。（√）

Jf5B5193 若有感应电流反映在停电线路上时，应在作业范围内加挂工作接地线，在拆除工作接地线时，应防止感应电触电。（√）

Jf5B5194 使用电钻钻孔时，要戴工作帽，扎好袖口，戴手套。（×）

1.3 多选题

La5c1001 输配电线路上使用的金具按其作用分类有（ ）。

（A）连接金具；（B）线夹金具；（C）接续金具；（D）节能金具与环保金具；（E）拉线金具和保护金具。

答案：ABCE

La5c1002 输电线路中广泛使用钢芯铝绞线，是因为它有以下优点（ ）。

（A）不仅有较好的机械强度，且有较高的电导率；（B）钢芯机械强度高，所以导线的机械荷载则由钢芯承担；（C）由于中间有钢芯，使铝线截面的载流作用得到充分利用；（D）由于中间有钢芯，使铝截面增加。

答案：AC

La5c1003 影响架空线振动的因素有（ ）。

（A）风速、风向；（B）悬点高度；（C）档距；（D）导线直径及应力；（E）地形、地物。

答案：ABCDE

La5c2004 线路接地装置分（ ）几部分。

（A）接地引下线；（B）接地体；（C）杆塔；（D）架空地线。

答案：AB

La5c2005 影响架空线振动的因素有（ ）。

（A）悬点高度；（B）风速、风向；（C）导线弧垂；（D）档距；（E）导线自重。

答案：ABD

La5c2006 输电线路导线截面的基本选择和校验方法是（ ）。

（A）按容许电压损耗选择；（B）按经济电流密度选择；（C）按满足环境保护需求校验；（D）按电晕条件校验；（E）按满足五年内电网发展规划选择。

答案：AB

La5c2007 一般输电线路每串耐张串的绝缘子片数应比每串悬垂串同型号绝缘子的个数多1片，是因为（ ）。

（A）自洁性能较好；（B）耐张串在正常运行中经常承受较大的导线张力，绝缘子容易劣化；（C）位于线路末端，承受的电压较高；（D）对耐张串可靠性要求高。

答案：BD

La5c2008 通常将各类发电厂、（　　）组成一个整体通称为动力系统。

（A）送电线路；（B）电力网；（C）用户；（D）供电系统。

答案：BC

La5c3009 承力杆塔按用途可分为（　　）。

（A）终端杆塔；（B）耐张杆塔；（C）分歧杆塔；（D）耐张换位杆塔；（E）直线杆塔。

答案：ABCD

La5c3010 送电线路的的组成有（　　）。

（A）基础；（B）杆塔；（C）导线；（D）避雷线。

答案：ABCD

La5c3011 下列属于普通拉线的构成部分有（　　）。

（A）拉盘；（B）拉线钢绞线（中把）；（C）卡盘；（D）楔型线夹；（E）UT 线夹。

答案：ABDE

La5c3012 架空线路采用分裂导线可以（　　）。

（A）减小线路电晕；（B）减小导线电阻；（C）减小线路阻抗；（D）增加导线截面。

答案：AC

La5c3013 线路金具在使用前对其外观进行检查必须满足（　　）要求，方可使用。

（A）无歪斜、变形、锈蚀、烧痕缺陷；（B）表面光洁，无裂纹、毛刺、飞边、砂眼、气泡等缺陷；（C）线夹转动灵活，与导线接触面符合要求；（D）镀锌良好，无锌皮脱落、锈蚀现象；（E）瓷釉光滑，无裂纹、缺釉现象。

答案：BCD

La5c4014 下面属于拉线金具的是（　　）。

（A）UT 型线夹；（B）拉线绝缘子；（C）拉盘；（D）楔型线夹。

答案：AD

La5c4015 “绝缘地线”对防雷作用毫无影响，且还能（　　）。

（A）作为载波通信通道；（B）利用地线作载流线；（C）减小线路附加电能损耗；（D）对小功率用户供电。

答案：ABCD

La5c4016 下列属于架空输电线路的结构组成元件有（　　）。

（A）绝缘子、金具；（B）接地装置；（C）杆塔、基础；（D）导线、地线；（E）拉线及其附件。

答案：ABCDE

La5c4017 架空线路施工工序有（　　）。

（A）编写作业指导书；（B）杆塔组立；（C）基础施工；（D）架线。

答案：BCD

La5c4018 对电力系统运行的基本要求是（　　）。

（A）保证良好的电能质量；（B）保证可靠的持续供电；（C）保证系统运行的经济性；（D）保证供电功率恒定。

答案：ABC

La5c5019 动力系统和电力系统的概念为（　　）。

（A）通常将各类发电厂、电力网和用户组成一个整体通称为动力系统；（B）电力系统中除去发电厂外称为电力系统；（C）通常将各类发电厂、电力网和用户组成一个整体通称为电力系统；（D）动力系统中除去动力部分外称为电力系统；（E）电力网和配电线路组成称为电力系统。

答案：AD

La5c5020 下列（　　）属于承力杆塔。

（A）转角杆塔；（B）耐张杆塔；（C）终端杆塔；（D）直线塔。

答案：ABC

Lc5c1021 杆塔钢筋混凝土基础“三盘”是指（　　）。

（A）卡盘；（B）拉线盘；（C）磁盘；（D）底盘。

答案：ABD

Lc5c1022 运行中的电气设备的定义为（　　）。

（A）一经操作即带有电压的电气设备；（B）一部分带有电压的电气设备；（C）全部带有电压的电气设备；（D）冷备用状态的电气设备；（E）检修状态的电气设备。

答案：ABC

Lc5c1023 风对输电线路的影响主要有（　　）。

（A）改变了带电导线与横担、杆塔等接地部件的距离；（B）增加了作用在导线和杆塔上的荷载；（C）引起导线振动和舞动；（D）引起导线跳跃。

答案：ABC

Lc5c1024 钢丝绳按线芯来分，可分为（　　）。

（A）单股绳芯；（B）五股绳芯；（C）三股绳芯；（D）七股绳芯；（E）线路施工中大都使用五股绳芯。

答案：AD

Lc5c2025 拉线盘的安装必须满足（　　）要求。

（A）拉线坑应设防沉层；（B）拉线坑与电杆坑一样应垂直地面；（C）拉线棒与拉线盘应垂直，连接处采用双螺帽，拉线棒的外露长度为500～700 mm；（D）拉线杆高出地平面不超过80mm；（E）拉线坑应有斜坡，使拉棒只受拉力，不受弯曲力，回填土时应将土打碎后回填夯实。

答案：ACE

Lc5c2026 直线杆具有（　　）特点。

（A）能承受导线的垂直荷重；（B）直线杆设立在输配电线路的直线段上；（C）能承受一侧导线的拉力；（D）在正常工作条件下能够承受线路侧面的风荷重；（E）能平衡一侧的断线张力。

答案：ABD

Lc5c2027 混凝土按重度可分为（　　）。

（A）重混凝土；（B）特重混凝土；（C）大体积混凝土；（D）稍轻混凝土；（E）特轻混凝土。

答案：ABDE

Lc5c2028 起重抱杆按材料分类可分为（　　）。

（A）钢管抱杆；（B）角钢抱杆；（C）铝合金抱杆；（D）单抱杆。

答案：ABC

Lc5c2029 塔身的组成材料包括（　　）。

（A）斜材；（B）辅助材；（C）主材；（D）水平材，横隔材。

答案：ABCD

Lc5c2030 线路金具在使用前应符合的要求是（　　）。

（A）表面光洁，无裂纹、毛刺、飞边、砂眼、气泡等缺陷；（B）金具在使用前应做强度试验；（C）线夹转动灵活，与导线接触面符合要求；（D）镀锌良好，无锌皮脱落锈蚀现象；（E）金具在使用前应做外观检查。

答案：ACDE

Lc5c2031 架空地线（镀锌钢绞线）常用的接续方法有（　　）。

（A）钳压法；（B）插接法；（C）液压法；（D）爆压法。

答案：CD

Lc5c2032 拉线金具主要用于杆塔拉线的（　　）。

（A）紧固；（B）接续；（C）连接；（D）调整。

答案：ACD

Lc5c2033 “线路转角”即为（　　）。

（A）转角杆塔两侧导线张力的角度合力；（B）转角杆塔两侧线路的夹角；（C）线路转向内角的补角；（D）原线路方向的延长线与线路方向的夹角。

答案：CD

Lc5c2034 采用螺栓连接构件时，应符合的技术规定是（　　）。

（A）螺杆的防松、防卸应符合设计要求；（B）螺母拧紧后，螺杆露出螺母的长度：单螺母不应小于两个螺距，双螺母可与螺杆相平；（C）螺杆必须加垫者，每端不宜超过两个垫片；（D）螺杆应与构件面垂直，螺杆头平面与构件间不应有空隙。

答案：ABCD

Lc5c2035 钢丝绳按绕捻方向可分为（　　）。

（A）逆绕；（B）混绕；（C）交绕；（D）顺绕；（E）绞绕。

答案：BCD

Lc5c2036 钢丝绳的编插工艺要求是（　　）。

（A）插接长度为钢绳直径的20～24倍；（B）破头长度为钢绳直径的45～48倍；（C）每股穿插次数不少于4次；（D）使用前125%的超负荷试验合格；（E）尾端用铁丝绑扎。

答案：ABCD

Lc5c3037 拉线盘埋设的要求是（　　）。

（A）拉线坑宜设防沉层；（B）拉线棒与拉线盘应垂直，连接处应采用双螺母，其外露地面部分的长度应为500～700mm；（C）拉线坑应有斜坡，回填土时应将土块打碎后夯实；（D）拉线坑无需设防沉层；（E）拉线盘的埋设深度和方向应符合设计要求。

答案：ABCE

Lc5c3038 下列属于用抱箍连接的门杆叉梁的要求有（　　）。

（A）分股组合叉梁组装后应正直，不应有明显鼓肚、弯曲；（B）横隔梁的组装尺寸允许偏差为±60mm；（C）叉梁上端抱箍的组装尺寸允许偏差为±50mm；（D）横隔梁的组装尺寸允许偏差为±50mm。

答案：ACD

Lc5c3039 杆塔上螺栓的穿向，对立体结构应符合如下规定（　　）。

（A）顺线路方向由送电侧穿入；（B）垂直方向由下向上；（C）水平方向由内向外；（D）斜向者宜由斜下向斜上。

答案：ABCD

Lc5c3040 导线的弧垂的定义，其大小对线路的影响为（　　）。

（A）弧垂对导线的受力情况影响不算太大；（B）导线两悬挂点的连线与导线中点的垂直距离，称为弧垂；（C）弧垂过大，容易造成相间短路及其对地安全距离不够；（D）弧垂过小，导线承受的拉力过大而可能被拉断，或致使横担扭曲变形；（E）导线的弧垂是一档架空线内导线最低点与导线悬挂点所连直线间的最大垂直距离。

答案：CDE

Lc5c3041 导地线损伤在下列哪些情况下允许缠绕修补（　　）。

（A）钢芯铝绞线或钢芯铝合金绞线，在同一截面处损伤超过修复标准，但强度损失不超过总拉断力的 5%，且截面面积损伤不超过总截面面积的 7%时；（B）钢芯铝绞线或钢芯铝合金绞线，在同一截面处损伤超过修复标准，但强度损失不超过总拉断力的 5%，且截面面积损伤不超过总截面面积的 15%时；（C）镀锌钢绞线为 19 股者断 1 股的情况；（D）镀锌钢绞线为 7 股者断 1 股的情况。

答案：AC

Lc5c3042 下列选项属于杆塔的呼称高的组成部分有（　　）。

（A）导线的最大弧垂；（B）最大安全距离；（C）绝缘子串的长度；（D）考虑测量、施工误差所留裕度。

答案：ACD

Lc5c3043 设计用气象条件三要素是指（　　）。

（A）湿度；（B）温度；（C）风速；（D）覆冰厚度。

答案：BCD

Lc5c3044 单回架空线路导线常见的排列方式有（　　）。

（A）水平排列；（B）三角形排列；（C）伞形排列；（D）鼓形排列。

答案：AB

Lc5c3045 转角杆塔的形式有（　　）之分。

（A）转角型；（B）终端型；（C）耐张型；（D）直线型。

答案：CD

Lc5c3046 架空线的线材使用应满足的特性有（　　）。

（A）耐热好；（B）电阻率高；（C）耐振、耐磨、耐化学腐蚀；（D）质轻价廉，性能稳定；（E）机械强度高，弹性系数小。

答案：ACD

Lc5c3047 选用钢丝绳的要求是（　　）。

（A）在起重、牵引中一般采用双重绕捻钢丝绳；（B）单绕捻钢丝绳用作杆塔临时拉线及运输索道承载索；（C）在起重、牵引中一般采用三重绕捻钢丝绳；（D）在起重、牵引中一般采用单绕捻、三重绕捻钢丝绳；（E）用在杆塔临时拉线及运输索道承载索一般采用双重绕捻和三重绕捻钢丝绳。

答案：ABC

Lc5c3048 下列关于钢筋混凝土结构的优点论述正确的是（　　）。

（A）强度可根据原材料和配合比的变化灵活掌握；（B）抗压强度高，近似天然石材，且在外力作用下变形较小；（C）造价低，砂、石、水等不仅价格低，而且还可就地取材；（D）容易做成所需形状；（E）稳固性和耐久性好。

答案：ABCDE

Lc5c3049 对验电和挂接地线人员的要求有（　　）。

（A）人体可以触及接地体；（B）持绝缘棒操作；（C）设专人监护；（D）应戴手套操作。

答案：BC

Lc5c3050 混凝土的和易性对混凝土构件质量的影响是（　　）。

（A）影响构件表面的质量；（B）影响构件内部的密实性；（C）影响构件棱角的质量；（D）影响构件的尺寸。

答案：ABC

Lc5c3051 下列属于基本安全用具的有（　　）。

（A）脚扣；（B）绝缘夹钳；（C）绝缘操作棒；（D）验电器。

答案：BCD

Lc5c3052 麻绳、白棕绳在使用时应满足（　　）要求时，才能保证使用安全。

（A）棕绳（麻绳）作为辅助绳索使用，其允许拉力不得大于0.98kN/cm^2；（B）用于捆绑或在潮湿状态下使用时应按允许拉力计算；（C）用于捆绑或在潮湿状态下使用时应按允许拉力减半计算；（D）棕绳（麻绳）作为辅助绳索使用，其允许拉力不得小于0.98kN/cm^2；（E）霉烂、腐蚀、断股或损伤者不得使用。

答案：ACE

Lc5c3053 安全帽能对头部起保护作用的原因是（ ）。

（A）头顶与帽之间的空间能吸收能量；（B）避免了集中打击一点；（C）起到缓冲作用；（D）安全帽出厂前经受了静负荷、冲击负荷、耐穿刺性能试验。

答案：ABC

Lc5c4054 拉线采用绑扎固定时，应符合的规定是（ ）。

（A）拉线两端弯曲部分应设置心形环；（B）混凝土电杆的拉线当装设绝缘子时，在断拉线情况下，拉线绝缘子距地面不应小于2.5m；（C）钢绞线拉线应采用直径不小于3.2mm的镀锌铁线绑扎固定；（D）绑扎应整齐、紧密，最小缠绑长度应符合有关规定；（E）绑扎好后拉线的尾线应与收尾小辫平齐。

答案：AD

Lc5c4055 预制混凝土卡盘安装要求有（ ）。

（A）直线杆卡盘一般沿线路左右交叉埋设；（B）卡盘安装位置及方向应符合图纸规定；（C）承力杆卡盘一般埋于张力侧；（D）卡盘安装前应将其下部回填土夯实，其深度允许偏差不应超过±60mm。

答案：ABC

Lc5c4056 接续金具包括（ ）。

（A）接续管及补修管；（B）并沟线夹；（C）U形挂环；（D）预绞丝。

答案：ABD

Lc5c4057 下列属于常用线路金具的有（ ）。

（A）线夹类金具；（B）合成绝缘子；（C）保护金具；（D）连接金具；（E）调节金具。

答案：ACDE

Lc5c4058 下列属于坍落度评价的主要指标有（ ）。

（A）混凝土稀稠程度；（B）混凝土密实性；（C）混凝土强度；（D）混凝土和易性。

答案：AD

Lc5c4059 架空线路杆塔荷载分为（ ）。

（A）纵向荷载；（B）水平荷载；（C）垂直荷载；（D）横向荷载。

答案：ABC

Lc5c4060 影响混凝土强度的因素有（ ）。

（A）骨料品种；（B）水灰比；（C）水泥品种；（D）养护条件；（E）捣固方式。

答案：BDE

Lc5c4061 钢丝绳按绕捻方向可分为（ ）。

（A）交绕；（B）逆绕；（C）顺绕；（D）混绕。

答案：ACD

Lc5c4062 起重葫芦可分为（ ）。

（A）手摇葫芦；（B）绳拉葫芦；（C）手拉葫芦；（D）手扳葫芦。

答案：ACD

Lc5c4063 水泥细度高的优点有（ ）。

（A）混凝土表面光滑；（B）水泥颗粒越细，其单位体积的面积越大，水化作用越快；（C）混凝土早期强度高；（D）搅拌后混凝土和易性好。

答案：BC

Lc5c5064 弧垂过小对线路运行的影响（ ）。

（A）导线的对地距离过小；（B）横担容易扭曲变形；（C）导线的受力过大易被拉断；（D）导线运行应力小。

答案：BC

Lc5c5065 导线是架空线路的主体，担负着传导电流的作用，因此对导线提出了更高的要求（ ）。

（A）较高的导电率；（B）足够的绝缘能力；（C）足够的机械强度；（D）耐腐蚀能力强；（E）截面要足够大；（F）质量轻、成本低。

答案：ACDF

Lc5c5066 关于直线杆塔，下列说法正确的有（ ）。

（A）正常情况不承受顺线方向张力；（B）一般位于线路的直线段；（C）绝缘子串是垂直悬挂的。

答案：ABC

Lc5c5067 架空线路的导线制成钢芯铝绞线的原因有（ ）。

（A）机械强度要求低；（B）需要较好的导电率；（C）机械强度要求高；（D）交流电的趋肤效应。

答案：BCD

Lc5c5068 索道的（ ）应严格遵守《货运架空索道安全规范》GB 12141、《架空索道工程技术规范》GB 50127、《电力建设安全工作规程 第2部分：电力线路》DL 5009.2及有关技术规定。

（A）拆卸；（B）安装；（C）检验；（D）运行；（E）设计。

答案：ABCDE

Lc5c5069 拌制混凝土尽可能选用较粗的砂的原因有（　　）。

（A）有利于提高混凝土强度；（B）易与水泥浆完全胶合；（C）单位体积的表面积大；（D）可以减少混凝土搅拌时间。

答案：AB

Jd5c1070 登杆作业时，必须穿戴好个人安全用具（　　）后，才能登杆作业。

（A）安全帽、安全带；（B）接地线；（C）工作服、绝缘鞋；（D）激电器。

答案：AC

Jd5c2071 金属抱杆出现（　　）情况时不得使用。

（A）局部弯曲严重；（B）表面裂纹；（C）表面腐蚀；（D）磕瘪变形；（E）表面脱焊。

答案：ABCDE

Jd5c2072 用绝缘电阻表测量绝缘电阻时，应按（　　）正确接线后，才能进行测量。

（A）接线端子 L 与被试品之间应采用相应绝缘强度的屏蔽线和绝缘棒作连接；（B）接线端子 E 接被试品的高压端；（C）接线端子 G 接屏蔽端；（D）接线端子 G 接试品的接地端；（E）接线端子 E 接被试品的接地端，常为正极性；（F）接线端子 L 接被试品的高压端，常为负极性。

答案：ACEF

Jd5c2073 连接金具的作用（　　）。

（A）可将绝缘子串悬挂在杆塔横担上；（B）可将横担连接在杆塔上；（C）连接金具可将一串或数串绝缘子连接起来；（D）可将绝缘子串与横担连接固定；（E）可将针式绝缘子直接与横担连接固定。

答案：AC

Jd5c2074 万用表使用时应注意的事项有（　　）。

（A）测量档位正确；（B）接线正确；（C）使用之前要调零；（D）可以测量带电电阻的阻值；（E）使用完毕，应把转换开关旋至直流电压的最高档。

答案：ABC

Jd5c3075 指出单绕捻、双绕捻和三重绕捻钢丝绳性能（　　）。

（A）双重绕捻钢丝绳线股粗、挠性好、耐磨性差；（B）单绕捻钢丝绳是指一般钢绞线，线股粗、耐磨、挠性差；（C）三重绕抢钢丝绳线股细、挠性好、耐磨性差；（D）双重绕捻及三重绕捻钢丝绳线股细、挠性好、耐磨性差；（E）单绕捻、双绕捻和三重绕捻钢丝绳在起重、牵引作业中都采用。

答案：BCD

Jd5c3076 绝缘电阻表的作用，主要用于（　　）。

（A）绝缘电阻表俗称接地摇表；（B）绝缘电阻表俗称摇表，用于绝缘电阻的测量；（C）主要用于电机、电器、线路的绝缘电阻；（D）可以测量接地电阻；（E）用于测试电力电缆的绝缘电阻。

答案：BC

Jd5c3077 多股绞线相邻层间的捻层方向不同的原因有（　　）。

（A）相当于减少导线直径；（B）减少电晕损耗；（C）降低导线性能；（D）减少施工困难。

答案：BD

Jd5c3078 绝缘子的作用是（　　）。

（A）调节导线松紧；（B）固定导线；（C）使导线与杆塔之间保持绝缘状态；（D）支撑导线。

答案：BC

Jd5c3079 绝缘电阻表适用于（　　）。

（A）线路；（B）各种构件；（C）电器；（D）接地装置；（E）电机。

答案：ACE

Jd5c3080 下列属于锚固工具的有（　　）。

（A）地锚钻；（B）地锚；（C）船锚；（D）木桩。

答案：ABC

Jd5c4081 悬垂线夹用于（　　）。

（A）将导线固定在直线杆塔的悬垂绝缘子串上；（B）换位杆塔上支持换位导线；（C）将地线悬挂在直线杆塔上；（D）非直线杆塔上跳线的固定。

答案：ABCD

Jd5c4082 采用楔形线夹连接拉线，安装时规定有（　　）。

（A）线夹的舌板与拉线应紧密接触，受力后不应滑动；（B）同组拉线使用两个线夹时其尾端方向应统一；（C）拉线弯曲部分不应有明显的松股，尾线宜露出线夹150～350mm，尾线与本线应扎牢；（D）线夹的凸肚在尾线侧，安装时不应使线股受损。

答案：ABD

Jd5c5083 卸扣在使用时应注意的事项是（　　）。

（A）U形环变形或销子螺纹损坏不得使用；（B）销子不得扣在能活动的索具内；（C）不得纵向受力；（D）不得处于吊件的转角处；（E）应按标记规定的负荷使用。

答案：ABDE

Jd5c5084 经纬仪使用时的基本操作环节有（　　）。

（A）对光；（B）整平；（C）对中；（D）瞄准；（E）精平和读数。

答案：ABCDE

Je5c1085 关于混凝土施工中应注意的事项有（　　）。

（A）使用合格的原材料；（B）合理的搅拌、振捣、养护；（C）正确掌握砂、石配合比；（D）为加快施工进度，可以多处同时浇筑混凝土。

答案：ABC

Je5c1086 组塔作业前，吊件螺栓应全部紧固，（　　）等绑扎处受力部位，不得缺少构件。

（A）吊点绳；（B）承托绳；（C）内拉线；（D）控制绳；（E）补强绳。

答案：ABCD

Je5c1087 组塔作业前，应检查抱杆（　　）、（　　）、（　　）、连接螺栓紧固等情况，判定合格后方可使用。

（A）正直；（B）焊接；（C）铆固；（D）水平度；（E）倾斜度。

答案：ABC

Je5c2088 塔上组装，下列规定正确的是（　　）。

（A）塔片就位时应先高侧后低侧；（B）高处作业人员应站在塔身外侧；（C）多人组装同一塔段（片）时，应由一人负责指挥；（D）需要地面人员协助操作时，应经现场指挥人下达操作指令。

答案：CD

Je5c2089 在电杆装配时，螺栓应符合正确的穿向，对于平面结构，横线路方向，要求（　　）。

（A）垂直方向，由下向上；（B）中间由左向右（面向受电侧）；（C）两侧由内向外；（D）两侧由外向内；（E）按统一方向。

答案：BCE

Je5c2090 排杆处地形不平或土质松软，应先（　　），必要时杆段应用绳索锚固。

（A）转移；（B）支垫坚实；（C）平整；（D）绑牢。

答案：BC

Je5c2091 对两端封闭的钢筋混凝土电杆，应先在其（　　）凿排气孔，然后施焊，焊接结束应及时采取（　　）措施。

（A）一端；（B）防烫；（C）两端；（D）防腐。

答案：AD

Je5c2092 杆塔顶部吊离地面约（ ）时，应暂停牵引，进行冲击试验，全面检查各（ ），确认无问题后方可继续起立。

（A）受力部位；（B）600mm；（C）吊点；（D）500mm。

答案：DA

Je5c3093 倒落式人字抱杆整体组立杆塔时，杆塔起立角约（ ）°时应减慢牵引速度，约（ ）°时应停止牵引，利用临时拉线将杆塔调正、调直。

（A）90；（B）60；（C）70；（D）80；（E）50。

答案：CD

Je5c3094 下列混凝土中水泥的用量说法正确的有（ ）。

（A）混凝土中水泥用量越少越好，可以提高混凝土强度；（B）混凝土中水泥用量越多越好，可以提高混凝土强度；（C）混凝土中水泥用量不能过量，应符合配合比设计要求；（D）混凝土中水泥用量过多会造成混凝土开裂。

答案：CD

Je5c3095 环形钢筋混凝土电杆安装前进行外观检查的内容是（ ）。

（A）放置地平面检查时，应无纵向裂缝；（B）杆身弯曲不应超过杆长的 2/1000；（C）横向裂缝的宽度不应超过 0.2mm；（D）表面光洁平整，壁厚均匀，无露筋、跑浆等现象；（E）电杆的端部应用混凝土密封。

答案：ADE

Je5c3096 倒落式人字抱杆整体组立杆塔时，（ ）四点应在同一垂直面上，不得偏移。

（A）制动系统中心；（B）总牵引地锚出土点；（C）抱杆根部；（D）抱杆顶点；（E）杆塔中心。

答案：ABDE

Je5c3097 电杆的临时拉线数量，单杆不得少于（ ）根，双杆不得少于（ ）根。

（A）10；（B）4；（C）6；（D）8；（E）2。

答案：BC

Je5c3098 下列关于钢筋混凝土电杆在地面组装的顺序及要求正确的是（ ）。

（A）地面组装的顺序一般为：拉线抱箍→组装地线横担→导线横担→叉梁；（B）检查杆身是否平直，焊接质量是否良好，各组装部件有无规格错误和质量问题，根开、对角线、眼孔方向是否正确，如需拨正杆身或转动眼孔，必须有 1～3 个施力点；（C）组装时，如果不易安装或眼孔不对，不要轻易扩孔或强行组装，必须查明原因，妥善处理；（D）组装完毕，螺栓穿向符合要求，铁构件平直无变形，局部锌皮脱落应涂防锈漆，杆顶堵封良好，混凝土叉梁碰伤、掉皮等问题应补好，所有尺寸符合设计要求。

答案：CD

Je5c3099 内悬浮内（外）拉线抱杆分解组塔时，应视构件结构情况在其上、（ ）位绑扎控制绳，下控制绳宜使用（ ）。

（A）绝缘绳；（B）中部；（C）下部；（D）钢丝绳；（E）上部。

答案：CD

Je5c3100 构件起吊过程中，下控制绳应随吊件的（ ），保持吊件与塔架间距不小于（ ）。

（A）上升随之松出；（B）100mm；（C）200mm；（D）上升随之收紧。

答案：AB

Je5c3101 抱杆就位后，四侧拉线应（ ），组塔过程中应有专人值守。

（A）不固定；（B）收紧；（C）固定；（D）放松。

答案：BC

Je5c3102 整体组立铁塔时，应安装铰链，正确的说法是（ ）。

（A）铰链应转动灵活；（B）塔脚根部应安装塔脚铰链；（C）铰链强度应符合施工设计要求；（D）铰链与抱杆之间应连接固定。

答案：ABC

Je5c3103 抱杆及电杆的临时拉线绑扎及锚固应牢固可靠，起吊前应经（ ）检查。

（A）专责监护人；（B）管理人员；（C）指挥人；（D）监理人。

答案：AC

Je5c3104 架空地线是接地的，其作用是当雷击线路时（ ）。

（A）使塔顶始终保持地电位；（B）把雷电流引入大地；（C）保证线路不被雷击；（D）保护线路绝缘免遭大气过电压的破坏。

答案：BD

Je5c4105 人工掏挖基坑应注意的事项有（ ）。

（A）根据土质情况放坡；（B）坑上、坑下人员应相互配合，以防石块回落伤人；（C）随时鉴别不同深层的土质状况，防止上层土方塌坍造成事故；（D）坑挖至一定深度要用梯子上下；（E）严禁任何人在坑下休息。

答案：ABCDE

Je5c4106 下列关于跨越架搭设与拆除的说法正确的是（ ）。

（A）跨越架的搭设应有搭设方案或施工作业指导书，并经审批后办理相关手续；（B）搭设或拆除跨越架应设专责监护人；（C）跨越架架体的强度，应能在发生断线或跑线时承受冲击荷载；（D）跨越架搭设前应进行安全技术交底。

答案：ABCD

Je5c4107 下列关于跨越架的说法正确的是（ ）。

（A）跨越架应经现场监理及使用单位验收合格后方可使用；（B）强风、暴雨过后应对跨越架进行检查，确认合格后方可使用；（C）跨越架应经现场设计及使用单位验收合格后方可使用；（D）跨越公路的跨越架，应在公路前方距跨越架适当距离设置提示标识 。

答案：ABD

Je5c4108 提升抱杆时，不得少于（ ）腰环，腰环固定钢丝绳应呈（ ），同时应设专人指挥。

（A）水平并收紧；（B）两道；（C）三道；（D）平行。

答案：BA

Je5c4109 吊件离开地面约（ ）时应暂停起吊并进行检查，确认正常且吊件上无搁置物及人员后方可继续起吊，起吊速度应（ ）。

（A）100mm；（B）缓慢；（C）均匀；（D）200mm。

答案：AC

Je5c4110 在66kV到110kV电力线附近组塔时，起重机应接地良好。起重机及吊件、牵引绳索和拉绳与带电体的最小安全距离，沿垂直方向为（ ）m，沿水平方向为（ ）m。

（A）5；（B）4；（C）2；（D）3；（E）1。

答案：AB

Je5c4111 座地摇臂抱杆分解组塔时，（ ）或（ ）时，应将起吊滑车组收紧在地面固定。禁止悬吊构件在空中停留过夜。

（A）阴天；（B）停工；（C）大风；（D）雨雪天；（E）过夜。

答案：BE

Je5c5112 下列关于跨越架的说法正确的是（ ）。

（A）跨越架横担中心应设置在新架线路每相（极）导线的中心水平投影上；（B）跨越架上应悬挂醒目的警告标识及夜间警示装置；（C）各类型金属格构式跨越架架顶应设置挂胶滚筒或挂胶滚动横梁；（D）跨越架横担中心应设置在新架线路每相（极）导线的中心垂直投影上。

答案：BCD

Je5c5113 跳线安装的要求是（　　）。

（A）跳线弧垂要小；（B）跳线成悬链线状自然下垂；（C）引流板连接要光面对光面；（D）螺栓按规程规定要求拧紧。

答案：BCD

Je5c5114 钢管跨越架所使用的钢管，如有（　　）等情况的不得使用。

（A）磕瘪变形；（B）弯曲严重；（C）表面有严重腐蚀；（D）表面有裂纹；（E）脱焊。

答案：ABCDE

Jf5c1115 以下应设专人监护或指挥的有（　　）。

（A）组立或者拆、换杆塔；（B）提升（顶升）抱杆；（C）整体倒塔；（D）搭设或拆除跨越架。

答案：ABCD

Jf5c1116 用大锤打板桩地锚时应注意的事项是（　　）。

（A）扶桩人应站在打锤人的侧面，待桩锚基本稳定后，方可撒手；（B）扶桩人应与打锤人面对面；（C）打锤前应检查锤把连接是否牢固，木柄是否完好；（D）扶桩人应注意四周，并随时顾及是否有人接近；（E）打锤人允许戴手套。

答案：ACD

Jf5c1117 脱离电源后，触电伤员如意识丧失，应在开放气道后10s内用（　　）的方法判定伤员有无呼吸。

（A）叫；（D）看；（D）听；（D）试。

答案：BCD

Jf5c2118 索道架设完成后，需经（　　）安全检查验收合格后才能投入试运行，索道试运行合格后，方可运行。

（A）设计单位；（B）使用单位；（C）监理单位；（D）建设单位。

答案：AC

Jf5c2119 杆塔拆除，以下不符合规程的是（　　）。

（A）吊车整体拆除杆塔；（B）塔上有导、地线的情况下整体拆除；（C）随意整体拉倒杆塔；（D）先拆导地线，后拆杆塔。

答案：BC

Jf5c2120 索道作业遇有（　　）、（　　）及以上大风等恶劣天气时不得作业。

（A）雷雨；（B）阴天；（C）四级；（D）五级；（E）六级。

答案：BD

Jf5c2121 在低温下进行高处作业应注意（　　）。

（A）在气温低于零下10℃时，不宜进行高处作业；（B）在气温低于零下10℃时，确因工作需要进行高处作业时，作业人员应采取保暖措施，施工场所附近设置临时取暖休息所，并注意防火；（C）高处连续工作时间不宜超过1h；（D）在冰雪、霜冻、雨雾天气进行高处作业，应采取防滑措施；（E）高处连续工作时间不宜超过10h。

答案：ABCD

Jf5c2122 滚动杆段时滚动（　　）不应有人，杆段（　　）移动时，应随时将支垫处用木楔掩牢。

（A）顺向；（B）后方；（C）内侧；（D）前方。

答案：DA

Jf5c3123 挂、拆接地线的步骤是（　　）。

（A）挂接地线时，先接导线端，后接接地端；（B）挂接地线时，先接接地端，后接导线端；（C）拆除接地线时，先拆接地端，后拆导线端；（D）拆除接地线时，先拆导线端，后拆接地端。

答案：BD

Jf5c3124 杆塔上作业，作业人员应禁止（　　）。

（A）顺杆下滑；（B）携带轻便器材上、下杆塔；（C）利用绳索、拉线上、下杆塔；（D）攀登杆基未完全牢固的新立杆塔。

答案：ABCD

Jf5c3125 邻近带电体整体组立杆塔的（　　）安全距离应（　　）倒杆距离，并采取防感应电的措施。

（A）小于；（B）最小；（C）大于；（D）最大。

答案：BC

Jf5c3126 在登杆之前必须对登杆工具做（　　）检查后，才能使用。

（A）冲击试验；（B）外观检查；（C）静载荷试验；（D）绝缘试验。

答案：AB

Jf5c3127 送电线覆冰对导线安全运行的威胁主要有（　　）。

（A）使导线弧垂显著增大；（B）使导线、杆塔荷载增大，严重时甚至断导线、倒杆塔；（C）使导线跳跃；（D）引起导线摇摆。

答案：ABC

Jf5c3128 基本安全用具是指（　　）。

（A）电阻率低的安全用具；（B）绝缘强度高的安全用具；（C）导电性能高的安全用具；（D）能长期承受工作电压作用的安全用具。

答案：BD

Jf5c4129 下列施工条件下，工作人员必须戴安全帽的有（　　）。

（A）土石方爆破；（B）深度超过 1.0m 的坑下作业；（C）坑下混凝土捣固；（D）高空作业和进入高空作业区下面的工作；（E）起重吊装和杆塔组立。

答案：ACDE

Jf5c4130 工作间断，若工作班离开工作地点，应采取措施或派人看守，不让人、畜接近（　　）等。

（A）未竖立稳固的杆塔；（B）挖好的基坑；（C）负载的牵引机械装置；（D）负载的起重机械装置；（E）围栏。

答案：ABCD

Jf5c4131 基本安全用具一般包括（　　）。

（A）安全帽；（B）绝缘夹钳；（C）验电器；（D）绝缘操作棒。

答案：BCD

Jf5c5132 对同杆塔架设的多层电力线路进行验电应（　　）。

（A）先验近侧、后验远侧；（B）先验远侧、后验近侧；（C）先验低压后验高压；（D）禁止工作人员穿越未经验电、接地的线路对上层线路进行验电；（E）先验上层、后验下层。

答案：ACD

Jf5c5133 符合（　　）施工条件下，工作人员必须戴安全帽。

（A）土石方爆破；（B）深度超过 1.5m 的坑下作业；（C）坑下混凝土捣固；（D）高空作业和进入高空作业区下面的工作；（E）起重吊装和杆塔组立。

答案：ABCDE

Jf5c5134 线路施工中，对开口销或闭口销安装的要求是（　　）。

（A）采用开口销安装时，应对称开口，开口角度应为 30°～60°；（B）施工中采用的开口销或闭口销不应有折断、裂纹等现象；（C）严禁用线材或其他材料代替开口销、闭口销；（D）采用开口销安装时，应对称开口，开口角度应为 20°～30°；（E）闭口销的插入方向应从上至下。

答案：ABC

1.4 计算题

La5D1001 已知外加电压$U=220V$，灯泡消耗功率$P=X_1W$，则灯泡中的电流I为________A。

X_1取值范围：70～75的整数

计算公式：$I=\frac{P}{U}=\frac{X_1}{220}$

La5D2002 已知一电阻为$R=10\Omega$，当加上$U=X_1V$电压时，电阻上的电流I为____A。

X_1取值范围：5～8之间的整数

计算公式：$I=\frac{U}{R}=\frac{X_1}{10}$

La5D2003 有一质量为$m=X_1kg$的物体，在外力F的作用下沿水平方向作匀加速运动，其加速度$a=2m/s$，这个力F为____N（取重力加速度g=10，不计摩擦力）。

X_1取值范围：50，55，60，65

计算公式：$F=ma=X_1\times2$

La5D2004 在电压$U=X_1V$的电源上并联两只灯泡，它们的功率分别是$P_1=200W$和$P2=400W$，则总电流I为____A。

X_1取值范围：110，200，220

计算公式：$\mathrm{I}=\frac{P_1}{U}+\frac{P_2}{U}=\frac{200}{X_1}+\frac{400}{X_1}=\frac{600}{X_1}$

La5D2005 一根导线的电阻$R=X_1\Omega$，流过的电流$I=50A$，该导线上的电压降U为____V。

X_1取值范围：0.4，0.5，0.6

计算公式：$U=I\times R=50\mathrm{X}_1$

La5D2006 有一条长度为$L=X_1km$的110kV的架空输电线路，导线型号为LGJ-185/30（$\rho_{铝}=31.5\Omega\cdot mm^2/km$），线路的电阻$R$为____Ω。

X_1取值范围：150，180，200

计算公式：$R=\rho\times\frac{L}{185}=31.5\times\frac{X_1}{185}$

La5D3007 某导体两端加电压$U=X_1$，其电导$G=0.1S$，电流I为____A。

X_1取值范围：10～12之间的整数

计算公式：$I=UG=X_1\times 0.1$

La5D3008 用经纬仪水平状态测量距离时，望远镜中，上丝对应塔尺的读数为 $a=2.5$m，下丝对应的读为 $b=X_1$m，已知视距常数 $K=100$，则测站与测点塔尺之间的水平距离 N 为____ m。

X_1 取值范围：1.4，1.5，1.6

计算公式：$N=K(a-b)=100\times(2.5-X_1)$

La5D4009 钢螺栓长 $l=1600$mm，拧紧时产生了 $\Delta l=X_1$mm 的伸长，已知钢的弹性模量 $Eg=200\times 10^3$MPa。则螺栓内的应力 σ 为____ MPa。

X_1 取值范围：1.0，1.1，1.2

计算公式：$\sigma=Eg\times\frac{\Delta l}{l}=200\times 10^3\times\frac{X_1}{1600}$

La5D4010 某 1-2 滑轮组提升 $G=3000$kg 重物，牵引绳从定滑轮引出，通过单滑轮转向至人力绞磨牵引，其中，单滑轮工作效率为 95%，滑轮组综合效率 $\eta=90\%$，钢丝绳动荷系数 $K_1=1.2$，安全系数为 $K=X_1$，提升该重物所需钢丝绳的破断力 T 为____ N。

X_1 取值范围：4，5，6

计算公式：$T=\frac{9.8\times G\times K_1\times K}{3\times\eta\times 0.95}=\frac{9.8\times 3000\times 1.2\times X_1}{3\times 0.9\times 0.95}$

La5D4011 某 1-2 滑轮组吊一重物 G 为 X_1kg，牵引绳由定滑轮引出，再由另一单滑轮转向至人力绞磨牵引，单滑轮工作效率 n 为 95%，滑轮组的综合效率 $\eta=90\%$。提升重物所需拉力 F 为____ N。

X_1 取值范围：1900，2000，2100

计算公式：$F=\frac{9.8\times X_1}{n\times\eta}=\frac{9.8\times X_1}{95\%\times 90\%}$

La5D4012 已知 LGJ-185 型导线的瞬时拉断力 $T_p=X_1$kN，计算截面面积 $A=210.93\text{mm}^2$，导线弧垂最低点的设计安全系数 $K=2.5$，导线的允许应力 T 为____ MPa。

X_1 取值范围：64，65，66

计算公式：$T=\frac{0.95\times T_p\times 1000}{K\times A}=\frac{0.95\times X_1\times 1000}{2.5\times 210.93}$

Lb5D2013 某线路耐张段中，N_1-N_2 杆间档距 L_1 为 X_1m，N_2-N_3 杆间档距 L_2 为 250m，N_2 杆的水平档距 L 为____ m。

X_1 取值范围：260，270，280

计算公式：$L=\frac{L_1+L_2}{2}=\frac{X_1+250}{2}$

Lb5D2014 某拉线电杆，已知拉线与地面的夹角为 $\alpha=60°$，拉线挂线点距地面 $H=12m$，拉线盘埋深 $h=X_1m$。则拉线坑中心距电杆中心水平距离 L 为____ m。

X_1 取值范围：2，2.2，2.4

计算公式：$L=(H+h)\arctan\alpha=(12+X_1)\arctan30°$

Lb5D3015 某白棕绳的最小破断拉力 T_p 为 32000N，其安全系数 $K=X_1$，白棕绳的允许使用拉力 T 为____ N。

X_1 取值范围：4～6 之间的整数

计算公式：$T=\frac{T_p}{K}=\frac{32000}{X_1}$

Lb5D3016 现有一根 19 股、$S=X_1mm^2$ 的镀锌钢绞线用作线路架空地线，该钢绞线扭绞系数 $f=0.9$，用于架空地线时其安全系数 K 不应低于 2.5，极限抗拉强度 $\sigma=1370N/mm^2$，该镀锌钢绞线的拉断力 T 为____ kN。

X_1 取值范围：70～75 之间的整数

计算公式：$T=S\times\sigma\times\frac{f}{1000}=X_1\times1.37\times0.9$

Lb5D3017 有一根白棕绳的直径为 19mm，其有效破断拉力 $TD=20kN$，安全系数 $K=X_1$，动荷系数 $K_1=1.1$，不平衡系数 $K_2=1.0$，当在工作牵引时，其最大允许拉力 T 是____ kN。

X_1 取值范围：5.4，5.5，5.6

计算公式：$T=\frac{TD}{K\times K_1\times K_2}=\frac{20}{X_1\times1.1\times1}$

Lb5D4018 某 110kV 架空输电线路的设计中，已确定悬垂串的长度 $\lambda=1.5m$，导线最大弧垂 $f=X_1m$，裕度 $\Delta h=0.6m$，规程规定非居民区导线对地最小安全距离为 $h=6m$，试确定直线杆塔的呼称高 H 为____ m。

X_1 取值范围：3～6 之间的整数

计算公式：$H=\lambda+f+\Delta h+h=1.5+X_1+0.6+6$

Lb5D5019 已知某输电线路的代表档距为 250m，最大振动半波长 $\lambda max=X_1m$，最小振动半波长 $\lambda min=1.21m$，决定安装一个防振锤，则防振锤安装距离 S 为____ m。

X_1 取值范围：13.5，13.55，13.6

计算公式：$S=\frac{X_1\times1.21}{X_1+1.21}$

Lc5D3020 如果人体最小的电阻 $R=X_1\Omega$，已知通过人体的电流 $I=50mA$ 时，就会引起呼吸器官麻痹，不能自己摆脱电源，有生命危险，安全工作电压值 U 是____ V。

X_1 取值范围：800，805，810

计算公式：$U=IR=50\times X_1$

Jd5D2021 某施工现场，需用撬杠把重物移动，已知撬杠支点到重物距离 $L_1=X_1$m，撬杠支点到施力距离 $L_2=1.5$m，施工人员要把 200kg 的重物 G 撬起来，需施加____N 的力。

X_1 取值范围：0.2，0.3，0.4

计算公式：$F=\frac{9.8\times G\times L_1}{L_2}=\frac{9.8\times 200\times X_1}{1.5}$

Jd5D1022 LGJQ-300 的导线，抗拉力 $T_b=X_1$N，安全系数 $K=2.5$，则其最大使用拉力 T 为____N。

X_1 取值范围：95000，96000，97000

计算公式：$T=\frac{T_b}{K}=\frac{X_1}{2.5}$

Jd5D1023 某白棕绳的最小破断拉力 TD 为 X_1N，其安全系数 K 为 2.5，则白棕绳的允许使用拉力 T 为____N。

X_1 取值范围：28950，28980，29010，29025

计算公式：$T=\frac{TD}{K}=\frac{X_1}{2.5}$

Jd5D3024 设某架空送电线路导线为 LGJ-95/20，已知自重比载 $g_1=35\times 10^{-3}$ N/（m·mm²），风压比载 $g_4=X_1\times 10^{-3}$ N/（m·mm²），则导线的风压综合比载 G 为____$\times 10^{-3}$ N/（m·mm²）。

X_1 取值范围：20，40，60

计算公式：$G=\sqrt{35^2+X_1^2}$

Jd5D3025 某线路在耐张塔上调整导线弧垂，导线为 LGJ-X1 型，导线的应力 $\sigma=$ 98MPa。收紧导线时工具承受的拉力 F 为____N。

X_1 取值范围：300，240，185

计算公式：$F=\sigma\times X_1=98X_1$

Jd5D3026 某线路导线综合拉断力 F 为 X_1N，导线的安全系数 $K=3$，导线计算截面面积 S 为 79.3mm²，导线的最大使用应力 σ 为____MPa。

X_1 取值范围：22220～22250 间的整数

计算公式：$\sigma=\frac{F}{S\times K}=\frac{X_1}{79.3\times 3}$

Jd5D1027 某线路直线双杆，其基础埋深为$h=X_1$m，坑的直径$d=0.7$m，则该直线杆基础开挖的土方量$V=$____ m^3。

X_1 取值范围：2～5之间的整数

计算公式：$V=\pi(d/2)^2\times h\times 2=3.14\times(0.7/2)^2\times X_1\times 2$

Jd5D2028 某白棕绳的起重容许使用拉力$T=X_1$kg，其最小破断拉力TD为30576N，其安全系数K为____。

X_1 取值范围：1000，1100，1200

计算公式：$K=\dfrac{TD}{9.8\times T}=\dfrac{30576}{9.8\times X_1}$

Jd5D2029 已知一钢芯铝绞线，铝线共有$N=30$股，每股直径d为X_1mm，该导线铝线截面面积S为____ mm^2。

X_1 取值范围：2，2.5，3，3.2

计算公式：$S=30\times\pi\left(\dfrac{d}{2}\right)^2=30\times 3.14\times\left(\dfrac{X_1}{2}\right)^2$

Jd5D2030 一条220kV单回路送电线路，有一个转角塔，转角度数为90°，每相张力$F_1=X_1$N，双地线每根张力$F_2=1550$N，其内角合力F是____ N。

X_1 取值范围：1900，2000，2100

计算公式：$F=\dfrac{3\times X_1+1550\times 2}{\cos 45^\circ}$

Jd5D3031 某线路导线，其设计使用拉断力T_p为22192N，导线弧垂最低点的安全系数$K=X_1$，则截面面积S为79.39 mm^2。导线的最大使用应力σ为____ MPa。

X_1 取值范围：2.5，3.0，3.5

计算公式：$\sigma=\dfrac{T_p}{K\times S}=\dfrac{22192}{79.39\times X_1}$

Jd5D3032 某一线路耐张段，有四个档距，分别为$L_1=190$m、$L_2=X_1$m、$L_3=210$m、$L_4=220$m（不考虑悬挂点高差的影响），此耐张段代表档距L_0为____ m。

X_1 取值范围：200，210，220

计算公式：$L_0=\dfrac{\sqrt{L_1^3+L_2^3+L_3^3+L_4^3}}{L_1+L_2+L_3+L_4}=\dfrac{\sqrt{190^3+{X_1}^3+210^3+220^3}}{190+X_1+210+220}$

Je5D1033 某送电线路浇筑混凝土基础，每基基础用水泥$N_1=X_1$t，每基允许损耗水泥0.2t，计划浇制基础15基，计划水泥用量N是____ t。

X_1 取值范围：4～6的整数

计算公式：$N=(X_1+0.2)\times 15$

Je5D3034 现有一根19股，截面面积 $A=X_1\text{mm}^2$ 的镀锌钢绞线，其扭绞（折减）系数 $f=0.9$，极限抗拉强度 $x=1370\text{N/mm}^2$，将该钢绞线用于线路避雷线，为保证安全，验算该镀锌钢绞线的拉断力 T 为____ N。

X_1 取值范围：70，95，120

计算公式：$T=Axf=1370\times0.9\times X_1$

Je5D3035 某基础混凝土配合比为 0.66∶1∶2.17∶4.14，测得砂含水率为3%，一次投料水泥 $m=X_1\text{kg}$ 时的砂用量 S 为____ kg。

X_1 取值范围：75～80之间的整数

计算公式：$S=X_1\times2.17+X_1\times2.17\times0.03$

Je5D3036 已知某线路耐张段的代表档距 L_0 为185m，观测档距 $L=X_1\text{m}$，观测弧垂时的温度为20℃，由安装曲线查得代表档距185m，20℃时的弧垂 $f_0=2.7\text{m}$，则观测档的观测弧垂 f 为____ m。

X_1 取值范围：220，240，260

计算公式：$f=f_0\times\left(\dfrac{L}{L_0}\right)^2=2.7\times\left(\dfrac{X_1}{185}\right)^2$

Je5D4037 线路施工紧线时，计算牵引力 F 为 $X_1\text{N}$，牵引绳对地夹角A为30°，牵引绳对横担产生的下压力 F_1 是____ N。

X_1 取值范围：24600，24700，24800

计算公式：$F_1=F\sin A=X_1\sin30°$

Je5D4038 某110kV送电线路，工作人员发现一电杆倾斜，经测量杆塔地面上高度 $H=18\text{m}$，杆顶横线路方向倾斜值为 $\Delta x=0.3\text{m}$，顺线路倾斜值 $\Delta y=X_1\text{m}$，则电杆结构的倾斜率 Y 为____。

X_1 取值范围：0.4，0.3，0.2

计算公式：$Y=\dfrac{\sqrt{\Delta x^2+\Delta y^2}}{H}=\dfrac{\sqrt{0.3^2+X_1^2}}{18}$

Je5D4039 某送电线路采用LGJ-150/25型钢芯铝绞线，在放线时受到损伤，损伤情况为铝股断 $n=X_1$ 股，1股损伤深度为直径的二分之一，导线结构为26×2.7/7×2.1，则导线截面损伤的百分数 A 为____%。

X_1 取值范围：6，7，8

计算公式：$A=\dfrac{X_1+0.5}{26}\times100$

Je5D5040 线路施工紧线时，计算牵引力 P 为 $X_1\text{kN}$，牵引绳对地夹角为 $\theta=30°$，求牵引绳对横担的下压力 F 为____ kN。

X_1 取值范围：20，25，30

计算公式：$F=P\times\sin\theta=X_1\times\sin30°$

Je5D5041 已知某悬挂点等高耐张段的导线型号为 LGJ-185/30，代表档距 L_0 为 50m，计算弧垂 f_0 为 0.8m，采用减少弧垂法减少 12%补偿导线的初伸长，在档距 $L=X_1$m的观测档内进行弧垂观测，则弧垂 f 为____m应停止紧线。

X_1 取值范围：60，65，70

计算公式：$f=f_0\times\left(\frac{L}{L_0}\right)^2\times(1-0.12)=0.8\times\left(\frac{X_1}{50}\right)^2\times(1-0.12)$

Je5D5042 设某架空送电线路通过第Ⅱ典型气象区，导线为 LGJ-95/20，其计算截面面积 $A=113.96\text{mm}^2$，直径 $d=13.87$mm，自重 $G=X_1$kg/km，则导线的自重比载 N 为____N/（m·mm^2）。

X_1 取值范围：400，410，420，408.2

计算公式：$N=\left(\frac{9.8\times G}{A}\right)\times10^{-3}=\left(\frac{9.8\times X_1}{113.96}\right)\times10^{-3}$

Je5D5043 在某一 110kV 线路验收中检查导线弧垂，计算该气温下的弧垂值 $f_1=12.5$m，实际测弧垂 $f=X_1$m，则导线弧垂的偏差 ΔF 为____%。

X_1 取值范围：13.2，13.5，13.6，13.8

计算公式：$\Delta F=100\times\frac{f-f_1}{f_1}=100\times\frac{X_1-12.5}{12.5}$

Jf5D2044 1 方混凝土所用材料为水泥 0.303t，中砂 0.713t，碎石 1.264t，水 0.18t，在山区人工运输距离为 $L=X_1$km，每千米运输费为每吨 6.99 元，地形系数为 2，人工运输费用 N 是____元。

X_1 取值范围：1.4，1.5，1.6

计算公式：$N=(0.303+0.713+1.264+0.18)\times X_1\times6.99\times2$

Jf5D3045 某山区架线工程中，架线长度为 $L=X_1$km，人工费为 391 元/千米，机械费为 1799 元/千米，材料费为 167 元/千米，地形系数为 1.4，该山区放线施工费 N 为____元。

X_1 取值范围：7，8，9

计算公式：$N=(391+1799)\times X_1\times1.4+167\times X_1$

Jf5D4046 M16 螺栓的净面积（丝扣进剪切面）$S=X_1\text{cm}^2$，材料的允许剪应力 $\tau=10000\text{N/cm}^2$，该丝扣进剪切面的允许剪切力 Q 为____N。

X_1 取值范围：1.46，1.47，1.48，1.57

计算公式：$Q=S\times\tau=X_1\times10000$

1.5 识图题

La5E4001 识别下图，对双杆各部件名称描述错误的是（ ）。

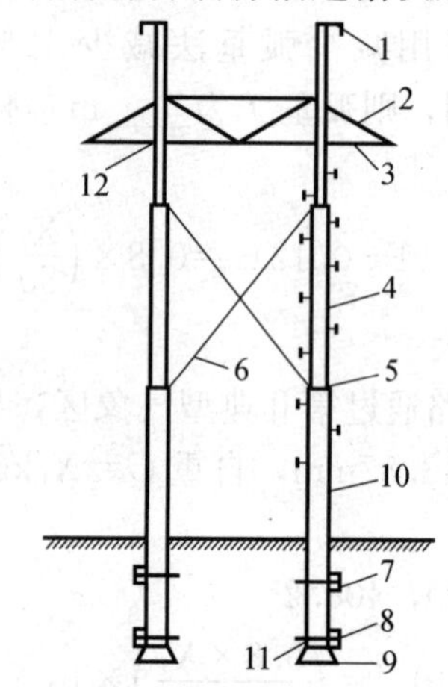

（A）1 为避雷器挂点，2 为横担吊杆，3 为导线横担；（B）4 为电杆，5 为叉梁抱箍，6 为叉梁；（C）7 为上卡盘，8 为下卡盘，9 为底盘；（D）10 为脚钉，11 为卡盘抱箍，12 为横担抱箍。

答案：A

Lb5E3002 施工现场经常用到各种绳扣，以下两个绳扣分别是（ ）。

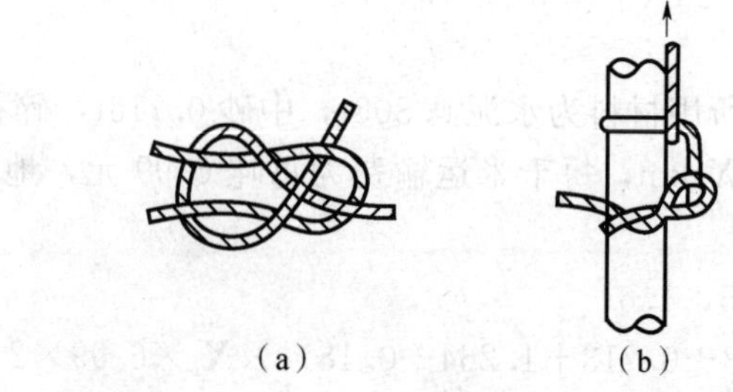
（a） （b）

（A）a 为三角扣，b 为抬扣；（B）a 为三角扣，b 为倒背扣；（C）a 为直扣，b 为抬扣；（D）a 为直扣，b 为倒背扣。

答案：B

Lb5E4003 识别下图中的金具，不包括（ ）。

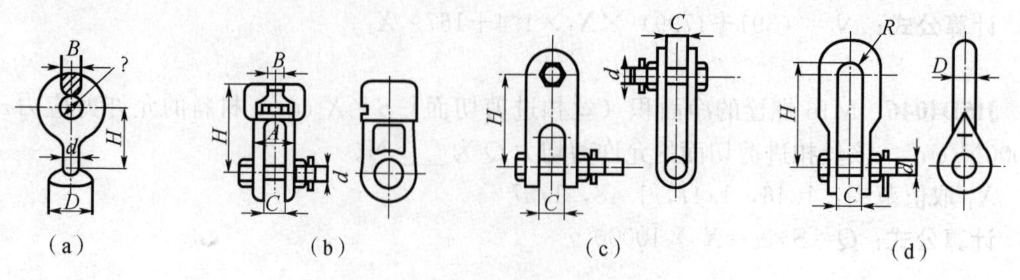

（a） （b） （c） （d）

（A）球头挂环；（B）碗头挂板；（C）平行挂板；（D）U 形挂环。

答案：C

Jd5E1004 识别下图中的器具，不包括的器具是（　　）。

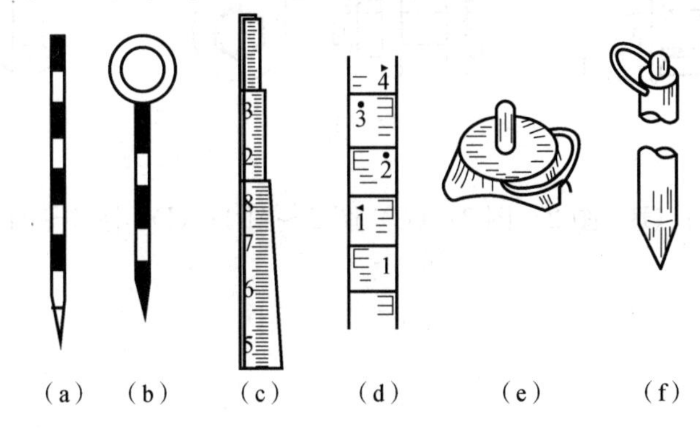

（a）（b）（c）（d）（e）（f）

（A）塔尺；（B）测钎；（C）尺垫；（D）回弹仪。

答案：D

Jd5E5005 如下图所示的金具，其名称是（　　）。

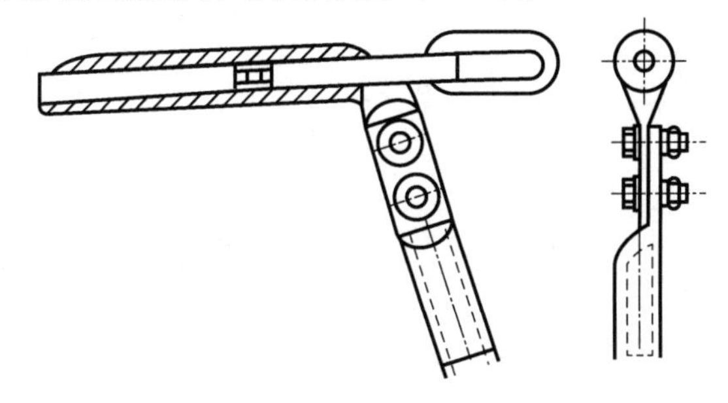

（A）压缩型耐张线夹；（B）螺栓型耐张线夹；（C）楔形线夹；（D）UT 型线夹。

答案：A

Je5E5006 制做拉线的金具是下图中的（　　）。

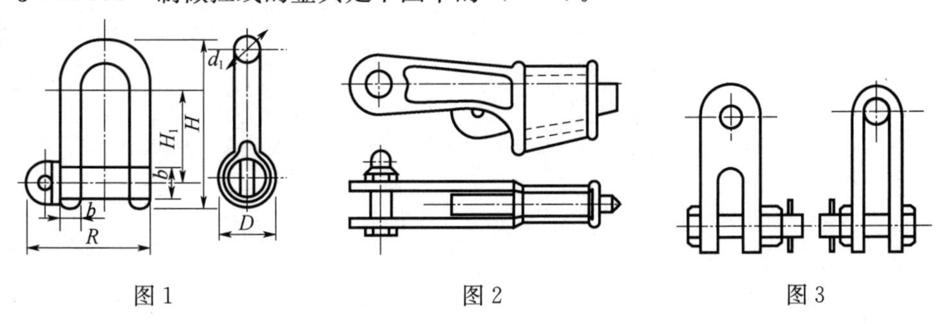

图 1　　图 2　　图 3

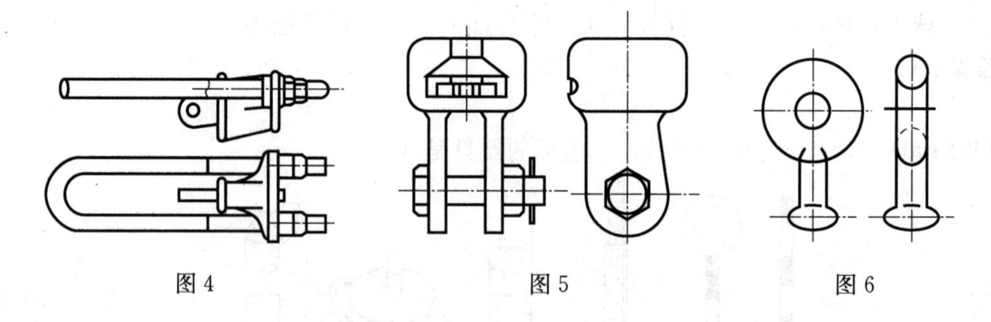

图 4　　　　图 5　　　　图 6

（A）图 1～图 4；（B）图 2～图 3；（C）图 2～图 4；（D）图 1～图 3。

答案：C

2 技能操作

2.1 技能操作大纲

送电线路架设工（初级工）技能鉴定技能操作大纲

等级	考核方式	能力种类	能力项	考核项目	考核主要内容
初级工	技能操作	基本技能	01. 识绘图及技术资料	01. 识读送电线路基础、金具绝缘子串图	(1) 能看懂送电线路基础、杆塔结构和金具绝缘子串图。 (2) 能看懂施工技术资料。 (3) 常用计量单位的换算
				02. 常用线路金具符号识别	(1) 熟悉送电线路的组成部件。熟悉金具符号代表的名称及用途、吨位。 (2) 了解钢筋混凝土杆、铁塔按其作用力不同的分类
			02. 工器具、仪器、仪表和常用材料	01. 制作线路拉线备料	(1) 熟悉常用工器具、材料的名称、规格和用途；熟悉制作、安装拉线等基本操作的工艺要求。 (2) 熟知常用仪器、仪表的用途及使用方法。 (3) 熟悉常用材料的名称、规格和用途
				02. 制作钢丝绳2-2滑车组	(1) 能穿出滑车组，根据需要选择工器具，进行外观检查。 (2) 能规范操作，熟练制作滑车组，钢丝绳不互相扭结
		专业技能	01. 基础施工	01. 送电线路登杆技能	(1) 能够选择满足登杆要求的工器具。 (2) 规范、熟练地进行登杆操作
				02. 制作UT型拉线线夹	(1) 能根据需要选择工器具，进行外观检查。 (2) 能规范操作，熟练制作UT型线夹
			02. 线路架设施工	01. 110kV送电线路直线杆上安装导线防振锤	(1) 能够规范、熟练地进行登杆操作。 (2) 能够按工艺要求进行防振锤安装

续表

等级	考核方式	能力种类	能力项	考核项目	考核主要内容
初级工	技能操作	专业技能	02. 线路架设施工	02. 直线绝缘子串备料及组装	(1) 能进行绝缘子串组装的材料准备。 (2) 能按工艺要求组装悬垂绝缘子串
		相关技能	01. 架线及接地安装施工	01. 35kV 线路装拆接地线	(1) 能根据需要选用相应电压等级、合格的接地线、绝缘手套和验电器。 (2) 能按规程要求验电，装、拆接地线
			02. 仪器使用	01. 光学经纬仪的对中、调平、调焦	(1) 了解经纬仪的一般使用方法。 (2) 能熟练地对经纬仪进行对中、调平、调焦操作

2.2 技能操作项目

2.2.1 XJ5JB0101 识读送电线路基础、金具绝缘子串图

一、作业

（一）工器具、材料、设备

（1）工器具：金具图、笔、纸张。

（2）材料：无。

（3）设备：无。

（二）安全要求

无。

（三）操作步骤及工艺要求（含注意事项）

（1）随机抽取基础图或金具绝缘子串图。

（2）正确识别基础图或金具绝缘子串图上各图形符号的含义。

二、考核

（一）考核场地

考场可设在考生具备笔答条件的教室，同时考场应有基础和金具绝缘子串图纸。

（二）考核时间

考核时间为10min。

（三）考核要点

能看懂送电线路基础、金具绝缘子串图。

三、评分标准

行业：电力工程　　　　工种：送电线路架设工　　　　等级：五

编号	XJ5JB0101	行为领域	d	鉴定范围		送电线路	
考核时限	10min	题型	A	满分	100分	得分	
试题名称	识读送电线路基础、金具绝缘子串图						
考核要点及其要求	能看懂送电线路基础、金具绝缘子串图						
现场设备、工器具、材料	（1）工器具：基础和金具绝缘子串图、笔、纸张。 （2）材料：无						
备注	各考核分项的扣分不超过本分项总分，扣完为止						

评分标准

序号	考核项目名称	质量要求	分值	扣分标准	扣分原因	得分
1	工作前准备					
1.1	着装	穿工作服，穿绝缘鞋	20	未着装或着装不规范，每项扣5分，扣完为止		
2	工作过程					

续表

序号	考核项目名称	质量要求	分值	扣分标准	扣分原因	得分
2.1	随机抽取基础或金具绝缘子串图	正确识别图上各图形符号的含义	60	每答错一处扣5分		
3	工作终结验收					
3.1	安全文明生产	工作完毕后清理现场，交还工器具	20	未在规定时间内完成，每超时1min，扣1分；未清理现场，扣5分		

2.2.2 XJ5JB0102 常用线路金具符号识别

一、作业

（一）工器具、材料、设备

（1）工器具：金具图、笔、纸张。

（2）材料：无。

（3）设备：无。

（二）安全要求

无。

（三）操作步骤及工艺要求（含注意事项）

（1）随机抽取10种金具符号。

（2）填写金具符号的名称及用途或吨位。

二、考核

（一）考核场地

考场可设在考生具备笔答条件的教室内。

（二）考核时间

考核时间为10min。

（三）考核要点

熟悉金具符号代表的名称及用途或吨位。

三、评分标准

行业：电力工程　　　　工种：送电线路架设工　　　　等级：五

编号	XJ5JB0102	行为领域	d	鉴定范围		送电线路	
考核时限	10min	题型	A	满分	100分	得分	
试题名称	常用线路金具符号识别						
考核要点及其要求	熟悉金具符号代表的名称及用途或吨位						
现场设备、工器具、材料	（1）工器具：金具图、笔、纸张。 （2）材料：无。 （3）设备：无						
备注	各考核分项的扣分不超过本分项总分，扣完为止						

评分标准

序号	考核项目名称	质量要求	分值	扣分标准	扣分原因	得分
1	工作前准备					
1.1	着装	穿工作服，穿绝缘鞋	10	未着装或着装不规范，每项扣3分，扣完为止		
2	工作过程					
2.1	随机抽取10个金具符号	书写金具符合代表的名称	30	每答错一个扣3分		

续表

序号	考核项目名称	质量要求	分值	扣分标准	扣分原因	得分
2.2	回答抽取的10个符号金具的用途或吨位	准确解答抽取的10个符号所代表金具的用途或吨位	50	（1）每答错一个扣5分。 （2）回答不准确、不全面，每项扣2分		
3	工作终结					
3.1	安全文明生产	工作完毕后清理考场	10	未在规定时间内完成，每超时1min扣1分；未清理考场，扣5分，扣完为止		

2.2.3 XJ5JB0201 制作线路拉线备料

一、作业

（一）工器具、材料、设备

（1）工器具：断线钳、紧线器、卡线器、传递绳、卷尺、木槌、钢丝绳套、个人工具及安全用具。

（2）材料：楔型线夹、UT型线夹、钢绞线、U形环、铁线、扎丝、防锈漆。

（3）设备：无。

（二）安全要求

选取工器具材料时防止器物伤人。

（三）操作步骤及工艺要求（含注意事项）

（1）列出材料计划表。

（2）选取材料和工器具。

（3）材料和工器具摆放。

二、考核

（一）考核场地

考场可设在培训专用库房，库房材料尽量齐全。

（二）考核时间

考核时间为20min。在规定时间内完成，时间到终止作业。

（三）考核要点

（1）熟悉常用工器具、材料的名称、规格和用途。

（2）熟悉制作、安装拉线的工艺要求。

三、评分标准

行业：电力工程　　　　工种：送电线路架设工　　　　等级：五

编号	XJ5JB0201	行为领域	d	鉴定范围		送电线路	
考核时限	20min	题型	A	满分	100分	得分	
试题名称	制作线路拉线备料						
考核要点及其要求	（1）熟悉常用工器具、材料的名称、规格和用途。 （2）熟悉制作、安装拉线的工艺要求						
现场设备、工器具、材料	（1）工器具：断线钳、紧线器、卡线器、传递绳、卷尺、木槌、钢丝绳套、个人工具及安全用具。 （2）材料：楔型线夹、UT型线夹、钢绞线、U形环、铁线、扎丝、防锈漆						
备注	各考核分项的扣分不超过本分项总分，扣完为止						

评分标准

序号	考核项目名称	质量要求	分值	扣分标准	扣分原因	得分
1	工作前准备					
1.1	列出材料工器具计划表	规格符合工作需要，无遗漏	10	不符合规格或者遗漏一种，扣1分，扣完为止		

续表

序号	考核项目名称	质量要求	分值	扣分标准	扣分原因	得分
1.2	着装	戴手套，正确佩戴安全帽，穿工作服，穿绝缘鞋	5	未戴手套、安全帽，未着装或着装不规范，每项扣2分		
1.3	清理操作场地	满足摆放要求	5	不满足要求，扣5分		
2	工器具、材料选择、摆放					
2.1	工器具摆放	工器具选择正确，摆放整齐	30	不整齐，扣5分；每缺一项扣5分，扣完为止		
2.2	材料摆放	材料选择正确，摆放整齐规范，数量正确	40	不整齐，扣5分；规格数量每错一项扣10分，扣完为止		
3	工作终结验收					
3.1	安全文明生产	操作过程中无跌落物，工作完毕后清理现场，交还工器具	10	未在规定时间完成，每超时5min扣2分；未清理现场或交还工器具，扣5分，扣完为止		

2.2.4 XJ5JB0202 制作钢丝绳 2-2 滑车组

一、作业

（一）工器具、材料、设备

（1）工器具：安全帽、双轮滑车（2 个）、ϕ9 至 ϕ13 钢丝绳 40m 左右。

（2）材料：无。

（3）设备：无。

（二）安全要求

（1）工作服、绝缘鞋、安全帽等穿戴正确无误。

（2）选取工器具及操作时防止器物伤人。

（三）操作步骤及工艺要求（含注意事项）

（1）选择、检查工器具。

（2）制作滑车组。

二、考核

（一）考核场地

考场可设在室外较开阔的场地。

（二）考核时间

考核时间为 30min。在规定时间内完成，时间到终止作业。

（三）考核要点

（1）能穿出滑车组，根据需要选择工器具，进行外观检查。

（2）能规范操作，熟练制作滑车组，钢丝绳不互相扭结。

三、评分标准

行业：电力工程　　　　工种：送电线路架设工　　　　等级：五

编号	XJ5JB0202	行为领域	d	鉴定范围		送电线路	
考核时限	30min	题型	A	满分	100 分	得分	
试题名称	制作钢丝绳 2-2 滑车组						
考核要点及其要求	（1）能穿出滑车组，根据需要选择工器具，进行外观检查。 （2）能规范操作，熟练制作滑车组，钢丝绳不互相扭结						
现场设备、工器具、材料	（1）工器具：安全帽、双轮滑车（2 个）、ϕ9 至 ϕ13 钢丝绳 40m 左右。 （2）材料：无。 （3）设备：无						
备注	各考核分项的扣分不超过本分项总分，扣完为止						

评分标准

序号	考核项目名称	质量要求	分值	扣分标准	扣分原因	得分
1	工作前准备					
1.1	着装	正确佩戴安全帽，穿工作服，穿绝缘鞋，戴手套	10	未着装或着装不规范，每项扣 3 分		
1.2	工具选用	工器具选用满足施工需要，工器具做外观检查，正确选择钢丝绳规格和长度	5	（1）选用不当，扣 3 分。 （2）工器具未做外观检查，扣 2 分		

续表

序号	考核项目名称	质量要求	分值	扣分标准	扣分原因	得分
2	工作过程					
2.1	工器具摆放	将所选工器具有条理的摆放在操作场地	10	摆放混乱，互相缠绕，扣10分		
2.2	制作滑车组	钢丝绳绳尾从动滑车穿出，穿插正确，互不扭结	60	（1）钢丝绳绳尾未从地滑车（单滑车）穿出，扣20分。 （2）穿插不正确，扣20分。 （3）钢丝绳互相扭结，扣20分		
3	工作终结验收					
3.1	安全文明生产	操作过程中无掉落工具、材料，工作完毕后清理现场，交还工器具	15	（1）未在规定时间完成，每超时1min扣2分。 （2）掉落工具、材料，每次扣2分。 （3）未清理现场或交还工器具，扣5分		

2.2.5 XJ5ZY0101 送电线路登杆技能

一、作业

（一）工器具、材料、设备

（1）工器具：安全带、安全帽、脚扣。

（2）材料：无。

（3）设备：送电线路电杆。

（二）安全要求

（1）作业前核对登杆杆塔线路名称和杆号，防止误登。

（2）作业现场人员必须戴好安全帽。

（3）工作服、绝缘鞋、安全帽等穿戴正确无误。

（4）登杆前检查电杆，检查登高工具，对脚扣和安全带进行冲击试验。杆上作业人员正确使用安全带和二道保护，防止人员高空坠落。

（三）操作步骤及工艺要求（含注意事项）

（1）选择、检查工器具。

（2）登杆前检查。

（3）登杆操作。

（4）下杆操作。

二、考核

（一）考核场地

考场可设在培训专用、带有拉线的牢固电杆的场地。

（二）考核时间

考核时间为30min。在规定时间内完成，时间到终止作业。

（三）考核要点

能够选择满足登杆要求的工器具，能够规范、熟练地进行登杆操作。

三、评分标准

行业：电力工程　　工种：送电线路架设工　　等级：五

编号	XJ5ZY0101	行为领域	e	鉴定范围		送电线路	
考核时限	30min	题型	A	满分	100分	得分	
试题名称	送电线路登杆技能						
考核要点及其要求	能够选择满足登杆要求的工器具，能够规范、熟练地进行登杆操作						
现场设备、工器具、材料	（1）工器具：安全帽、安全带、脚扣。 （2）材料：无。 （3）设备：送电线路电杆						
备注	各考核分项的扣分不超过本分项总分，扣完为止						

评分标准

序号	考核项目名称	质量要求	分值	扣分标准	扣分原因	得分
1	工作前准备					

续表

序号	考核项目名称	质量要求	分值	扣分标准	扣分原因	得分
1.1	着装	正确佩戴安全帽，穿工作服，穿绝缘鞋，戴手套	10	未着装或着装不规范，每项扣5分		
1.2	工器具选用	工器具选用满足施工需要，工器具做外观检查	5	（1）选用不当，每项扣3分。 （2）工器具未做外观检查，扣2分		
2	工作过程					
2.1	登杆前检查	登杆前检查杆根和拉线	10	未检查，每项扣5分		
2.2	登杆工具检查	对脚扣、安全带进行冲击试验	10	未做冲击试验，扣10分		
2.3	登杆	动作规范，熟练	25	动作不规范，扣5分；不熟练，扣2分		
2.4	工作位置确定	站位合适、正确使用安全带	5	站位过高、过矮，均扣2分		
2.5	下杆	动作规范，熟练	25	动作不规范，扣5分；不熟练，扣2分		
3	工作终结验收					
3.1	安全文明生产	操作过程中无落物，工作完毕后清理现场，交还工器具	10	（1）未在规定时间完成，每超时1min扣2分，扣完为止。 （2）未清理现场或交还工器具，扣5分		

2.2.6 XJ5ZY0102 制作UT型拉线线夹

一、作业

(一) 工器具、材料、设备

(1) 工器具：安全帽、钢丝钳、活动扳手、木锤。

(2) 材料：UT型线夹、与其配套的钢绞线、12号绑扎铁丝。

(3) 设备：无。

(二) 安全要求

(1) 工作服、绝缘鞋、安全帽等穿戴正确无误。

(2) 选取工器具材料及操作时防止器物伤人。

(三) 操作步骤及工艺要求（含注意事项）

(1) 选择、检查工器具。

(2) 选择所需要的材料。

(3) 制作UT型线夹。

二、考核

(一) 考核场地

考场可设在培训中心较开阔的场地。

(二) 考核时间

考核时间为40min。在规定时间内完成，时间到终止作业。

(三) 考核要点

(1) 能根据需要选择工器具，进行外观检查。

(2) 能规范操作，熟练制作UT型线夹。

三、评分标准

行业：电力工程　　　　**工种：送电线路架设工**　　　　**等级：五**

编号	XJ5ZY0102	行为领域	e	鉴定范围		送电线路	
考核时限	40min	题型	A	满分	100分	得分	
试题名称	制作UT型拉线线夹						
考核要点及其要求	(1) 能根据需要选择工器具，进行外观检查。 (2) 能规范操作，熟练制作UT型线夹						
现场设备、工器具、材料	(1) 工器具：安全帽、钢丝钳、活动扳手、木锤。 (2) 材料：UT型线夹、与其配套的钢绞线、12号绑扎铁丝。 (3) 设备：无						
备注	各考核分项的扣分不超过本分项总分，扣完为止						

评分标准

序号	考核项目名称	质量要求	分值	扣分标准	扣分原因	得分
1	工作前准备					
1.1	着装	正确佩戴安全帽，穿工作服，穿绝缘鞋，戴手套	10	未着装或着装不规范，每项扣3分		

续表

序号	考核项目名称	质量要求	分值	扣分标准	扣分原因	得分
1.2	工具选用	工器具选用满足施工需要，工器具做外观检查	5	（1）选用不当，扣3分 （2）工器具未做外观检查，扣2分		
1.3	材料选择	根据操作要求选择UT型线夹、配套的钢绞线。	5	选用不当，每项扣2分		
2	工作过程					
2.1	制作UT型线夹	确定好钢绞线回头长度，弯曲钢绞线。将线夹套筒套入钢绞线。放入楔子，用木槌敲打。安装双螺母	30	（1）弯曲钢绞线不熟练，反复操作一次扣5分。 （2）将线夹套筒套入钢绞线正确，反复一次扣5分，方向套反扣10分。 （3）放入楔子操作不熟练，扣5分。 （4）未安装双螺母，扣10分		
2.2	绑扎工艺	绑扎方法正确，先顺钢绞线平压一段扎丝，再缠绕压紧该端头。每圈铁丝都扎紧，铁丝两端头绞紧。制作完后，线夹的凸肚位置应在尾线侧。尾线露出长度为300～500mm。钢绞线与线夹的舌板半圆弯曲结合处不得有死角和空隙。UT型线夹双母出丝不得大于丝纹总长的1/2	35	（1）绑扎方法不正确，扣5分。 （2）绑扎铁丝未扎紧，扣5分。 （3）制作完后，线夹的凸肚位置装反，扣10分。 （4）尾线露出长度超出规定，扣5分。 （5）钢绞线与线夹的舌板半圆弯曲结合处有死角或空隙，扣5分。 （6）UT型线夹双母出丝大于丝纹总长的1/2，扣5分		
3	工作终结验收					
3.1	安全文明生产	操作过程中无掉落工具、材料，工作完毕后清理现场，交还工器具	15	（1）未在规定时间完成，每超时1min扣2分。 （2）掉落工具、材料，每次扣2分。 （3）未清理现场或交还工器具，扣5分		

2.2.7　XJ5ZY0201　110kV送电线路直线杆上安装导线防振锤

一、作业

（一）工器具、材料、设备

（1）器具：个人常用工具，安全帽、安全带、安全绳、传递绳、登杆工具、下线爬梯。

（2）材料：导线防振锤，铝包带。

（3）设备：已架设好导线的110kV线路直线电杆，悬垂线夹已安装。

（二）安全要求

（1）作业现场人员必须戴好安全帽。

（2）工作服、绝缘鞋、安全帽等穿戴正确无误。

（3）登杆前检查杆塔，检查登高工具，对脚扣和安全带进行冲击试验。杆上作业人员正确使用安全带和二道保护，防止人员高空坠落。

（4）操作过程中确保人身安全。

（三）操作步骤及工艺要求（含注意事项）

（1）选择、检查工器具。

（2）登杆前检查。

（3）登杆操作。

（4）进行防振锤安装。

二、考核

（一）考核场地

考场可设在培训专用的已架设好导线的110kV线路直线电杆场地。

（二）考核时间

考核时间为40min。在规定时间内完成，时间到终止作业。

（三）考核要点

（1）能够规范、熟练地登杆操作。

（2）能够按工艺要求进行防振锤安装。

三、评分标准

行业：电力工程　　　　工种：送电线路架设工　　　　等级：五

<table>
<tr><td>编号</td><td>XJ5ZY0201</td><td>行为领域</td><td>e</td><td colspan="2">鉴定范围</td><td colspan="2">送电线路</td></tr>
<tr><td>考核时限</td><td>40min</td><td>题型</td><td>B</td><td>满分</td><td>100分</td><td>得分</td><td></td></tr>
<tr><td>试题名称</td><td colspan="7">110kV送电线路直线杆上安装导线防振锤</td></tr>
<tr><td>考核要点
及其要求</td><td colspan="7">（1）能够规范、熟练地登杆操作。
（2）能够按工艺要求进行防振锤安装</td></tr>
<tr><td>现场设备、
工器具、材料</td><td colspan="7">（1）工器具：个人常用工具，安全帽、安全带、安全绳、传递绳、登杆工具、下线爬梯。
（2）材料：导线防振锤，铝包带。
（3）设备：已架设好导线的110kV线路直线电杆，悬垂线夹已安装</td></tr>
<tr><td>备注</td><td colspan="7">各考核分项的扣分不超过本分项总分，扣完为止</td></tr>
</table>

续表

评分标准						
序号	考核项目名称	质量要求	分值	扣分标准	扣分原因	得分
1	工作前准备					
1.1	选择工器具，材料	选择工器具及材料满足工作需要，工器具做外观检查	10	（1）选用不当，每项扣2分。 （2）工器具未做外观检查，扣2分		
1.2	着装	正确佩戴安全帽，穿工作服，穿绝缘鞋，戴手套	5	未着装或着装不规范，每项扣2分		
2	工作过程					
2.1	登杆前检查	登杆前检查杆根和拉线	5	未检查，每项扣2分		
2.2	登杆工具检查	对登杆工具进行冲击试验	5	不做冲击试验，扣5分		
2.3	登杆	动作规范，熟练	5	动作不规范，扣5分；不熟练，扣2分		
2.4	上下传递工具、材料	上下配合熟练，工具、材料在杆上摆放正确，不下掉。	10	（1）上下配合熟练不熟练，扣3分。 （2）工具、材料在杆上摆放不正确，扣2分。 （3）工具、材料掉落，扣5分		
2.5	工作位置确定	站位合适，安全带和安全绳使用正确	10	（1）上下绝缘子未使用爬梯，扣3分。 （2）未正确使用安全带、安全绳，扣5分。 （3）出导线、工作站位不合适，扣2分		
2.6	防振锤安装	量出安装尺寸，做好印记。缠绕铝包带，铝包带要紧密缠绕，其方向应与外层铝股的绞制方向一致，所缠铝包带不超过夹扣10mm，其端头应回夹于夹内压住。安装防振锤，按规定拧紧螺栓，螺栓穿向正确。防振锤应与地面垂直	40	（1）误差超过30mm，扣5分。 （2）铝包带缠绕不紧，扣5分；缠绕方向错误，扣5分。 （3）所缠铝包带超过夹扣10mm，扣5分；其端头未回夹于夹内，扣5分。 （4）防振锤螺栓未拧紧，扣10分；螺栓穿向不正确，扣5分。 （5）防振锤不与地面垂直，扣5分		
3	工作终结验收					
3.1	安全文明生产	操作过程中无坠落物，工作完毕后清理现场，交还工器具	10	未在规定时间完成，每超时1min扣2分；未清理现场或交还工器具，每项扣2分		

2.2.8 XJ5ZY0202 直线绝缘子串备料及组装

一、作业

（一）工器具、材料、设备

（1）工器具：个人常用工具，安全帽。

（2）材料：合成绝缘子、球头挂环、直角挂板、碗头挂板、悬垂线夹。

（3）设备：无。

（二）安全要求

操作过程中确保人身安全。

（三）操作步骤及工艺要求（含注意事项）

（1）选择、检查工器具。

（2）选择、检查材料。

（3）根据施工图组装悬垂绝缘子串。

二、考核

（一）考核场地

考场可设在平坦的空地。

（二）考核时间

考核时间为20min。在规定时间内完成，时间到终止作业。

（三）考核要点

（1）能进行绝缘子串组装的材料准备。

（2）能按工艺要求组装悬垂绝缘子串。

三、评分标准

行业：电力工程　　　　工种：送电线路架设工　　　　等级：五

编号	XJ5ZY0202	行为领域	e	鉴定范围		送电线路	
考核时限	20min	题型	A	满分	100分	得分	
试题名称	直线绝缘子串备料及组装						
考核要点及其要求	（1）能进行绝缘子串组装的材料准备。 （2）能按工艺要求组装悬垂绝缘子串						
现场设备、工器具、材料	（1）工器具：个人常用工具，安全帽。 （2）材料：合成绝缘子、球头挂环、直角挂板、碗头挂板、悬垂线夹						
备注	各考核分项的扣分不超过本分项总分，扣完为止						

评分标准

序号	考核项目名称	质量要求	分值	扣分标准	扣分原因	得分
1	工作前准备					
1.1	选择工器具	选择工器具满足工作需要，工器具做外观检查	10	（1）选用不当，每项扣3分。 （2）工器具未做外观检查，每项扣2分		
1.2	着装	正确佩戴安全帽，穿工作服，穿绝缘鞋，戴手套	10	未着装或着装不规范，每项扣2分		

续表

序号	考核项目名称	质量要求	分值	扣分标准	扣分原因	得分
1.3	列出材料计划表	规格符合工作需要无遗漏	10	不符合规格或者遗漏，每种扣1分		
2	工作过程					
2.1	选择材料	选择材料准确齐全	20	错误或缺失，每项扣5分		
2.2	组装绝缘子串	将合成绝缘子和球头挂环、直角挂板连接起来，用R形销子固定，将悬垂线夹和绝缘子用碗头挂板连接起来，分别用销钉和W形销子固定。安装W形销子时，应由下向上推入铁件的碗口	40	(1) 组装不熟练，每项扣2分。 (2) 组装错误，每项扣20分。 (3) W、R形销子方向错误，扣5分。 (4) 未完成工作，扣15分		
3	工作终结验收					
3.1	安全文明生产	操作过程中无跌落物，工作完毕后清理现场，交还工器具	10	(1) 未在规定时间完成，每超时1min扣2分，扣完为止。 (2) 未清理现场或交还工器具，扣5分		

2.2.9 XJ5XG0101 35kV 线路装拆接地线

一、作业

（一）工器具、材料、设备

（1）工具：扳手、登杆工具、安全带、安全绳、传递绳、35kV 接地线、35kV 接触式验电器、绝缘手套。

（2）材料：无。

（3）设备：35kV 线路、电杆。

（二）安全要求

（1）防触电伤人。

（2）防倒杆伤人。

（3）防高空坠落。

（4）防坠物伤人。

（5）对接地线、验电器、绝缘手套按照规定进行检查。

（三）操作步骤及工艺要求（含注意事项）

（1）根据工作需要选择工器具。

（2）选择符合标准的接地线、验电器、绝缘手套。

（3）登杆前检查。

（4）登杆工具冲击试验。

（5）登杆、工作位置确定。

（6）验电、挂接地线。

（7）拆除接地线。

（8）操作人员下杆。

二、考核

（一）考核场地

（1）考场可以设在培训专用 35kV 线路上进行。

（2）配有一定区域的安全围栏。

（二）考核时间

考核时间为 40min。

（三）考核要点

（1）能根据需要选用相应电压等级、合格的接地线、绝缘手套和验电器。

（2）能按规程要求验电，装、拆接地线。

三、评分标准

行业：电力工程　　　　　　　工种：送电线路架设工　　　　　　　等级：五

编号	XJ5XG0101	行为领域	f	鉴定范围		送电线路	
考核时限	40min	题型	C	满分	100 分	得分	
试题名称	35kV 线路装拆接地线						
考核要点及其要求	（1）能根据需要选用相应电压等级、合格的接地线、绝缘手套和验电器。 （2）能按规程要求验电，装、拆接地线						

续表

现场设备、工器具、材料	（1）工具：扳手、登杆工具、安全带、安全绳、传递绳、35kV 接地线、35kV 接触式验电器、绝缘手套。 （2）材料：无。 （3）设备：35kV 线路、电杆
备注	各考核分项的扣分不超过本分项总分，扣完为止

评分标准

序号	作业名称	质量要求	分值	扣分标准	扣分原因	得分
1	工作前准备					
1.1	着装、穿戴	工作服、绝缘鞋、安全帽等穿戴正确	5	未着装或着装不规范，每项扣3分		
1.2	选用工具	根据工作需要选择工器具及安全用具，做外观检查。使用相应电压等级、合格的接地线、绝缘手套和接触式验电器。检查标签是否在试验期内	5	（1）选择工器具不合适，每项扣2分。 （2）没进行外观检查，扣3分		
1.4	登杆前检查	登杆前检查杆根、杆身	5	未检查，扣5分		
1.5	登杆工具冲击试验	对脚扣进行冲击试验，对安全带、绳进行试拉	5	（1）未进行冲击试验，扣2分。 （2）未进行试拉试验，扣3分		
2	工作过程					
2.1	登杆、工作位置确定	登杆动作规范、熟练，保持与线路的安全距离，站位合适，安全带、绳系绑正确	10	（1）登杆不熟练，扣2分。 （2）站位不合适，扣3分。 （3）安全带、绳系绑错误，扣5分		
2.2	验电	在验电前启动验电器，证明其完好，验电方法及顺序正确	10	（1）验电器未做检查，扣5分。 （2）未戴绝缘手套，扣2分。 （3）验电顺序错误，扣3分		
2.3	接地线装设	验明线路确无电压后，用传递绳上提接地线，并挂在合适的位置。先接接地端，接地钎深度不小于0.6m，后接导线端，逐相挂设，挂接顺序正确，接地线与导线连接可靠，操作中人身不碰触接地线，没有缠绕现象，操作熟练	25	（1）接地钎接地不合格，扣5分。 （2）挂接地线顺序错误，扣10分。 （3）挂接不可靠，扣5分。 （4）地线缠绕，扣5分。 （5）碰触身体一次，扣2分		

续表

序号	作业名称	质量要求	分值	扣分标准	扣分原因	得分
2.4	拆除接地线	拆地线与挂接地线操作顺序相反，并用传递绳传递至地面，操作规范、熟练	10	（1）拆除接地线顺序错误，扣5分。 （2）操作不规范，扣5分		
2.5	下杆、清理现场	清查杆上遗留物，操作人员下杆，并与地面辅助人员配合清理现场	10	（1）下杆过程不规范，扣5分。 （2）现场恢复不彻底，扣5分		
3	工作终结验收					
3.1	安全文明生产	操作过程中无掉落工具、材料，工作完毕后清理现场，交还工器具	15	（1）未在规定时间完成，每超时1min扣2分。 （2）掉落工具、材料，每次扣2分。 （3）未清理现场或交还工器具，扣5分		

2.2.10 XJ5XG0201 光学经纬仪的对中、调平、调焦

一、作业

（一）工器具、材料、设备

（1）工器具：光学经纬仪、三脚架。

（2）材料：无。

（3）设备：平坦的地面钉一木桩，桩头钉一颗小铁钉作为测量站点，约50m处设一对焦目标。

（二）安全要求

无。

（三）操作步骤及工艺要求（含注意事项）

（1）选择、检查光学经纬仪。

（2）安装三脚架，对中、调平。

（3）经纬仪对准目标调焦。

（4）操作结束，收仪器和三脚架。

二、考核

（一）考核场地

考场可设在开阔场地。

（二）考核时间

考核时间为30min。在规定时间内完成，时间到终止操作。

（三）考核要点

（1）了解经纬仪的一般使用方法。

（2）能熟练操作经纬仪进行对中、调平、调焦操作。

三、评分标准

行业：电力工程　　工种：送电线路架设工　　等级：五

编号	XJ5XG0201	行为领域	f	鉴定范围		送电线路	
考核时限	30min	题型	A	满分	100分	得分	
试题名称	光学经纬仪的对中、调平、调焦						
考核要点及其要求	（1）了解经纬仪的一般使用方法。 （2）能熟练操作经纬仪进行对中、调平、调焦操作						
现场设备、工器具、材料	（1）工器具：光学经纬仪、三脚架。 （2）材料：无。 （3）设备：平坦的地面钉一木桩，桩头钉一颗小铁钉作为测量站点，约50m处设一对焦目标						
备注	各考核分项的扣分不超过本分项总分，扣完为止						

评分标准

序号	考核项目名称	质量要求	分值	扣分标准	扣分原因	得分
1	工作前准备					

续表

序号	考核项目名称	质量要求	分值	扣分标准	扣分原因	得分
1.1	着装	穿工作服，穿绝缘鞋	10	未着装或着装不规范，每项扣5分		
1.2	工具选用	选用合格的光学经纬仪和三脚架，做外观检查	5	（1）选用不当，扣3分。 （2）工器具未做外观检查，扣2分		
2	工作过程					
2.1	仪器安装	将三脚架高度调节好，高度便于操作，架于测站点上。将仪器一手握住照准部，一手握住三角基座，放于三脚架上。转动中心固定螺栓，将仪器固定于三脚架上	10	（1）三脚架高度不合适，扣2分。 （2）手握仪器不正确，扣3分。 （3）操作仪器与三脚架固定不熟练，扣5分		
2.2	经纬仪对中	旋转对点器目镜，使分化板清晰，拉伸对点器镜筒，使对中标志清晰。两手各持三脚架中两脚，另一脚用右（左）手胳膊与右（左）脚配合好，将仪器平稳托离地来回移动，找到木桩，将仪器平稳放落地。将分化板的小圆圈套住桩上小铁钉，仪器一次放成功。再滑动仪器进行调整，使小铁钉准确处于分划板的小圆圈中心	20	（1）操作仪器对点器目镜不熟练，反复拉伸对点器镜筒，扣5分。 （2）反复多次操作三脚架两脚，找不到木桩，扣5分。 （3）将分化板的小圆圈套住桩上小铁钉时，仪器未一次放成功，扣5分。 （4）小铁钉在分划板的小圆圈外扣5分；在圈内但不在中心，扣2分		
2.3	精准对中、调平	将三脚架踩紧或调整各脚的高度，使圆水泡居中。将仪器照准部转动180°后再检查仪器对中情况，反复调整两次调平，使仪器旋转至任何位置，水准器泡最大偏离值都不超过1/4格值，然后拧紧中心固定螺栓	20	（1）未对中，扣10分。 （2）未调平，扣10分		
2.4	仪器调焦	从瞄准器上对准目标后，拧紧照准部制动手轮。旋转望远镜调焦手轮，使标杆的影像清晰。旋动照准部微动手轮，仔细调整，使标杆在十字丝双丝正中	20	（1）操作不熟练，反复调整，超过2次，扣5分。 （2）标杆未在十字丝双丝正中，扣15分		

续表

序号	考核项目名称	质量要求	分值	扣分标准	扣分原因	得分
2.5	收仪器	松动所有制动手轮，松开仪器中心固定螺旋。一手握住仪器，一手旋下固定螺栓，双手将仪器轻轻拿下放进箱内，要求位置正确，一次成功。将三脚架收回，扣上皮带	5	收仪器不熟练，扣5分		
3	工作终结验收					
3.1	安全文明生产	工作完毕后清理现场，交还工器具	10	未在规定时间完成，每超时1min扣2分；未清理现场或交还工器具，扣5分		

第二部分　中　级　工

1 理论试题

1.1 单选题

La4A1001 物体带电是由于（ ）。

(A) 失去电荷或得到电荷的缘故；(B) 既未失去电荷也未得到电荷的缘故；(C) 由于物体是导体；(D) 由于物体是绝缘体。

答案：A

La4A1002 多电阻并联电路中的干路总电流等于（ ）。

(A) 各支路电阻电流的和；(B) 各支路电阻电流的积；(C) 各支路电阻电流的倒数和；(D) 各支路电阻电流的倒数积。

答案：A

La4A1003 在一个由恒定电压源供电的电路中，负载电阻 R 增大时，负载电流（ ）。

(A) 增大；(B) 减小；(C) 恒定；(D) 基本不变。

答案：B

La4A1004 我国家用 220V 交流电的频率是（ ）。

(A) 55Hz；(B) 50Hz；(C) 60Hz；(D) 100Hz。

答案：B

La4A1005 在线路施工中，吊装时为了大幅省力，常用的工器具是（ ）。

(A) 定滑轮；(B) 动滑轮；(C) 滑轮组；(D) 杠杆。

答案：C

La4A1006 杆塔的呼称高是指（ ）。

(A) 杆塔最高点到地面高度；(B) 导线安装位置到地面高度；(C) 下层导线横担下平面到铁塔基础面的高度；(D) 下导线至地面的高度。

答案：C

La4A1007 一般情况下，在同一条输电线路中，（ ）的质量最小。

(A) 耐张塔；(B) 直线塔；(C) 转角塔；(D) 终端塔。

答案：B

La4A2008 交流 10kV 母线电压是指交流三相三线制的（　　）。
（A）线电压；（B）相电压；（C）线路电压；（D）设备电压。
答案：A

La4A2009 交流电路中电流比电压滞后 90°，该电路属于（　　）电路。
（A）复合；（B）纯电阻；（C）纯电感；（D）纯电容。
答案：C

La4A2010 在拖拉长物时，应顺着长度方向拖拉，绑扎点应在重心的（　　）。
（A）前端；（B）重心点；（C）后端；（D）中心点。
答案：A

La4A2011 实验证明，磁力线、电流方向和导体受力的方向，三者的方向（　　）。
（A）一致；（B）互相垂直；（C）相反；（D）互相平行。
答案：B

La4A2012 在纯电感单相交流电路中，电压（　　）电流。
（A）超前；（B）滞后；（C）既不超前也不滞后；（D）相反 180°。
答案：A

La4A2013 一般情况下水泥的颗粒越细，凝结硬化越快，水泥的强度（　　）。
（A）越高；（B）不变；（C）越低；（D）没有影响。
答案：A

La4A2014 下面选项中不属于送电线路必要元件的是（　　）。
（A）杆塔；（B）基础；（C）导线；（D）光缆。
答案：D

La4A2015 自重大于上拔力的基础为（　　）基础。
（A）重力；（B）抗拔；（C）抗压；（D）抗剪。
答案：A

La4A3016 在同一条输电线路中，降压运行可以（　　）。
（A）减小电流；（B）减小输送功率；（C）降低电晕损耗；（D）减小导线发热。
答案：C

La4A3017 纯电感交流电路中，电流与电压相关的相位关系是（　　）。
（A）电流与电压同相；（B）电流与电压反相；（C）电流超前电压 90°；（D）电流滞

后电压90°。

答案：D

La4A3018 三相四线制电路可看成是由三个单相电路构成的，其平均功率等于各相（ ）之和。

（A）功率因数；（B）视在功率；（C）有功功率；（D）无功功率。

答案：C

La4A3019 平行带电线路架线施工时，施工线路上会有感应电的原因是（ ）。

（A）带电线路有电流；（B）风电感应；（C）带电线路有电压；（D）静电感应。

答案：A

La4A3020 跨步电压随着距离接地点的减小而增大的主要原因是（ ）。

（A）电流密度变大；（B）接地点附近的电阻变大；（C）电磁感应的原因；（D）电流有集肤效应。

答案：A

La4A3021 电力线路发生接地故障时，在接地点周围区域将会产生（ ）。

（A）接地电压；（B）感应电压；（C）短路电压；（D）跨步电压。

答案：D

La4A3022 在感性负载交流电路中，常用（ ）方法可提高电路功率因数。

（A）负载串联电阻；（B）负载并联电阻；（C）负载串联电容器；（D）负载并联电容器。

答案：D

La4A3023 在电场力的作用下，电荷有规则地定向移动形成电流，（ ）作为电流的正方向。

（A）正电荷移动的方向；（B）负电荷移动的方向；（C）电压降的方向；（D）电动势的方向。

答案：A

La4A3024 在纯电容单相交流电路中，电压（ ）电流。

（A）超前；（B）滞后；（C）既不超前也不滞后；（D）相反180°。

答案：B

La4A3025 电容器在交流电路中（ ）能量。

（A）交换；（B）分配；（C）消耗；（D）改变。

答案：A

La4A3026 导线的瞬时拉断力除以安全系数为导线的（　　）。
（A）水平张力；（B）最大许用张力；（C）平均运行张力；（D）放线张力。
答案：B

La4A3027 为了使长距离线路三相电压降和相位间保持平衡，电力线路必须（　　）。
（A）按要求进行换位；（B）经常检修；（C）改造接地；（D）增加爬距。
答案：A

La4A3028 35～500kV 的电压，都是指三相三线制的（　　）。
（A）相电压；（B）线电压；（C）线路总电压；（D）端电压。
答案：B

La4A3029 关于电感 L、感抗 X，正确的说法是（　　）。
（A）L 的大小与频率有关；（B）L 对直流来说相当于短路；（C）频率越高，X 越小；（D）X 值可正可负。
答案：B

La4A3030 在直流电路中，电容器并联时，各并联电容上（　　）。
（A）电荷量相等；（B）电压和电荷量都相等；（C）电压相等；（D）电流相等。
答案：C

La4A3031 稳定正弦交流电的最大值、有效值是（　　）。
（A）随时间变化而变化；（B）不随时间变化；（C）当 $t=0$ 时，均为 0；（D）有效值不变，最大值会变化。
答案：B

La4A3032 星形连接时，三相电源的公共点叫三相电源的（　　）。
（A）中性点；（B）参考点；（C）零电位点；（D）接地点。
答案：A

La4A3033 在纯电感交流电路中电压超前（　　）90°。
（A）电阻；（B）电感；（C）电；（D）电流。
答案：D

La4A3034 有一个直流电路，电源电动势为 10V，电源内阻为 1Ω，向负载 R 供电。此时，负载要从电源获得最大功率，则负载电阻 R 为（　　）Ω。
（A）∞；（B）9；（C）1；（D）1.5。
答案：C

La4A3035 电流周围产生的磁场方向可用（　　）确定。

（A）安培定则；（B）左手定则；（C）楞次定律；（D）右手定则。

答案：A

La4A3036 电流 I 通过具有电阻 R 的导体，在时间 t 内所产生的热量 $Q=I\times I\times R\times t$，这个关系式又叫（　　）定律。

（A）牛顿第一；（B）牛顿第二；（C）焦耳—楞次；（D）欧姆。

答案：C

La4A3037 一条电压 U 为 220V 纯并联电路，共有额定功率 P_1 为 40W 的灯泡 25 盏，额定功率 P_2 为 60W 的灯泡 20 盏，此线路的熔断器容量应选（　　）。

（A）8A；（B）9A；（C）10A；（D）11A。

答案：C

La4A3038 电路中（　　）定律指出：流入任意一节点的电流必定等于流出该节点的电流。

（A）欧姆；（B）基尔霍夫第一；（C）楞次；（D）基尔霍夫第二。

答案：B

La4A3039 在电阻、电感串联的交流电路中，电压超前电流，其相位差在 0 与（　　）之间。

（A）π；（B）2π；（C）3π；（D）$\pi/2$。

答案：D

La4A3040 导线的电阻值与（　　）。

（A）其两端所加电压成正比；（B）流过的电流成反比；（C）所加电压和流过的电流无关；（D）导线的截面面积成正比。

答案：C

La4A3041 变压器二次侧电流增加时，变压器一次侧的电流变化情况是（　　）。

（A）指数减小；（B）不变；（C）随之相应增加；（D）比例减小。

答案：C

La4A3042 在 R、L、C 串联电路中，当 $X_L=X_C$ 时，比较电阻上 U_R 和电路总电压 U（U 不为 0）的大小为（　　）。

（A）$U_R<U$；（B）$U_R=U$；（C）$U_R>U$；（D）$U_R=0$。

答案：B

La4A3043 电阻和电容串联的单相交流电路中的有功功率计算公式是（ ）。

（A）$P=UI$；（B）$P=UI\cos\varphi$；（C）$P=UI\sin\varphi$；（D）$P=S\sin\varphi$。

答案：B

La4A3044 R、C、L 串联电路接于交流电源中，总电压与电流之间的相位关系为（ ）。

（A）U 超前于 I；（B）U 滞后于 I；（C）U 与 I 同期；（D）无法确定。

答案：D

La4A3045 作用于同一物体上的两个力大小相等、方向相反，且作用在同一直线上，使物体平衡，我们称为（ ）。

（A）二力定理；（B）二力平衡公理；（C）二力相等定律；（D）物体匀速运动的条件定理。

答案：B

La4A3046 电容器充电后，移去直流电源，把电流表接到电容器两端，则指针（ ）。

（A）会偏转；（B）不会偏转；（C）来回摆动；（D）停止不动。

答案：A

La4A3047 架空扩径导线的主要运行特点是（ ）。

（A）传输功率大；（B）电晕临界电压高；（C）压降小；（D）感受风压小。

答案：B

La4A3048 只要保持力偶矩的大小和力偶的（ ）不变，力偶的位置可在其作用面内任意移动或转动都不影响该力偶对刚体的效应。

（A）力的大小；（B）转向；（C）力臂的长短；（D）作用点。

答案：B

La4A3049 交流电的有效值，就是与它的（ ）相等的直流值。

（A）热效应；（B）光效应；（C）电效应；（D）磁效应。

答案：A

La4A3050 我国低压配网变压器一般是星形接线方式，220V 指的是（ ）

（A）线电压；（B）相电压；（C）最大值；（D）以上都不对。

答案：B

La4A3051 在抱杆起吊塔片的过程中，为了防止塔片触碰损伤塔身，我们用控尾绳牵引塔片，则（ ）。

（A）控制绳与塔身的夹角越大越好；（B）控制绳与塔身的夹角越小越好；（C）大小都一样；（D）不能确定。

答案：A

La4A3052 相对于交流，直流线路对导线的利用效率（ ）。

（A）较高；（B）较低；（C）没有区别；（D）无法确定。

答案：A

La4A3053 均压环不会安装在（ ）。

（A）耐张绝缘子两端；（B）悬垂绝缘子两端；（C）地线金具串两端；（D）跳线绝缘子串两端。

答案：C

La4A3054 可以采用星-角启动的电动机是（ ）。

（A）直流电机；（B）角接电动机；（C）单相电机；（D）星接电动机。

答案：B

La4A3055 高电压等线分裂导线间安装间隔棒的主要作用是（ ）。

（A）预防相间短路；（B）预防导线混线；（C）防止导线发生鞭击；（D）防止导线微风振动。

答案：C

La4A3056 导线的瞬时破坏应力为（ ）。

（A）瞬时拉断力与导线的标称截面之比；（B）瞬时拉断力与导线的铝截面之比；（C）瞬时拉断力与导线的综合截面之比；（D）瞬时拉断力与导线的钢芯截面之比。

答案：C

La4A3057 导地线设计最大使用张力是指（ ）。

（A）综合拉断力；（B）综合拉断力除以安全系数；（C）最大使用应力；（D）最大使用应力除以安全系数。

答案：B

La4A3058 完全用混凝土在现场浇灌而成的基础，且基础体内没有钢筋，这样的基础为（ ）。

（A）钢筋混凝土基础；（B）桩基础；（C）大块混凝土基础；（D）岩石基础。

答案：C

La4A3059 在分裂导线线路上，不等距离安装间隔棒的作用是（　）。
（A）保持绝缘；（B）抑制振动；（C）防止鞭击；（D）保持子导线间距离。
答案：B

La4A3060 并沟线夹、压接管、补修管均属于（　）。
（A）线夹金具；（B）连接金具；（C）保护金具；（D）接续金具。
答案：D

La4A3061 用倒落式人字抱杆起立电杆时，牵引力的最大值出现在（　）。
（A）抱杆快失效时；（B）抱杆失效后；（C）电杆刚离地时；（D）电杆与地呈45°角时。
答案：C

La4A3062 架线施工时弧垂是指（　）。
（A）架空线悬点连接线上任一点与架空线垂距；（B）架空线低悬点至架空线垂距；（C）架空线高点至架空线垂距；（D）架空线悬点连接线中点与架空线垂距。
答案：D

La4A3063 输电线路常用的钢芯铝绞线的型号前缀是（　）。
（A）JL/G1A；（B）JI/HA1；（C）JLB1A；（D）JG1A。
答案：A

La4A4064 将三个相同的电容C串联，总电容为（　）。
（A）3；（B）1/6；（C）1/3；（D）1/2。
答案：C

La4A4065 几个电容器串联连接时，其总电容量等于（　）。
（A）各串联电容量的倒数和；（B）各串联电容量之和；（C）各串联电容量之和的倒数；（D）各串联电容量倒数和的倒数。
答案：D

La4A4066 三相电源的线电压为380V，对称负载Y形接线，没有中性线，如果某相突然断掉，则其余两相负载的相电压（　）。
（A）不相等；（B）380V；（C）190V；（D）220V。
答案：C

La4A4067 将4只电容为4μF的电容器串联起来，其等效电容为（　）μF。
（A）16；（B）8；（C）4；（D）1。
答案：D

La4A4068 我们把在任何情况下都不发生变形的抽象物体称为（　　）。

（A）平衡固体；（B）理想物体；（C）硬物体；（D）刚体。

答案：D

La4A4069 有一单相汽油发电机，额定功率为1000W，输出电压为220V，若只接一盏220V/60W的电灯，问此灯会不会烧毁（　　）。

（A）会；（B）不会；（C）无法确定；（D）都有可能。

答案：B

La4A4070 静力学是研究物体在力系（一群力）的作用下，处于（　　）的学科。

（A）静止；（B）固定；（C）平衡；（D）匀速运动。

答案：C

La4A4071 两根平行导线通过相同方向的交流电流时，两根导线受电磁力的作用方向是（　　）。

（A）向同一侧运动；（B）靠拢；（C）分开；（D）无反应。

答案：B

La4A4072 以下电器中功率因数最接近于1的是（　　）。

（A）冰箱；（B）电扇；（C）洗衣机；（D）电吹风。

答案：D

La4A4073 正弦交流电的三要素是（　　）。

（A）电压、电动势、电能；（B）最大值、角频率、初相角；（C）最大值、有效值、瞬间值；（D）有效值、周期、初始值。

答案：B

La4A4074 在每个轮子都使用的情况下，3-3理想滑轮组能实现的最大省力是（　　）。

（A）1/4；（B）1/5；（C）1/6；（D）1/7。

答案：C

La4A4075 不考虑摩擦和绳的重量，滑轮组的效率随（　　）。

（A）提升重物的重力增大而增大；（B）提升重物的重力增大而减小；（C）不变；（D）不能确定。

答案：A

La4A4076 正常工作的发电机的满载时耗油量比空载时的耗油量（　　）。

（A）小；（B）相等；（C）大；（D）无法确定。

答案：C

La4A4077 耐张段内总档距越小，过牵引同样长度应力（　　）。

（A）增加越少；（B）增加越多；（C）不变；（D）减少越少。

答案：B

La4A4078 LGJ-95～150 型导线应用的悬垂线夹型号为（　　）。

（A）XGU-1；（B）XGU-2；（C）XGU-3；（D）XGU-4。

答案：C

La4A4079 附件安装时，计算导线的升拉力应使用（　　）。

（A）水平档距；（B）垂直档距；（C）代表档距；（D）档距。

答案：B

La4A5080 为了产生转矩，感应型仪表至少应该有两个在空间位置上有差异的交变磁通，转矩的大小与这两个磁通的大小成正比。当磁通间的夹角为（　　）时，转矩最大。

（A）0°；（B）180°；（C）90°；（D）45°。

答案：C

La4A5081 用 980N 人力，站在地面上用滑轮组吊起 400kg 的主材装车，应使用（　　）滑车组。

（A）一二；（B）二二；（C）二三；（D）三三。

答案：B

La4A5082 整体立铁塔过程中，随塔身升起所需牵引力越来越小，这是因为（　　）。

（A）重心位置不断改变；（B）重力矩的力臂不断变小，拉力也不断变小；（C）重心始终不变；（D）重力矩的力臂不断变大，拉力不断变小。

答案：B

La4A5083 电阻和电感串联的交流电路中，用（　　）表示电阻、电感及阻抗之间的关系。

（A）电压三角形；（B）功率三角形；（C）阻抗三角形；（D）电流三角形。

答案：C

La4A5084 两电阻功率相等，若额定电压为110V设备的电阻为R，则额定电压为220V设备的电阻为（　　）。

（A）2R；（B）R/2；（C）4R；（D）R/4。

答案：C

La4A5085 已知一钢芯铝绞线钢芯有7股，每股直径为1.85mm，铝芯有26股，每股直径为2.38mm。该导线标称截面面积为（　　）mm^2。

（A）95；（B）120；（C）150；（D）185。

答案：B

Lb4A1086 正常情况下，整体立塔时，铁塔基础的混凝土强度应达到（　　）的设计强度。

（A）70%；（B）90%；（C）100%；（D）80%。

答案：C

Lb4A1087 分解组塔时，铁塔基础混凝土的抗压强度应达到设计强度的（　　）。

（A）70%；（B）60%；（C）100%；（D）80%。

答案：A

Lb4A2088 转角杆塔分坑时，应将转角塔中心沿（　　）方向位移一段距离，才是基础中心。

（A）顺线路；（B）内角平分线；（C）外角平分线；（D）横线路。

答案：B

Lb4A2089 基础混凝土配合比材料用量每班日或每基基础应至少检查（　　）次，以保证配合比符合施工技术设计规定。

（A）1；（B）2；（C）3；（D）4。

答案：B

Lb4A2090 张力放线的速度与张力的大小（　　）。

（A）有关；（B）无关；（C）成反比；（D）成正比。

答案：B

Lb4A2091 在同等深度下，桩锚与地锚相比，其承载能力（　　）。

（A）大；（B）小；（C）相同；（D）差不多。

答案：B

Lb4A3092 转角塔位移的长度与（　　）有关。

（A）线路转角；（B）杆塔高度；（C）垂直档距；（D）水平档距。

答案：A

Lb4A3093 转角塔位移的距离与（　　）有关。

（A）横担宽度；（B）杆塔高度；（C）基础根开；（D）杆塔受力。

答案：A

Lb4A3094 转角塔位移的距离与（　　）无关。

（A）横担宽度；（B）转角度数；（C）内外侧横担长度差值；（D）基础根开。

答案：D

Lb4A3095 在线路平、断面图上常用的代表符号 N 表示（　　）。

（A）直线杆；（B）转角杆；（C）换位杆；（D）耐张杆。

答案：D

Lb4A3096 对于外拉和内拉悬浮抱杆组塔，对抱杆的稳定性，下面说法正确的是（　　）。

（A）内拉好于外拉；（B）外拉好于内拉；（C）效果相同；（D）不能确定。

答案：B

Lb4A3097 倒装组塔施工方法与其他施工方法相比，其占地面积（　　）。

（A）小；（B）大；（C）相同；（D）差不多。

答案：B

Lb4A3098 混凝土强度可根据原材料和配合比的变化来选择和掌握，因此要求强度等级关系为（　　）。

（A）水泥与混凝土一致；（B）水泥大于混凝土，一般比值为 1.5～2.5；（C）水泥小于混凝土；（D）没有具体要求。

答案：B

Lb4A3099 使用导线放线滑轮紧线时，滑轮的槽底直径应不小于导线直径的（　　）倍。

（A）15；（B）16；（C）17；（D）20。

答案：B

Lb4A3100 一直线塔呼称高为 36m，组立完毕后检验其倾斜值为 90mm，按验收评级标准此塔最终应评为（　　）。

（A）优良；（B）合格；（C）不合格；（D）可以使用。

答案：B

Lb4A3101 压缩型耐张线夹的握着力应不小于导线或地线设计使用拉断力的（　）。

(A) 90%；(B) 95%；(C) 100%；(D) 98%。

答案：B

Lb4A3102 在一般地区，220kV架空电力线路保护区为导线边线向外侧延伸（　）m所形成的两条平行线内的区域。

(A) 5；(B) 10；(C) 15；(D) 20。

答案：C

Lb4A3103 架空电力线路保护区，在一般地区35～110kV电压导线的边线延伸距离为（　）m。

(A) 5；(B) 10；(C) 15；(D) 20。

答案：B

Lb4A3104 电力线路的杆塔编号涂写工作，要求在（　）。

(A) 施工结束后，验收移交投运前进行；(B) 验收后由运行单位进行；(C) 送电运行后进行；(D) 杆塔立好后进行。

答案：A

Lb4A3105 放线滑车轮槽底部的轮径与钢芯铝绞线导线直径之比不宜小于（　）。

(A) 5；(B) 10；(C) 15；(D) 20。

答案：D

Lb4A3106 入库水泥应按（　）分别堆放，防止混淆使用。

(A) 品种；(B) 强度等级；(C) 出产日期；(D) 品种、强度等级、生产日期。

答案：D

Lb4A3107 混凝土倾倒入模盒内，自由倾落高度应不超过（　）。

(A) 2m；(B) 3m；(C) 4m；(D) 5m。

答案：A

Lb4A3108 送电线路垂直档距为（　）。

(A) 决定杆塔承受水平荷载的档距；(B) 决定杆塔承受风压的档距；(C) 相邻两档导线最低点间的水平距离决定杆塔导地线自重、冰重的档距；(D) 决定杆塔受断线张力的档距。

答案：C

Lb4A3109 线路杆塔的接地电阻与（　　）有关系。

（A）结构形状与深度；（B）与土壤的电阻率；（C）气候和环境；（D）以上都有关系。

答案：D

Lb4A4110 根据110～500kV架空电力线路工程施工质量及评定规程，铁塔缺少两根辅助角钢是属于（　　）性质的缺陷。

（A）一般；（B）关键；（C）重要；（D）记录。

答案：B

Lb4A4111 LGJ-185～240型导线应选配的悬垂线夹型号为（　　）。

（A）XGU-1；（B）XGU-2；（C）XGU-3；（D）XGU-4。

答案：D

Lb4A4112 螺栓型耐张线夹用于导线截面面积为（　　）。

（A）185mm^2及以下；（B）240mm^2及以下；（C）240mm^2及以上；（D）300mm^2及以下。

答案：B

Lb4A4113 钳压连接导线只适用于中、小截面铝绞线、钢绞线和钢芯铝绞线。其适用的导线型号为（　　）。

（A）LJ-16～LJ-150；（B）GJ-16～GJ-120；（C）LGJ-16～LGJ-185；（D）LGJ-16～LGJ-240。

答案：D

Lb4A5114 整体立杆制动绳受力在（　　）时最大。

（A）电杆刚离地；（B）杆塔立至40°以前；（C）杆塔立至80°以后；（D）抱杆快失效前。

答案：D

Lc4A1115 预防雷电以及临近高压电力线作业时的感应电，附件安装时，作业人员必须按安全技术规定装设保安接地线，保安接地线的截面面积不得小于（　　）mm^2。

（A）12；（B）16；（C）18；（D）22。

答案：B

Lc4A1116 停电线路的工作接地线应用编织软铜线，其截面面积应符合短路电流的要求，但不得小于（　　）mm^2。

（A）16；（B）25；（C）35；（D）50。

答案：B

Lc4A2117 高处作业人员与110kV线路的最小安全距离为（　　）m。
(A) 4；(B) 3；(C) 2.5；(D) 1.5。
答案：C

Lc4A2118 在导线上安装防振锤，以吸收及减弱振动的（　　）。
(A) 力量；(B) 次数；(C) 能量；(D) 振幅。
答案：C

Lc4A2119 220kV及以下线路直线转角杆塔的转角，不宜大于（　　）。
(A) 3°；(B) 5°；(C) 7°；(D) 6°。
答案：B

Lc4A2120 110kV线路与地面最小距离（非居民区）应大于（　　）m。
(A) 6.0；(B) 6.5；(C) 7.0；(D) 7.5。
答案：A

Lc4A2121 输电线路的铁塔高度应能满足在各种气象条件下，保持导线对地的（　　）。
(A) 安全距离；(B) 最小距离；(C) 最大距离；(D) 平均距离。
答案：B

Lc4A2122 接地线的截面面积应（　　）。
(A) 符合短路电流的要求并不得小于25mm²；(B) 符合短路电流的要求并不得小于35mm²；(C) 不得小于35mm²；(D) 不得大于50mm²。
答案：A

Lc4A3123 为了避免线路发生电晕，规范要求220kV线路的导线截面面积最小是（　　）。
(A) 150mm²；(B) 185mm²；(C) 240mm²；(D) 400mm²。
答案：C

Lc4A3124 塔结构设计时，（　　）m以上的铁塔一般装设爬梯。
(A) 40；(B) 30；(C) 50；(D) 70。
答案：D

Lc4A3125 架空地线对导线的保护效果，除了与可靠的接地有关外，主要还与（　　）。
(A) 地线的材质有关；(B) 地线的接地方式有关；(C) 地线对导线的保护角有关；(D) 地线的高度有关。
答案：C

Lc4A3126 预制基础的混凝土强度等级不宜低于（　　）。

（A）C10；（B）C15；（C）C20；（D）C25。

答案：C

Lc4A3127 铝绞线及钢芯铝绞线连接器的检验周期是（　　）。

（A）一年一次；（B）两年一次；（C）三年一次；（D）四年一次。

答案：D

Lc4A3128 220kV 输电线路杆塔架设双地线时，其保护角为（　　）。

（A）10°左右；（B）20°左右；（C）30°左右；（D）不大于 40°。

答案：B

Lc4A3129 导线悬挂点的应力与导线最低点的应力相比，（　　）。

（A）一样；（B）不大于 1.1 倍；（C）不大于 2.5 倍；（D）要根据计算确定。

答案：B

Lc4A3130 线路绝缘子上刷硅油或防尘剂是为了（　　）。

（A）增加强度；（B）延长使用寿命；（C）防止绝缘子闪络；（D）防止绝缘子破裂。

答案：C

Lc4A3131 起重作业常用的麻绳（按拧成的股数）有三种规格：（　　）。

（A）3 股、4 股、5 股；（B）2 股、4 股、9 股；（C）3 股、4 股、9 股；（D）4 股、5 股、9 股。

答案：C

Lc4A3132 35kV 及以上供电电压正、负偏差的绝对值之和不超过标称系统电压的（　　）。

（A）5%；（B）7%；（C）±10%；（D）10%。

答案：D

Lc4A3133 500kV 绝缘操作杆的有效绝缘长度为（　　）m。

（A）3；（B）3.7；（C）4；（D）5。

答案：C

Lc4A3134 自阻尼钢芯铝绞线的运行特点是（　　）。

（A）载流量大；（B）减小电晕损失；（C）感受风压小；（D）削弱导线振动。

答案：D

Lc4A3135 触电者触及断落在地上的带电高压导线，救护人员在未做好安全措施前，不得接近距断线接地点（　　）的范围。

(A) 3m以内；(B) 5m以内；(C) 8m以内；(D) 12m以上。

答案：C

Lc4A3136 因故间断电气工作连续（　　）以上者，必须重新学习本规程，并经考试合格后，方能恢复工作。

(A) 一个月；(B) 二个月；(C) 三个月；(D) 六个月。

答案：C

Lc4A3137 大气特别严重污染地区，离海岸盐场1km以内，离化学污染源和炉烟污秽300m以内的地区。属于（　　）级污秽等级。

(A) Ⅰ；(B) Ⅱ；(C) Ⅲ；(D) Ⅳ。

答案：D

Lc4A3138 电力线路的电流速断保护范围是（　　）。

(A) 线路全长；(B) 线路的1/2；(C) 线路全长的15%～20%；(D) 线路全长的15%～85%。

答案：D

Lc4A3139 运行中，普通钢筋混凝土电杆可以有（　　）。

(A) 纵向裂纹；(B) 横向裂纹；(C) 纵向、横向裂纹；(D) 超过0.2mm裂纹。

答案：B

Lc4A3140 电力线网络的基本形状是（　　）。

(A) 一段曲线；(B) 封闭曲线；(C) 放射线；(D) 直线。

答案：C

Lc4A3141 砂子的细度模数表示（　　）。

(A) 砂子颗粒级配；(B) 砂子粗细；(C) 砂子空隙率；(D) 砂子质量。

答案：B

Lc4A3142 安全带的试验周期是（　　）。

(A) 每三个月一次；(B) 半年一次；(C) 每一年半一次；(D) 每年一次。

答案：D

Lc4A3143 220kV绝缘操作杆的有效绝缘长度为（　　）m。

(A) 1.6；(B) 1.8；(C) 2.1；(D) 3。

答案：C

Lc4A3144 登杆用的脚扣，必须经静荷重1176N试验，持续时间为5min，周期试验每（　　）进行一次。

（A）3个月；（B）6个月；（C）12个月；（D）18个月。

答案：C

Lc4A3145 对使用过的钢丝绳要定期（　　）。

（A）浸油；（B）用钢刷清除污垢；（C）用水清洗；（D）用50%酒精清洗。

答案：A

Lc4A3146 在带电线路杆塔上工作与带电导线最小安全距离500kV为（　　）。

（A）4.0m；（B）4.5m；（C）5.0m；（D）6.0m。

答案：C

Lc4A3147 线路拉线应采用镀锌钢绞线，其截面面积应按受力情况计算确定，且不应小于（　　）。

（A）$16mm^2$；（B）$25mm^2$；（C）$35mm^2$；（D）$50mm^2$。

答案：B

Lc4A3148 对人体伤害最轻的电流途径是（　　）。

（A）从右手到左脚；（B）从左手到右脚；（C）从左手到右手；（D）从左脚到右脚。

答案：D

Lc4A3149 低压拉闸断电并验明无电后，为提升安全系数，可以用（　　）重复试电。

（A）左手手心；（B）右手手心；（C）左手手背；（D）右手手背。

答案：D

Lc4A3150 在带电线路杆塔上工作与带电导线最小安全距离10kV及以下为（　　）。

（A）0.7m；（B）0.8m；（C）1.0m；（D）1.2m。

答案：A

Lc4A3151 人的两脚着地点之间的电位差称为（　　）。

（A）相对地电压；（B）跨步电压；（C）接触电压；（D）没有电压。

答案：B

Lc4A3152 电力线路适当加强导线绝缘或减少避雷线的接地电阻，目的是为了（　　）。

（A）减少雷电流；（B）避免反击闪络；（C）减少接地电流；（D）避免内过电压。

答案：B

Lc4A3153　造成人身死亡事故或3人以上的重伤事故称为（　　）。

（A）一般事故；（B）一类障碍；（C）重大事故；（D）特大事故。

答案：C

Lc4A3154　绝缘棒平时应（　　）。

（A）放置平衡；（B）放在工具间，使它们不与地面和墙壁接触，以防受潮；（C）放在墙角；（D）放在经常操作设备的旁边。

答案：B

Lc4A3155　防振锤的理想安装位置是（　　）。

（A）靠近线夹处；（B）波节点；（C）靠近振动波的波腹处；（D）最大波腹处。

答案：C

Lc4A3156　35～110kV线路跨越公路时，对路面的最小垂直距离是（　　）。

（A）9.0m；（B）8.0m；（C）7.5m；（D）7.0m。

答案：D

Lc4A3157　对于固有或动态评估风险等级为（　　）及以上的作业，应组织作现场勘察。

（A）二级；（B）三级；（C）四级；（D）五级。

答案：B

Lc4A3158　（　　）及以上的风险作业项目，应发布风险预警。

（A）二级；（B）三级；（C）四级；（D）五级。

答案：C

Lc4A3159　遇有（　　）及以上风或暴雨、雷电、冰雹、大雪、大雾、沙尘暴等恶劣气候时，应停止露天高处作业。

（A）三级；（B）四级；（C）五级；（D）六级。

答案：D

Lc4A3160　在露天有（　　）及以上大风或大雨、大雪、大雾、雷暴等恶劣天气时，应停止起重吊装作业。

（A）三级；（B）四级；（C）五级；（D）六级。

答案：D

Lc4A3161　在风力（　　）以上及下雨、下雪时，不可露天或高处进行焊接和切割作业。

（A）三级；（B）四级；（C）五级；（D）六级。

答案：C

Lc4A3162 遇雷雨、大雪及（　　）以上风力，不得使用吊篮。

（A）三级；（B）四级；（C）五级；（D）六级。

答案：C

Lc4A3163 遇（　　）及以上风、雾、雨或雪等天气时，应停止脚手架的搭设与拆除作业。

（A）三级；（B）四级；（C）五级；（D）六级。

答案：D

Lc4A3164 跨越不停电线路架线施工应在良好天气下进行，遇雷电、雨、雪、霜、雾，相对湿度大于85％或（　　）及以上大风天气时应停止作业。

（A）三级；（B）四级；（C）五级；（D）六级。

答案：C

Lc4A3165 遇有雷雨及（　　）及以上风时应停止电缆高压试验。

（A）三级；（B）四级；（C）五级；（D）六级。

答案：D

Lc4A3166 下列状况可以使用吊篮的是（　　）。

（A）四级风力天气；（B）夜间施工；（C）雷雨天气；（D）大雪天气。

答案：A

Lc4A3167 电网建设作业人员应每（　　）对《电力安全工作规程（电网建设部分）》考试一次。

（A）半年；（B）一年；（C）二年；（D）季度。

答案：B

Lc4A3168 电网建设作业人员体格检查至少（　　）一次。

（A）半年；（B）一年；（C）二年；（D）季度。

答案：C

Lc4A3169 作业票签发人或作业负责人在作业前应组织开展（　　）确定作业风险作业等级。

（A）作业风险动态评估；（B）现场勘察；（C）安全技术交底；（D）施工计术培训。

答案：A

Lc4A3170 填写输变电工程安全施工作业票A的作业是（　　）。

（A）二级；（B）三级；（C）四级；（D）五级。

答案：A

Lc4A3171 填写输变电工程安全施工作业票B的作业是（　　）。

（A）一级；（B）二级；（C）三级；（D）五级。

答案：C

Lc4A3172 工作负责人的责任不包括（　　）。

（A）确认施工工作的安全性；（B）正确组织施工作业；（C）组织执行工作票所列安全措施；（D）对全体作业人员进行安全交底。

答案：A

Lc4A3173 作业票应保存至（　　）。

（A）作业完成后6个月；（B）全线完工后；（C）项目竣工后；（D）项目竣工后一年。

答案：C

Lc4A3174 在潮湿场所、金属容器或管道内的行灯电压不得超过（　　）V。

（A）6；（B）12；（C）24；（D）36。

答案：B

Lc4A3175 行灯电压不得超过（　　）V。

（A）12；（B）24；（C）36；（D）48。

答案：C

Lc4A3176 低压电力电缆中绿/黄双色芯线用作（　　）。

（A）保护零线；（B）地线；（C）工作零线；（D）相线。

答案：A

Lc4A3177 流动起重机组塔时，起重机与吊件与带电体的安全距离，对于10kV沿垂直方向是（　　）。

（A）1m；（B）2m；（C）3m；（D）4m。

答案：C

Lc4A3178 网套夹持导线、地线的长度不少于导线、地线直径的（　　）倍。

（A）10；（B）20；（C）30；（D）50。

答案：C

Lc4A4179 设计规程规定单导线线路，耐张段的长度一般采用不宜超过（　　）km。

（A）4；（B）5；（C）6；（D）7。

答案：B

Lc4A4180 导地线初伸长可以采用（　　）补偿。

（A）减小弧垂法；（B）升温法；（C）比例法；（D）插值法。

答案：A

Lc4A4181 在中性点直接接地的电力网中，输送距离超过（　　）km 的线路，均应换位。

（A）100；（B）150；（C）200；（D）80。

答案：A

Lc4A4182 线路设计时地线的防振措施原则上和导线（　　）。

（A）相同；（B）不相同；（C）相似；（D）不相似。

答案：A

Lc4A4183 全高超过 40m 且有地线的杆塔，高度每增加（　　）m 应增加一片绝缘子。

（A）5；（B）10；（C）15；（D）8。

答案：B

Lc4A4184 杆塔上两根地线之间的距离，不应超过地线与导线间垂直距离的（　　）倍。

（A）3；（B）4；（C）5；（D）6。

答案：C

Lc4A4185 导线最大弧垂发生在（　　）。

（A）最高气温；（B）最大风速；（C）覆冰时；（D）可能在最高气温时，也可能在覆冰时，也可能在最大风速时。

答案：D

Lc4A4186 公路按高速、一至四个等级划分，具有特别重要的政治、经济意义，专供汽车分道高速行驶并全部控制出入的公路为（　　）公路。

（A）高速；（B）一级；（C）二级；（D）三级。

答案：A

Lc4A4187 弱电线路分几个等级，县至区、乡的县内线路和两对以下的城郊线路；铁路的地区线路及有线广播线路为（　　）弱电线路。

（A）一级；（B）二级；（C）三级；（D）四级。

答案：C

Lc4A4188　导线在直线杆采用多点悬挂的目的是（　　）。

（A）解决单个悬垂线夹强度不够的问题；（B）降低导线的静弯应力；（C）提高重要跨越安全系数；（D）以上全包括。

答案：D

Lc4A4189　110kV 绝缘操作杆的有效绝缘长度为（　　）m。

（A）1；（B）1.3；（C）1.5；（D）1.8。

答案：B

Lc4A4190　泄漏比距是指绝缘子的爬电距离对（　　）有效值之比。

（A）最高工作电压；（B）操作过电压；（C）雷电过电压；（D）运行电压。

答案：A

Lc4A4191　任何单位和个人不得在距电力设施周围（　　）m 范围内（指水平距离）进行爆破作业。

（A）500；（B）400；（C）300；（D）200。

答案：C

Lc4A4192　班组管理中一直贯彻（　　）的指导方针。

（A）安全第一、质量第二；（B）安全第二、质量第一；（C）生产第一、质量第一；（D）安全第一、质量第一。

答案：D

Lc4A4193　最容易引起架空线发生微风振动的风向是（　　）。

（A）顺线路方向；（B）垂直线路方向；（C）旋转风；（D）与线路呈 45°角方向。

答案：B

Lc4A4194　耐张塔的底宽与塔高之比为（　　）。

（A）1/2～1/3；（B）1/4～1/5；（C）1/6～1/7；（D）1/7～1/8。

答案：B

Lc4A4195　电气设备外壳接地属于（　　）。

（A）工作接地；（B）保护接地；（C）防雷接地；（D）保护接零。

答案：B

Lc4A4196　绝缘子在干燥、淋雨、雷电冲击条件下承受的冲击和操作过电压的性能称为（　　）。

（A）绝缘子的绝缘性能；（B）耐电性能；（C）绝缘子的电气性能；（D）绝缘子的机电性能。

答案：C

Lc4A4197 电力线路在同样电压下，经过同样地区，单位爬距越大，则发生闪络的（ ）。

（A）可能性越小；（B）可能性越大；（C）机会均等；（D）条件不够，无法判断。

答案：A

Lc4A4198 所谓气象条件的组合：即把（ ）。

（A）各种可能同时出现的气象组合在一起；（B）出现的各种气象组合在一起；（C）年平均气温、最大风速时的气温等各种温度组合在一起；（D）年平均气温、最高气温等各种温度组合在一起。

答案：A

Lc4A4199 架空线受到均匀轻微风的作用时，产生的周期性的振动称为（ ）。

（A）舞动；（B）横向碰击；（C）次档距振荡；（D）微风振动。

答案：D

Lc4A4200 在线路施工中对所用工器具的要求是（ ）。

（A）出厂的工具就可以使用；（B）经试验合格后就可使用；（C）每次使用前不必进行外观检查；（D）经试验合格有效及使用前进行外观检查合格后方可使用。

答案：D

Lc4A4201 当电力线路上发生故障时，继电保护仅将故障部分切除，保持其他非直接故障部分继续运行，称为继电保护的（ ）。

（A）灵敏性；（B）快速性；（C）可靠性；（D）选择性。

答案：D

Lc4A5202 导线和地线的初伸长对弧垂的影响一般采用（ ）补偿。

（A）降温法；（B）升温法；（C）系数法；（D）插入法。

答案：A

Lc4A5203 导线微风振动的振动风速下限为（ ）。

（A）0.5m/s；（B）1m/s；（C）2m/s；（D）4m/s。

答案：A

lc4A5204 154～220kV导线与树木之间的最小垂直距离为（ ）。

（A）4.0m；（B）4.5m；（C）5.5m；（D）6.0m。

答案：B

Jd4A2205 机动绞磨和卷扬机在使用时，拉磨尾绳不应少于（ ）人，且应位于锚桩后面、绳圈外侧，不得站在绳圈内。

（A）1；（B）2；（C）3；（D）4。

答案：B

Jd4A2206 绝缘电阻表又称（ ）。

（A）兆欧表；（B）欧姆表；（C）万用表；（D）接地摇表。

答案：A

Jd4A3207 2500V 的摇表使用在额定电压为（ ）。

（A）500V 及以上的电气设备上；（B）1000V 及以上的电气设备上；（C）2000V 及以上的电气设备上；（D）10000V 及以上的电气设备上。

答案：B

Jd4A4208 当测量直线遇有障碍物，而障碍物上又无法立标杆或架仪器时，可采用（ ）绕过障碍向前测量。

（A）前视法；（B）后视法；（C）矩形法；（D）重转法。

答案：C

Jd4A5209 用 ZC-8 型接地电阻测量仪测量接地电阻时，电压极越靠近接地极，所测得的接地电阻数值（ ）。

（A）越大；（B）越小；（C）不变；（D）无穷大。

答案：B

Jd4A5210 常用的 GPS 基准坐标系统为（ ）。

（A）WGS 84；（B）北京 54 坐标系；（C）西安 80 坐标系；（D）GSGS 2000。

答案：A

Je4A1211 对普通硅酸盐水泥拌制的混凝土，其浇水养护日期不得少于（ ）昼夜。

（A）4；（B）5；（C）6；（D）7。

答案：D

Je4A1212 施工线路与被跨越物垂直交叉时，跨越架的宽度应比施工线路两边线各宽出（ ）m。

（A）1.5；（B）2；（C）3.5；（D）4。

答案：B

Je4A1213 导地线接续管及耐张管压接后弯曲度不得大于（ ），有明显弯曲时应校直，校直后的连接管严禁有裂纹，达不到规定时应割断重接。

（A）1%；（B）2%；（C）3%；（D）4%。

答案：B

Je4A1214 混凝土浇制后达到设计强度的时间为（ ）天。

（A）14；（B）21；（C）28；（D）35。

答案：C

Je4A1215 送电线路跨越Ⅰ、Ⅱ级通航河流时，导线、地线（ ）有接头。

（A）可以；（B）不可以；（C）不限制；（D）特殊情况下允许。

答案：B

Je4A2216 钢芯铝绞线采用液压连接，钢芯对接式钢管在液压操作时应（ ）。

（A）从两端往中间进行；（B）从一端向另一端进行；（C）从中心向一端进行，压完后向另一端进行；（D）无具体规定。

答案：C

Je4A2217 张力放线中，在一个档距内每根导线或架空地线上只允许有（ ）个补修管。

（A）1；（B）2；（C）3；（D）4。

答案：B

Je4A2218 送电线路地线的镀锌钢绞线股数为7股时，断（ ）股的情况下可以用补修管补修。

（A）1；（B）2；（C）3；（D）4。

答案：A

Je4A2219 110kV送电线路导、地线各相间弧垂相对误差应不大于（ ）mm。

（A）100；（B）200；（C）300；（D）400。

答案：B

Je4A2220 220kV及以上输电线路，导线相间弧垂误差不大于（ ）mm。

（A）100；（B）200；（C）300；（D）400。

答案：C

Je4A2221 断1股的19股镀锌钢绞架空地线时，应采取（ ）措施。

（A）以补修管修补；（B）锯断重接；（C）以镀锌铁丝缠绕；（D）可以不处理。

答案：A

Je4A2222　铁塔预制基础超深在＋100～＋300mm 时，应采用填土或砂、石夯实处理，每层厚度不宜超过（　　）mm，夯实后的耐压力不应低于原状土。

(A) 100；(B) 150；(C) 200；(D) 300。

答案：A

Je4A2223　木、竹跨越架立杆均应垂直埋入坑内，杆坑底部应夯实，埋深不得少于（　　）m。

(A) 0.7；(B) 0.5；(C) 1.2；(D) 1 。

答案：B

Je4A2224　线路施工时，耐张绝缘子串的销子一律（　　）穿。

(A) 向右（面向受电侧）；(B) 向左（面向受电侧）；(C) 向上；(D) 向下。

答案：D

Je4A2225　LGJ-120 型导线使用钳压接续管接续时，钳压坑数为（　　）个。

(A) 16；(B) 20；(C) 24；(D) 22。

答案：C

Je4A2226　检查混凝土是否达到设计强度，应以（　　）。

(A) 试块为依据；(B) 检查配合比为依据；(C) 养护条件为依据；(D) 回弹仪测试结果为依据。

答案：A

Je4A3227　浇制≤C25 混凝土用的石料中，带针状、片状颗粒的质量不得超过总质量的（　　）%。

(A) 15；(B) 20；(C) 25；(D) 30。

答案：C

Je4A3228　浇制≤C25 混凝土用的碎石和卵石，其含泥量不应超过（　　）%。

(A) 1；(B) 2；(C) 5；(D) 7。

答案：B

Je4A3229　JL/G1（A）400/50-54/7 型（钢芯铝绞线）导线，铝股为 54 根，在张力放线过程中，表面一处 5 根铝线被磨断，对此应进行（　　）。

(A) 缠绕处理；(B) 补修管处理；(C) 锯断重接；(D) 抛光处理。

答案：B

Je4A3230 地脚螺栓式基础根开及对角线尺寸允许误差为（　　）。

（A）±1‰；（B）±1.5‰；（C）±2‰；（D）±3‰。

答案：C

Je4A3231 泵送混凝土宜采用中砂，其通过0.315mm筛孔的颗粒含量不应少于（　　）%。

（A）10；（B）15；（C）20；（D）25。

答案：B

Je4A3232 某观测档距已选定，架空线悬挂点高差较小，处于平原地区，应选择的观测方法是（　　）。

（A）异长法；（B）等长法；（C）角度法；（D）平视法。

答案：B

Je4A3233 倒落式抱杆整立杆塔时，抱杆的初始角设置（　　）为最佳。

（A）40°～50°；（B）50°～60°；（C）60°～65°；（D）65°～75°。

答案：C

Je4A3234 观测弧垂时，若紧线段为1～5档者，可选其中（　　）。

（A）靠近两端各选一档；（B）靠近中间地形较好的一档观测；（C）靠近两端和中间选三档观测；（D）靠近紧线档观测。

答案：B

Je4A3235 拉线坑超深时，超深部分应（　　）。

（A）铺石灌浆；（B）回土夯实；（C）不需处理；（D）有影响时回土夯实。

答案：D

Je4A3236 杆塔基坑回填，应分层夯实，每回填（　　）厚度要夯实一次。

（A）100mm；（B）200mm；（C）300mm；（D）400mm。

答案：C

Je4A3237 观测弧垂时，若紧线段为6～12档者，可选其中（　　）。

（A）靠近两端各选一档；（B）靠近中间地形较好的一档观测；（C）靠近两端和中间选三档观测；（D）靠近紧线档观测。

答案：A

Je4A3238 观测弧垂时，若紧线段为12档以上，可选其中（　　）。

（A）靠近两端各选一档；（B）靠近中间地形较好的一档观测；（C）靠近两端和中间选三档观测；（D）靠近紧线档观测。

答案：C

Je4A3239 相分裂导线同相子导线弧垂允许偏差值应符合下列规定：220kV 为（ ）mm。

（A）50；（B）60；（C）70；（D）80。

答案：D

Je4A3240 对 220kV 线路导、地线各相弧垂相对误差一般情况下应不大于（ ）。

（A）100mm；（B）200mm；（C）300mm；（D）400mm。

答案：C

Je4A3241 电杆立直后填土夯实的要求是（ ）。

（A）每 300mm 夯实一次；（B）每 400mm 夯实一次；（C）每 600mm 夯实一次；（D）每500mm 夯实一次。

答案：A

Je4A3242 相分裂导线同相子导线的弧垂应力求一致，220kV 线路非垂直排列的同相子导线其相对误差应不超过（ ）mm。

（A）60；（B）80；（C）100；（D）120。

答案：B

Je4A3243 杆塔基坑回填时，坑口的地面上应筑防沉层，防沉层高度宜为（ ）。

（A）100～200mm；（B）200～300mm；（C）300～400mm；（D）300～500mm 。

答案：D

Je4A3244 采用张力放线时，牵张机的地锚抗拔力应是正常牵引力的（ ）倍。

（A）1～2；（B）2～3；（C）3～4；（D）4～5。

答案：B

Je4A3245 相分裂导线同相子导线弧垂允许偏差值应符合下列规定：500kV 为（ ）mm。

（A）50；（B）60；（C）70；（D）80。

答案：A

Je4A3246 直线杆塔的绝缘子串顺线路方向的偏斜角（除设计要求的预偏外）大于（ ），且其最大偏移值大于 300mm，应进行处理。

（A）5°；（B）7.5°；（C）10°；（D）15°。

答案：B

Je4A3247 杆塔整体起立时，固定钢绳的合力线与杆身的交点一定要超出（　　）位置。

（A）上固定钢绳；（B）下固定钢绳；（C）杆身重心；（D）杆身的一半。

答案：C

Je4A3248 110kV 线路架线后弧垂应不大于设计弧垂的（　　）。

（A）4％；（B）5％；（C）6％；（D）2.5％。

答案：B

Je4A3249 跨越架与通信线路的水平安全距离和垂直安全距离分别为（　　）。

（A）0.6m，3.0m；（B）3.0m，0.6m；（C）0.6m，1.0m；（D）1.0m，0.6m。

答案：C

Je4A3250 已知杆塔组立中吊点钢丝绳在施工中将受 15000N 的张力，应选择（　　）。

（A）破断拉力为 20000N 的钢丝绳；（B）破断拉力为 30000N 的钢丝绳；（C）破断拉力为 80000N 的钢丝绳；（D）破断拉力为 40000N 的钢丝绳。

答案：C

Je4A3251 500kV 输电线路的直线杆塔在组立及架线后结构的倾斜值允许偏差为（　　）。

（A）1％；（B）5％；（C）3％；（D）2％。

答案：C

Je4A3252 浇筑铁塔基础应表面平整，单腿尺寸的允许偏差中，对立柱与各底座断面尺寸的要求为（　　）。

（A）＋3％；（B）－1％；（C）±1％；（D）±1.5％。

答案：B

Je4A3253 钢绞线制作拉线时，端头弯回后距线夹（　　）处应用铁线或钢丝卡子固定。

（A）300～400mm；（B）300～500mm；（C）300～600mm；（D）300～700mm。

答案：B

Je4A3254 放线施工时，计算线长要用到的档距是（　　）。

（A）水平档距；（B）垂直档距；（C）代表档距；（D）临界档距。

答案：C

Je4A3255 驰度观测时，计算观测档驰度要用到的档距是（　　）。

（A）水平档距；（B）垂直档距；（C）观测档档距；（D）临界档距。

答案：C

Je4A3256 超过100m高的高塔基础，基础根开及对角线尺寸在基础回填夯实后允许偏差为（ ）。

（A）±0.5‰；（B）±0.7‰；（C）±1‰；（D）0.8‰。

答案：B

Je4A3257 浇筑混凝土基础时，保护层厚度的误差应不超过（ ）。

（A）－3mm；（B）－5mm；（C）±3mm；（D）±5mm。

答案：B

Je4A3258 混凝土基础应一次浇灌完成，如遇特殊原因，浇灌时间间断（ ）及以上时，应将接缝表面打成麻面等措施处理后继续浇灌。

（A）2h；（B）8h；（C）12h；（D）24h。

答案：A

Je4A3259 钢芯铝绞线断股损伤截面面积占铝股总截面面积的20%时，应采取的处理方法为（ ）。

（A）缠绕补修；（B）护线预绞丝补修；（C）补修管或补修预绞丝补修；（D）切断重接。

答案：C

Je4A3260 搭设的跨越架与一般公路路面的垂直距离为（ ）。

（A）6.5m；（B）7.5m；（C）4.5m；（D）5.5m。

答案：D

Je4A4261 采用补修预绞丝补修一般架线导线在单处损伤，长度不得小于（ ）个节距。

（A）1；（B）2；（C）3；（D）4。

答案：C

Je4A4262 施工测量中补定的杆位中心桩用钢尺测量时其测量之差不应超过（ ）。

（A）0.5/1000；（B）1/1000；（C）2/1000；（D）3/1000。

答案：B

Je4A4263 为了防止出现超深坑，在基坑开挖时，可预留暂不开挖层，其深度为（ ）。

（A）500mm；（B）100～200mm；（C）300mm；（D）400mm。

答案：B

Je4A4264 水泥强度等级、水灰比、混凝土强度三者之间的关系是（　　）。

（A）水泥强度高，水灰比大，混凝土强度高；（B）水泥强度低，水灰比小，混凝土强度高；（C）水泥强度高，水灰比小，混凝土强度高；（D）水泥强度低，水灰比大，混凝土强度高。

答案：C

Je4A5265 某观测档距已选定，但弧垂最低点低于两杆塔基部连线，架空线悬挂点高差大，档距也大，应选择的观测方法是（　　）。

（A）异长法；（B）等长法；（C）角度法；（D）平视法。

答案：D

Je4A5266 非张力放线时，在一个档距内，每根导线上只允许有（　　）。

（A）一个接续管和三个补修管；（B）两个接续管和四个补修管；（C）一个接续管和两个补修管；（D）两个接续管和三个补修管。

答案：A

Jf4A3267 钢丝绳端部用绳卡连接时，绳卡压板应（　　）。

（A）不在钢丝绳主要受力一边；（B）在钢丝绳主要受力一边；（C）无所谓哪一边；（D）正反交叉设置。

答案：B

Jf4A3268 杆塔的接地装置连接应可靠，当使用扁钢采用搭接焊接时，搭接长度应为其宽度的（　　）倍，并应四面施焊。

（A）1.5；（B）2；（C）3；（D）4。

答案：B

Jf4A3269 用滚杆拖运笨重物体时，添放滚杆的人员应站在（　　），并不得戴手套。

（A）滚动物体的前方；（B）滚动物体的后方；（C）滚动物体的侧方；（D）方便添放滚杆的方向。

答案：C

Jf4A3270 挂接地线时，若杆塔无接地引下线时，可采用临时接地棒，接地棒在地面以下深度不得小于（　　）。

（A）0.3m；（B）0.5m；（C）0.6m；（D）1.0m。

答案：C

Jf4A3271 地体若为圆钢，若采用搭接焊接，应双面施焊，其搭接长度为圆钢直径的（　　）倍。

（A）4；（B）6；（C）8；（D）2。

答案：B

Jf4A4272 下列不能按口头或电话命令执行的工作为（　　）。

（A）在全部停电的低压线路上工作；（B）测量杆塔接地电阻；（C）杆塔底部和基础检查；（D）杆塔底部和基础消缺工作。

答案：A

1.2 判断题

La4B1001 电气设备铜、铝接头不能直接连接。(√)

La4B2002 增大导线线径，可降低电晕损耗。(√)

La4B2003 架空送电线路的档距越大，线间距离应该越大。(√)

La4B2004 送电线路的三相导线，在空间排列的几何位置是对称的。(×)

La4B2005 输电线路电压等级越高，输送的功率越大，输送距离也越远。(√)

La4B2006 交流电完成一个循环所用的时间，叫交流电的频率。(×)

La4B2007 正弦交流电的三要素为最大值、角频率、初相位。(√)

La4B2008 用平行导线给单相负载供电，负载启动时互相排斥。(√)

La4B2009 当两个同频率正弦量的相位差为零时，称为同相位。(√)

La4B2010 电阻器两段电压与其电流是同频率、同相位的正弦量。(√)

La4B3011 送电线路的杆塔接地装置主要是为了将雷电流引入大地，以保持线路有一定的耐雷水平。(√)

La4B3012 线路工程设计、要求地线的最大使用应力能适用于全线所有耐张段。(√)

La4B3013 阻尼线的防振原理相当于多个联合的防振锤。(√)

La4B3014 电能不能大量存储，发电、供电、用电必须同时完成。(√)

La4B3015 一个耐张段中各档的几何均距叫作代表档距。(×)

La4B4016 将三个相同的电容 C 串联，总电容为 $3C$。(×)

La4B4017 在 R、L、C 串联电路中，当达到串联谐振时，回路电流最小。(×)

La4B5018 在拖拉长物时，应顺着长物方向拖拉，绑扎点应在重心的前端。(√)

La4B5019 输电线路的平断面图，高程的比例经常大于水平距离。(√)

La4B5020 在我国电网中，35kV 及以下系统通常是小接地电流系统，110kV 级以上系统通常是大接地电流系统。(√)

Lb4B1021 在中性点直接接地的电力网中，长度超过 100km 的线路，均应换位。(√)

Lb4B1022 新建电力线路投产前一般要进行 3～5 次空载合闸冲击，以使线路经受较大过电压的考验。(√)

Lb4B1023 500kV 送电线路应沿全线架设双地线。(√)

Lb4B1024 年平均雷暴日数超过 20 的地区 220～330kV 送电线路应沿全线架设地线，山区宜架设双地线。(×)

Lb4B1025 代表档距是耐张段中各档的平均值。(×)

Lb4B1026 每台用电设备必须有各自专用的开关箱，严禁用同一个开关箱直接控制 2 台及 2 台以上用电设备（含插座）。(√)

Lb4B1027 电压互感器在运行中，其二次侧不允许短路。(√)

Lb4B2028 电流互感器在运行中，其二次侧不允许开路。(√)

Lb4B2029 避雷器的额定电压应比被保护电网电压稍高一些好。(×)

Lb4B2030 滑车安装在固定位置的轴上，它只是用来改变绳索拉力的方向，而不能改变绳索的速度，也不能省力，这叫定滑车。（√）

Lb4B2031 钢丝绳用于机动起重设备，安全系数为 5～6，用于手动起重设备安全系数为 7。（×）

Lb4B2032 HRB 型号为热轧带肋钢筋，在钢筋混凝土结构中应用比较广泛。（√）

Lb4B3033 混凝土强度等级是表示混凝土的抗拉强度的大小。（×）

Lb4B3034 水灰比小，混凝土强度就低。（×）

Lb4B3035 导线和地线的初伸长对弧垂没有影响。（×）

Lb4B3036 采用落地式内摇臂抱杆组塔时，每隔一段要设置一个腰环，这个腰环可以固定在塔身的任何部位。（×）

Lb4B3037 混凝土的抗压强度是反映了混凝土中水泥与粗细骨料的黏结力的大小。（√）

Lb4B3038 在杆塔设计时，耐张杆塔除承受垂直荷载和水平荷载之外，还应承受更大的顺线路方向的张力。（√）

Lb4B3039 导线在风力涡流作用下，其振动都具有一定的频率和波长。（√）

Lb4B3040 导线、地线安装后，除产生弹性伸长外，还将产生塑性伸长和蠕变伸长。（√）

Lb4B3041 弧垂大小与导线的质量、空气温度、导线的张力及档距等因素有关。（√）

Lb4B3042 设计基础时选用不等高腿型式主要是因为地形原因造成各腿受力不同。（×）

Lb4B3043 张力放线施工中反向临锚起平衡上一紧线段和本紧线段张力差的作用。（√）

Lb4B3044 送电线路设计时，预应力钢筋混凝土离心环形断面电杆的混凝土强度等级不应低于 C30。（×）

Lb4B4045 防污绝缘子加大了绝缘子串的泄漏距离，因此可以防止或减少污闪事故的发生。（√）

Lb4B4046 雷云对地放电时，在雷击点放电过程中，位于雷击点附近的导线上将产生感应过电压。（√）

Lb4B4047 悬臂抱杆根据抱杆支座方式的不同，可以分为内悬浮式和落地式两种。（√）

Lb4B4048 电力系统对继电保护的要求包括：选择性、迅速性、灵敏性、可靠性。（√）

Lb4B4049 转角杆的内侧临时拉线，在转角杆两侧的架空线部分安装完成后即可拆除。（×）

Lb4B5050 防振锤是靠消耗导线、地线振动的能量，达到控制振幅来保护导线、地线的。（√）

Lc4B1051 超高压送电线路普遍采用分裂导线。（√）

Lc4B2052 架空送电线路，每基接地网的工频接地电阻，在雷季干燥情况下，平地一般不大于15Ω；山区一般不大于30Ω。(√)

Lc4B2053 观测弧垂的方法有角度法、平视法、等长法、异长法等。(√)

Lc4B2054 "五通一平"指的是水通、电通、道理通、通信通、政策处理通和施工现场场地平整。(√)

Lc4B2055 自重大于上拔力的基础为重力基础。(√)

Lc4B2056 地锚的安全系数为2.5倍。(×)

Lc4B2057 19股镀锌钢绞线作地线，当其断1股时应采取以补修管修补。(√)

Lc4B2058 一般情况下水泥的颗粒越细，凝结硬化越快，水泥的强度越高。(√)

Lc4B2059 室外平均气温连续5天低于5℃，最低气温低于零下3℃，可认为是冬期施工。(√)

Lc4B3060 用预热法养护混凝土时，水加热温度不得超过80℃，骨料加热不得超过70℃。(×)

Lc4B3061 同一临时地锚上最多不得超过2根拉线。(√)

Lc4B3062 低压测电笔只限于380V以下导体检测。(×)

Lc4B3063 炸药、雷管及导火线应分库存放，库间必须有一定的安全距离，最小安全距离不得小于100m，库内不得有火源。(√)

Lc4B3064 导线、地线连接时，不同金属、不同规格、不同绞制方向的导线或架空地线严禁在一个耐张段内连接。(√)

Lc4B3065 当导线或架空地线采用液压连接时，操作人员必须经过培训及考试合格、持有操作许可证。(√)

Lc4B3066 导线或架空地线，必须使用合格的电力金具配套接续管及耐张线夹进行连接。(√)

Lc4B3067 导线、地线连接后，其试验强度不得小于导线或架空地线设计使用拉断力的95%。(√)

Lc4B3068 切割导线铝股时严禁伤及钢芯，切口应整齐。(√)

Lc4B3069 液压管在第一模压好后应用精度不低于0.01mm的游标卡尺检查压后对边距尺寸，符合标准后继续进行液压操作。(√)

Lc4B3070 导线、地线连接时，施压应按规程所规定的顺序，相邻两模间至少应重叠10mm。(×)

Lc4B3071 导线、地线连接时，压完后管子有飞边、毛刺及表面未超过允许的损伤时，应锉平并用0号砂纸磨光。(√)

Lc4B3072 导线、地线连接时，液压后管子的弯曲度不得大于5%，超过5%尚可校直时应校直。(×)

Lc4B3073 导线、地线连接时，裸露的钢管压后应涂防锈漆。(√)

Lc4B4074 各类管与耐张线夹出口间的距离不应小于15m；接续管或补修管与悬垂线夹中心的距离不应小于5m；接续管或补修管与间隔棒中心的距离不宜小于0.5m。(√)

Lc4B4075 在一个耐张段的连续档中，各档导线的水平应力是按同一值架设的，当气

象条件变化时，各档应力变化完全相同。（×）

Lc4B5076 对于高度超过 2m 以上的作业称为高处作业。（√）

Lc4B5077 六级风天气可以进行高处作业。（×）

Jd4B1078 导线的地面划印，即将架空线的划印工作由杆塔挂线点处移到杆塔的根部，离地面不高的地方进行。（√）

Jd4B2079 在使用绝缘电阻表测试前，必须使设备带电，这样测试结果才准确。（×）

Jd4B2080 机械绞磨应布置在能让操作人员看得到起吊的全过程和看清楚指挥人员的信号的位置。（√）

Jd4B2081 钢丝绳的选用除了安全系数选择其强度外，还应考虑与滑轮的直径相适应。（√）

Jd4B2082 钢丝绳必须经过 125%超负荷试验合格后方可使用。（√）

Jd4B2083 2-2 滑轮组，绳索由定滑轮引出，如不计摩擦阻力，则其牵引力约为物体重力的 1/4。（√）

Jd4B3084 麻绳用于一般起重机作业，安全系数为 3，用于载人装置的麻绳的安全系数为 14。（√）

Jd4B3085 选用起吊滑车，对钢丝绳使用滑车其底槽直径应大于 10～11 倍钢丝绳直径。（√）

Jd4B3086 放线滑车滑轮的直径应大于导线直径的 16 倍以上。（√）

Jd4B3087 用低压验电笔可以区别交、直流电。（√）

Jd4B3088 采用倒装组塔施工方法与其他施工方法相比占地面积小。（×）

Jd4B3089 使用导线放线滑轮紧线时，滑轮的槽底直径应不小于导线直径的 16 倍。（√）

Jd4B3090 跨越架顶面的搭设或拆除，应在被跨越电力线停电后进行。（√）

Jd4B3091 在搭设和拆除跨越架可以不设安全监护人。（×）

Jd4B3092 跨越不停电线路架设施工应在良好的天气下进行，遇雷电、雨、雪、霜、雾，相对湿度大于 85%或五级以上大风时，应停止作业。（√）

Jd4B3093 杆塔基坑开挖的方法主要有人力开挖、机械开挖和松动爆破等。（√）

Jd4B3094 加工基础钢筋时，钢筋长度加工误差为±1%，最大不得超过 20mm。（√）

Jd4B3095 加工基础钢筋时，钢筋末端弯钩应符合对不同直径钢筋长度的要求及规定。（√）

Jd4B3096 加工基础钢筋时，箍筋弯钩应呈 45°，钩长符合要求。（√）

Jd4B4097 钢筋接头用绑接法连接时，至少要绑扎 2 处。（×）

Jd4B4098 经纬仪出箱时要用手托轴座或度盘，也可以用手提望远镜。（×）

Jd4B4099 经纬仪的各个制动螺钉不能拧得太紧或太松，应该松紧适度。（√）

Jd4B4100 转动经纬仪时，应手扶支架或托盘平稳转动，也可以手持望远镜左右旋转。（×）

Jd4B4101 严禁用手、粗布或硬纸擦拭经纬仪，应用软毛刷轻轻地掸去灰尘。（√）

Jd4B4102　经纬仪应避免在强烈阳光下照射，以防水准管破裂及气泡偏移。(√)

Je4B1103　冬期浇制混凝土，养护期间混凝土的最低温度不得低于1℃。(√)

Je4B1104　冬期浇制混凝土时，混凝土所用的骨料必须清洁，不得含有冰雪等冻结物。(√)

Je4B1105　冬期浇制混凝土前应清除模板和钢筋上的冰雪和污垢。(√)

Je4B1106　冬期浇制混凝土采用蓄热法养护混凝土时，至少每6h测一次养护温度。(√)

Je4B1107　冬期浇制混凝土时，室外气温每昼夜至少应定点测温四次。(√)

Je4B1108　冬期浇制混凝土测温时，测温计应与外界气温隔离，测温计留置在测温孔的时间不应少于3min；采用暖棚法养护时，应在离热源不同位置分别测温，测温孔深不宜小于200mm。(√)

Je4B1109　不同金属、不同规格、不同绞制方向的导线或地线可在一个耐张段内连接。(×)

Je4B1110　在工程施工过程中，为满足工期的要求，可以适当降低对施工安全和质量的要求。(×)

Je4B1111　采用插入式振捣器捣固混凝土时，其移动间距不宜大于振捣器作用半径的2倍。(×)

Je4B1112　观测弧垂时，应待导线稳定后方可进行观测。(√)

Je4B1113　在线路复测时所使用的测绳，应经常用合格的钢尺进行校正。(√)

Je4B1114　档端角度法观测弧垂，是将经纬仪安置在架空线悬挂点的垂直下方。(√)

Je4B1115　当一个耐张段处于高山大岭地区时，应增加观测档，以满足紧线弧垂符合要求。(√)

Je4B1116　施工测量使用的水准仪、经纬仪、光电测距仪没有经过检查和校准，无检验合格证时在工程中可以使用。(×)

Je4B1117　线轴布线时，前后布置应考虑放线后尽量减少余线。(√)

Je4B1118　人字抱杆整体起吊电杆时，主牵引地锚与电杆基坑的距离为杆高的1.5～2倍，主牵引绳与地面夹角应不大于30°。(√)

Je4B1119　采用倒落式人字抱杆整立电杆时，选择抱杆长一点的为宜。(×)

Je4B2120　耐张塔的基础保护帽，应在铁塔全部检修完毕后浇制。(×)

Je4B2121　现场浇筑混凝土的养护应在浇制完毕后15h内开始浇水养护。(×)

Je4B2122　张力放线施工跨越高山大岭时，每个区段尽可能加大，这样可以取得较好的经济效益。(×)

Je4B2123　在紧线时，为使耐张串容易安装，过牵引量就应该越大越好。(×)

Je4B2124　当采用外拉线抱杆吊装横担时，抱杆必须高出横担上方主材并留有一定的安装裕度。(√)

Je4B2125　塔位的坑深是以设计所钉的杆塔位中心桩为基准。(×)

Je4B2126　钢筋绑扎接头与钢筋弯曲处相距不得大于10倍钢筋直径。(×)

Je4B2127　接地体圆钢与扁钢连接时，其焊接长度为圆钢直径的6倍。(√)

Je4B2128 张力放线紧线挂线过牵引时，导线地线的安全系数不得小于1.5。(×)

Je4B2129 紧线完成后首先应调整接续管的位置。(×)

Je4B3130 某一弧垂观测档，其弧垂大于两端铁塔高度，宜采用“平行法”观测。(×)

Je4B3131 砂率过小时，混凝土的和易性差。(×)

Je4B3132 坍落度是为测定混凝土强度而做的试验。(×)

Je4B3133 在地线放线过程中发现19股的镀锌钢绞线，有3股已断，放线人员可以采用补修管补修的方法处理。(×)

Je4B3134 用经纬仪视距法校核档距，其误差不应大于设计档距的1%。(√)

Je4B3135 放线区段较长时，施工的综合效益高，所以说放线区段越长越好。(×)

Je4B3136 在浇制C20混凝土时，所使用砂的含泥量应小于5%。(√)

Je4B3137 C15混凝土使用HRB335级带肋纵向受拉钢筋搭接绑扎接头的长度不得小于55倍使用钢筋的直径。(√)

Je4B3138 张力放线后紧线时，应先收紧张力较大、弧垂较小的子导线。(√)

Je4B3139 整体立杆选用吊点数目基本原则是：保证杆身强度能够承受产生的最大弯矩。(√)

Je4B3140 混凝土的配合比设计中应预留15%～20%的强度储备。(√)

Je4B3141 整立杆塔过程中，主牵引地锚、抱杆顶点、制动系统中心及杆塔中心四点必须保持在同一垂直面上，严禁偏移。(√)

Je4B3142 铁塔组立后各相邻节点间主材弯曲不得超过1/750。(√)

Je4B3143 在立塔过程中，发现施工技术措施不符合现场要求，施工负责人可以修改措施然后进行塔件起吊。(×)

Je4B3144 铁塔在组立时其基础混凝土强度，分解组立时为设计强度的70%，整体组立时为设计强度的90%。(×)

Je4B3145 110kV架空线路弧垂误差不应超过设计弧垂的−2.5%～5%。且正误差最大值不应超过1000mm。(×)

Je4B4146 整体起立电杆，在刚离地阶段指挥人员应站在横线路方向侧，随时注意观察电杆各吊点受力弯曲情况。(×)

Je4B4147 为了确保混凝土的浇制质量，主要应把好配合比设计、支模及浇制、振捣、养护几个关口。(√)

Je4B4148 线路施工验收按隐蔽工程、中间验收、竣工验收三个程序进行。(√)

Je4B4149 人力放线工作时，逐基挂放线滑车，滑车应与施放的材质相同，轮径大小应大于导线直径的15倍，以减少导线的局部弯曲应力。(√)

Je4B4150 放线时的通信必须迅速、清晰、畅通。(√)

Je4B4151 人力放线工作时，对重要交叉跨越点要派专人监护。(√)

Je4B4152 导线布线在平地丘陵裕度取2%、山区取3%、高山深谷取5%。(√)

Je4B4153 布线时，导线接头应避开不准接头的档距。(√)

Je4B4154 宜将两线盘布置在全长的中间，以便向两端展放。(√)

Je4B5155 采用固定机械放线时，线盘应固定在一端，以便向另一端牵放。(√)

Je4B5156 根据耐张段的长度合理布置不同线长的线盘，尽量避免切断导、地线，以免造成浪费。(√)

Je4B5157 整体立杆现场制动绳锚坑与中心桩的距离为电杆高度的1.3倍。(√)

Je4B5158 整体立杆现场牵引绳锚坑与基坑的距离为电杆高度的1.3～1.5倍，牵引绳对地夹角一般不大于30°。(√)

Je4B5159 整体立杆现场两侧拉线应垂直线路，拉线坑与中心桩的距离为杆高的1.2倍距离以上。(√)

Je4B5160 整体立杆现场抱杆位置距中心桩3～5m，抱杆倾角为60°～65°，抱杆根开为1/4～1/3抱杆高。(√)

Je4B5161 整体立杆现场人字抱杆的有效高度一般取杆塔重心高度的0.8～1.1倍。(√)

Je4B5162 电杆横担起吊离开地面1m，停止牵引，在杆上做冲击试验，检查各部受力情况是否正常。(×)

Jf4B1163 三相送电线路，B相的标志色规定为红色。(×)

Jf4B1164 在新建线路与旧线路并行距离很近的地区，开挖冻土或石坑时，不应放大炮。应防止冻土块或石块飞起碰伤旧线路的导线。(√)

Jf4B1165 转角杆塔、换位杆塔在分坑时必须注意其位移值及位移方向。(√)

Jf4B1166 在强电场内使用电雷管，要严格按操作规程由经过专门培训取得合格证者操作。(×)

Jf4B1167 板料在矫正时，用手锤直接锤击凸起部分进行矫正。(×)

Jf4B1168 在锉一个内直角面时，需采用带光面的锉刀进行加工。(√)

Jf4B1169 在虎钳上锯割工件时，应站在面对虎钳的左侧。(√)

Jf4B2170 锯割速度应视金属工件材料而定。而锯割硬质材料速度可以快些。锯割软材料速度可以慢些。(×)

Jf4B2171 送电线路交叉跨越铁路和主要公路时，必须测交叉点至轨顶和路面高程，并记录铁路、公路被交叉跨越处的里程。(√)

Jf4B2172 钢芯铝绞线损伤面积为导电部分截面面积的5%及以下者可用0号砂纸作抛光处理。(×)

Jf4B2173 导线、地线液压连接时，应以合模为标准。(×)

Jf4B2174 导线在同一截面处，单股损伤深度小于直径的1/2，可以进行修光处理。(√)

Jf4B2175 当焊口缝隙太大，可用焊条填充处理。(×)

Jf4B2176 混凝土电杆用货车运输，车厢内电杆码放高度不应超过三层。(√)

Jf4B2177 混凝土电杆用货车运输，混凝土水泥电杆顺其滚动方向必须用木楔掩牢并捆绑牢固。(√)

Jf4B2178 混凝土电杆用货车运输，押运人员应加强途中检查，防止捆绑松动；通过山区或弯道时，防止超长部位与山坡或行道树碰刮。(√)

Jf4B2179 基础承受杆塔传递的荷载，所以基础自身有足够的强度就可以稳固杆塔。(×)

Jf4B2180 氧气瓶存放处周围 10m 内严禁明火，严禁与易燃易爆物品同间存放。(√)

Jf4B2181 氧气瓶卧放时不宜超过五层，两侧应设立柱，立放时应有支架固定。(√)

Jf4B3182 捆绑起吊重物时，必须考虑起吊时吊索与水平面要具有一定的角度，一般以 60°为宜。(√)

Jf4B3183 捆绑起吊有棱角的重物时，应垫木板、旧轮胎、麻袋等物，以免物件棱角和钢丝绳受到损伤。(√)

Jf4B3184 镀锌钢绞线的液压部分穿管前应以棉纱擦去泥土。如有污垢应以汽油清洗。清洗长度不应短于穿管长的 1.5 倍。(√)

Jf4B3185 钢芯铝绞线的液压部分在穿管前，应以汽油清除其表面污垢，清除的长度对先套入铝管端应不短于铝管套入部位；对另一端应不短于半管长的 1.5 倍。(√)

Jf4B3186 高处作业人员与 110kV 线路的最小安全距离为 2.5m。(√)

Jf4B3187 混凝土电杆，当钢圈厚度小于 10mm 时，焊缝加强高度应为 1.5～2.5mm。(√)

Jf4B3188 新购买的氧气瓶必须每 3 年进行一次内外部检查。(√)

Jf4B3189 施工测量中补定的杆位中心桩用钢尺测量时，其测量之差不应超过 1/1000。(√)

Jf4B3190 某观测档距已选定，但弧垂最低点低于两杆塔基部连线，架空线悬挂点高差大，档距也大，应选择的观测方法是角度法。(×)

Jf4B4191 钳工在清理切屑时，正确的方法是用刷子清扫。(√)

Jf4B4192 毛竹跨越架立杆埋深不得少于 1m。(×)

Jf4B4193 毛竹跨越架支撑杆埋入地下深度不得少于 0.5m。(×)

Jf4B4194 混凝土分层灌筑，当用插入式振捣器时，每层混凝土厚度不应超过振动棒长度的 1.25 倍。(√)

Jf4B5195 送电线路的导线和地线的设计安全系数不应小于 2.0。(×)

Jf4B5196 起重作业开始前，起重人员必须详细检查被吊设备的捆绑是否牢固，重心是否找准以及附近是否有其他障碍物等。(√)

Jf4B5197 被吊设备下面禁止站人，在起吊时不准任何人靠近被吊设备，将头伸进被吊设备下面观察情况应尽快撤回。(×)

Jf4B5198 当起重机设有主钩和副钩时，主钩和副钩可以同时使用。(×)

1.3 多选题

La4C1001 附件安装时计算导线的提升力与（　　）无关。

（A）档距；（B）水平档距；（C）代表档距；（D）垂直档距。

答案：ABC

La4C3002 输电线路水平档距不能表征（　　）。

（A）杆塔受断线张力档距；（B）杆塔所受风压的档距；（C）杆塔所受导地线自重冰重的档距；（D）承受水平荷载的档距。

答案：AC

La4C3003 关于档距描述正确的是（　　）。

（A）垂直档距为两侧弧垂最低点之间的距离；（B）水平档距为两侧档距中点间距；（C）代表档距为段内档距的平均值；（D）档距为相临杆塔的水平距离。

答案：ABD

La4C3004 阻值不同的电阻串联接在电路中，描述正确的是（　　）。

（A）阻值大的发热量多；（B）阻值小的两端电压低；（C）阻值小的电流大；（D）无法判断。

答案：AB

La4C3005 两个额定电压为220V功率不等的白炽灯泡串联接入380V电源中，下列说法正确的是（　　）。

（A）功率小的亮度高；（B）功率大的亮度高；（C）功率小的可能会烧毁；（D）功率大的可能会烧毁。

答案：AC

La4C3006 对于输电线路描述正确的是（　　）。

（A）电流越大，线损越小；（B）电流越大，线损越大；（C）电流越小，线损越小；（D）电流越小，线损越大。

答案：BC

La4C3007 临时接地体的电阻大小主要与（　　）有关。

（A）插入的深度；（B）接地体周围土壤的电阻率；（C）接地体本身电阻；（D）接地体与土壤的密合程度。

答案：ABD

La4C3008 电晕的危害包括（　　）。

（A）消耗电能；（B）噪声污染；（C）产生有害气体；（D）干扰无线通信。

答案：ABCD

La4C3009 电晕产生的原因包括（　　）。

（A）电场分布不均匀；（B）电压高；（C）电压波动；（D）电流大。

答案：AB

La4C3010 滑轮组的作用包括（　　）。

（A）省力；（B）改变力的方向；（C）省功率；（D）节约能源。

答案：AB

La4C3011 关于钢筋与混凝土粘结力叙述正确的是（　　）。

（A）混凝土强度越高，粘结力越大；（B）圆钢比螺纹钢粘结力大；（C）钢筋表面越粗糙，粘结力越大；（D）为了提高粘结力，不应给钢筋除锈。

答案：AC

La4C3012 衡量交流电能质量的三个指标是（　　）。

（A）电流；（B）电压；（C）波形；（D）频率。

答案：BCD

La4C3013 下面功率因数非常接近于1的电器有（　　）。

（A）电热水器；（B）白炽灯；（C）电饭煲；（D）空调。

答案：AC

La4C3014 对于纯电阻电路的功率因数描述不正确的是（　　）。

（A）功率因数小于1；（B）功率因数大于1；（C）功率因数等1；（D）功率因数等于0。

答案：ABD

La4C3015 为了提高感性负载的功率因数不能采用的方法是（　　）。

（A）并联电容器；（B）并联电感；（C）并联电阻；（D）降低电压。

答案：BCD

La4C3016 物体的重心可能在（　　）。

（A）物体内部；（B）物体外部；（C）物体的中心；（D）物体的一端。

答案：ABC

La4C3017 电力系统中性点接地的方式有（　　）。
（A）经电容接地；（B）经销弧线圈接地；（C）直接接地；（D）不接地。
答案：BCD

La4C3018 架空输电线路主要由（　　）部分组成。
（A）基础；（B）杆塔；（C）金具、绝缘子；（D）导地线。
答案：ABCD

La4C3019 输电线路常用的架空线有（　　）。
（A）钢芯铝绞线；（B）钢绞线；（C）铜绞线；（D）OPGW 复合地线。
答案：ABD

La4C3020 导线间隔棒的作用不包括（　　）。
（A）防止导线振动；（B）防止导线鞭击；（C）防止相间短路；（D）减小电晕损耗。
答案：CD

La4C4021 OPGW 的作用是（　　）。
（A）通信；（B）避雷；（C）传输电能；（D）保护。
答案：ABD

La4C5022 转角塔的位移距离与下列（　　）有关。
（A）杆塔全高；（B）转角度数；（C）横担宽度；（D）铁塔根开尺寸。
答案：BC

Lb4C1023 光纤复合架空地线（OPGW）线盘运输到现场制定卸货点后，应进行下列项目的检查和验收（　　）。
（A）品种、型号、规格；（B）盘号及长度；（C）光纤衰耗值；（D）光纤端头密封的防潮封口有无松脱现象。
答案：ABCD

Lb4C1024 补偿导地线初伸长的方法有（　　）。
（A）升温法；（B）系数调整法；（C）减小弧垂法；（D）降温法。
答案：CD

Lb4C1025 输电线路工程常用的测量设备包括（　　）。
（A）水平仪；（B）经纬仪；（C）全站仪；（D）GPS。
答案：ABCD

Lb4C2026 低压配电箱电器安装板上应分别装设（ ）。

（A）N线端子板；（B）照明插座；（C）通信端子板；（D）PE线端子板。

答案：AD

Lb4C2027 配电系统应设置（ ）三级配电。

（A）总配电箱；（B）分支配电箱；（C）分配电箱；（D）末级配电箱。

答案：ACD

Lb4C3028 各类作业人员应被告知其作业现场和工作岗位存在的（ ）。

（A）危险因素；（B）反事故措施；（C）防范措施；（D）事故紧急处理措施。

答案：ACD

Lb4C3029 各类作业人员有权拒绝（ ）。

（A）强令冒险作业；（B）违章指挥；（C）危险作业；（D）有害工作。

答案：AB

Lb4C3030 白天工作间断时，如果工作班须暂时离开工作地点，则应采取安全措施和派人看守，不让人、畜接近（ ）等。

（A）挖好的基坑；（B）未竖立稳固的杆塔；（C）负载的起重和牵引机械装置；（D）施工车辆。

答案：ABC

Lb4C3031 工作地段如有（ ）线路，为防止停电检修线路上感应电压伤人，在需要接触或接近导线工作时，应使用个人保安线。

（A）邻近带电；（B）平行带电；（C）同杆塔架设带电；（D）停电。

答案：ABC

Lb4C3032 国家电网公司输变电工程施工安全风险识别、评估、预控措施管理办法按照（ ）原则对安全风险进行管理。

（A）静态识别；（B）动态评估；（C）分级控制；（D）逐层管理。

答案：ABC

Lb4C3033 风险动态评估中，对固有或动态评估风险等级为三级及以上的作业，应组织（ ）。

（A）作业现场勘察；（B）填写现场勘察记录；（C）填写工作票A；（D）填写工作票B。

答案：AB

Lb4C3034 对于（ ）应编制专项施工方案。

（A）重要的临时设施；（B）重要的施工工序；（C）特殊作业；（D）危险作业。

答案：ABCD

Lb4C3035 关于工作票填写正确的是（ ）。

（A）二级及以下风险施工作业填写作业票 A；（B）三级及以上施工风险写作业票 B；（C）三级风险作业票 B 由施工项目经理签发；（D）工作负责人可以签发工作票。

答案：ABC

Lb4C3036 涉及（ ）的项目人员应进行专门的安全生产教育和培训。

（A）新技术；（B）新工艺；（C）新材料；（D）新项目。

答案：ABC

Lb4C3037 作业票签发人可由（ ）担任。

（A）施工队长；（B）项目经理；（C）安全监护人；（D）班组长。

答案：AB

Lb4C3038 施工用电设施的（ ）应由专业电工负责。

（A）安装；（B）运行；（C）维护；（D）拆除。

答案：ABC

Lb4C3039 保护零线应在配电系统的（ ）处做重复接地。

（A）始端；（B）中间；（C）末端；（D）分支。

答案：ABC

Lb4C3040 起重机械的各种监测仪表及（ ）等安全装置应完好齐全、灵敏可靠。

（A）制动器；（B）限位器；（C）安全阀；（D）闭锁机构。

答案：ABCD

Lb4C3041 在起吊牵引的过程中，（ ）禁止有人逗留或通过。

（A）受力钢丝绳的上下方；（B）转角滑车的外角侧；（C）吊臂和起吊物下面；（D）受力钢丝绳的周围。

答案：ACD

Lb4C3042 下面关于风速的规定描述正确的是（ ）。

（A）六级及以上大风应停止露天高处作业（B）六级及上大风应停止起重吊装作业；（C）在风力六级及以上可露天焊接切割作业；（D）跨越不停电线路六级及以上大风天气可以作业。

答案：AB

Lb4C4043　（　　）等通过带电线路跨越架时，应用绝缘绳做引渡。

（A）导线；（B）地线；（C）钢丝绳；（D）迪尼马绳。

答案：ABC

Lb4C4044　在跨越（　　）等的线段杆塔上安装附件时，应采取防止导线工地线坠落的措施。

（A）泄洪河道；（B）树木；（C）公路；（D）电力线。

答案：CD

Lb4C4045　绝缘绳、网在使用前，应进行检查，有（　　）时禁止使用。

（A）严重磨损；（B）断股；（C）污秽；（D）受潮。

答案：ABCD

Lb4C4046　需要使用二道保护措施的有（　　）。

（A）跨越电气化铁路两端杆塔附件安装；（B）跨越高速公路两端杆塔附件安装；（C）跨越带电线路两端杆塔附件安装；（D）平衡挂线时的高空锚线。

答案：ABCD

Lb4C4047　安全工器具包括（　　）。

（A）绝缘电阻表；（B）防护眼镜；（C）脚扣；（D）电容验电器。

答案：BCD

Lc4C2048　组立杆塔时应专责监护人，施工过程应（　　）。

（A）专人指挥；（B）信号统一；（C）口令清晰；（D）统一行动。

答案：ABCD

Lc4C2049　必需要专人指挥的作业有（　　）。

（A）临时用电设施安装；（B）组立杆塔；（C）张力放线牵、张场；（D）地锚埋设。

答案：BCD

Lc4C3050　配电箱应根据用电负荷状态装设（　　）保护装置。

（A）延时；（B）短路；（C）过热；（D）漏电。

答案：BD

Lc4C3051　对于内悬浮抱杆组塔说法正确的是（　　）。

（A）抱杆承托绳与抱杆轴线夹角不得小于45°；（B）承托绳应绑扎在主材节点的上方；（C）提升抱杆宜设两道腰环；（D）构件提升过程中腰环不得受力。

答案：BCD

Lc4C3052 紧线的过程中，监护人员应遵守以下规定（　　）。

（A）不得站在悬空导线、地线的垂直下方；（B）不得跨越将离地面的导地线；（C）监视施工人员有不得接近牵引中的导、地线；（D）传递信号应及时、清晰，不得擅自离岗。

答案：ABD

Lc4C3053 冬季采用火炉暖棚法施工应制订相应的（　　）措施。

（A）防烫伤；（B）防冻伤；（C）防火；（D）防一氧化碳中毒。

答案：CD

Lc4C3054 氧气、乙炔气、汽油等危险品仓库应采取（　　）措施。

（A）防大风；（B）避雷；（C）防静电接地；（D）防低温。

答案：BC

Lc4C3055 施工现场的（　　）等均应铺设符合安全要求的盖板或设可靠的围栏、挡板及安全标识。

（A）坑；（B）路；（C）沟；（D）孔洞。

答案：ACD

Lc4C3056 施工分包应签订（　　）。

（A）分包合同；（B）安全协议；（C）总包合同；（D）用工协议。

答案：AB

Lc4C3057 直接工程费由（　　）组成。

（A）人工费；（B）材料费；（C）施工机械使用费；（D）安全文明措施费。

答案：ABC

Lc4C3058 施工单位的三级验收是指（　　）。

（A）班组验收；（B）项目部验收；（C）监理初检；（D）公司级验收。

答案：ABD

Lc4C3059 监理工作的依据包括（　　）。

（A）专业包合同；（B）技术规范、标准；（C）设计文件；（D）会议记要。

答案：BCD

Lc4C3060 观测弧垂常用的方法有（　　）。

（A）等长法；（B）异长法；（C）角度法；（D）仰视法。

答案：ABC

Lc4C3061 为了提高弧垂观测精度，观测档不宜选在（　　）。

（A）档距较小的；（B）悬点高差较大；（C）档距接近代表档距；（D）放线段的一端。

答案：ABD

Lc4C4062 异长法观测弛度适用于（　　）。

（A）两端高差小；（B）两端高差大；（C）导线曲线全部在两杆塔基础连线上方的情况；（D）弧垂低于悬点高度，高差不大，视线通畅。

答案：BC

Lc4C4063 灌注桩施工时，首灌量主要与下列（　　）参数有关。

（A）桩长；（B）导管内径；（C）导管距桩底的距离；（D）泥浆和混凝土的比重。

答案：BCD

Lc4C4064 下面关于测量设备描述正确的是（　　）。

（A）经纬仪是主要测角仪器；（B）全站仪是空间坐标测量仪器；（C）经纬仪的精度一般高于全站仪；（D）全站仪较经伟仪可以大幅提高放样工作效率。

答案：ABD

Lc4C4065 测量用的仪器及量具在使用前应进行检查的项目包括（　　）。

（A）经纬仪和全站仪的精度等级不应低于 2″级；（B）卫星定位测量应采用 10mm+5ppm 级仪器；（C）测量时每次应至少有 2 颗观测卫星；（D）卫星定位的 PDOP 应小于 8。

答案：ABD

Lc4C4066 接地沟开挖的（　　）应符合设计要求且不得有负偏差。

（A）长度；（B）深度；（C）宽度；（D）角度。

答案：AB

Lc4C4067 杆塔基础坑及拉线基础坑的回填正确的处理方法是（　　）。

（A）灌水处理；（B）应分层夯实；（C）回填后坑口上应筑防沉层；（D）防沉层上部边宽不得小于坑口边宽。

答案：BCD

Lc4C4068 现场浇筑基础中对地脚螺栓的管控正确的是（　　）。

（A）安装前应除去浮锈；（B）螺纹部分应予以保护；（C）地脚螺栓及预埋件应浮动安装便于调整；（D）在浇筑过程中应随时检查位置的准确性。

答案：ABD

Lc4C4069 混凝土拌合物入模温度控制在（　　）。

（A）不应低于0℃；（B）不应低于5℃；（C）不应高于35℃；（D）不应高于40℃。

答案：BC

Lc4C4070 掏挖基础钢筋筋骨架应符合设计要求，制作允许偏差应符合（　　）。

（A）主筋间距允许偏差应为±10mm；（B）箍筋间距允许偏差应为±20mm；（C）钢筋骨架直径允许偏差应为±10mm；（D）钢筋骨架长度允许偏差应为±100mm。

答案：ABC

Lc4C4071 灌注桩钢筋骨架应符合设计要求，制作允许偏差应符合下列规定（　　）。

（A）主筋间距允许偏差应为±10mm；（B）箍筋间距允许偏差应为±20mm；（C）钢筋骨架直径允许偏差应为±10mm；（D）钢筋骨架长度允许偏差应为±50mm。

答案：ABCD

Lc4C4072 灌注桩基础开始灌注混凝土时，应该（　　）水下混凝土的灌注应连续进行，不得中断。

（A）导管内隔水球的位置应临近孔底部；（B）首灌注时，导管内的混凝土应能保证将隔水球从导管内顺利排出；（C）首灌量应将导管埋入混凝土中0.8～1.2m；（D）混凝土灌注过程中，导管底端埋入混凝土的深度不应小于1.5m。

答案：BCD

Lc4C4073 杆塔工程中当采用螺栓连接构件时，应符合下列规定（　　）。

（A）螺栓应与构件平面垂直，螺栓头与构件间的接触处不应有间隙；（B）螺母紧固后，螺栓露出螺母的长度：对单螺母，不应小于2个螺距；对双螺母，可与螺母相平；（C）螺栓加垫时，每端不宜超过5个垫圈；（D）连接螺栓的螺纹不应进入剪切面。

答案：ABD

Lc4C4074 对于杆塔工程中的立体结构，螺栓的穿入方向应符合下列规定（　　）。

（A）水平方向应由内向外；（B）垂直方向应由上向下；（C）斜向者宜由斜下向斜上穿，；（D）不便时应在同一斜面内取统一方向。

答案：ACD

Lc4C4075 （　　）组立后，应向受力反方向预倾斜。

（A）自立式转角塔；（B）终端塔；（C）耐张塔；（D）直线塔。

答案：ABC

Lc4C4076 自立式耐张塔的预倾斜值应根据（　　）由设计确定，架线挠曲后仍不宜向受力侧倾斜。

（A）据塔基础底面的耐张力；（B）基础的形式；（C）塔结构的刚度；（D）受力大小。

答案：ACD

Lc4C4077 水平接地体埋设应符合下列规定（　　）。

（A）遇倾斜地形宜沿等高线埋设；（B）两接地体间的水平距离不应小于 5m；（C）接地体敷设应平直；（D）无法按照上述要求埋设的特殊地形，应与设计单位协商解决。

答案：ABCD

Lc4C4078 液压连接的接续管、耐张线夹、引流管等的检查应包括下列内容（　　）。

（A）连接前的内、外径，长度；（B）管及线的清洗情况；（C）钢管在铝管中的位置；（D）钢芯与铝线端头在连接管中的位置。

答案：ABCD

Je4C2079 冬期施工混凝土的粗、细骨料中，不得含有（　　）。

（A）水；（B）冰；（C）雪；（D）冻块及其他易冻系列物质。

答案：BCD

Je4C2080 冬期拌制混凝土时，应采用以下措施（　　）。

（A）拌合水的最高加热温度不得超过 60℃；（B）骨料的最高加热温度不得超过 40℃；（C）水泥不应与 80℃以上的水直接接触；（D）投料顺序应先投入水泥和已加热的水，然后再投入骨料。

答案：ABC

Je4C2081 接地工程验收应包括下列内容（　　）。

（A）实测接地体长度；（B）实测接地电阻值；（C）接地引下线与杆塔连接情况；（D）地线与塔身的连接情况。

答案：BC

Je4C3082 接地引下线与杆塔的连接应（　　）。

（A）接触良好；（B）顺畅美观；（C）永久封固；（D）并便于运行测量和检修。

答案：ABD

Je4C3083 接地体的连接当采用搭接焊时要求（　　）。

（A）圆钢的搭接长度不应少于其直径的 6 倍并应双面施焊；（B）扁钢的搭接长度不应少于其宽度的 2 倍并应四面施焊；（C）圆钢的搭接长度不应少于其直径的 8 倍并应双面施焊；（D）扁钢的搭接长度不应少于其宽度的 4 倍并应双面施焊。

答案：AB

Je4C3084 张力放线导线损伤在（　　）情况时可不补修，可用 0 号以下的细砂纸磨光表面棱刺。

（A）外层导线线股有轻微擦伤，擦伤深度不超过单股直径的 1/4；（B）截面面积损伤不超过导电部分截面面积的2%时；(C) 同一处损伤的强度损失尚不超过设计使用拉断力的8.5%；(D) 损伤截面面积不超过导电部分截面面积的12.5%。

答案：AB

Je4C3085 下列情况（ ）之一时应将损伤部分全部锯掉，并应用接续管或带金刚砂的预绞丝将导线重新连接。

(A) 强度损失超过设计计算拉断力的8.5%；(B) 截面面积损伤超过导电部分截面面积的12.5%；(C) 钢芯有断股；(D) 金钩、破股和灯笼已使钢芯或内层线股形成无法修复的永久变形。

答案：ABCD

Je4C3086 张力放线时同相分裂导线宜采用（ ）。

(A) 一次展放；(B) 同次展放；(C) 分次展放时，时间间隔不宜超过24h；(D) 分次展放时，时间间隔不宜超过48h。

答案：ABD

Je4C3087 张力放线进对导线临锚要求是（ ）。

(A) 同相子导线的张力保持一致；(B) 锚线的水平张力不应超过导线设计使用拉断力的16%；(C) 锚固时同相子导线间的张力应稍有差异；(D) 地面净空距离不应小于5m。

答案：BCD

Je4C3088 非张力放线导线在同一处的损伤同时符合下列情况（ ）时可不作补修，只将损伤处棱角与毛刺用0号砂纸磨光。

(A) 铝、铝合金单股损伤深度小于股直径的1/2；(B) 钢芯铝绞线及钢芯铝合金绞线损伤截面面积为导电部分截面面积的5%及以下，且强度损失小于4%；(C) 单金属绞线损伤截面面积为4%及以下；(D) 外层导线断一股。

答案：ABC

Je4C3089 在一个档距内，每根导线或架空地线上不应超过一个接续管和两个补修管，并应符合下列规定（ ）。

(A) 各类管与耐张线夹出口间的距离不应小于15m；(B) 接续管或补修管出口与悬垂线夹中心的距离不应小于5m；(C) 接续管或补修管出口与间隔棒中心的距离不宜小于0.5m；(D) 接续管或补修管出口与间隔棒中心的距离不宜小于1.5m。

答案：ABC

Je4C3090 光纤进行熔接时，（ ）等恶劣天气或空气湿度过大时不应熔接。

(A) 高温；(B) 大风；(C) 沙尘；(D) 雨天。

答案：BCD

Je4C3091 线路施工过程中，下列说法正确的是（　　）。

（A）观测弧垂时的温度应在观测档内实测；（B）光纤复合架空地线的架线施工应采用张力放线；（C）基础混凝土不得使用海砂；（D）混凝土拌和及养护用水不得使用海水。

答案：ABCD

Je4C3092 输电线路档距复测宜采用（　　）施测。

（A）水平仪；（B）经纬仪；（C）全站仪；（D）GPS 设备。

答案：BCD

Je4C3093 弧垂观测档应选择（　　）。

（A）紧线段在 5 档及以下时应靠近中间选择一档；（B）紧线段在 6～12 档时应靠近两端各选择一档；（C）紧线段在 12 档以上时应靠近两端及中间可选 3～4 档；（D）观测档宜选档距较大和悬挂点高差较小及接近代表档距的线档。

答案：ABCD

Je4C3094 在线路的平、断面图中能查到数据有（　　）。

（A）档距；（B）交叉跨越物；（C）转角塔转角度数；（D）基础形式。

答案：ABC

Je4C3095 输电线路基础骨料中不常用的砂类是（　　）。

（A）细砂；（B）粉砂；（C）中砂；（D）粗砂。

答案：ABD

Je4C3096 混凝土强度等级不能用来表示（　　）的大小。

（A）抗拉强度；（B）抗压强度；（C）密度；（D）抗剪强度。

答案：ABD

Je4C3097 跨越电力线路常采取的措施有（　　）。

（A）将线路停电；（B）退出重合闸；（C）使用重合闸；（D）搭设跨越架。

答案：ACD

Je4C3098 以下金具属于联接金具的是（　　）。

（A）平行挂板；（B）U 形挂环；（C）调整板；（D）均压环。

答案：ABC

Je4C3099 （　　）的水泥不应在同一个连续浇筑体中混合使用。

（A）不同品种；（B）不同厂家；（C）不同标号；（D）不同批次。

答案：ABC

Je4C3100 现场浇筑混凝土尽量采用（　　）的方式。

（A）机械搅拌；（B）机械捣固；（C）人工搅拌；（D）人工捣固。

答案：AB

Je4C3101 灌注桩基础成孔后，尺寸应符合下列规定（　　）。

（A）孔径的负偏差不得大于50mm；（B）孔垂直度应小于桩长1；（C）孔深不应小于设计深度；（D）孔深不应大于设计深度。

答案：ABC

Je4C3102 下面关于组塔时，基础的强度说法错误的是（　　）。

（A）分解组立铁塔时，基础混凝土的抗压强度必须达到设计强度的70%；（B）整体立塔时，基础混凝土的抗压强度应达到设计强度的100%；（C）整体立塔时，基础混凝土的抗压强度应达到设计强度的70%；（D）分解组立铁塔时，基础混凝土的抗压强度必须达到设计强度的100%。

答案：CD

Je4C4103 对于张力放线描述准确的是（　　）。

（A）电压等级为220 kV及以上线路工程的导线展放应采取张力放线；（B）110kV线路工程的导线展放宜采用张力放线；（C）良导体架空地线宜采用张力放线；（D）35kV线路工程的导线展放不能采用张力放线。

答案：ABC

Je4C4104 对于张力放线描述准确的是（　　）。

（A）张力放线区段的长度不宜超过25个放线滑轮；（B）重要的跨越物时，宜适当缩短张力放线区段长度；（C）张力放线时，直线接续管通过滑车时应加装保护套；（D）牵引场应尽量顺线路布置。

答案：BCD

Je4C4105 张力放线过程中应有防止产生导线（　　）等现象的措施。

（A）松股；（B）断股；（C）鼓包；（D）扭曲。

答案：ABCD

Je4C4106 （　　）的导线或架空地线严禁在一个耐张段内连接。

（A）不同金属；（B）不同规格；（C）不同绞制方向；（D）不同厂家。

答案：ABCD

Je4C4107 架空线路杆塔的接地不能使用（　　）方法。

（A）一腿接地；（B）对角接地；（C）二脚接地；（D）四脚接地。

答案：ABC

Je4C4108 光纤复合架空地线（OPGW）架线施工时不能采用（ ）架线。

（A）人力；（B）机械；（C）一般；（D）张力。

答案：ABC

Je4C4109 应该采用张力放线的项目包括（ ）。

（A）光纤复合架空地线；（B）220kV 电压等级导线；（C）500kV 电压等级导线；（D）220kV 电压等级架空钢绞线。

答案：ABCD

Jf4C1110 紧线施工应在（ ）后方可进行。

（A）段内的耐张塔强度到达 100%；（B）直线塔基础强度达到 70%；（C）基础混凝土强度达到设计规定；（D）全紧线段内杆塔已经全部检查合格。

答案：ACD

1.4 计算题

La4D2001 如图所示，线路复测过程中GPS测得AB耐张段的方位角为330°，BC耐张段的方位角是X_1°，转角塔B转角度数α=________°。

X_1取值范围：0～60之间的整数

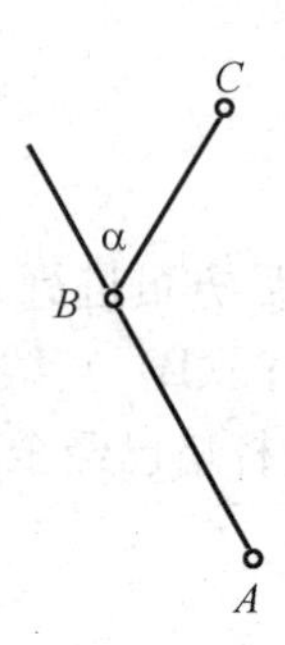

计算公式：$\alpha = 360° - 330° + X_1°$

La4D3002 线路跨越高铁需在夜间施工，现场使用X_1盏400W投光灯照明，照明电源为单相220V交流发电机，功率因数$\cos\varphi=0.85$，发电机的输出容量为________V·A（结果保留两位小数）。

X_1取值范围：8～16之间的整数

计算公式：$S=\dfrac{P}{\cos\varphi}=\dfrac{X_1\times400}{0.85}$

La4D3003 R_1与R_2并联形成R_{12}，R_{12}与R_3三者串联后接入X_1V电源中试求电路消耗的总功率P为________W（$R_1=3\Omega$，$R_2=6\Omega$，$R_3=6\Omega$，结果保留两位小数）。

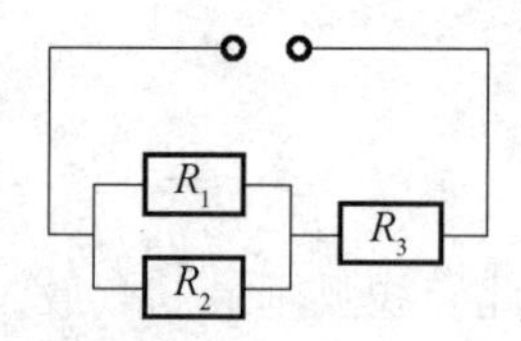

X_1取值范围：10～100之间的整数。

计算公式：$P=\dfrac{U^2}{R}=\dfrac{U^2}{\dfrac{R_1R_2}{R_1+R_2}+R_3}=\dfrac{X_1^{\ 2}}{\dfrac{3\times6}{3+6}+6}$

La4D3004 如图为2个三轮滑车组成的3-3滑车组省力至1/6，重物质量为X_1kg，提升重物时，牵引力是2kN，计算此时滑车组的效率为____%（结果取整数，不计绳重与摩擦，g取$10m/s^2$）。

X_1取值范围：840，900，960，1020，1080。

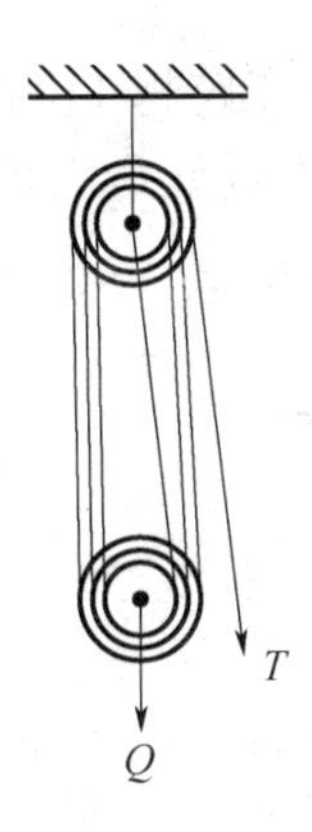

计算公式：$\eta=\frac{X_1\times g}{F\times n}=\frac{X_1\times 10}{2000\times 6}\times 100\%$

Lc4D2005 型号为JL/G1A-240/30的钢芯铝绞线，计算拉断力为75.19kN，工程设计安全系数为X_1，本工程此导线弧垂最低点的最大使用张力T为____ kN（结果保留两位小数）。

X_1取值范围：2.5～4，含一位小数

计算公式：$T=\frac{75.19\times 0.95}{X_1}$

Lc4D2006 线路紧线时，牵引绳通过耐张塔横担下面的转向滑车将导线牵引至设计张力X_1 kN，牵引绳与地面夹角为30°，计算牵引侧牵引绳对横担产生的下压力为____ kN。

X_1取值范围：25.6，28.8，30.2，32.4，33.2

计算公式：$F=X_1\times\sin 30°=0.5X_1$

Lc4D2007 型号为JL/G1A-240/30（钢芯铝绞线）导线，计算拉断力为X_1 kN，工程设计安全系数为2.5，计算本工程此导线弧垂最低点最大使用张力为____ kN（结果保留两位小数）。

X_1取值范围：74.80～75.19之间的整数。

计算公式：$F=\frac{X_1}{2.5}$

Je4D3008 线路验收过程中使用经纬仪测量导线对地距离，测得经纬仪至导线垂直下方的水平距离L为X_1m，仰角为22°，水平前视跨越位置的塔尺读数为1.56m，导线对地距离为____ m（结果保留两位小数）。

X_1取值范围：40～60之间的整数

计算公式：$H=1.56+X_1\tan22°$

Je4D3009 某±800kV直流线路施工跨越110kV电力线路，交叉角为$X_1°$，新建线路宽度最大为16m，新建线路导线在跨越点处最大风偏为2.6m，顺110kV方向搭设跨越架，该110kV跨越架架顶宽度L最小为____m（结果保留两位小数，安规要求2.0m安全裕度）。

X_1取值范围：70～90之间的整数

计算公式：$L=\frac{2\times(2.6+2.0)+16}{\sin X_1}$

Je4D3010 某110kV耐张段代表档距为265m，20℃时导线设计弧垂$f=4.06$m，挂点等高的观测档距为X_1m，20℃时此观测档弧垂f为____m（结果保留两位小数）。

X_1取值范围：200～350之间的整数

计算公式：$f=4.06\times\left(\frac{X_1}{265}\right)^2$

Je4D3011 某线路转角塔的转角度数为$X_1°$，横担上同相导线挂点间的宽度L为0.6m，此分坑时的位移值为____m（结果保留两位小数）。

X_1取值范围：1～90之间的整数。

计算公式：$S=\frac{L}{2}\tan\frac{X_1}{2}$

Je4D3012 一送电线路铁塔现浇正方形基础，基础垫层尺寸为2.4m×2.4m，两侧裕度为0.3m，放坡系数为1∶0.3，坑深为X_1m，此基础坑的坑口宽度L为____m（结果保留两位小数）。

X_1取值范围：2～3，含一位小数。

计算公式：$L=2.4+0.3\times2+X_1\times0.3\times2$

Je4D3013 一送电线路铁塔现浇正方形基础，基础垫层尺寸为2.4m×2.4m，两侧裕度为0.3m，放坡系数为1∶0.3，坑深为X_1m，计算此单基础坑的挖方量V为____m^3。（结果保留两位小数）

X_1取值范围：2～3，含一位小数

坑底边长$a=2.4+0.3\times2$，坑口边长$a_1=2.4+0.3\times2+X_1\times0.3\times2$

计算公式：$V=\frac{X_1}{3}(a^2+aa_1+a_1^2)$

Je4D3014 拉线电杆设计拉线与地面夹角为$X_1°$，拉线挂点距地面为10m，计算拉线挂点到拉棒出土点的长度L为____m（结果保留两位小数）。

X_1取值范围：45～60之间的整数

计算公式：$L=\frac{10}{\sin X_1}$

Lb4D3015 拉线电杆设计拉线与地面夹角为 X_1°，拉线坑深 2m，拉线挂点距地面 10m，拉线坑中心距电杆中心的距离 L 为____ m（结果保留两位小数）。

X_1 取值范围：45～60 之间的整数

计算公式：$L=\frac{10}{\tan X_1}+\frac{2}{\tan X_1}=\frac{10+2}{\tan X_1}$

Lb4D3016 某输电线路耐张段有 3 档，它们的档距 L_1、L_2、L_3分别为 X_1、X_2、X_3m，该耐张段的代表档距 L 为____ m（结果取整）。

X_1～X_3取值范围：180～300 之间的整数

计算公式：$L=\sqrt{\frac{X_1{}^3+X_2{}^3+X_3{}^3}{X_1+X_2+X_3}}$

Je4D3017 某基础共计施工 X_1天，施工过程使用功率为 8kW 水泥搅拌机，日平均工作 2h，5 台 1kW 降水井 24h 不间断工作，完成此基础施工共计使用电能 W 为____ kW·h。

X_1 取值范围：2～5 之间的整数

计算公式：$W=X_1\times(8\times2+1\times5\times24)=136X_1$

Je4D3018 某线路导线单位重量为 0.922kg/m，一基直线塔垂直档距为 X_1m，此塔附件安装时提升此单根导线的拉力 F 为____ kN（结果保留两位小数，不计悬链线增长，重力加速度 g 取 10m/s²）。

X_1取值范围：150～350 之间的整数

计算公式：$F=\frac{0.922\times g}{1000}\times X_1$

Je4D3019 某一耐张段紧线施工，采用异长法观察弧垂，导线的设计弧垂为 X_1m，A 杆弛度板距挂点 a=3.5m，则 b 杆弛度板绑扎距离为____ m（结果保留两位小数）。

X_1取值范围：3.85～4.65，两位小数

计算公式：$b=(2\sqrt{f}-\sqrt{a})^2=(2\sqrt{X_1}-\sqrt{3.5})^2$

La4D3020 一台交流 380V 三相电机的输入功率为 X_1kW，功率因数为 0.85，计算输入电流 I 为____ A（结果保留两位小数）。

X_1 取值范围：5～20 之间的整数

计算公式：$I=\frac{P}{\sqrt{3}U\cos\varphi}=\frac{X_1\times1000}{\sqrt{3}\times380\times0.85}$

Je4D3021 某直线铁塔为4根单孔灌注桩基础，桩径为X_1m，桩长为16m，超灌量为17%，计算此基础需使用的混凝土量V为____ m^3（结果保留两位小数，π取3.14）。

X_1取值范围：0.8～2.0，含一位小数

计算公式：$V=3.14\times\frac{X_1^2}{4}\times16\times4\times(1+17\%)=58.78X_1^2$

Je4D3022 线路放线施工时，单侧挂线的耐张塔每根导地线均安装反向拉线，导线挂线后水平张力F为X_1 kN，拉线与地面夹角为45°，如果使拉线全部平衡导线水平张力，计算导线拉线受力F为____ kN（结果保留两位小数）。

X_1取值范围：25.6，28.8，30.2，32.4，33.2

计算公式：$F=\frac{X_1}{\cos45°}$

Je4D3023 施工班组宿舍冬季使用X_1个220V功率为2200W的电暖器取暖，为了选择导线型号，计算线路总电流I为____ A。

X_1取值范围2～10之间的整数

计算公式：$I=\frac{X_1\times2200}{220}=10X_1$

Je4D3024 垂直起吊一质量为X_1 kg的塔段，在前段加速过程中$a=0.5m/s^2$，计算起吊拉力F为____ N。

X_1取值范围：1800～2400之间的整数

计算公式：$F=G+ma=X_1\times10+X_1\times0.5=10.5X_1$

Je4D3025 一个长度为X_1m的水平施工临时桥可以化简为一个简支梁，一个体重为50kg的施工人员持一个25kg的塔材，行至桥左端1m处，计算左端支点比空载时增加的压力F为____ N。

X_1取值范围：3～6之间的整数

计算公式：$F=G\times\frac{X_1-1}{X_1}=(50+25)\times g\times\frac{X_1-1}{X_1}=750\,\frac{X_1-1}{X_1}$

Je4D3026 一耐张铁塔转角为60°，根开5m，重力为X_1 kN，每侧张力合力简化为水平96kN，合力作用点高为15m，计算内角侧每个基础受到压力F为____ kN（结果保留两位小数）。

X_1取值范围：8～14之间的整数

计算公式：$F=\frac{X_1}{4}+96\times\cos\left(\frac{180-60}{2}\right)^{\circ}\times\frac{15}{5}=0.25X_1+144$

Je4D2027 铁塔接地线设计边长为X_1m的正方型，无放射线，开挖槽宽0.4m，深

0.8m，一基铁塔的土石方量 V 为____ m^3。

X_1取值范围：8～12 之间的整数

计算公式：$V=0.4\times0.8\times X_1\times4=1.28X_1$

Je4D3028 已知某根开为正方形直线铁塔的基础根开为 X_1mm，计算基础对角线长度 L____ mm（保留整数）。

X_1取值范围：4000～5000 之间的整数

计算公式：$L=X_1\times\sqrt{2}$

Je4D3029 已知某矩形直线塔的基础根开为 X_1 mm×X_2 mm，计算基础对角线根开 L____ mm（保留整数）。

X_1、X_2取值范围：4000～5000 之间的整数

计算公式：$L=\sqrt{X_1^2+X_2^2}$

Je4D3030 某段±800kV 直流线路（不含架构），双极架设，线路共计 X_1基耐张塔，导线为 8 分裂设计，计算全线耐张塔实际使用耐张线夹数量 S 为____个。

X_1取值范围：20～50 之间的整数

计算公式：$S=X_1\times2\times2\times8=32X_1$

Je4D3031 某标段（不含架构）500kV 交流双回架空线路共计杆塔 X_1基，导线为 4 分裂设计，杆塔每侧均安装双防振锤，计算全段杆塔实际使用防振锤的数量 S 为____个。

X_1取值范围：50～100 之间的整数

计算公式：$S=X_1\times3\times2\times2\times4\times2=96X_1$

Je4D3032 某标段（不含架构）220kV 交流线路单回双分裂架设，共计 X_1基耐张塔，计算全线耐张塔实际使用耐张线夹数量 S 为____个。

X_1取值范围：20～50 之间的整数

计算公式：$S=X_1\times3\times2\times2=12X_1$

Je4D3033 某 220kV 线路单回双分裂架设，线路长度为 X_1km，导线的每米质量为 0.922kg/m，耗量为 0.3%，计算全线导线用量 S 为____ kg（结果保留两位小数）。

X_1取值范围：20～80 之间的整数

计算公式：$S=X_1\times3\times2\times0.922\times(1+0.3\%)=5.549X_1$

Je4D3034 某线路永久占地赔偿按亩计算，赔偿范围自基础的外边缘外扩 0.5m 计算，计算一基正方形铁塔根开边长为 X_1mm，主柱的断面尺寸为 0.8m×0.8m，计算此塔基永久占地 S 为____亩（结果保留两位小数）。

X_1取值范围：3600～5600之间的整数

计算公式：$S=\left(\frac{X_1}{1000}+0.5+0.5+\frac{0.8}{2}+\frac{0.8}{2}\right)^2\times 0.0015=(X_1+1.8)^2\times 0.0015$

Je4D3035 某线路现浇基础施工时共需要 $\phi 12$ 圆钢 X_1m，计算其质量 m 为____ kg（$\rho_{圆钢}=7.85\times 10^3 kg/m^3$，$\pi$ 取3.14，结果保留两位小数）。

X_1取值范围：1000～10000之间的整数

计算公式：$m=\rho V=7.85\times 10^3\times X_1\times 3.14\times\frac{0.012^2}{4}$

Je4D3036 某线路跨越铁路架线完成后，用经纬仪复测导线至轨顶的高度，经纬仪距跨越地点距离为水平 X_1m，铁轨跨越点经纬仪垂直角读数为88°，跨越点上方导线的经纬仪垂直角读数为101°，计算跨越距离为____ m（结果保留两位小数）。

X_1取值范围：40～60之间的整数

计算公式：$H=X_1\times\{\tan(90°-88°)+\tan(101°-90°)\}$

Je4D3037 某线路导线型号JL/G1A-240/30，外径为21.6mm，为了保护导线，安装悬垂线夹时，设计在导线上缠绕10mm宽的铝包带，已知悬垂线夹长度为 X_1mm，两端需露出长度为10mm，计算每个线夹所需铝包带长度为____ mm（π 取3.14，结果取整数，不计回头）。

X_1取值范围：150～350之间的整数

计算公式：$L=\frac{3.14\times 21.6\times(X_1+10\times 2)}{10}$

Je4D3038 一耐张塔全高为 X_1 m，根开为4m，挂线后塔上端部向内角倾移距离经验值为180mm，为防止挂线后耐张塔向内角倾斜，此塔内角侧基础较外角侧应预高不小于____ mm（结果取整）。

X_1取值范围：12、15、18、24、30

计算公式：$H=180\times\frac{4}{X_1}$

Je4D3039 某铁塔基础垫层为正方型，厚度为200mm，边长为 X_1m，计算此垫层的混凝土量 V 为____ m^3。

X_1取值范围：1.8～4，含一位小数

计算公式：$V=0.2X_1^2$

Je4D3040 某铁塔基础坑深为 X_1m，施工中降明水过程中需要每小时将36方水抽至地面，水泵的效率 $\eta=0.80$，水泵的输入功率 P 为____ W（结果取整，g取10）。

X_1取值范围：2～6之间的整数

计算公式：$P=\frac{W}{T\eta}=\frac{FS}{T\eta}=\frac{36\times1000\times10\times X_1}{3600\times0.80}=\frac{4000}{27}X_1$

Je4D3041 用经纬仪复测被跨物标高，已知经纬仪站点标高为 X_1 m，经纬仪高1.55m，测站至被测点距离为45m，观测仰角 H 为9°，计算被测点标高 H 为____ m（结果保留两位小数）。

X_1取值范围：2～10 两位小数

计算公式：$H=X_1+1.55+45\times\tan9°$

Je4D4042 分解组塔过程中塔材分片吊装，已知塔材质量为 X_1 kg（包括辅助设施），2根吊点绳夹角为60°连接总吊点绳，且均匀受力。计算吊点绳受力 F 为____ kN（g=10N/kg）。

X_1取值范围：2000～4000 之间的整数

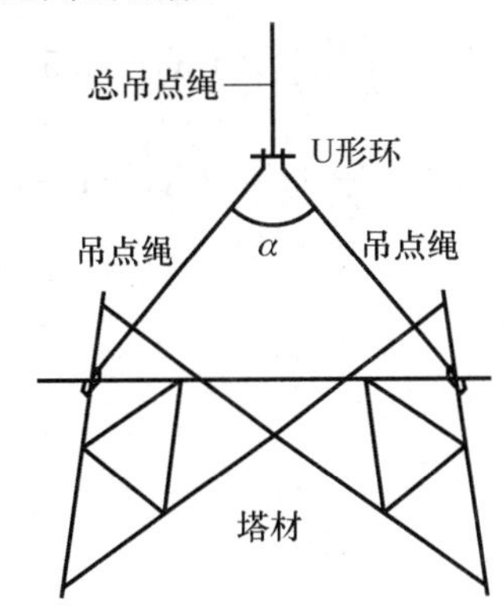

计算公式：$F=\frac{\frac{X_1g}{2}}{\cos\left(\frac{\alpha}{2}\right)}=\frac{\frac{X_1g}{2}}{\cos\left(\frac{60°}{2}\right)}=\frac{\frac{X_1g}{2}}{\cos30°}=\frac{\frac{X_1g}{2}}{\frac{\sqrt{3}}{2}}=\frac{X_1g}{\sqrt{3}}$

Je4D5043 整体起立杆塔采用有效长度为10m的人字抱杆，抱杆根开为4m，抱杆夹角为θ，抱杆起立至竖直位置时抱杆系统受竖直总下压力为 X_1 kN，计算单根抱轴向压力 F 为____ kN（结果保留两位小数）。

X_1取值范围：20～60 之间的整数

计算公式：$F=\frac{\frac{X_1}{2}}{\cos\frac{\theta}{2}}=\frac{\frac{X_1}{2}}{\frac{\sqrt{10^2-2^2}}{10}}=\frac{5\sqrt{6}}{24}X_1$

Je4D5044 某灌注桩桩径 D 为1.4m，桩长为 X_1 m，导管内径 $d=0.3$m，导管距桩底为0.5m，成孔后泥浆满灌，施工方案规定首灌埋管深度0.8m，不考滤泥浆与混凝土比重差异与充盈系数、不计导管体积，计算首次灌注量 V 为____ m^3（结果保留两位小数，π 取 3.14）。

X_1取值范围：8～12 之间的整数

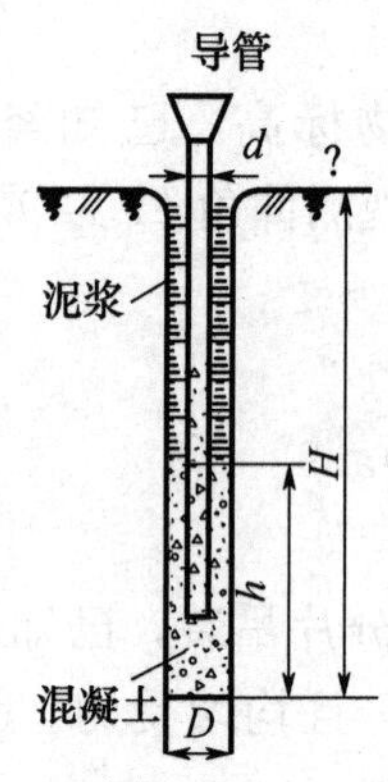

计算公式：首次灌入混凝土体积

$$V=\pi\times\left(\frac{D}{2}\right)^2\times(0.5+0.8)+\pi\times\left(\frac{d}{2}\right)^2\times(X_1-0.5-0.8)$$

$$=3.14\times\left(\frac{D}{2}\right)^2\times1.3+3.14\times\left(\frac{0.3}{2}\right)^2\times(X_1-1.3)$$

1.5 识图题

La4E2001 如图所示的滑轮组，已知滑车组的综合效率为80%，重物Q=6000N，则牵引力是（　　）。

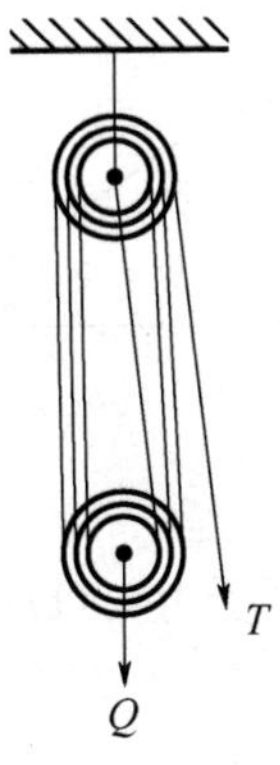

(A) 1250N；(B) 800N；(C) 1000N；(D) 1167N。

答案：A

La4E3002 如图所示，如果不计滑轮组摩擦和重力，滑轮组能省力至（　　）。

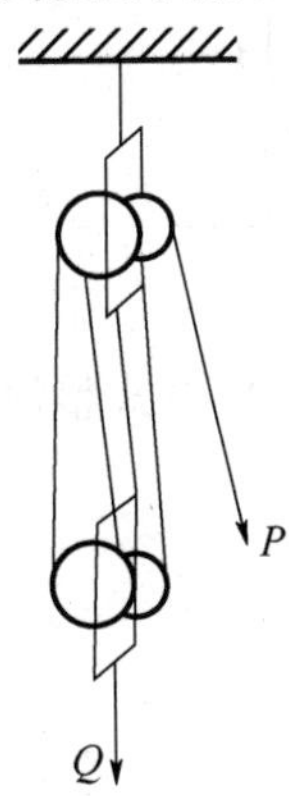

(A) 1/2；(B) 1/3；(C) 1/4；(D) 1/5。

答案：C

La4E3003 在图中的构件系统中，AB杆受的力为（　　）。

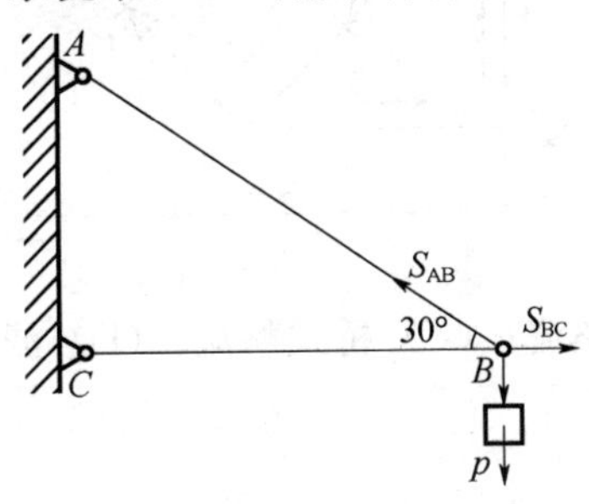

（A）拉伸力；（B）压缩力；（C）不受力；（D）弯矩。

答案：A

La4E3004 在图中的构件系统中，BC 杆受的力为（ ）。

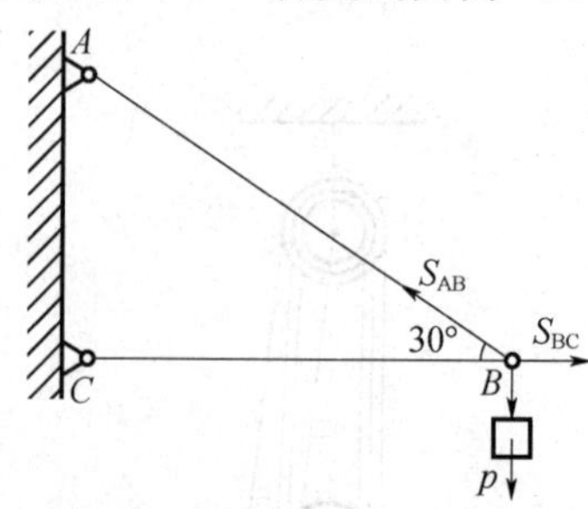

（A）拉伸力；（B）压缩力；（C）不受力；（D）弯矩。

答案：B

La4E3005 图中的整流电路为（ ）。

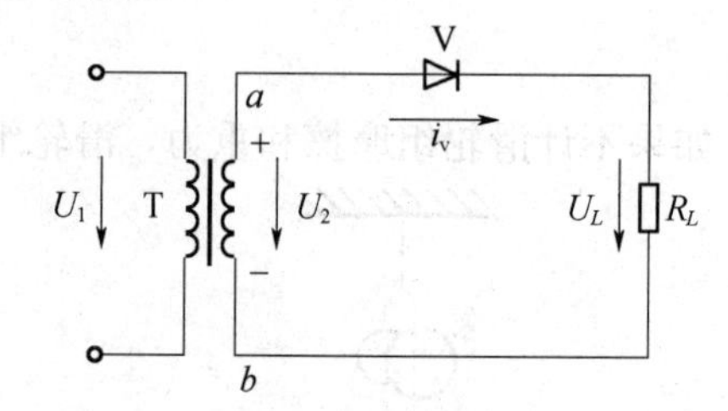

（A）半波整流；（B）全波整流；（C）桥式整流；（D）滤波整流。

答案：A

La4E3006 图中的整流电路为（ ）。

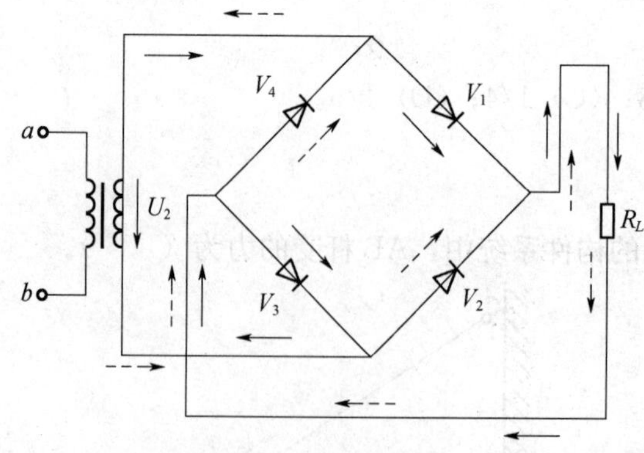

A）半波整流；（B）全波整流；（C）桥式整流；（D）滤波整流。

答案：C

La4E3007 图中电容 C_1 和 C_3 等效为 C_{13}，那 C_2 与 C_{13}联接方式为（　　）。

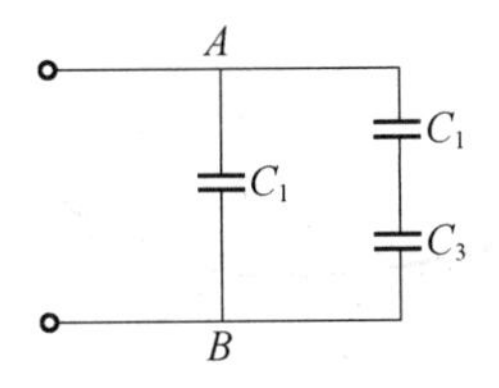

（A）串联；（B）并联；（C）混联；（D）开路。

答案：B

La4E4008 图中表示的元件为（　　）。

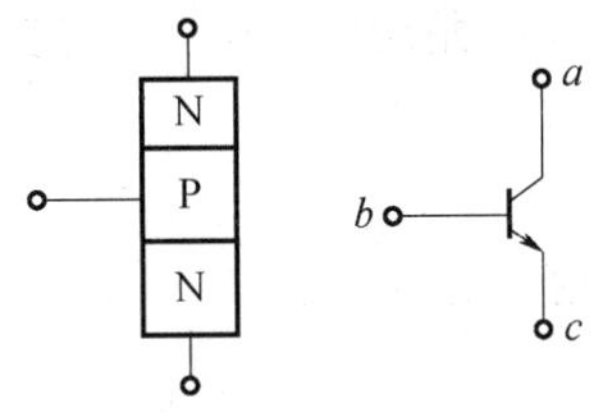

（A）电阻；（B）电容；（C）二极管；（D）三极管。

答案：D

La4E4009 图中表示的元件主要作用是（　　）。

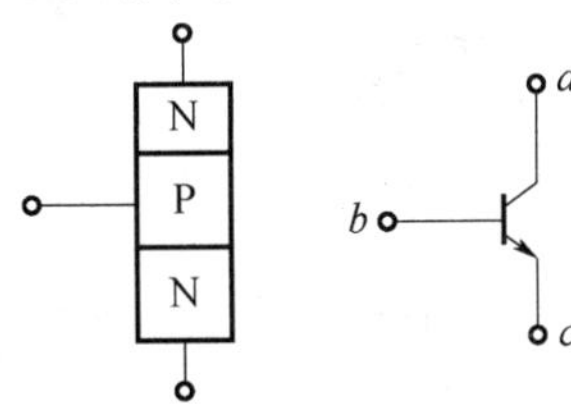

（A）放大；（B）整流；（C）滤波；（D）控制。

答案：A

La4E4010 如图所示，三个电阻的阻值相同，接入电源后，（　　）消耗的功率大。

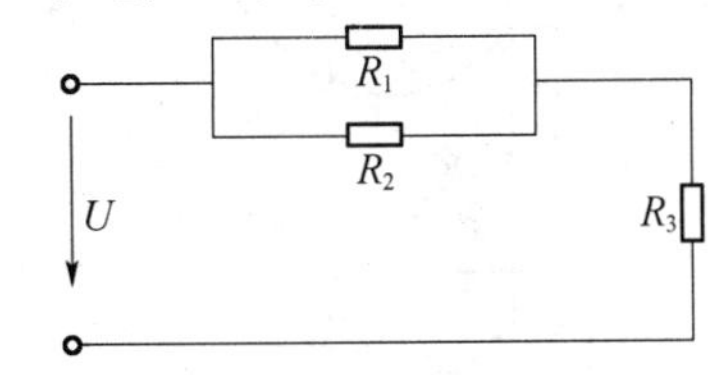

（A）R_1；（B）R_2；（C）R_3；（D）三个均相等。

答案：C

Lb4E3011 如图中表示的观测弛度的方法是（　　）。

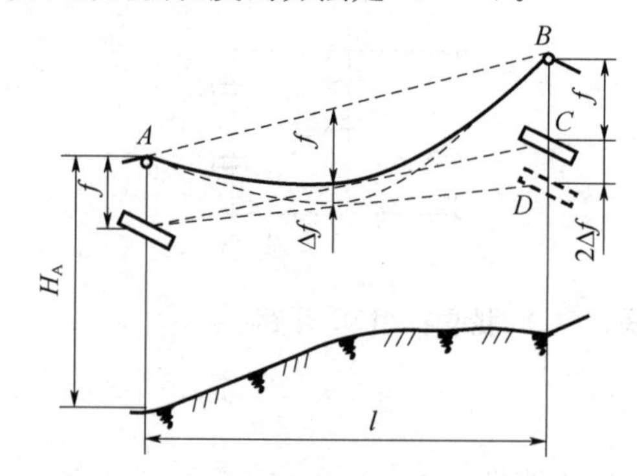

（A）等长法；（B）异长法；（C）角度法；（D）平视法。

答案：A

Lb4E3012 图中表示的观测弛度的方法是（　　）。

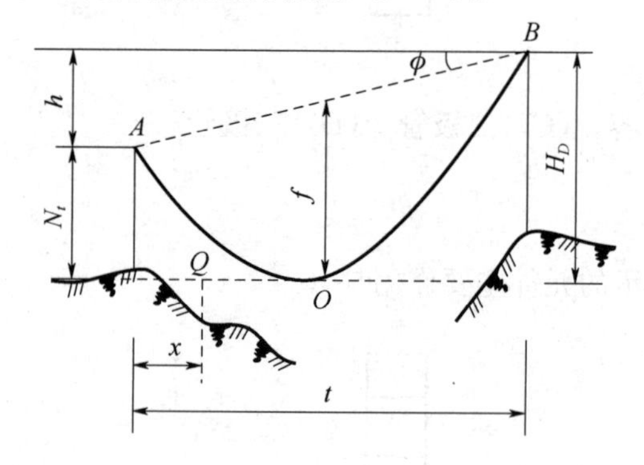

（A）等长法；（B）异长法；（C）角度法；（D）平视法。

答案：D

Lb4E3013 图中表示的观测弛度的方法是（　　）。

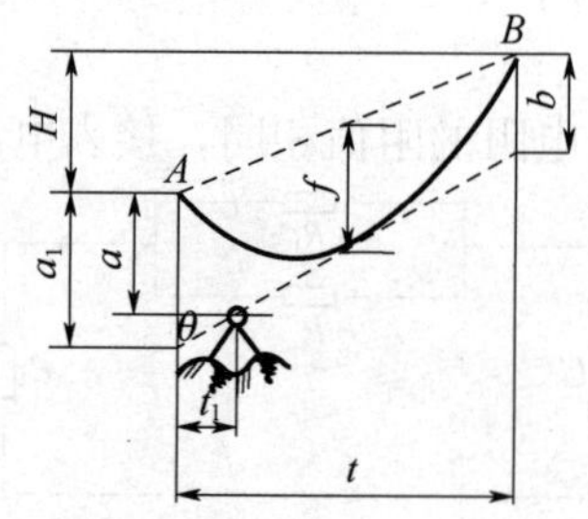

（A）等长法；（B）异长法；（C）角度法；（D）平视法。

答案：C

Lb4E3014 图中表示的观测弛度的方法是（ ）。

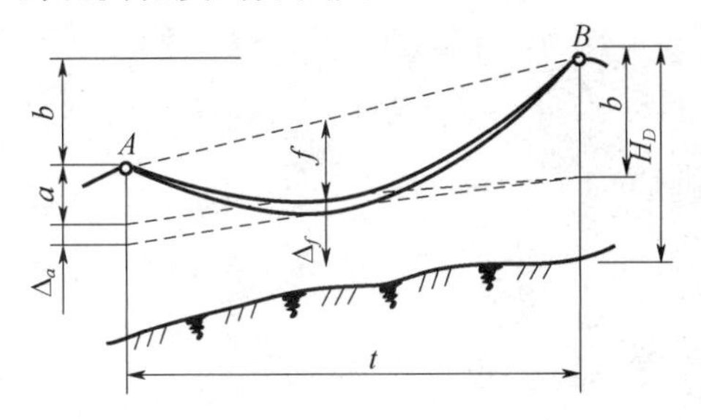

（A）等长法；（B）异长法；（C）角度法；（D）平视法。

答案：B

Lb4E3015 金具串图中 4 指的是（ ）。

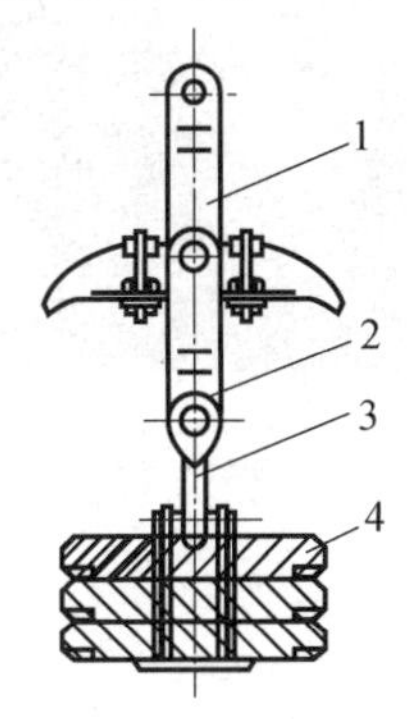

（A）挂板；（B）悬垂线夹；（C）联板；（D）重锤片。

答案：D

Lb4E3016 图中的线路为（ ）线路。

（A）直流双极；（B）直流单极；（C）交流双回；（D）交流单回。

答案：A

Lb4E3017 图中的线路为（　　）线路。

（A）直流六极；（B）直流三回；（C）交流双回；（D）交流单回。

答案：C

Lb4E3018 根据材质分类，图中的杆塔为（　　）。

（A）角钢塔；（B）钢管杆；（C）钢管塔；（D）耐张塔。

答案：C

Jd4E3019 图中采用的组塔方式为（　　）。

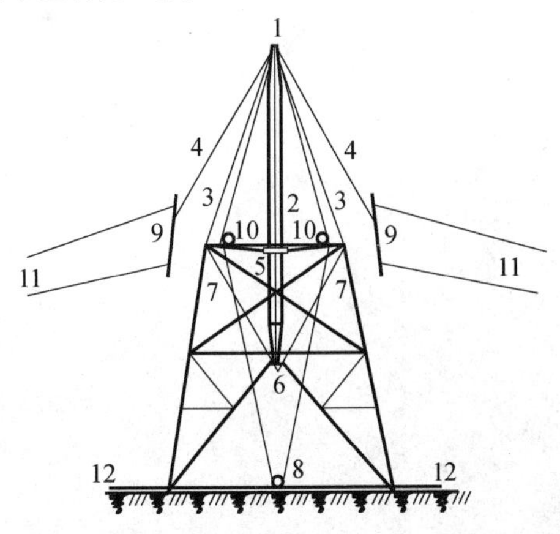

（A）内悬浮内拉线；（B）内悬浮外拉线；（C）落地平臂抱杆组塔；（D）倒装组塔。

答案：A

Je4E3020 右图中采用的组塔方式为（　　）。

（A）内悬浮内拉线；（B）内悬浮外拉线；（C）落地平臂抱杆组塔；（D）倒装组塔。

答案：B

拉线
抱杆
滑车组
拉线
吊件
吊件控制绳
抱杆承托绳
塔身
转向带车

Je4E3021 在图示的组塔示意图中，元件 7 指的是（　　）。

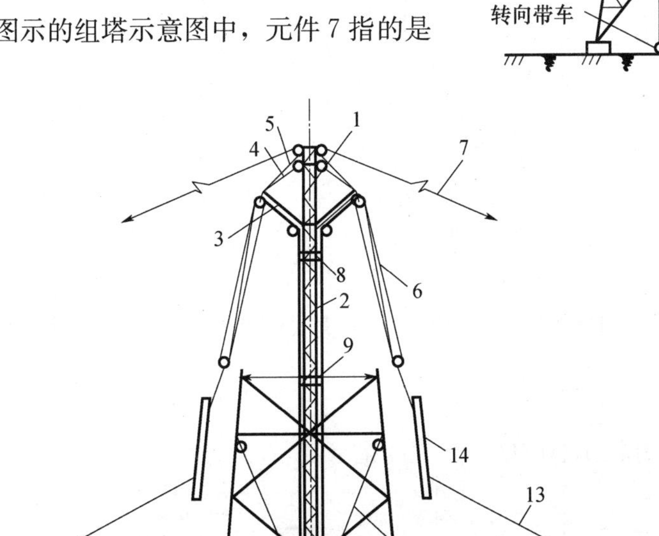

（A）承托绳；（B）控制绳；（C）外拉线；（D）内拉线。

答案：C

Je4E3022 图中的工具名称是（　　）。

（A）卡线器；（B）紧线器；（C）锚固器；（D）接地装置。

答案：A

Je4E3023 分坑示意图中代表的是（　　）。

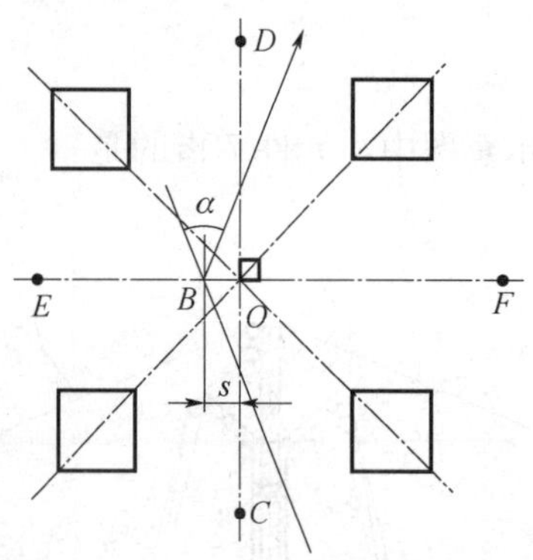

（A）转角塔；（B）双回直线塔；（C）直线耐张塔；（D）单回直线塔。

答案：A

Je4E3024 开挖示意图中 f 代表的是（　　）。

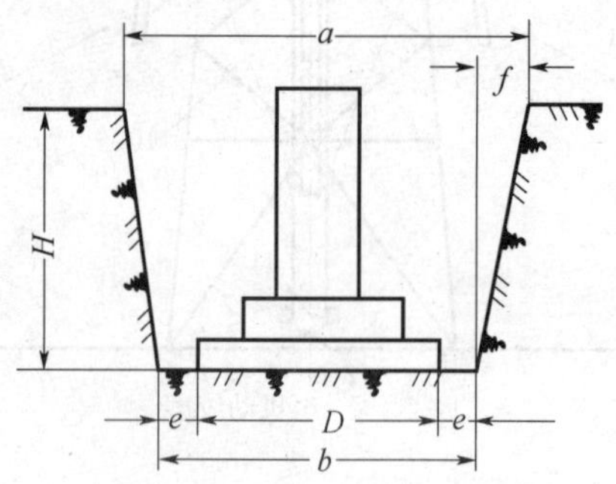

（A）操作裕度；（B）放坡宽度；（C）坑深；（D）坑口宽度。

答案：B

Je4E3025 某送电线路光缆复合架空地线组装图中编号为7的是（ ）。

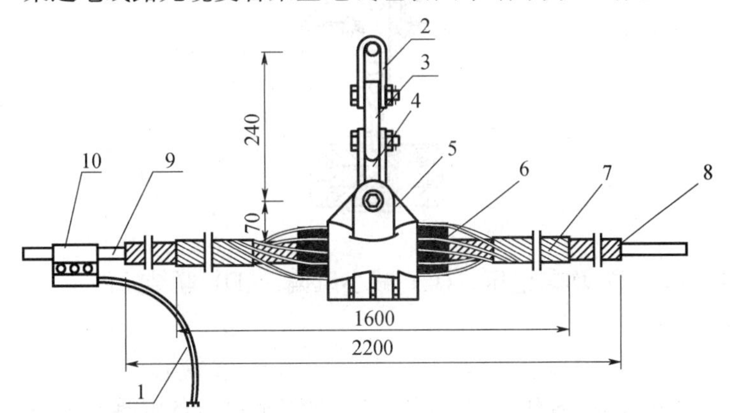

（A）接地线；（B）外绞丝；（C）内绞丝；（D）光缆。

答案：B

Je4E3026 某送电线路光缆复合架空地线组装图中接地线为图中的编号（ ）。

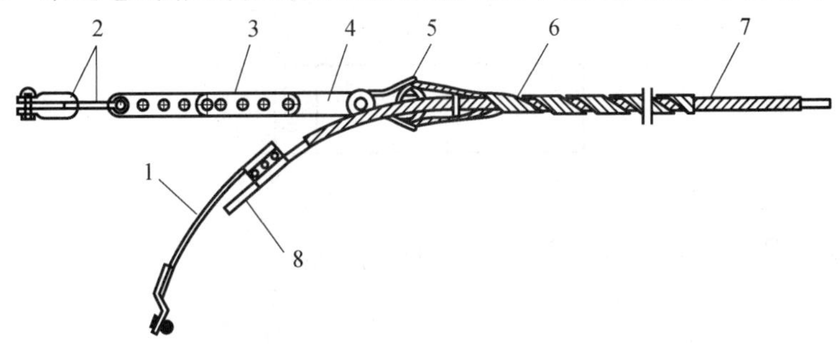

（A）1；（B）8；（C）6；（D）7。

答案：A

Je4E3027 图中画的是（ ）组装图。

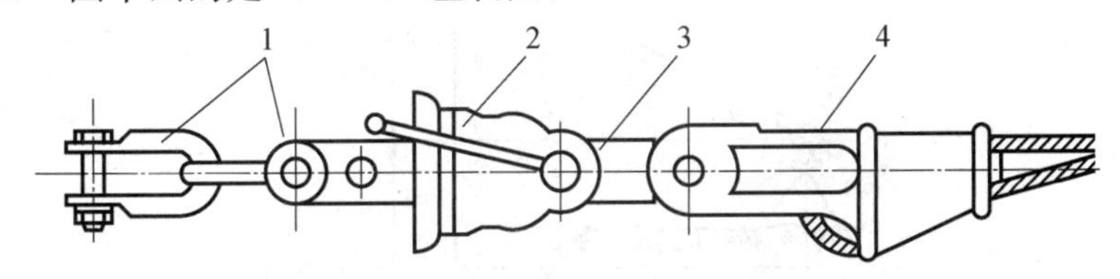

（A）地线耐张；（B）地线直线；（C）导线耐张；（D）导线直线。

答案：A

Je4E3028 图中编号为 4 的元件作用是（ ）。

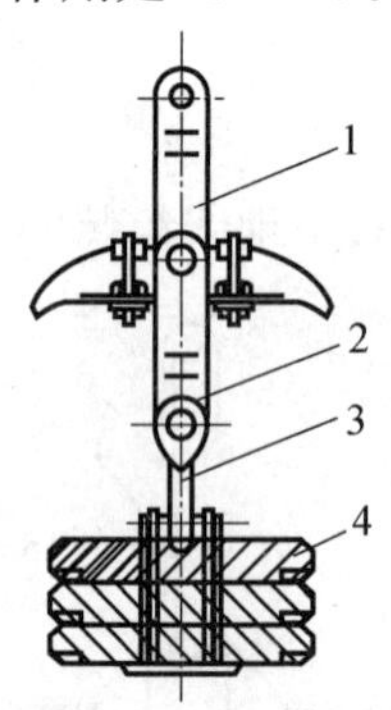

（A）固定导线；（B）均匀电压；（C）减小风偏；（D）联结元件。

答案：C

Je4E3029 图中基础的横截面均为正方形，计算此基础的混凝土量为（ ）m^3。

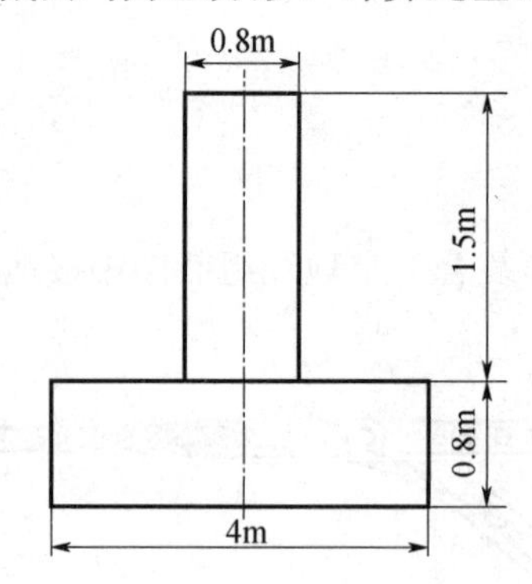

（A）6.95；（B）13.76；（C）22.175；（D）88.7。

答案：B

Je4E4030 如图所示，用经纬仪测量导线至水面的距离，经纬仪的作用主要是（ ）。

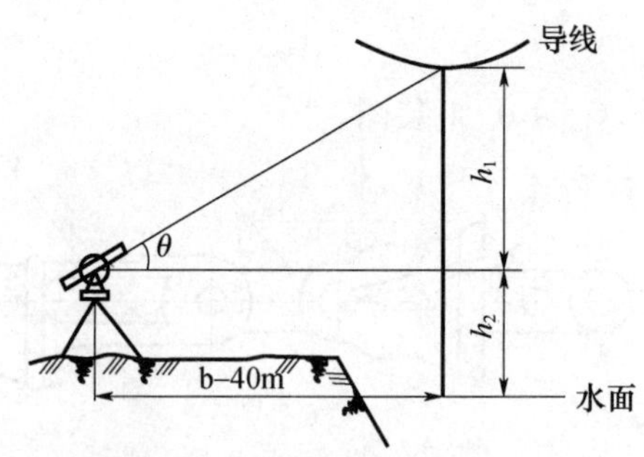

（A）测量 h_2；（B）测量距离 b；（C）测量仰角 θ；（D）测量高差 h_1。

答案：C

Je4E4031 图中指的是（　　）分坑示意图。

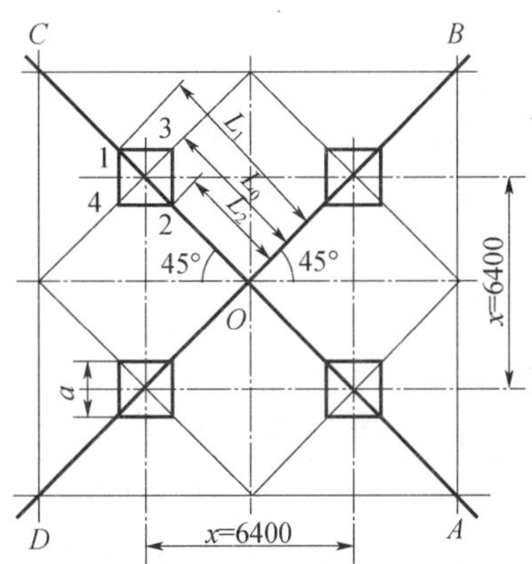

（A）耐张塔；（B）直线方型塔；（C）直线矩型塔；（D）耐张塔基础位移。

答案：B

Je4E4032 如图跨越架中1部分的名称为（　　）。

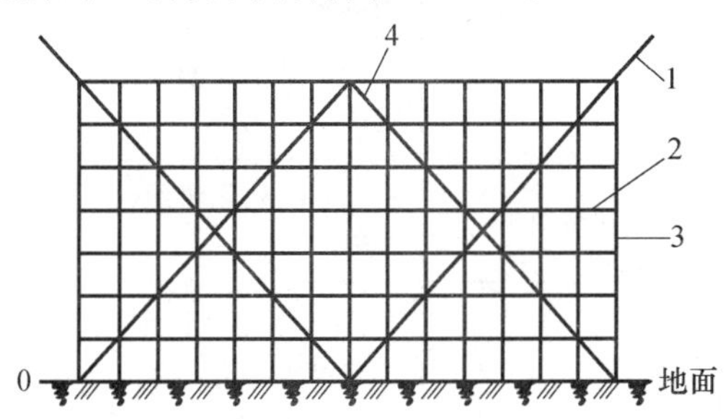

（A）横杆；（B）竖杆；（C）斜杆；（D）羊角杆。

答案：D

Je4E4033 在开挖示意图中，计算的土石方量与（　　）参数无关。

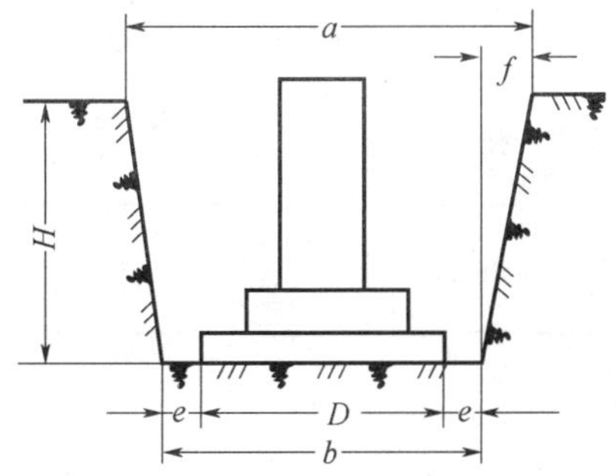

（A）坑深 H；（B）坑底宽度 b；（C）坑口宽度 a；（D）浇筑混凝土量 V。

答案：D

2 技能操作

2.1 技能操作大纲

中级工技能操作大纲

等级	考核方式	能力种类	能力项	考核项目	考核主要内容
中级工	技能操作	基本技能	01. 仪器的使用	01. 水平仪验收基础标高	01. 水平仪的基本使用方法
		专业技能	01. 转角塔位移	01. 转角塔基础分坑前位移作业	02. 转角塔分坑方法
			02. 基础质量控制	01. 测量混凝土坍落度	03. 测量混凝土坍落度的操作方法
				02. 制作混凝土试块	04. 混凝土试块制做方法
			03. 吊装做业	01. 2-3 滑轮组穿绳	05. 组塔工序常用工器具的使用
			04. 金具的组装	01. 地面组装OPGW（光缆）单联悬垂金具串	06. 光缆悬垂金具串的组装
				02. 地面组装110kV双联合成耐张金具串	07. 导线耐张金具串的组装
			05. 导线的压接	01. 钢芯铝绞线接续管压接前准备	08. 导线压接操作
			06. 导线挂线	01. 耐张塔一相导线挂线作业	09. 耐张塔挂线作业方法
		相关技能	01. 测量相关知识	01. 全站仪测未知点坐标	10. 全站仪的基本使用方法

2.2 技能操作项目

2.2.1 XJ4JB0101 水平仪验收基础标高

一、作业

（一）工器具、材料、设备

（1）器具：水平仪、三角架、高度尺、记录本、计算器、笔。

（2）材料：无。

（3）设备：无。

（二）安全要求

参加考核人员需正确使用劳动防护用具。

（三）操作步骤及工艺要求（含注意事项）

（1）对水平仪和高度尺进行检验标志和外观检查。

（2）选择合适位置架设整平水平仪。

（3）测量相对仪器的标高高度并记录。

（4）分别测量四个基础的高度并记录。

（5）计算各基础的对对高度。

（6）回收仪器。

二、考核

（一）考核场地

室外一般场地为 3m×3m，选四个 0.5m×0.5m×0.2m 的正方形硬质材料模拟基础。

（二）考核时间

考核时间为 20min。

（三）考核要点

（1）仪器整平。

（2）高度尺要竖直。

（3）测量和记录需要精确至毫米。

（4）仪器和高度尺检查标志均在有效期内。

（5）仪器和高度尺外观良好。

三、评分标准

行业：电力工程　　　　工种：送电线路架设工　　　　等级：四

编号	XJ4JB0101	行为领域	e	鉴定范围		送电线路	
考核时限	20min	题型	A	满分	100 分	得分	
试题名称	水平仪验收基础标高						
考核要点及其要求	（1）人员着装整齐。 （2）准备工器具齐全。 （3）会正确使用水平仪。 （4）正确测量记录基础标高并计算。 （5）清理现场						

续表

现场设备、工器具、材料	(1) 工器具：水平仪、三角架、高度尺、记录本、计算器、笔。 (2) 材料：无。 (3) 设备：无
备注	需1人配合高度尺

评分标准

序号	考核项目名称	质量要求	分值	扣分标准	扣分原因	得分
1	工作前准备					
1.1	着装	穿工作服，扣齐衣、袖口扣，戴手套	5	不满足，每项扣1分		
		穿绝缘鞋，系紧鞋带		不满足，每项扣1分		
1.2	工器具准备	工器具准备齐全	20	工器具缺项，每项扣2分		
		检查三角架，不得有裂痕、变形、松动		漏检一项，扣1分		
		检查水平仪的检验标签，外观检查灵活		漏检一项，扣1分		
		检查高度尺外观，不得有裂痕，伸缩正常		漏检一项，扣1分		
2	工作过程					
2.1	架设整平水平仪	要求选位正确，便于观测	25	选址不合适，扣5分		
		三角架稳固		三角架不稳固，扣5分		
		三角架与仪器连接牢固		连接不牢固，扣5分		
		将水平仪水准泡调整至中央		未整平居中，扣10分		
2.2	观测标高	高度尺要竖直，精确至毫米	5	观测数据方法不正确，扣5分		
2.3	观测基础	高度尺要竖直	20	倾斜观测，扣5分		
		选择5个均匀分布的位置分别观测，精确至毫米		观测数据有错误，每个扣2分		
		使用计算器计算5个高度的平均值		计算不正确，扣5分		
2.4	计算基础标高	计算测标高与基础高差	5	计算不正确，扣5分		
3	安全文明生产					
3.1	整理工器具	操作完毕后，将工具整理后放在指定位置	15	未放至原位，不整齐，三角架未收腿，水平仪水平调整轮未归位，每项扣5分		
3.2	汇报工作完成	操作完毕后，汇报工作结束	5	未及时汇报，扣5分		
4	时限	在规定的时间内完成		每超时1min扣5分		

2.2.2 XJ4ZY0101 转角塔基础分坑前位移作业

一、作业

（一）工器具、材料、设备

（1）工器具：经纬仪一套（电子经纬仪电量充足）、科学计算器、记录本、手锤、笔、花杆一套、10m钢卷尺。

（2）材料：20cm×4cm×4cm带尖木桩和小钉各4个，如为硬化地面用白板笔代替。

（3）设备：无。

（二）安全要求

参加考核人员需正确使用劳动防护用具。

（三）操作步骤及工艺要求（含注意事项）

（1）将经纬仪架于转角塔线路中心桩位上，对中整平。

（2）前视内角左侧方向桩，并将水平角置零。

（3）转至内角右侧方向桩照准，读水平角与图纸核对。

（4）退回至内角一半，在内角侧基础坑外侧钉出铁塔的内角侧横担方向桩。

（5）仪器搬至新钉内角模担桩，前视转角中心桩（因位移距离小，仪器无法近距离观测）。

（6）指挥配合人员方向，并转角中心桩拉尺位移距离控制距离钉基础中心桩。

（7）在各桩上正确标记，回收仪器。

设定尺寸：基础根开为4m×4m，坑口为2m×2m，位移为0.5m，现场实际测定已知桩位转角度数。

二、考核

（一）考核场地

室外一般场地为7m×7m，已知直线塔中心桩1个，控制桩2个。

（二）考核时间

考核时间为40min。

（三）考核要点

（1）操作仪器对中整平准确无误。

（2）操作仪器测量角度准确无误。

（3）指挥人员拉尺订桩无误。

（4）检查的项目要口头汇报清晰。

三、评分标准

行业：电力工程　　　　工种：送电线路架设工　　　　等级：四

编号	XJ4ZY0101	行为领域	e	鉴定范围		送电线路	
考核时限	40min	题型	A	满分	100分	得分	
试题名称	转角塔基础分坑前位移作业						
考核要点及其要求	（1）需双手托扶，取放仪器，并检查仪器的检验标志，并稳固架设经纬仪。 （2）根据图纸计算线路内角的一半。 （3）复核线路转角。 （4）顺时针旋转内角一半，订基础的横担方向。 （5）回收仪器						

续表

现场设备、工器具、材料	(1) 工器具：经纬仪一套（电子经纬仪电量充足）、科学计算器、记录本、手锤、笔、花杆一套、10m钢卷尺。 (2) 材料：20cm×4cm×4cm带尖木桩和小钉各4个，如为硬化地面用白板笔代替。 (3) 设备：无
备注	经纬仪型号较多，需编制简单说明

评分标准

序号	考核项目名称	质量要求	分值	扣分标准	扣分原因	得分
1	工作前准备					
1.1	着装	穿工作服，扣齐衣、袖口扣，戴手套	5	不满足，每项扣1分		
		穿绝缘鞋，系紧鞋带		不满足，每项扣1分		
1.2	工器具准备	工器具准备齐全	20	工器具缺项，每项扣2分		
		对三角架的外观和变形进行检查		漏检一项，扣5分		
		检查经纬仪的检验标签，灵活性检查		漏检一项，扣3分		
		检查钢尺外观，不得有裂痕，变形		漏检一项，扣2分		
2	工作过程					
2.1	在线路中心桩架设经纬站仪	三角架与仪器固定紧密，在地面支放牢固	20	不稳固，扣5分		
		将经纬仪两个方向精水准泡或电子水准泡调整至中央		未整平或整平不到位，扣5分		
		将经纬仪与桩中心小钉对中		对中超过1mm，扣5分		
2.2	分线路内角	经纬仪前视内角左侧方向桩，锁定并将角度归零	20	选择方向错误或未置零，扣5分		
		右转至另一侧方向桩，与施工图复核转角度数		未复核，扣5分		
		退回角度一半并精调		操作不熟练，扣5分		
		在超过内角侧两坑外沿的外侧钉横担控制桩		指挥不熟练，位置不正确，命令不准确，扣5分		
2.3	搬站	将经纬仪移至新订桩	10	搬站不熟练，扣5分		
		前视线路中心桩，并锁定		操作不熟练，扣5分		
2.4	钉基础中心桩	由经纬仪钉控制方向，从线路中心桩由钢尺控制位移距离，钉立基础中心桩及校准钉	5	距离超5mm或方向不准确超过1钉，扣5分		
2.5	标记各桩位	用记号笔标记各桩位	5	超过观测数据，扣5分		

续表

序号	考核项目名称	质量要求	分值	扣分标准	扣分原因	得分
3	安全文明生产					
3.1	整理工器具	操作完毕后，将工具整理后放在指定位置	10	未放至原位，不整齐，三角架未收腿，每项扣5分		
3.2	汇报工作完成	操作完毕后，汇报工作结束	5	未及时明确汇报，扣5分		
4	时限	在规定的时间内完成		每超时1min扣3分		

2.2.3 XJ4ZY0201 测量混凝土坍落度

一、作业

（一）工器具、材料、设备

（1）工器具：坍落度测筒1个、水平尺1把、钢尺1把、0.5m×0.5m托板1块、抹子1把。

（2）材料：成品混凝土0.005m^3，可用谷物代替。

（3）设备：无。

（二）安全要求

参加考核人员需正确使用劳动防护用具。

（三）操作步骤及工艺要求（含注意事项）

（1）将托板置于水平地面上，并用水平尺调整验平。

（2）将坍落筒放于钢板上。

（3）将混凝土或其替代物均厚分三层装插捣。

（4）装填结束，上表面用抹子刮平，清除坍落筒周围的混凝土。

（5）迅速向上竖直提筒，坍落筒不能影响混凝土自然坍落。

（6）测量并记录。

（7）清理现场。

二、考核

（一）考核场地

室外或室内一般场地为2m×2m。

（二）考核时间

考核时间为25min。

（三）考核要点

（1）两次要基本整平。

（2）填充与振捣的分次和插捣。

（3）准确测量和记录，要精确至毫米。

三、评分标准

行业：电力工程　　　　工种：送电线路架设工　　　　等级：四

编号	XJ4ZY0201	行为领域	e	鉴定范围		送电线路	
考核时限	25min	题型	A	满分	100分	得分	
试题名称	测量混凝土坍落度						
考核要点及其要求	（1）将钢板置于地面上，并用水平尺用两个基本垂直交叉的方向调整验平。 （2）将坍落筒放于钢板一侧1/3处。确保坍落区不超过钢板。 （3）将混凝土或其替代物均厚分三层装入，每次用捣棒沿边缘至中心插捣25次，插捣位置在平面上均匀分布，首层到底，后两层均过层2～3cm。 （4）装填结束，上表面用抹子刮平，清除坍落筒周围的混凝土。 （5）迅速向上竖直提筒，时间在5～10s，坍落筒不得影响混凝土自然坍落。 （6）将坍落筒放于试样旁，筒顶放一水平尺并控制水平，用钢尺量出水平尺到试样最高点的竖直距离，并记录。 （7）清理现场						

续表

现场设备、工器具、材料	(1) 工器具：坍落度测筒、水平尺、钢尺、托板 0.5m×0.5m1 块，抹子 1 把。 (2) 材料：成品混凝土 0.005m^3，可用谷物代替。 (3) 设备：无
备注	上述栏目未尽事宜

评分标准

序号	考核项目名称	质量要求	分值	扣分标准	扣分原因	得分
1	工作前准备					
1.1	着装	穿工作服，扣齐衣、袖口扣，戴手套	5	不满足，每项扣 1 分		
		穿绝缘鞋，系紧鞋带		不满足，每项扣 1 分		
1.2	工器具准备	工器具准备齐全	20	工器具缺项，每项扣 2 分		
		检查坍落筒外观及不得有裂痕，变形		漏检一项，扣 5 分		
		检查水平尺的检验标签，外观无变形		漏检一项，扣 3 分		
		检查钢尺外观，不得有裂痕，变形		漏检一项，扣 2 分		
2	工作过程					
2.1	放置托板	平整地面	5	未平整，扣 1 分		
		从两个垂直水平检验平整度		少一次，扣 2 分		
2.2	放置坍落筒	将坍落筒放于钢板一侧 1/3 处。确保坍落区不超过托板	10	坍落区超过托板，扣 10 分		
2.3	填充混凝土	填充第一层，高度占总高约为 1/3	20	超过 5cm，扣 2 分		
		用捣棒沿边缘至中心均匀分布插捣 25 次，深度至底		分布不正确，插捣不足 25 次，深度未至底，各扣 1 分		
		填充第二层高度，占总高约为 1/3		超过 5cm，扣 2 分		
		用捣棒沿边缘至中均匀分布心插捣 25 次，深度至第一层内 2～3cm		分布不正确，插捣不足 25 次，深度未至底，各扣 1 分		
		填充第三层至满筒		超过 5cm，扣 3 分		
		用捣棒沿边缘至中心均匀分布插捣 25 次，深度至第二层内 2～3cm		分布不正确，插捣不足 25 次，深度未至底，各扣 1 分		
		装填结束，上表面用抹子刮平，清除坍落筒周围的混凝土		未刮平，扣 2 分；未清除坍落筒周围的混凝土，扣 1 分		
		插捣和填充时要扶稳坍筒		未扶稳，扣 2 分		

续表

序号	考核项目名称	质量要求	分值	扣分标准	扣分原因	得分
2.4	拔出坍落筒	迅速向上竖直提筒，时间在5—10s，坍落筒不得影响混凝土自然坍落。 将坍落筒放于试样旁，筒顶放一水平尺并控制水平，用钢尺量出水平尺到试样最高点的竖直距离，并记录	5	提筒超时，扣5分；提筒慢或横向晃动大，影响自然坍落，扣5分		
2.5	测量	高度尺要竖直精确至毫米	5	观测数据，扣5分		
2.6	计算基础标高	精确至毫米	5	不合格，扣5分		
3	安全文明生产					
3.1	整理工器具	操作完毕后，将工具整理后放在指定位置	15	未放至原位，不整齐，三角架未收腿，每项扣5分		
3.2	回收废料	做无害化处理，放至指定位置				
3.2	汇报工作完成	操作完毕后，汇报工作结束	5	未及时汇报，扣5分		
4	时限	在规定的时间内完成	5	每超时1min扣4分		

2.2.4 XJ4ZY0202 制作混凝土试块

一、作业

（一）工器具、材料、设备

（1）工器具：模块模具、卡尺、抹子、捣棒、尖铁钉。

（2）材料：成品混凝土 0.01m³，可用谷物代替。

（3）设备：无。

（二）安全要求

参加考核人员需正确使用劳动防护用具。

（三）操作步骤及工艺要求（含注意事项）

（1）检查模具并涂刷脱模剂。

（2）将混凝土或其替代物均厚分二层装入，捣棒沿边缘至中心均匀插捣，首层到底，二层均过接层 2～3cm。

（3）上表面用抹子刮平，用尖钉做准确标记。

（4）清理现场。

二、考核

（一）考核场地

室内外一般场地为 2m×2m。

（二）考核时间

考核时间为 40min。

（三）考核要点

（1）检查模具的状态。

（2）填充振捣分二次进行。

（3）测量和记录需要精确至毫米。

三、评分标准

行业：电力工程　　　　工种：送电线路架设工　　　　等级：四

编号	XJ4ZY0202	行为领域	e	鉴定范围		送电线路	
考核时限	40min	题型	B	满分	100 分	得分	
试题名称	制作混凝土试块						
考核要点及其要求	（1）外观检查模具的状态，并用卡尺核实模具尺寸。 （2）填充振捣分二次进行。 （3）表面要压光，用尖钉做准确标记						
现场设备、工器具、材料	（1）工器具：模块模具、卡尺、抹子、捣棒、尖铁钉。 （2）材料：成品混凝土 0.01m³，可用谷物代替。 （3）设备：无						
备注	上述栏目未尽事宜						

评分标准

序号	考核项目名称	质量要求	分值	扣分标准	扣分原因	得分
1	工作前准备					

续表

序号	考核项目名称	质量要求	分值	扣分标准	扣分原因	得分
1.1	着装	穿工作服，扣齐衣、袖口扣，戴手套	5	不满足，每项扣1分		
		穿绝缘鞋，系紧鞋带		不满足，每项扣1分		
1.2	工器具准备	工器具准备齐全	15	工器具缺项，每项扣2分		
		检查模板外观及不得有裂痕，变形，内表面光滑无砂眼		漏检一项，扣2分		
		用卡尺检查三个模具尺寸长宽高误差不超过1mm		漏检一项，扣2分		
2	工作过程					
2.1	刷脱模剂	将三个模具内壁均匀涂刷脱模剂，内表均匀无流淌	10	漏刷或底部有积液，各扣5分		
2.2	分层填充混凝土	填充第一层，高度占总高约为1/2	25	超过5cm，扣2分		
		用捣棒沿边缘至中心均匀分布插捣25次，深度至底		分布不均匀，深度未至底，各扣1分		
		第二次填满				
		用捣棒沿边缘至中均匀分布心插捣25次，深度至第一层内2～3cm		分布不均匀，插捣深度未过层，各扣1分		
2.3	压光	用铁抹子将试块压光，无露石、蜂窝、麻面、裂纹	15	表面粗糙、露石，蜂窝裂纹，各扣5分		
2.4	标记	用尖铁钉刻写编号、强度、部位，制作日期，试块类型	10	每少一处扣2分		
3	安全文明生产					
3.1	整理工器具	操作完毕后，将工具整理后放在指定位置	15	工器具未放至指定位置，不整齐，每项扣5分		
3.2	回收废料	材料回收做无害化处理，放至指定位置	5	未处理，扣5分		
3.3	汇报工作完成	操作完毕后，汇报工作结束				
4	时限	在规定的时间内完成		每超时1min扣3分		

2.2.5 XJ4ZY0301 2-3滑车组穿绳

一、作业

（一）工器具、材料、设备

（1）工器具：三轮滑车1个、二轮滑车1个、采用 $f9$ 钢丝绳20m、工具U形环1个。

（2）材料：无。

（3）设备：无。

（二）安全要求

参加考核人员需正确使用劳动防护用具，防止砸伤和刺伤。

（三）操作步骤及工艺要求（含注意事项）

（1）对工器具进行质量检查。

（2）将两个滑车，相距约2m正确摆放固定于地锚上。

（3）将绳子首端按次序依次穿过两个滑车。

（4）将钢丝绳用U形环正确固定于定滑车上，出绳从动滑轮出。

二、考核

（一）考核场地

室外一般场地为3m×3m，两个桩锚用于固定滑轮。

（二）考核时间

考核时间为20min。

（三）考核要点

（1）对工器具进行质量检查，不得有缺陷。

（2）检查绳丝的断股，损伤不得超规范要求。

（3）正确穿绕省力至1/5。

（4）钢丝绳不互扭结缠绕。

（5）固定端与出绳端正确无误。

三、评分标准

行业：电力工程　　　　工种：送电线路架设工　　　　等级：四

编号	XJ4ZY0301	行为领域	e	鉴定范围		送电线路	
考核时限	20min	题型	A	满分	100分	得分	
试题名称	2-3滑车组穿绳						
考核要点 及其要求	（1）检查滑轮的型号和外观质量。 （2）检查钢丝绳的外观质。 （3）正确组装油轮组省力至1/5。 （4）滑轮钢丝绳出入准确，不互相扭。 （5）正确回收工器具。 （6）在规定的时间内完成						
现场设备、 工器具、材料	（1）工器具：三轮滑车1个、二轮滑车1个、采用 $f9$ 钢丝绳20m、工具U形环1个。 （2）材料：无。 （3）设备：无						
备注	上述栏目未尽事宜						

续表

评分标准						
序号	考核项目名称	质量要求	分值	扣分标准	扣分原因	得分
1	工作前准备					
1.1	着装	穿工作服，扣齐衣、袖口扣，戴手套	5	不满足，每项扣1分		
		穿绝缘鞋，系紧鞋带		不满足，每项扣1分		
1.2	工器具准备	工器具准备齐全	20	工器具，每缺项扣2分		
		检查滑轮组外观，不得有裂痕，变形和其他较大缺陷		漏检一项，扣1分		
		检查滑轮组铭牌、型号		漏检一项，扣1分		
		检查滑轮组中每个滑轮转动是否灵活		漏检一项，扣1分		
		检查钢丝绳是否有变形和断股，硬弯		漏检一项，扣1分		
2	工作过程					
2.1	摆放滑轮组	要求方向对应，便于穿绳	5	每方向错误，扣2分		
2.2	穿绳	从一端开始依次穿各个滑轮，动作流畅准确不停顿	50	穿错一次或停顿一次，扣5分		
		固定端用工具环正确固定		固定位置不正确或用具不准确，各扣10分		
		出绳正确		出绳错误，扣10分		
		绳无缠，扭结		不合格一次，扣10分		
3	安全文明生产					
3.1	工具整理	操作完毕后，将工具整理后放在指定位置	15	未放至原位，不整齐，钢丝绳未盘固，每项扣5分		
3.2	完工汇报	操作完毕后，汇报工作结束	5	不满足，扣5分		
4	时限	在规定的时间内完成		每超时1min扣5分		
总分			100			

2.2.6 XJ4ZY0401 地面组装OPGW（光缆）单联悬垂金具串

一、作业

（一）工器具、材料、设备

（1）工器具：个人工具、毛巾。

（2）材料：接地线JDX-120-2000（含并沟线夹）、UB挂板UB-10、PD挂板PD-10、ZS挂板ZS-10、套壳TK-10、橡胶夹块JC-15、外绞丝OXC-W-1600、内绞丝OXC-N-2200光缆（OPGW-140/20B）。

（3）设备：无。

（二）安全要求

参加考核人员需要求着装正确（工作服、工作胶鞋、安全帽），并能正确使用劳动防护用具。

（三）操作步骤及工艺要求（含注意事项）

（1）按组装图纸组装金具串，要求单独操作，地面操作。

（2）所有要用的材料应一次找出，并按次序摆放好。

（3）OPGW（光缆）单联悬垂金具检查，要求讲出检查内容。

（4）组装悬垂金具串。

二、考核

（一）考核场地

室外一般场地为3m×3m，彩条布铺地。

（二）考核时间

考核时间为50min。

（三）考核要点

（1）金具外观检查时口头检查的项目汇报清晰。

（2）指定位置安装准确。

（3）金具串组装准确。

（4）在要求的时间内完成。

三、评分标准

行业：电力工程　　　　工种：送电线路架设工　　　　等级：四

编号	XJ4ZY0401	行为领域	e	鉴定范围		送电线路	
考核时限	50min	题型	C	满分	100分	得分	
试题名称	地面组装OPGW（光缆）单联悬垂金具串						
考核要点及其要求	（1）正确读图，准确辨认各金具名称。 （2）准备个人工具。 （3）材料准备齐备，数量正确。 （4）现场摆放整齐有序。 （5）安装熟练、准确						

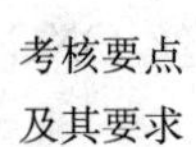考核要点及其要求	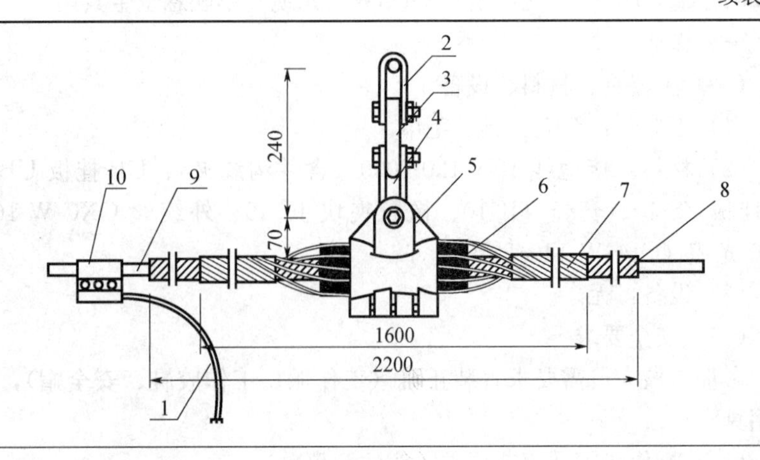
现场设备、工器具、材料	(1) 工器具：个人工具、毛巾。 (2) 材料：接地线 JDX-120-2000（含并沟线夹）、UB 挂板 UB-10、PD 挂板 PD-10、ZS 挂板 ZS-10、套壳 TK-10、橡胶夹块 JC-15、外绞丝 OXC-W-1600、内绞丝 OXC-N-2200 光缆（OPGW-140/20B）。 (3) 设备：无
备注	金具组装图一套

评分标准

序号	考核项目名称	质量要求	分值	扣分标准	扣分原因	得分
1	工作前准备					
1.1	着装	穿工作服，扣齐衣、袖口扣，戴手套	5	不满足，每项扣 1 分		
		穿绝缘鞋，系紧鞋带		不满足，每项扣 1 分		
1.2	工器具准备	8 寸和 10 寸板手各一把，断线钳一把，记号笔一只，毛巾一条	10	工器具缺项，每项扣 2 分		
2	材料准备					
2.1	材料检查	材料数量型号符合图纸	10	每少一样扣 1 分		
2.2	外观检查	镀锌层应无碰、层剥、漏镀	5	每漏查一处扣 1 分		
2.3	清理表面	元件内外均应擦拭干净	5	每漏清理一处扣 1 分		
2.4	摆放	摆放整齐有序	5	摆放不符合安装次序，不整齐，扣 5 分		
3	工作过程					
3.1	材料中心标记	用记号笔和卷尺标记套壳、夹块、内外绞线、光缆悬吊中心	5	标记不齐全，扣 5 分		
3.2	安装内绞丝	各股两端整齐，无松股，中心与光缆中心重合，贴合紧密	10	两端对齐超过 5mm，松股，中心不重合，贴合不紧密，各扣 2 分		

续表

序号	考核项目名称	质量要求	分值	扣分标准	扣分原因	得分
3.3	安装橡胶块	夹块中心与内绞丝中心重合，贴合紧密	5	不合格，每项扣5分		
3.4	安装外绞丝	各股两端整齐，无松股，中心与夹块中心重合，贴合紧密	10	两端对齐超过5mm，松股，中心不重合，贴合不紧密，各扣2分		
3.5	安装套壳	套壳中心与外绞丝中心重合，贴合紧密	5	不合格，每项扣5分		
3.6	连接其他金具	方向正确，销钉与螺栓穿向正确，由上向下，由内向外，由左向右	5	操作不熟练，扣5分		
3.7	安装接地线	平沟线夹连接可靠，接地线下垂方向与安装顺序	5	接地线安装应力扭转，扣5分		
3	安全文明生产					
3.1	整理工器具材料	操作完毕后，将工具材料整理后放在指定位置	10	未放至原位，不整齐，每项扣5分		
3.2	汇报工作完成	操作完毕后，汇报工作结束	5	未及明确汇报，扣5分		
4	时限	在规定的时间内完成		每超时1min扣3分		

2.2.7 XJ4ZY0402 地面组装110kV双联合成耐张金具串

一、作业

（一）工器具、材料、设备

（1）工器具：个人工具、毛巾、拔销钳；金具组装图一套。

（2）材料：U形环3只、延长环1只、双联板2块、直角挂板3只、球头挂环2只、合成缘缘子2只、双联碗头2个、调整板1块、耐张线夹钢锚1只。

（3）设备：无。

（二）安全要求

参加考核人员需要求着装正确（工作服、工作胶鞋、安全帽），并能正确使用劳动防护用具。

（三）操作步骤及工艺要求（含注意事项）

（1）按组装图纸组装金具串，要求单独地面操作。

（2）所有要用的材料应一次找出，并按次序摆放好。

（3）金具检查，要求讲出检查内容。

（4）正确组装耐张金具串。

（5）由考评老师指定线路受电侧，安装方向，以确定螺栓及销钉方向。

二、考核

（一）考核场地

室外一般场地为3m×3m，彩条布铺地。

（二）考核时间

考核时间为30min。

（三）考核要点

（1）金具外观检查时口头检查的项目汇报清晰。

（2）指定位置安装准确。

（3）串组装准确。

（4）在要求的时间内完成。

三、评分标准

行业：电力工程　　　　工种：送电线路架设工　　　　等级：四

编号	XJ4ZY0402	行为领域	e	鉴定范围		送电线路	
考核时限	30min	题型	C	满分	100分	得分	
试题名称	地面组装110kV双联合成耐张金具串						
考核要点及其要求	（1）正确读图，准确辨认各金具名称。 （2）准备个人工具。 （3）材料准备齐备，数量正确。 （4）现场摆放整齐有序。 （5）安装熟练、准确						

续表

考核要点及其要求	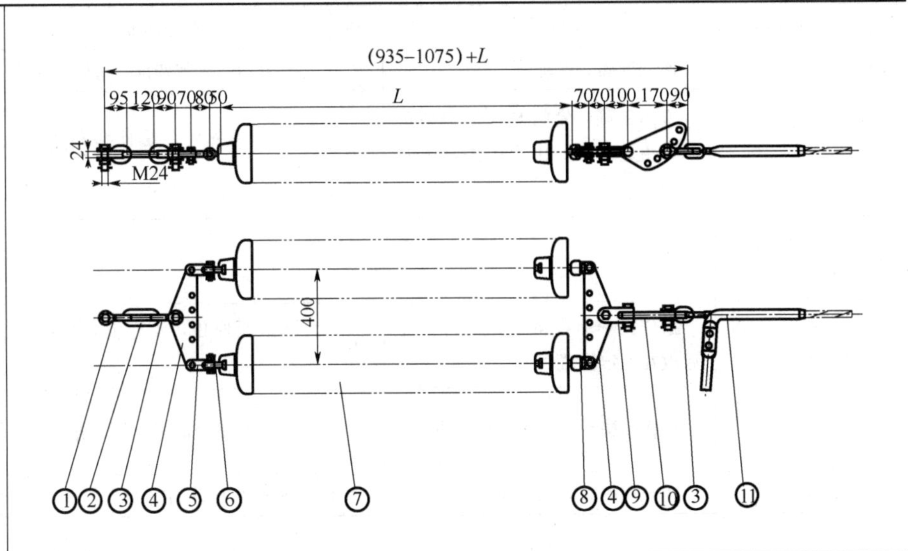
现场设备、工器具、材料	(1) 工器具：个人工具、毛巾、拨销钳。 (2) 材料：U形环3只、延长环1只、双联板2块、直角挂板3只、球头挂环2只、合成绦缘子2只、双联碗头2个、调整板1块、耐张线夹钢锚1只。 (3) 设备：无
备注	金具组装图一套

评分标准

序号	考核项目名称	质量要求	分值	扣分标准	扣分原因	得分
1	工作前准备					
1.1	着装	穿工作服，扣齐衣、袖口扣，戴手套	5	不满足，每项扣1分		
		穿绝缘鞋，系紧鞋带		不满足，每项扣1分		
1.2	工器具准备	8寸和10寸板手各一把，断线钳一把，记号笔一只，毛巾一条	10	工器具缺项，每项扣2分		
2	材料准备					
2.1	材料检查	材料数量型号符合图纸	10	每少一样，扣1分		
		镀锌层应无碰，层剥，漏镀	5	每漏查一处，扣1分		
		合成绝缘子应无划伤，破裂，无变形	5	未检查，扣5分		
2.2	清理表面	元件内外均应擦拭干净	5	每漏清理一处，扣1分		
2.3	摆放	摆放整齐、有序	5	摆放不符合安装次序，不整齐，扣5分		
3	工作过程					

续表

序号	考核项目名称	质量要求	分值	扣分标准	扣分原因	得分
3.1	连接各元件	连接准确、熟练	20	不熟练，连接错误，每处扣5分		
3.2		方向正确，销钉与螺栓穿向正确，由上向下，由内向外，由左向右	20	操作不熟练，螺栓穿向错误，扣5分		
4	安全文明生产					
4.1	整理工器具材料	操作完毕后，将工具材料整理后放在指定位置	10	未放至原位，不整齐，每项扣5分		
4.2	汇报工作完成	操作完毕后，汇报工作结束	5	未及时明确汇报，扣5分		
5	时限	在规定的时间内完成		每超时1min扣4分		

2.2.8 XJ4ZY0501 钢芯铝绞线接续管压接前准备

一、作业

（一）工器具、材料、设备

（1）工器具：个人工具、毛巾棉纱、毛刷、油盘、钢锯、钢卷尺、记号笔。

（2）材料：型号为 JL/G1A-240/30 导线 2m 及直线压接管（搭接）一套、汽油若干，细铁丝若干。

（3）设备：无。

（二）安全要求

参加考核人员需要求着装正确（工作服、工作胶鞋、安全帽），并能正确使用劳动防护用具；使用汽油清洗时远离火源，严禁吸烟。

（三）操作步骤及工艺要求（含注意事项）

（1）一人独立，单独地面操作。

（2）金具检查，要求讲出检查内容。

（3）完成导线及接续管清洗工作。

（4）正确切割导线到达压接条件。

（5）考评老师指定伸长 10mm＋10mm 露头。

二、考核

（一）考核场地

室外一般场地为 3m×3m，彩条布铺地。

（二）考核时间

考核时间为 40min。

（三）考核要点

（1）金具外观检查时，口头检查的项目汇报清晰。

（2）指定位置安装准确。

（3）串组装准确。

（4）在要求的时间内完成。

三、评分标准

行业：电力工程　　　　工种：送电线路架设工　　　　等级：四

编号	XJ4ZY0501	行为领域	e	鉴定范围		送电线路	
考核时限	40min	题型	B	满分	100 分	得分	
试题名称	钢芯铝绞线接续管压接前准备						
考核要点及其要求	（1）准备个人工具。 （2）各切割尺寸计算和标定准确。 （3）准备至压接前即可。 （4）现场摆放整齐有序。 （5）安装熟练准确						
现场设备、工器具、材料	（1）工器具：个人工具、毛巾棉纱、毛刷、油盘、钢锯、钢卷尺、记号笔。 （2）材料：型号为 JL/G1A-240/30 导线 2m 及直线压接管一套（搭接）、汽油若干，细铁丝若干。 （3）设备：无						
备注	上述栏目未尽事宜						

续表

评分标准						
序号	考核项目名称	质量要求	分值	扣分标准	扣分原因	得分
1	工作前准备					
1.1	着装	穿工作服，扣齐衣、袖口扣，戴手套	5	不满足，每项扣1分		
		穿绝缘鞋，系紧鞋带		不满足，每项扣1分		
1.2	工器具准备	按施工要求准备工器具	10	工器具缺项，每项扣2分		
2	工作过程					
2.1	材料检查	材料数量型号符合要求	10	每少一样扣2分		
		压接管不得有裂纹、沙眼、气孔、变形等外观缺陷		每漏查一处扣2分		
2.2	确定铝线切割长度	测量钢管、铝管长度，	10	未测量，每处扣2分		
		钢管长＋钢芯压接伸长量10mm＋10mm露头		计算方法不正确，扣5分		
2.3	清洗接续管、导线	用棉纱蘸少量汽油清洗导线至无泥污、油污，长充为压接的2.5倍	15	每漏清理一处扣2分		
		用棉纱蘸少量汽油分别清洗耐张管铝、钢管的内外壁		每漏清理一处扣5分		
2.4	套入铝管	将铝管套入一端铝线	5	忘记套铝管，扣10分		
2.5	导线切割	测量并用记号笔在导线上标记切割位置，里侧约10mm用细铁丝绑扎	25	操作步骤不正确、缺项距离不正确，扣5分		
		用钢锯沿导线垂直面均匀割锯，切口整齐，不能伤及钢绞线		切面不整齐，扣5分；伤到钢绞线，扣10分		
2.6	钢芯搭接	钢芯一端均匀打散，穿入钢管，钢芯另一端穿入，钢管两端均露头5～10mm	10	未露头，每处扣5分；两端无伸长空间，扣5分		
2.7	钢管标记位置	钢管居中标记	5	未标记，扣5分		
3	安全文明生产					
3.1	整理工器具材料	操作完毕后，将工具材料整理后放在指定位置	5	未放至原位，不整齐，每项扣5分		
3.2	汇报工作完成	操作完毕后，汇报工作结束				
4	时限	在规定的时间内完成		每超时1min扣5分		

2.2.9　XJ4ZY0601　耐张塔一相导线挂线作业

一、作业

（一）工器具、材料、设备

（1）工器具：个人工器具，安全带、防坠装置。

（2）材料：无。

（3）设备：无。

（二）安全要求

参加考核人员需正确使用劳动防护用具，正确使用防坠落装置，防止高空坠落，配合人员离开坠物区，高空作业人员设专人监护。

（三）操作步骤及工艺要求（含注意事项）

（1）耐张串已正确连接耐张线夹，耐张段另一侧已挂线完成。

（2）操作人员正确登塔进行登高作业。

（3）耐张串即将牵引到位。

（4）指挥将耐张串正确牵引到位，并挂线。

（5）拆除挂线设施并安全下塔。

二、考核

（一）考核场地

室外的耐张塔上。

（二）考核时间

考核时间为100min。

（三）考核要点

（1）正确登塔，正确使用防坠落装置。

（2）正确指挥牵引设备至合适位置并挂线。

（3）正确拆除附属设施，安全下塔。

三、评分标准

行业：电力工程　　　　**工种：送电线路架设工**　　　　**等级：四**

编号	XJ4ZY0601	行为领域	e	鉴定范围		送电线路	
考核时限	100min	题型	C	满分	100分	得分	
试题名称	耐张塔一相导线挂线作业						
考核要点及其要求	（1）正确使用防坠装置，沿脚钉登塔。 （2）正确移位至挂线点，正确使用安全带，指挥牵引设备并挂线。 （3）正确拆除附属设施，安全下塔						
现场设备、工器具、材料	（1）工器具：个人工器具、安全带、防坠装置。 （2）材料：无。 （3）设备：无						
备注	上述栏目未尽事宜						

续表

评分标准						
序号	考核项目名称	质量要求	分值	扣分标准	扣分原因	得分
1	工作前准备					
1.1	着装	穿工作服，扣齐衣、袖口扣，戴手套	5	不满足，每项扣1分		
		穿绝缘鞋，系紧鞋带		不满足，每项扣1分		
1.2	工器具准备	工器具准备齐全	15	工器具缺项，每项扣2分		
		检查安全带及防坠装置是否在检验合格期之内		漏检一项，扣2分		
2	工作过程					
2.1	登塔	正确使用防坠装置防护沿脚钉上塔，移至挂线位置，正确使用安全带防护	20	登塔不熟练，未正确使用防坠装置、安全带，每处扣10分		
2.2	指挥牵引并挂线	使用正确的信号指挥牵引至挂点位置	15	首次不能完成挂线或坠物，每次扣10分		
		将U形挂环的螺栓及开口销拆下，并对齐挂点，穿入螺栓及销子		方向穿入错误，扣5分		
3	清理塔上施工设施					
3.1	从导线上取下卡线器	用延长杆取下卡线器，并用传递绳一并送下	10	拆除不熟练、坠物分别扣5分		
3.2	拆除滑车	将紧线滑车和吊绳用传递绳从塔上送下	10	拆除不熟练、坠物分别扣5分		
3.3	拆除临时拉线	杆下人员松开拉线，拆下临时拉线并用传递绳送下	5	坠物，扣5分		
4	安全文明生产					
4.1	整理工器具	操作完毕后，将工具整理后放在指定位置	15	工器具未放至指定位置，不整齐，每项扣5分		
4.2	回收废料	材料回收做无害化处理，放至指定位置	5	未处理，扣5分		
4.3	汇报工作完成	操作完毕后，汇报工作结束				
4	时限	在规定的时间内完成	5	每超时1min扣2分		

2.2.10 XJ4XG0101 全站仪测未知点坐标

一、作业

（一）工器具、材料、设备

（1）工器具：全站仪一套（电量充足）、带三角架棱镜一套、钢卷尺。

（2）材料：无。

（3）设备：无。

（二）安全要求

参加考核人员需正确使用劳动防护用具。

（三）操作步骤及工艺要求（含注意事项）

（1）将全站仪架于于已知桩位上，并对中整平。

（2）后视已知桩位。

（3）测量第三点坐标。

（4）和已知准确坐标对比。

（5）回收仪器。

二、考核

（一）考核场地

室外一般场地为5m×5m，已知准确坐标的桩位3个。

（二）考核时间

考核时间为25min。

（三）考核要点

（1）全站仪对中整平。

（2）两次后视准确无误。

（3）准确测量第三点坐标。

（4）测量和记录需要精确至毫米。

（5）检查的项目要口头汇报清晰。

三、评分标准

行业：电力工程　　　　工种：送电线路架设工　　　　等级：四

编号	XJ4XG0101	行为领域	f	鉴定范围		送电线路	
考核时限	25min	题型	A	满分	100分	得分	
试题名称	全站仪测未知点坐标						
考核要点及其要求	（1）将仪器准确对中整平于已知点，输入已知点坐标。 （2）准确测量并输入仪器，棱镜高。 （2）后视1个已知点。 （3）正确在第三点（未知点）支放棱镜。 （4）准确测量第三点坐标。 （5）整理装箱仪器。 （6）在规定的时间内完成						
现场设备、工器具、材料	（1）工器具：全站仪一套（电量充足），带三角架棱镜标杆一套，钢卷尺。 （2）材料：无。 （3）设备：无						
备注	因为全站仪型号较多，需编制简单说明						

续表

评分标准						
序号	考核项目名称	质量要求	分值	扣分标准	扣分原因	得分
1	工作前准备					
1.1	着装	穿工作服，扣齐衣、袖口扣，戴手套	5	不满足，每项扣1分		
		穿绝缘鞋，系紧鞋带		不满足，每项扣1分		
1.2	工器具准备	工器具准备齐全	20	工器具缺项，每项扣2分		
		对三角架进行外观和变形检查		漏检一项，扣5分		
		检查全站仪的检验标签，灵活性检查		漏检一项，扣3分		
		检查钢尺外观，不得有裂痕，变形		漏检一项，扣2分		
2	工作过程					
2.1	在已知点1架设整平全站仪	三角架与仪器连接，在地面支放牢固	20	不稳固，扣5分		
		将全站仪两个方向精水准泡或电子水准泡调整至中央		未整平或整平不到位，扣5分		
		将全站仪与桩中心小钉对中		对中超过1mm，扣5分		
		将站点坐标和仪器高输入到全站仪内		操作错误，扣5分		
		将棱镜高输入全站仪内		操作错误，扣5分		
2.2	后视已知点	输入已知点1	10	输入错误，扣5分		
		将棱镜架于已知点1后视已知点1		棱镜倾斜，扣5分		
2.3	测量点3	将棱镜架于未知点1测量未知点坐标并记录	5	棱镜倾斜扣或记录不准确，扣5分		
2.4	与答案比较测量结果	北向不超过5mm	15	超过观测数据，扣5分		
		东向不超过5mm		超过观测数据，扣5分		
		高程不超过10mm		超过观测数据，扣5分		
3	安全文明生产					
3.1	整理工器具	操作完毕后，将工具整理后放在指定位置	10	未放至原位，不整齐，三角架未收腿，每项扣5分		
3.2	汇报工作完成	操作完毕后，汇报工作结束	5	未及时明确汇报，扣5分		
4	时限	在规定的时间内完成	10	每超时1min扣4分		

第三部分　高　级　工

1 理论试题

1.1 单选题

La3A1001 两个均为 5Ω 的电阻串联，以下说法正确的是（　　）。

（A）总电阻小于 10Ω；（B）总电阻等于 10Ω；（C）总电阻为 5Ω；（D）总电阻大于 10Ω。

答案：B

La3A1002 正弦交流电的三要素（　　）。

（A）电压、电动势、电能；（B）最大值、角频率、初相角；（C）最大值、有效值、瞬时值；（D）有效值、周期、初始值。

答案：B

La3A1003 互相接触的两个物体，如发生相对滑动时，则在其接触面上发生的阻碍力为（　　）。

（A）摩擦力；（B）推力；（C）动力；（D）牵引力。

答案：A

La3A1004 有一通电线圈，当电流减少时，电流的方向与产生电动势的方向（　　）。

（A）相同；（B）相反；（C）无法判定；（D）先相同，后相反。

答案：A

La3A2005 基尔霍夫电压定律是指（　　）。

（A）沿任一闭合回路各电动势之和大于各电阻压降之和；（B）沿任一闭合回路各电动势之和小于各电阻压降之和；（C）沿任一闭合回路各电动势之和等于各电阻压降之和；（D）沿任一闭合回路各电阻压降之和为零。

答案：C

La3A2006 力的可传性不适用于研究力对物体的（　　）效应。

（A）刚体；（B）平衡；（C）运动；（D）变形。

答案：D

La3A2007　三个相同的电阻串联总电阻是并联时总电阻的（　　）。

（A）6 倍；（B）9 倍；（C）3 倍；（D）1/9。

答案：B

La3A2008　应用右手定则时，姆指所指的是（　　）。

（A）磁力线切割导线的方向；（B）在导线中产生感应电动势的方向；（C）导线受力后的运动方向；（D）导线切割磁力线的运动方向。

答案：D

La3A2009　并联电路的总电流为各支路电流（　　）。

（A）之和；（B）之积；（C）之商；（D）倒数和。

答案：A

La3A3010　两根平行载流导体，在通过同方向电流时，两导体将呈现出（　　）。

（A）互相吸引；（B）相互排斥；（C）没反应；（D）有时吸引、有时排斥。

答案：A

La3A3011　大小相等、方向相反、不作用在同一直线上的两个平行力构成（　　）。

（A）作用力和反作用力；（B）平衡力；（C）力偶；（D）约束与约束反力。

答案：C

La3A3012　在 R、L、C 串联电路上，发生谐振的条件是（　　）。

（A）$\omega=1/L_C$；（B）$\omega^2\times L_C=1$；（C）$\omega L_C=1$；（D）$\omega=L_C$。

答案：B

La3A3013　一只 220V，60W 的灯泡，把它改接到 110V 的电源上，消耗功率为（　　）W。

（A）10；（B）15；（C）20；（D）40。

答案：B

Lb3A1014　把抵抗变形的能力称为构件的（　　）。

（A）硬度；（B）强度；（C）刚度；（D）耐压度。

答案：C

Lb3A1015　铜线比铝线的机械性能（　　）。

（A）好；（B）差；（C）一样；（D）稍差。

答案：A

Lb3A1016 电动机采用Yn，d11启动，这种方法适用于运行时三角形接法的电动机，其启动电流是直接启动的（　　）。

（A）1/2；（B）1/3；（C）1/4；（D）1/5。

答案：B

Lb3A1017 钳压连接导线只适用于中、小截面铝绞线、钢绞线和钢芯铝绞线。其适用的导线型号为（　　）。

（A）LJ-16～LJ-150；（B）GJ-16～GJ-120；（C）LGJ-16～LGJ-185；（D）LGJ-16～LGJ-240。

答案：D

Lb3A1018 以青岛观测站所测量的平均海水面作为大地水准面，并以它作为高程的起标面，称为（　　）。

（A）渤海高程系；（B）黄海高程系；（C）珠江高程系；（D）吴淞高程系。

答案：B

Lb3A2019 接地装置中，两接地体间的平行距离不应小于（　　）m。

（A）5；（B）6；（C）9；（D）10。

答案：A

Lb3A2020 基础搅拌现场用砂石，每（　　）为一验收批量。

（A）$200m^3$；（B）$400m^3$；（C）$600m^3$；（D）$300m^3$。

答案：B

Lb3A2021 基础搅拌现场用水泥，每（　　）为一验收批量。

（A）100t；（B）200t；（C）300t；（D）400t。

答案：B

Lb3A2022 混凝土浇筑因故中断超过2h，原混凝土的抗压强度达到（　　）以上，才能继续浇筑。

（A）1.2MPa；（B）2.0MPa；（C）2.2MPa；（D）2.5MPa。

答案：A

Lb3A2023 在正常的垂直荷重作用下，铁塔横担与上曲臂之间的连接螺栓受到的是（　　）的作用。

（A）拉力；（B）弯曲力；（C）剪切力；（D）压力。

答案：C

Lb3A2024 导线的状态方程式是反映导线应力随（ ）变化的规律。
（A）温度；（B）风速；（C）覆冰厚度；（D）气象条件。
答案：D

Lb3A2025 直线塔过轮临锚时，地锚位置选择应保证锚绳对地夹角不大于（ ）。
（A）20°；（B）25°；（C）30°；（D）35°。
答案：C

Lb3A2026 护线条、预绞丝的主要作用是加强导线在悬点的强度，提高（ ）。
（A）抗拉性能；（B）抗振性能；（C）保护线夹；（D）线夹握力
答案：B

Lb3A2027 绝对高程是指地面点投影到大地水准面的铅垂距离，简称（ ）。
（A）高度；（B）垂距；（C）高程系；（D）高程。
答案：D

Lb3A2028 耐张线夹承受导地线的（ ）。
（A）最大合力；（B）最大使用张力；（C）最大使用应力；（D）最大握力。
答案：B

Lb3A2029 浇筑拉线基础时，拉环中心与设计位置的偏移的允许偏差为（ ）mm。
（A）20；（B）10；（C）30；（D）15。
答案：C

Lb3A3030 水泥初凝时间一般不得早于45min，终凝时间不迟于（ ）h。
（A）10；（B）12；（C）14；（D）24。
答案：A

Lb3A3031 混凝土的和易性是指混凝土在施工过程中配合比的合适程度，它是保证质量和便于施工的（ ）。
（A）重要条件；（B）唯一条件；（C）一般条件；（D）相关条件。
答案：A

Lb3A3032 在液压施工前，必须用和施工中同型号的液压管，并以同样工艺制作试件做拉断力试验，其拉断力应不小于同型号线材设计使用拉断力的（ ）。
（A）85%；（B）90%；（C）95%；（D）100%。
答案：C

Lb3A3033 混凝土的强度等级是由（　　）划分的。

（A）混凝土试块大小；（B）混凝土的配合比；（C）混凝土的水灰比；（D）混凝土立方体抗压强度标准值。

答案：D

Lb3A3034 架空线路导线最大使用应力不可能出现的气象条件是（　　）。

（A）最高气温；（B）最大风速；（C）最大覆冰；（D）最低气温。

答案：A

Lb3A4035 混凝土强度等级C30，表示该混凝土的立方抗压强度为（　　）。

（A）$30kg/m^2$；（B）$30MN/m^2$；（C）$30N/m^2$；（D）$30kN/cm^2$。

答案：B

Lb3A4036 一个耐张段包含多个大小不等的档距。一般各档导线最低点的应力可以认为（　　）。

（A）大小不等的；（B）是相等的；（C）大档距的应力大；（D）大档距的应力小。

答案：B

Lb3A5037 一个构件的重心（　　）。

（A）一定在构件的内部；（B）可能在构件的内部也可能在构件的外部；（C）在构件的中心点；（D）一定在构件的外部。

答案：B

Lb3A5038 接地电阻表中相敏整流电路对被测电压信号进行变换，输出给检流计的电压，反映的是（　　）。

（A）被测接地电阻上交流信号的大小；（B）被测接地电阻上交流信号的相位；（C）被测接地电阻上交流信号的大小和相位；（D）被测接地电阻上交直流信号的大小和相位。

答案：C

Lb3A5039 以下说法中正确的是（　　）。

（A）同一档距内沿导线各点的应力是相等的；（B）同一档距内沿导线各点的应力是不相等的；（C）同一档距内导线最低点处的应力是最大的；（D）同一档距内导线悬挂点的应力是最大的。

答案：B

Lc3A1040 送电线路中导线在悬点等高的情况下，杆塔的水平档距与垂直档距（　　）。

（A）无关；（B）不相等；（C）相等；（D）近似。

答案：C

Lc3A1041 普通钢筋混凝土基础的混凝土强度等级不宜低于（　　）。

（A）C10；（B）C15；（C）C20；（D）C30。

答案：B

Lc3A1042 用弧垂曲线模板在线路勘测中所得的平断面图上排定杆塔位置叫（　　）定位。

（A）室内；（B）室外；（C）初步；（D）终勘。

答案：A

Lc3A2043 所谓档距即指（　　）。

（A）相邻两杆塔之间的距离；（B）相邻两杆塔之间的水平距离；（C）相邻两杆塔中点之间的水平距离；（D）两杆塔中点之间的水平距离。

答案：C

Lc3A2044 线路运行绝缘子发生闪络的原因是（　　）。

（A）表面光滑；（B）表面毛糙；（C）表面潮湿；（D）表面污湿。

答案：D

Lc3A2045 110～750kV 送电线路的最大设计风速，应采用离地面（　　）m 高处 15 年一遇分钟平均最大值。

（A）10；（B）15；（C）20；（D）25。

答案：A

Lc3A2046 在 220kV 带电线路杆塔上工作时，作业人员与带电导线最小安全距离是（　　）m。

（A）2.0；（B）2.5；（C）3.0；（D）2.8。

答案：C

Lc3A2047 划分污级的盐密值应是以（　　）年的连续积污盐密为准。

（A）1～2；（B）2～3；（C）1～3；（D）1～4。

答案：C

Lc3A2048 盘型悬式瓷绝缘子运行机械强度安全系数不应小于（　　）。

（A）3.5；（B）4.0；（C）4.5；（D）5.0。

答案：B

Lc3A2049 瓷绝缘子的泄漏距离系指钢帽和钢脚之间沿绝缘子瓷（　　）的最近距离。

（A）内部；（B）外部；（C）表面；（D）垂直。

答案：C

Lc3A2050 绝缘材料的电气性能主要指（　　）。

（A）绝缘电阻；（B）介质损耗；（C）绝缘电阻、介损、绝缘强度；（D）泄漏电流。

答案：C

Lc3A2051 作业人员应具备必要的（　　），学会紧急救护法，特别要学会触电急救。

（A）安全生产知识；（B）技能等级；（C）专业学历；（D）工作经验。

答案：A

Lc3A2052 为加强电力生产现场管理，规范（　　），保证人身、电网和设备安全，依据国家有关法律、法规，结合电力生产的实际，制定电力安全工作规程。

（A）电力生产的安全管理；（B）各类工作人员的行为；（C）现场作业的工作流程；（D）各类设备的作业方法。

答案：B

Lc3A2053 现场使用的安全工器具应（　　）并符合有关要求。

（A）规范；（B）合格；（C）齐备；（D）可靠。

答案：B

Lc3A3054 送电线路的导线截面一般根据（　　）选择。

（A）导线的材质；（B）额定电压的大小；（C）电阻的要求；（D）经济电流密度。

答案：D

Lc3A3055 导地线设计最大使用张力是指（　　）。

（A）综合拉断力；（B）综合拉断力除以安全系数；（C）最大使用应力；（D）最大使用应力除以安全系数。

答案：B

Lc3A3056 设计冰厚为（　　）mm 及以上的地区为重冰区。

（A）10；（B）15；（C）20；（D）25。

答案：C

Lc3A3057 铝包钢芯铝绞线在正常情况下的最高温度不超过（　　）。

（A）60℃；（B）65℃；（C）70℃；（D）90℃。

答案：C

Lc3A3058 输电线路导线的设计安全系数不应（　　）。

（A）大于 2.5；（B）等于 2.5；（C）小于 2.5；（D）小于 2.0。

答案：C

Lc3A3059 扑灭室内火灾最关键的阶段是（ ）。

（A）猛烈阶段；（B）初起阶段；（C）发展阶段；（D）减弱阶段。

答案：B

Lc3A3060 架空地线的保护效果，除了与可靠的接地有关，还与（ ）有关。

（A）系统的接地方式；（B）导线的材料；（C）防雷保护角；（D）防雷参数。

答案：C

Lc3A3061 为加强电力生产现场管理，规范各类工作人员的行为，保证人身、电网和设备安全，依据国家有关法律、法规，（ ），制定电力安全工作规程。

（A）结合电力行业特点；（B）根据工作实际；（C）结合电力生产的实际；（D）为满足现场需要。

答案：C

Lc3A3062 架空输电线路与甲类火灾危险性的生产厂房、甲类物品库房、易燃易爆材料堆场及可燃或易燃易爆液（气）体储罐的防火间距，不应小于杆塔高度的（ ）倍。

（A）1.2；（B）1.3；（C）1.5；（D）2。

答案：C

Lc3A3063 用离心法制造的钢筋混凝土杆，混凝土强度等级不应低于（ ）。

（A）C20；（B）C25；（C）C40；（D）C35。

答案：C

Lc3A4064 在输电线路中，三相导线进行换位的目的是（ ）。

（A）使线路三相参数对称；（B）减少电晕；（C）减少导线的阻抗；（D）保证耐张段的受力平衡。

答案：A

Lc3A4065 杆塔结构设计时，（ ）m以下的铁塔一般装设脚钉。

（A）40；（B）70；（C）80；（D）35。

答案：B

Lc3A4066 杆塔结构设计时，拉线（镀锌钢绞线）的强度设计安全系数，不应小于（ ）。

（A）2.0；（B）2.2；（C）2.5；（D）2.3。

答案：B

Lc3A4067 一般可根据（ ），选择防振锤的型号。

（A）杆塔的高度；（B）档距的大小；（C）线路的导线牌号；（D）风速情况。

答案：C

Lc3A4068 水平排列的三相输电线路，其相间几何均距为（ ）。

（A）相间距离；（B）1.26倍相间距离；（C）1.414倍相间距离；（D）1.732倍相间距离。

答案：B

Lc3A4069 在短时间内危及人生命安全的最小电流值是（ ）mA。

（A）30；（B）100；（C）200；（D）50。

答案：A

Lc3A4070 导、地线的机械特性曲线，系为不同气象条件下，导线应力与（ ）的关系曲线。

（A）档距；（B）水平档距；（C）垂直档距；（D）代表档距。

答案：D

Lc3A4071 线路与铁路、高速公路、一级公路交叉时，最大弧垂应按导线温度为（ ）℃计算。

（A）40；（B）70；（C）80；（D）90。

答案：C

Lc3A5072 大跨越杆塔基础宜设置在5年一遇洪水淹没区以外，并考虑（ ）年河床变迁情况，以保证杆塔基础不被冲刷。

（A）10；（B）20；（C）50；（D）100。

答案：C

Lc3A5073 在利用状态方程式进行导线受力计算时，当悬点高差（ ）时，应考虑悬点高差的影响。

（A）$\Delta h \geqslant 10\% l$；（B）$\Delta h < 10\% l$；（C）$\Delta h = 10\% l$；（D）$\Delta h \geqslant 25\% l$。

答案：A

Lc3A5074 防污绝缘子之所以防污闪性能较好，主要是因为（ ）。

（A）污秽物不易附着；（B）泄漏距离较大；（C）憎水性能较好；（D）亲水性能较好。

答案：B

Lc3A5075 在年平均气温时导线应力不得大于年平均运行应力，主要是考虑（ ）要求。

（A）强度；（B）导线防振；（C）弧垂；（D）垂直档距。

答案：B

Ld3A3076 输电线路紧线施工前，利用安装曲线查取弧垂时，一般将紧线时的气温降低一定的温度，目的是（ ）。

（A）防止温度过高；（B）防止温度过低；（C）考虑初伸长影响；（D）消除初伸长。

答案：C

Ld3A4077 耐张段内档距越小，过牵引应力（ ）。

（A）增加越少；（B）增加越多；（C）不变；（D）减少越少。

答案：B

Ld3A5078 架空扩径导线的主要特点是（ ）。

（A）电晕临界电压高；（B）传输功率大；（C）风压小；（D）施工方便。

答案：A

Jd3A1079 放线施工中采用的牵引绳或导引绳为（ ）钢丝绳。

（A）防抖；（B）防捻；（C）单绕；（D）没有要求。

答案：B

Jd3A3080 张力放线使用的导引绳、牵引绳的安全系数均不得小于（ ）。

（A）2.0；（B）2.5；（C）3.0；（D）3.5。

答案：C

Jd3A3081 张力机导线轮直径不宜小于导线直径的（ ）倍。

（A）30；（B）35；（C）40；（D）45。

答案：C

Jd3A3082 对中是把经纬仪水平度盘的中心安置在所测角的（ ）。

（A）顶点上；（B）顶点铅垂线上；（C）顶点水平线上；（D）顶点延长线上。

答案：B

Jd3A3083 绝缘电阻表有三个测量端钮，分别标有 L、E 和 G 三个字母，若测量电缆的对地绝缘电阻，其屏蔽层应接（ ）。

（A）L 端钮；（B）E 端钮；（C）G 端钮；（D）无要求。

答案：C

Jd3A3084 测量带电线路的对地距离可用（ ）测量。

（A）绝缘绳测量；（B）皮尺测量；（C）线尺测量；（D）目测。

答案：A

Jd3A4085 电动葫芦的电气控制线路是一种（ ）线路。

（A）点动控制；（B）自锁控制；（C）联锁的正反转控制；（D）电气联锁正转控制。

答案：C

Jd3A4086 锚体形状应因地制宜，有利于提高地锚上拔力。金属锚体（地锚）的安全系数应不小于（ ）。

（A）2.0；（B）2.5；（C）3.0；（D）3.5。

答案：C

Jd3A5087 放线段内有重要跨越时，张力放线使用的导引绳、牵引绳的安全系数均不得小于（ ）。

A—2.0；（B）2.5；（C）3.0；（D）3.5。

答案：D

Je3A1088 在紧线观测弧垂过程中，如现场温度变化超过（ ）℃时，须调整弧垂观测值。

（A）5；（B）10；（C）15；（D）3。

答案：A

Je3A1089 水泥应标明出厂日期，当水泥出厂时间超过（ ）个月时，必须补做强度等级试验，并应按试验后的实际强度等级使用。

（A）2；（B）3；（C）4；（D）1。

答案：B

Je3A2090 110kV 线路等截面拉线塔主柱弯曲最大值和主柱长度之比不应超过（ ）‰。

（A）1.0；（B）1.5；（C）2.0；（D）2.5。

答案：C

Je3A2091 跨越公路时，越线架封顶杆至路面的垂直距离最小为（ ）m。

（A）5.5；（B）6；（C）6.5；（D）7。

答案：A

Je3A2092 直线塔整基基础的相对高差是指地脚螺栓基础抹面后的相对高差或插入式基础的操平印记的相对高差，其施工允许偏差为（ ）mm。

（A）4.0；（B）4.5；（C）5.0；（D）5.5。

答案：C

Je3A2093 使用过的抱杆应每年做一次荷重试验，加荷载为（ ）允许荷重，持荷10min，试验合格后方可使用。

（A）100%；（B）125%；（C）150%；（D）200%。

答案：B

Je3A2094 现浇铁塔基础的同组地脚螺栓中心对立柱中心的允许偏移为（ ）mm。

（A）5；（B）10；（C）15；（D）6。

答案：B

Je3A2095 当用钢卷尺直线量距杆塔位中心桩移桩的尺寸时，测量精度两次测值之差不得超过量距的（ ）。

（A）1‰；（B）1.5‰；（C）2‰；（D）5‰。

答案：A

Je3A3096 拉线塔拉线的NUT型线夹带螺母后的螺杆必须露出螺纹，并应留有不小于（ ）螺杆的可调螺纹长度，以供运行中调整；NUT线夹安装后应将双螺母拧紧并应装设防盗罩。

（A）1/4；（B）1/3；（C）1/2；（D）1/5。

答案：C

Je3A3097 早强剂在钢筋混凝土中，其掺量不得超过水泥质量的2%，也不能超过（ ）kg/m^3。

（A）2；（B）4；（C）6；（D）5。

答案：C

Je3A3098 混凝土搅拌时，水的允许偏差是（ ）。

（A）±2%；（B）±3%；（C）±4%；（D）±5%。

答案：A

Je3A3099 钻孔式岩石基础施工孔径允许偏差为（ ）mm。

（A）±10；（B）+10～0；（C）+20～0；（D）±5。

答案：C

Je3A3100 当孤立档耐张段长度为200～300m时，过牵引长度不宜超过耐张段长度的（ ）。

（A）0.2‰；（B）0.5‰；（C）0.7‰；（D）0.4‰。

答案：B

Je3A3101 110kV送电线路，各相间弧垂的相对偏差最大值不应超过（ ）mm。

（A）400；（B）300；（C）200；（D）100。

答案：C

Je3A3102 现浇混凝土铁塔基础的（ ）在项目检查中为一般项目。

（A）钢筋规格数量；（B）钢筋保护层厚度；（C）混凝土强度；（D）底板断面尺寸。

答案：B

Je3A3103 冬期施工混凝土基础拆模检查合格后应立即回填土。采用硅酸盐水泥或普通硅酸盐水泥配制的混凝土，在受冻前抗压强度不应低于混凝土强度设计值的（ ）%。

（A）20；（B）25；（C）30；（D）35。

答案：C

Je3A3104 混凝土浇筑过程中，每班日或每个基础腿应检查（ ）次及以上坍落度。

（A）一；（B）二；（C）三；（D）四。

答案：B

Je3A3105 混凝土配合比材料用量每班日或每基基础应至少检查（ ）次。

（A）一；（B）二；（C）三；（D）四。

答案：B

Je3A3106 混凝土强度不低于（ ）时才能拆模。

（A）2.0MPa；（B）2.5MPa；（C）3.0MPa；（D）3.5MPa。

答案：B

Je3A3107 混凝土搅拌时，砂子的允许偏差是（ ）。

（A）±3%；（B）±5%；（C）±7%；（D）±10%。

答案：A

Je3A3108 现浇基础施工时，试块的制作数量，一般直线塔基础，每（ ）基取一组。

（A）2；（B）3；（C）4；（D）5。

答案：D

Je3A3109 张力放线时，为防止静电伤害，牵张设备和导线必须（ ）。

（A）接地良好；（B）连接可靠；（C）绝缘；（D）固定。

答案：A

Je3A3110 当连续5天，室外平均气温低于（ ）℃时，混凝土基础工程应采取冬期施工措施。

（A）－1；（B）0；（C）3；（D）5。

答案：D

Je3A3111 复合光缆紧线完后，在滑车中的停留时间不宜超过（ ）。

（A）48h；（B）72h；（C）96h；（D）120h。

答案：A

Je3A3112 绝缘架空地线放电间隙要求为15mm，检查完成后下列（ ）超差。

（A）13mm；（B）14mm；（C）16mm；（D）19mm。

答案：D

Je3A4113 一个圆锥形的砂堆，底面积为$90m^2$，体积为$120m^3$，这堆砂子的高度为（ ）m。

（A）1.5；（B）2；（C）3；（D）4。

答案：D

Je3A4114 某插入式基础设计根开为7405mm×5382mm，下列尺寸不超差的为（ ）。

（A）7409mm×5389mm；（B）7414mm×5385mm；（C）7399mm×5379mm；（D）7412mm×5389mm。

答案：C

Je3A4115 330kV四分裂导线紧线完毕后，同相子导线弧垂误差为（ ）mm时，超过允许误差范围。

（A）＋30；（B）＋80；（C）＋50；（D）－30。

答案：B

Je3A4116 分裂导线第一个间隔棒安装距离偏差不应大于（ ）。

（A）30mm；（B）次档距的±1.5%；（C）端次档距的±3%；（D）端次档距的±1.5%。

答案：D

Je3A4117 横线路临时拉线地锚位置应设置在杆塔起立位置的两侧，其距离应大于杆塔高度的（　　）倍。

（A）0.8；（B）1；（C）1.1；（D）1.2。

答案：D

Je3A4118 整体立杆过程中，当杆顶起立离地（　　）时，应对电杆进行一次冲击试验。

（A）0.2m；（B）0.8m；（C）1.5m；（D）2.0m。

答案：B

Je3A4119 输电线路整体立塔时，铁塔基础混凝土的抗压强度应达到设计强度的100%；当立塔操作采取有效防止基础承受水平推力的措施时，混凝土的抗压强度允许不低于设计强度的（　　）%。

（A）60；（B）65；（C）70；（D）75。

答案：C

Je3A4120 采用人力或机械牵引放线，钢芯铝绞线及钢芯铝合金绞线损伤截面面积为导电部分截面面积的（　　）%及以下，且强度损失小于4%，导线在同一处的损伤可不作补修，只将损伤处棱角与毛刺用0号砂纸磨光。

（A）4；（B）5；（C）6；（D）7。

答案：B

Je3A4121 绝缘架空地线放电间隙的安装距离偏差，不应大于±（　　）mm。

（A）1；（B）1.5；（C）2；（D）2.5。

答案：C

Je3A4122 灌注桩基础水下灌注的混凝土坍落度一般采用（　　）。

（A）10～30mm；（B）30～50mm；（C）100～120mm；（D）180～220mm。

答案：D

Je3A4123 现场浇筑混凝土在日平均温度低于5℃时，应（　　）。

（A）及时浇水养护；（B）在3h内进行浇水养护；（C）不得浇水养护；（D）随便。

答案：C

Je3A5124 水下混凝土浇筑时，水泥用量不少于（　　）kg/m^3。

（A）320；（B）340；（C）360；（D）380。

答案：C

Je3A5125 张力放线施工中，某一基铁塔上导线对滑车的包络角为32°时，此基塔应挂（　　）。

（A）单滑车；（B）双滑车；（C）五线滑车；（D）都一样。

答案：B

Je3A5126 40mm宽角钢变形不超过（　　）时，可采用冷矫正法进行矫正。

（A）31‰；（B）28‰；（C）35‰；（D）25‰。

答案：C

Je3A5127 垂直档距值为零表示导线对杆塔有（　　）。

（A）水平力；（B）上拔力；（C）垂直力；（D）下压力。

答案：A

Jf3A2128 在安装间隔棒时，导线弧垂的坡度超过（　　）禁止使用飞车。

（A）30°；（B）15°；（C）20°；（D）45°。

答案：C

Jf3A2129 安全带的试验周期是（　　）。

（A）每年1次；（B）半年1次；（C）2年1次；（D）3个月1次。

答案：B

Jf3A2130 为了确定地面点高程可采用（　　）方法。

（A）高差测量和视距测量；（B）水准测量和三角高程测量；（C）三角高程测量和水平角测量；（D）三角高程测量和水准测量。

答案：B

Jf3A3131 施工现场使用地钻群做地锚时，每只地钻相互间隔不得小于（　　）m，地钻群中间的地钻必须用地钻连接器连接，每只地钻前必须设置档木。

（A）0.5；（B）1.0；（C）1.5；（D）2.0。

答案：B

Jf3A3132 跨越架的竖立柱间距以（　　）为宜，立柱埋深不应小于0.5m。

（A）0.5～1.0m；（B）1.5～2.0m；（C）1.5～3.0m；（D）2.5～3.0m。

答案：B

Jf3A3133 作业现场的（　　）等应符合有关标准、规范的要求，工作人员的劳动防护用品应合格、齐备。

（A）办公条件和安全设施；（B）办公条件和生产设施；（C）生产条件和生产设施；（D）生产条件和安全设施。

答案：D

Jf3A3134　作业现场的生产条件和安全设施等应符合有关标准、规范的要求，工作人员的（　　）应合格、齐备。

（A）个人工器具；（B）服装；（C）劳动防护用品；（D）作业保护。

答案：C

Jf3A3135　各类作业人员应被告知其作业现场和工作岗位存在的危险因素、防范措施及（　　）。

（A）事故紧急处理措施；（B）紧急救护措施；（C）应急预案；（D）逃生方法。

答案：A

Jf3A3136　作业人员应具备必要的电气知识和业务技能，且按工作性质，熟悉《电力安全工作规程》的相关部分，并经（　　）。

（A）专业培训；（B）考试合格；（C）技能培训；（D）现场实习。

答案：B

Jf3A3137　作业人员应具备必要的（　　），学会紧急救护法，特别要学会触电急救。

（A）安全生产知识；（B）技能等级；（C）专业学历；（D）工作经验。

答案：A

Jf3A3138　进入作业现场应正确佩戴安全帽，现场作业人员应穿（　　）、绝缘鞋。

（A）绝缘服；（B）屏蔽服；（C）防静电服；（D）全棉长袖工作服。

答案：D

Jf3A3139　各类作业人员应接受相应的安全生产教育和岗位技能培训，经（　　）上岗。

（A）领导批准；（B）安全培训；（C）考试合格；（D）现场实习。

答案：C

Jf3A3140　任何人发现有违反本规程的情况，应（　　），经纠正后才能恢复作业。

（A）立即制止；（B）立即报告领导；（C）停止作业；（D）批评教育。

答案：A

Jf3A3141　现场勘察由工作票签发人或（　　）组织。

（A）项目经理；（B）工作负责人；（C）施工队负责人；（D）工作许可人。

答案：B

Jf3A4142　钢丝绳端部用绳卡固定连接时，绳卡压板应在钢丝绳主要受力的一边，且绳卡不得正反交叉设置；绳卡间距不应小于钢丝绳直径的（　　）倍。

（A）4.0；（B）5.0；（C）6.0；（D）7.0。

答案：C

Jf3A4143 接续管或修补管与悬垂线夹和间隔棒的距离分别不小于（ ）。

（A）5m，2.5m；（B）10m，2.5m；（C）10m，0.5m；（D）5m，0.5m。

答案：D

Jf3A4144 导线卡线器的安全系数应不小于3。在额定载荷作用下导线应无明显压痕；在（ ）倍额定载荷作用下，卡线器夹嘴与线体在纵横方向均无相对滑移，且线体的表面压痕及毛刺不超过规范规定，线体与夹嘴无偏移，直径无压扁，表面无拉痕和鸟巢状变形。

（A）1.0；（B）1.25；（C）1.5；（D）2.0。

答案：B

Jf3A4145 生产经营单位要教育从业人员，按照劳动防护品的使用规则和防护要求，对劳动防护用品做到"三会"：（ ）。

（A）会检查（可靠性），会正确使用，会正确维护保养；（B）会验收，会正确使用，会检查（可靠性）；（C）会检查（可靠性），会正确使用，会报废；（D）会正确使用，会正确维护保养，会报废。

答案：A

Jf3A4146 钢丝绳端部用绳卡连接时，绳卡压板应（ ）。

（A）不在钢丝绳主要受力一边；（B）在钢丝绳主要受力一边；（C）无所谓哪一边；（D）正反交叉设置。

答案：B

Jf3A5147 跨越不停电线路架线施工应在良好天气下进行，遇雷电、雨、雪、霜、雾，相对湿度大于（ ）%或五级以上大风时，应停止工作。如施工中遇到上述情况，则应将已展放好的网、绳加以安全保护，避免造成意外。

（A）75；（B）80；（C）85；（D）90。

答案：C

Jf3A5148 对触电伤员进行单人抢救，采用胸外按压和口对口人工呼吸同时进行，其节奏为（ ）。

（A）每按压5次后吹气1次；（B）每按压10次后吹气1次；（C）每按压15次后吹气1次；（D）每按压15次后吹气2次。

答案：D

1.2 判断题

La3B1001 各类压接管与直线塔悬垂线夹之间的距离不应小于15m。(×)

La3B1002 同一基础中可以使用不同厂家的的水泥。(×)

La3B1003 现浇基础施工时，试块应按标准条件养护。(√)

La3B1004 垂直排列的导线，在紧线时一般按上中下顺序紧线。(√)

La3B1005 同一基础中使用不同强度等级的水泥。(×)

La3B1006 跨越不停电电力线路时，施工人员可从跨越架上通过。(×)

La3B1007 拆除多轮放线滑车时，不得直接用人力松放。(√)

La3B1008 牵引场转向布设时，牵引过程中，各转向滑车围成的区域外侧禁止有人。(×)

La3B1009 各类压接管与耐张线夹之间的距离不应小于5m。(×)

La3B1010 各类压接管与耐张线夹之间的距离不应小于10m。(×)

La3B2011 复测分坑时，只检查桩位的准确性即可，不用钉立辅助桩。(×)

La3B2012 制动绳在制动器上一般缠绕3～5圈。(√)

La3B2013 雷雨天气时，可以用兆欧表测量线路绝缘。(×)

La3B2014 塔片就位时应先高侧后低侧。(×)

La3B2015 牵引过程中，牵引绳进入的主牵引机高速转向滑车与钢丝绳卷车的内角侧禁止有人。(√)

La3B2016 放紧线时，应按导地线的规格及每相导线的根数和荷重来选用放线滑车。(√)

La3B2017 超高压和特高压工程的导地线连接大部分采用爆炸压接。(×)

La3B2018 跨越不停电线路时，施工人员不得在跨越架内侧攀登。(√)

La3B2019 钢绞线不得进入绞磨滚筒。(√)

La3B2020 负载是电路中消耗电能的元件。.(√)

La3B2021 几个电阻并联的总电阻值，一定小于其中任何一个电阻值。(√)

La3B2022 用支路电流法列方程时，所列方程的个数与支路数目相等。(√)

La3B2023 电流方向相同的两根平行载流导体会互相排斥。(×)

La3B2024 导体、半导体和绝缘体也可以通过电阻率的大小来划分。(√)

La3B2025 导线的电阻与导线温度的关系是温度升高，电阻增加。(√)

La3B4026 杆塔的定位高度就是导线悬挂点与杆塔施工基面间的高差值。(×)

La3B4027 电场力在单位时间里所做的功，称为电功率，其表达式是 $P=A/t$，它的基本单位是W（瓦）。(√)

La3B4028 受扭构件的最大剪应力发生在环形截面构件的轴心。(×)

La3B4029 杆塔顶部吊离地面约为0.8m时，应暂停牵引，检查冲击试验，无问题方可继续起立。(√)

La3B4030 新建线路跨越不停电线路时，导引绳通过跨越架时，可以用白棕绳作引绳。(×)

La3B4031 拆除多轮放线滑车时，直接用人力松放。(×)

La3B4032 紧线前障碍物以及导线、地线跳槽等应处理完毕。(√)

La3B4033 用棍、杠撬拨混凝土杆段时，应防止其滑脱伤人。应用铁撬棍插入预埋孔转动杆段。(×)

La3B4034 附件安装前，作业人员应对专用工具和安全用具进行外观检查，不符合要求者不得使用。(√)

La3B4035 任何载流导体的周围都会产生磁场，其磁场强弱与导体的材料性质有关。(×)

La3B4036 观测弧垂时的温度应实测架空线周围的空气温度。(×)

La3B4037 附件安装时，可以把合成绝缘子当上下导线的梯子。(×)

La3B4038 土壤的许可耐压力是指单位面积土壤允许承受的压力。(√)

La3B4039 若电流的大小和方向随时间变化，此电流称为交流电。(√)

Lb3B1040 电流方向相同的两根平行载流导体会互相吸引。(√)

Lb3B1041 土壤对基础侧壁的压力称为土的被动侧的压力。(√)

Lb3B1042 坍落度是评价混凝土强度的指标。(×)

Lb3B2043 舞动主要发生在架空线覆冰且有大风的地区。(√)

Lb3B2044 C20 级混凝土，其抗剪强度为 20MPa。(×)

Lb3B2045 C20 级混凝土，其抗拉强度为 20MPa。(×)

Lb3B2046 配合停电的线路可以只在工作地点附近装设一处接地线。(√)

Lb3B2047 转角杆中心桩位移值的大小只受横担两侧挂线点间距离大小的影响。(×)

Lb3B2048 导线悬点应力可比最低点的应力大 10%。(×)

Lb3B2049 对各种类型的钢芯铝绞线，在正常情况下其最高工作温度为 90℃。(×)

Lb3B3050 连接金具的强度，应按导线的荷重选择。(×)

Lb3B3051 安装工程费是由人工费、材料费、机械台班费组成。(√)

Lb3B3052 已知 a，b 两点之间的电位差 $U_{ab}=-10V$，若以点 b 为参考电位（零电位）时则 a 点的电位是 10V。(√)

Lb3B3053 接地体水平敷设时，两接地体间的水平距离不应小于 3m。(×)

Lb3B3054 转角杆塔桩复测，测得的角度值与原设计的角度值之差不大于 2′30″，则认为合格。(×)

Lb3B4055 OPGW 光缆外层断股时的修补处理只可用预绞丝，不得使用修补管。(√)

Lb3B4056 线路的初勘测量是根据地图初步选择的线路路径方案进行现场实地踏勘或局部测量。(√)

Lb3B5057 线路平断面图和杆塔明细表的主要内容为线路平断面图、线路杆塔明细表、交叉跨越分图。(√)

Lb3B5058 架空线路的纵断面图反映沿线路中心线地形的起伏形状及被交叉跨越物的标高。(√)

Lb3B5059 保护接地和保护接零都是防止触电的基本措施。(√)

Lb3B5060 接续管压接后应用游标卡尺测量，游标卡尺的精度不低于0.02mm。(√)

Lb3B5061 常用的干粉灭火器内装的是碳酸氢钠。(×)

Lc3B1062 架线时，降温法是对导线“初伸长”的补偿。(√)

Lc3B1063 导线接头试件不得少于1组。(×)

Lc3B1064 任何载流导体的周围都会产生磁场，其磁场强弱与导体的粗细有关。(×)

Lc3B1065 材料力学的任务就是对构件进行强度、塑性和稳定度的分析和计算，在保证构件能正常、安全地工作的前提下最经济地使用材料。(×)

Lc3B2066 当穿越的电力线路杆塔在500kV线路正下方时，应保持500kV线路对杆顶最小垂直距离不小于8.5m。(√)

Lc3B2067 基础根开是指相邻两腿地脚螺栓几何中心之间的距离，它必须与塔腿主材角钢的准线相重合。(×)

Lc3B2068 经纬仪测量时为了减少目标倾斜对水平角的影响，应尽可能瞄准目标底部。(√)

Lc3B2069 制动绳在制动器上一般缠绕1～3圈。(×)

Lc3B2070 用液压补修管修补导线时，断股处放在补修管开口侧。(×)

Lc3B2071 铝、铝合金单股损伤深度小于直径的1/2可用缠绕法处理。(×)

Lc3B2072 接续管压接后，外形应平直、光洁、弯曲度不得超过5%。(×)

Lc3B2073 铝包带应缠绕紧密，其缠绕方向应与外层铝股的绞制方向相反。(×)

Lc3B2074 紧线时，先满足前面（紧线端）的观测档，后满足后面的观测档。(×)

Lc3B2075 现场浇筑的混凝土基础，其保护层厚度的允许偏差为±5mm。(×)

Lc3B2076 采用液压钢芯铝绞线时，导线外层先涂电力脂，再用钢丝刷清刷，然后连接。(×)

Lc3B2077 送电线路跨越高速公路，一、二级公路时导地线在跨越档内禁止接头。(√)

Lc3B2078 紧线过程中，必要时监护人员可站在悬空导线、地线的垂直下方。(×)

Lc3B2079 冬期施工紧线前，导线、地线被冻结处应处理完毕。(√)

Lc3B3080 当以缠绕对损伤导线进行补修处理时，缠绕应紧密，受损伤部分应全部覆盖。(√)

Lc3B3081 现场浇筑混凝土，宜使用可饮用的水。当无饮用水时，可采用清洁的河溪水。(√)

Lc3B3082 不同金属、不同规格、不同绞制方向的导线或架空地线，严禁在一个工程中连接。(×)

Lc3B5083 现场浇筑混凝土，宜使用可饮用的水。当无饮用水时，可采用清洁的河溪水或海水。(×)

Lc3B5084 导线的尾线或牵引绳的尾绳在线盘或绳盘上的盘绕圈数均不得少于6圈。(√)

Lf3B3085 牵引时接到任何岗位的停车信号均应立即停止牵引，停止牵引时应先停牵引机，再停张力机；恢复牵引时应先开张力机，再开牵引机。(√)

Lf3B3086 在进行钳压或液压时，操作人员的面部应在压接机侧面并避开钢模。(√)

Lf3B3087 当以缠绕对损伤导线进行补修处理时，缠绕应紧密，受损伤部分应大部分覆盖。(×)

Lf3B3088 导线接头试件不得少于2组。(×)

Lf3B3089 铝包带应缠绕紧密，其缠绕方向应与外层铝股的绞制方向一致。(√)

Lf3B3090 转角塔基础，采取预偏措施时，基础的四个基础顶面应按预偏值抹成斜平面，并应共在一个整斜平面内或平行平面内。(√)

Lf3B4091 为保证杆塔结构的牢固，杆塔上的螺栓越紧越好。(×)

Lf3B5092 现浇混凝土基础时，试块应按设计配比要求的拌和混凝土取样制作。(×)

Jb3B3093 绝缘架空地线放电间隙的安装距离偏差，不应大于±2mm。(√)

Jb3B3094 铁塔组立施工中，杆塔材料严禁浮搁在杆塔上。(√)

Jc3B4095 磁力线、电流和作用力三者的方向是三者相互平行。(×)

Jd3B2096 挂线前，切割耐张串长度应按设计图尺寸。(×)

Jd3B3097 张力放线时，通信联系必须畅通，重要的交叉跨越、转角塔的塔位应设专人监护。(√)

Jd3B3098 架线施工时，降温法是对导线弹性伸长的补偿。(×)

Jd3B3099 C20混凝土，其压剪强度为20MPa。(√)

Jd3B3100 多个防振锤的安装距离，都是按等距离安装。(×)

Jd3B4101 无拉线直线单杆其最大弯距点在地面处。(×)

Jd3B4102 当构件受到横向力作用时，在构件的横截面上除了引起弯距外，还有剪切力。(√)

Je3B1103 导线的交流电阻要比直流电阻小。(×)

Je3B2104 交流电流在导体内趋于导线表面流动的现象叫集肤效应。(√)

Je3B2105 风速越大，导线振动越厉害。(×)

Je3B2106 紧线施工时，弧垂观测档的数量可以根据现场条件适当减少，但不得增加。(×)

Je3B2107 展放余线的人员不得站在线圈内或线弯的内角侧。(√)

Je3B2108 张力场导地线升空作业应使用压线装置，可以直接用人力压线。(×)

Je3B2109 装设接地线时，应先接接地端，后接导线或地线端，拆除时的顺序相反。(√)

Je3B2110 装设接地线时，应先接导线或地线端，后接接地端，拆除时的顺序相反。(×)

Je3B2111 任何带电物体周围都存在着电场。(√)

Je3B2112 线路验收时，普通钢筋混凝土电杆不得有纵向裂缝，横向裂缝宽度不应超过0.2mm。(×)

Je3B3113 任何物体受力平衡时会处于静止状态。(×)

Je3B3114 混凝土的配合比，一般以水∶水泥∶砂∶石子（体积比）来表示。(×)

Je3B3115 导线的电阻与导线温度的关系是温度升高，电阻减少。(×)

Je3B3116 导线的电阻与导线温度的关系是温度升高，电阻不变。(×)

Je3B3117 接地体水平敷设时，两接地体间的水平距离不应小于5m。(√)

Je3B3118 杆塔整体起立必须始终使牵引系统、杆塔中心轴线、制动绳中心、抱杆中心、杆塔基础中心处于同一竖直平面内。(√)

Je3B3119 邻杆塔不得同时在同相位安装附件。(√)

Je3B3120 磁力线、电流和作用力三者的方向是三者相互垂直。(√)

Je3B3121 构件的刚度是指构件受力后抵抗破坏的能力。(×)

Je3B3122 一个实际电源的电压，将随着负载电流的增大而降低。(√)

Je3B3123 并联电路的总电流为各支路电流之和。(√)

Je3B3124 一个实际电源的电压，将随着负载电流的增大而增加。(×)

Je3B3125 电晕现象就是当靠近导线表面的电场强度超过了空气的耐压强度时，靠近导线表面的空气层就会产生游离而放电。(√)

Je3B3126 当构件受到横向力作用时，在构件的横截面上除了引起弯距外，还有压力。(×)

Je3B3127 当构件受到横向力作用时，在构件的横截面上除了引起弯距外，还有拉力。(×)

Je3B3128 受扭构件的最大剪应力发生在环形截面构件的内表面。(×)

Je3B3129 实际观测证实：档距小于100m时，很少见到导地线振动。(√)

Je3B3130 杆塔的定位高度就是导线悬挂点与地面间的高差值。(×)

Je3B3131 在年平均气温时导线应力不得大于最大使用应力。(×)

Je3B3132 电能的传输速度与光速相同，达到每秒30万千米。(√)

Je3B3133 土壤的许可耐压力是指单位面积土壤允许承受的抗拔力。(×)

Je3B3134 转角杆塔桩复测，测得的角度值与原设计的角度值之差不大于1′30″，则认为合格。(√)

Je3B3135 飞行器展放初级导引绳的相关规定，采用无线信号传输操作的飞行器，信号传输距离应满足飞行距离要求。(√)

Je3B3136 悬垂线夹安装后，绝缘子串顺线路的偏斜角不得超过5°。(√)

Je3B3137 展放的绳、线不应从带电线路下方穿过，若必须从带电线路下方穿过时，应制订专项安全技术措施并设专人监护。(√)

Je3B3138 导线、地线连接网套的使用应与所夹持的导线、地线规格相匹配。(√)

Je3B3139 附件安装完毕后，可拆除跨越架。(√)

Je3B3140 时间紧张，导线展放完成后，就可拆除跨越架。(×)

Je3B3141 挂接地线或拆接地线时应设监护人。操作人员应使用绝缘棒（绳）、戴绝缘手套，并穿绝缘鞋。(√)

Je3B3142 山区组塔时，塔材应顺斜坡堆放。(×)

Je3B3143 用等长法观测弧垂，当气温变化而引起弧垂变化时，可移动一侧的弧垂板调整。(√)

Je3B3144 导线、地线连接网套的规格大于所夹持的导线、地线规格就可以。(×)

Je3B3145 较大截面的导线穿入网套前，其端头应做坡面梯节处理。(√)

Je3B3146 杆塔的呼称高就是导线悬挂点与地面间的高差值。(×)

Je3B3147 只要知道一种状态导线的应力即可利用状态方程式求出其他各种状态下导线的应力。(√)

Je3B3148 旋转连接器的横销应拧紧到位。与钢丝绳或网套连接时应安装滚轮并拧紧横销。(√)

Je3B3149 钢模板表面平整、光滑，所以不用脱模剂也能保证混凝土表面质量。(×)

Je3B3150 木、竹跨越架立杆均应垂直埋入坑内，杆坑底部应夯实，埋深 0.1m。(×)

Je3B3151 木、竹跨越架立杆均应垂直埋入坑内，杆坑底部应夯实，埋深 0.3m。(×)

Je3B4152 分解组塔时，吊装铁塔前，应对已组塔段（片）进行全面检查。(√)

Je3B4153 内悬浮内（外）拉线抱杆分解组塔，构件起吊过程中抱杆腰环不得受力。(√)

Je3B4154 木、竹跨越架的立杆、大横杆、小横杆相交时，应先绑 2 根，再绑第 3 根。(√)

Je3B4155 双摇臂抱杆采取单侧摇臂起吊构件时，对侧摇臂及起吊滑车组应收紧作为平衡拉线。(√)

Je3B4156 木、竹跨越架立杆均应垂直埋入坑内，杆坑底部应夯实，埋深不得少于 0.5m。(√)

Je3B4157 跨越架搭设时，立杆、大横杆、小横杆相交时，为确保安全，3 根杆同时绑扎。(×)

Je3B4158 承托绳应绑扎在主材节点的上方。承托绳与主材连接处宜设置专门夹具，夹具的握着力应满足承托绳的承载能力。承托绳与抱杆轴线间夹角不应小于 45°。(×)

Je3B4159 座地摇（平）臂抱杆分解组塔时，提升（顶升）抱杆时，不得少于一道腰环，腰环固定钢丝绳应呈水平并收紧，同时应设专人指挥。(×)

Je3B4160 抗弯连接器有裂纹、变形、磨损严重或连接件拆卸不灵活时禁止使用。(√)

Je3B4161 使用抗弯连接器的相关规定，抗弯连接器表面应平滑，与连接的绳套相匹配。(√)

Je3B4162 抱杆连接螺栓应按规定使用，可以以小代大。(×)

Je3B5163 抱杆连接螺栓按照现场配置使用就行了。(×)

Je3B5164 旋转连接器严禁直接进入绞磨滚筒。(√)

Je3B5165 手拉葫芦只用于短距离内的起吊和移动重物。(√)

Je3B5166 在施工现场使用电焊机时，除应对电焊机进行检查外，还必须进行保护接地。(√)

Je3B5167 钢丝绳在使用中，当表面毛刺严重和有压扁变形情况时，应予报废。(√)

Je3B5168 整立杆塔时，指挥人员应站在总牵引地锚受力的前方。(×)

Je3B5169 组立 220kV 及以上杆塔时，不得使用木抱杆。（√）

Je3B5170 组立 500kV 电力线路铁塔，由于地形限制，可以使用木抱杆。（×）

Jf3B3171 保安接地线可以代替工作接地线。（×）

Jf3B3172 接地线可以用缠绕法连接，连接应可靠。（×）

Jf3B3173 链条葫芦有较好的承载能力，无须采取如何措施，可带负荷停留较长时间或过夜。（×）

Jf3B3174 使用导线、地线连接网套时，网套末端应用铁丝绑扎，绑扎不得少于 10 圈。（×）

Jf3B3175 使用导线、地线连接网套时，网套末端应用铁丝绑扎，绑扎不得少于 15 圈。（×）

Jf3B3176 在线路停电时进行工作，安全监护人在班组成员确无触电等危险的条件下，可以参加工作班工作。（×）

Jf3B4177 用皮尺、绳索、线尺等进行带电线路的垂直距离测量时，要做好防短路放电的工作。（×）

Jf3B4178 跨越不停电电力线架线施工前，应通过电话向运行部门申请“退出重合闸”，落实后方可施工。（×）

Jf3B4179 牵引设备和张力设备应可靠接地。操作人员应站在干燥的绝缘垫上可以与未站在绝缘垫上的人员接触。（×）

Jf3B4180 牵引设备和张力设备应可靠接地。操作人员应站在干燥的绝缘垫上不得与未站在绝缘垫上的人员接触。（√）

Jf3B4181 使用导线、地线连接网套时，网套末端应用铁丝绑扎，绑扎不得少于 20 圈。（√）

Jf3B4182 导线上任意一点应力的水平分量恒等于最低点应力。（√）

Jf3B5183 导线上高处应力的水平分量大于最低点应力。（×）

Jf3B5184 张力放线的多轮滑车，其轮槽宽应能顺利通过接续管及其护套。轮槽应采用挂胶或其他韧性材料。滑轮的摩阻系数不得大于 1.015。（√）

1.3 多选题

La3C1001 线路的电气参数有（ ）。

（A）电阻；（B）电抗；（C）电导；（D）电纳；（E）电压。

答案：ABCD

La3C1002 确定地面点位的测量三要素是指（ ）。

（A）角度；（B）距离；（C）高程；（D）高差；（E）高度。

答案：ABD

La3C2003 用戴维定理求某一支路电流的一般步骤是（ ）。

（A）将原电路划分为待求支路与有源二端网络两部分；（B）断开待求支路，求出有源二端网络开路电压；（C）将网络内电动势全部短接，内阻保留，求出无源二端网络的等效电阻；（D）画出待效电路，接入待求支路；（E）由欧姆定律求出该支路电流。

答案：ABCDE

La3C3004 正弦交流电的三要素（ ）。

（A）角频率；（B）初相角；（C）最大值；（D）周期；（E）初始值。

答案：ABC

Lb3C1005 振捣混凝土的作用是（ ）。

（A）增加混凝土密实性；（B）减少水灰比；（C）提高混凝土强度；（D）使混凝土充分搅和；（E）节约用料。

答案：ABD

Lb3C1006 经纬仪可用来测量（ ）。

（A）水平角度；（B）竖直角度；（C）距离；（D）高程；（E）坐标。

答案：ABCD

Lb3C2007 压弯构件的计算（ ）。

（A）除了考虑构件轴向压力引起的弯矩；（B）除了考虑横向荷载引起的弯矩外；（C）还应考虑构件横向荷载引起的附加弯矩；（D）还应考虑构件挠度和轴向压力引起的附加弯矩；（E）构件的拉力。

答案：BD

Lb3C2008 受弯构件横截面上剪应力的分布是不均匀的，下列不正确的是（ ）。

（A）中性轴处最大；（B）中性轴处最小；（C）远离中性轴而逐渐增加；（D）远离中

性轴而逐渐减小；（E）边缘处剪应力为零。

答案：ADE

Lb3C2009 钢筋和混凝土能够结合成整体联合工作的原因有（ ）。

（A）混凝土和钢筋都有很高的抗压强度；（B）混凝土凝结时，能在钢筋表面产生很大的黏着力；（C）钢筋和混凝土的温度热膨胀系数几乎相等；（D）混凝土和钢筋都有很高的抗拉强度；（E）混凝土和钢筋都有很高的抗弯能力。

答案：BC

Lb3C2010 铁塔组立时，铁塔基础应符合的规定是（ ）。

（A）有铁塔基础施工技术文件；（B）分解组立时，混凝土强度应达到设计值70%；（C）基础中间验收合格；（D）整体组立时，混凝土强度应达到设计值100%；（E）基础。

答案：BCD

Lb3C2011 延长直线定线时，视线经常遇到障碍物，可用（ ）等方法越过障碍。

（A）矩形；（B）等边三角形；（C）梯形；（D）正方形；（E）圆形。

答案：ABD

Lb3C2012 影响钢丝绳强度的因素是（ ）。

（A）钢丝绳弯曲；（B）钢丝绳疲劳；（C）钢丝绳磨损；（D）滑轮槽型；（E）钢丝绳的生产厂家。

答案：ABCD

Lb3C4013 卷扬机的使用应遵守的规定是（ ）。

（A）牵引绳在卷筒上的圈数不得小于3圈；（B）卷扬机未完全停稳时不得换挡；（C）不得在转动的滚筒上调整牵引绳位置；（D）导向滑车应对正卷筒中心；（E）操作人员应经过相应的培训并有合格的操作证。

答案：BCDE

Lb3C5014 一个构件的重心（ ）。

（A）可能在构件外部；（B）可能在构件内部；（C）可能在构件的中心点；（D）一定在构件的内部；（E）一定在构件的中心点。

答案：ABC

Lc3C1015 架空地线一般可采用（ ）。

（A）镀锌钢绞线；（B）铝绞线；（C）良导体导线；（D）OPGW复合光缆；（E）铝包钢绞线。

答案：ACDE

Lc3C1016 在特高压、超高压输电线路上使用分裂导线的原因有（　　）。

（A）降低线路输送电能容量；（B）增大电晕；（C）减少电能损耗；（D）提高线路输送电能容量；（E）减少电晕。

答案：CDE

Lc3C1017 架空导线的防振可从采取以下的措施（　　）。

（A）安装防振锤；（B）全线架设地线；（C）提高导线最大使用张力；（D）提高导线截面面积；（E）分裂导线安装间隔棒。

答案：AE

Lc3C2018 接地体接地电阻的大小与（　　）。

（A）土壤电阻率有关；（B）结构形状有关；（C）气候环境条件有关；（D）与测量方式有关；（E）与测量仪器有关。

答案：ABC

Lc3C2019 防止导线舞动，一般可根据运行经验采取以下措施（　　）。

（A）加大线间距离和导线、地线间的水平位移；（B）加大金具绝缘子的机械安全系数；（C）安装相间间隔棒；（D）尽量取消子导线间隔棒；（E）增加杆塔缩小档距。

答案：ABCDE

Lc3C2020 线路正常运行时，直线杆承受荷载的类型有（　　）。

（A）横向荷载；（B）水平荷载；（C）垂直荷载；（D）纵向荷载；（E）斜向荷载。

答案：BC

Lc3C2021 防振锤的安装个数，一般根据（　　）来确定。

（A）导线的型号（或直径）；（B）杆塔高度；（C）档距的长度；（D）风速大小；（E）杆塔的型式。

答案：AC

Lc3C2022 铁塔构件编号程序是（　　）。

（A）先编主材，后编其他；（B）由小到大；（C）由下往上；（D）由正面到侧面；（E）按照重量由重到轻。

答案：AD

Lc3C2023 导线初伸长产生的原因有（　　）。

（A）塑性伸长；（B）受张力作用；（C）蠕变伸长；（D）罕见荷载作用；（E）刚性的作用。

答案：AC

Lc3C2024 断面的测量中，横断面测量是为了（ ），是否符合架空送电线路技术规范的要求。

（A）考虑架空线的两边导线的安全对地距离；（B）考虑架空线的中相导线的安全对地距离；（C）杆塔基础的施工基面；（D）考虑架空地线的安全对地距离；（E）考虑施工的运输道路。

答案：AC

Lc3C3025 绝缘材料的电气性能主要指（ ）。

（A）绝缘电阻；（B）介质；（C）绝缘强度；（D）泄漏电流；（E）绝缘层厚度。

答案：ABC

Lc3C3026 防止火灾的基本方法有（ ）。

（A）隔绝空气；（B）消除着火源；（C）阻止火势蔓延；（D）控制可燃物；（E）阻止爆炸波的蔓延。

答案：ABCDE

Lc3C3027 架空线的平断面图包括的内容有（ ）。

（A）沿线路走廊的平面情况；（B）运输的路径；（C）线路里程；（D）杆塔型式及垂直档距、耐张段长度等；（E）线路转角方向和转角度数。

答案：ACE

LC3C3028 影响泄漏比距大小的因素有（ ）。

（A）地区污秽等级；（B）系统中性点的接地方式；（C）绝缘子的类型；（D）线路电压等级；（E）线路电流大小。

答案：AB

Lc3C4029 生产经营单位要教育从业人员，按照劳动防护品的使用规则和防护要求，对劳动防护用品做到“三会”：（ ）。

（A）会检查（可靠性）；（B）会正确使用；（C）会正确维护保养；（D）会验收；（E）会报废。

答案：ABC

Lc3C5030 地线挂点在杆塔头部相对位置的确定需满足（ ）。

（A）地线对边导线防雷保护角的要求；（B）地线对中相导线的保护要求；（C）在雷电过电压条件下，档距中央导线与地线的接近距离的要求；（D）档距中央地线与被跨越物之间安全距离的要求；（E）地线的规格。

答案：ABC

Lc3C5031 进行转角杆塔中心桩的位移的原因是（　　）。

（A）转角杆塔，杆塔中心桩与线路中心桩相重合；（B）横担两侧的耐张绝缘子串，不可能挂在同一个悬挂点上，只能分别挂在位于横担两侧出口悬挂点上；（C）长短横担，应使两侧线路延长线交点与原设计转角桩重合；（D）保证相邻直线杆塔不出现小转角，就必须将转角杆塔的中心桩进行位移；（E）为了确定中心桩的位置。

答案：BCD

Lc3C5032 架空线路导线最大使用应力可能出现的气象条件是（　　）。

（A）最低气温；（B）最高气温；（C）最大覆冰；（D）最大风速；（E）最大档距。

答案：ACD

Lc3C5033 为了保证导线长期的安全可靠性，需考虑其（　　）。

（A）应具有足够的耐振能力；（B）应力在任何气象条件下均不超过许用应力；（C）年平均气温时不超过许用应力；（D）最高温度时不超过许用应力；（E）大风时不超过许用应力。

答案：AB

Lc3C5034 确定杆塔呼称高时，应满足《规程》规定的（　　）。

（A）导线对交叉跨越物的安全距离；（B）铁塔的荷载计算；（C）导线对地的安全距离；（D）带电作业时的安全距离；（E）防雷保护角。

答案：AC

Lc3C5035 架空地线的保护效果，除了与（　　）有关，还与（　　）有关。

（A）可靠的接地；（B）系统的接地方式；（C）导线的材料；（D）防雷保护角；（E）防雷参数。

答案：AD

Jd3C3036 验电器的正确使用（　　）。

（A）验电应使用相应电压等级、合格的接触式验电器；（B）验电前，应仔细进行外观检查；（C）验电时，人体应与被验电设备保持规程规定的距离；（D）并设专人监护；（E）使用伸缩式验电器时，应保证绝缘的有效长度。

答案：ABCDE

Jd3C3037 高处作业使用安全带时应做到（　　）。

（A）栓在牢固的构件上；（B）高挂低用；（C）低挂高用；（D）检查安全带是否栓牢；（E）栓在哪里都可以。

答案：ABD

Je3C2038　张力架线的基本特征是（　　）。

（A）导线在架线施工全过程中处于架空状态；（B）以耐张段为架线施工的单元工程，放线、紧线等作业在施工段内进行；（C）以耐张塔作施工段起止塔，在直线塔上直通放线；（D）在直线塔上紧线并作直线塔锚线，凡直通放线的耐张塔也直通紧线；（E）在直通紧线的耐张塔上作平衡挂线。

答案：ADE

Je3C2039　坍落度大小是由（　　）决定的。

（A）混凝土的强度；（B）混凝土的体积；（C）混凝土的振捣方式；（D）混凝土的结构；（E）混凝土浇筑地点。

答案：CD

Je3C3040　直线塔过轮临锚时，下列锚绳对地夹角度数符合要求的是（　　）。

（A）31°；（B）28°；（C）35°；（D）30°；（E）45°。

答案：BD

Je3C3041　光缆运到现场后，应进行检查验收，包括（　　）。

（A）盘号；（B）品种、型号、规格、长度；（C）外观检查，包装是否有破损；（D）光缆衰减值（专业人员检测）；（E）出厂合格证。

答案：ABCDE

Je3C3042　挖掘机开挖时应遵守的规定是（　　）。

（A）严禁在伸臂及挖斗下面通过或逗留；（B）挖掘机临时锚定；（C）严禁人员进入斗内，不得利用挖斗传递物件；（D）暂停作业时，应将挖斗放到地面；（E）谁都可以操作。

答案：ACD

Je3C3043　金属抱杆有下列情况之一（　　）严禁使用。

（A）整体弯曲超过杆长的1/600；（B）表面局部生锈；（C）局部弯曲严重；（D）裂纹或脱焊。

答案：ACD

Je3C3044　内拉线抱杆组塔时，腰滑车的作用是（　　）。

（A）把牵引绳引向塔外；（B）减少抱杆轴向受力；（C）避免牵引绳摩擦、碰撞；（D）使牵引绳在抱杆两侧保持平衡；（E）固定抱杆。

答案：BCD

Je3C3045 紧线时，观测弧垂的方法有（　　）。

（A）等长法；（B）异长法；（C）角度法；（D）弧垂法；（E）档外角度法。

答案：ABCE

Je3C3046 人力放线应遵守的规定是（　　）。

（A）领线人应由技工担任；（B）通过河流时，可由领线人员带牵引绳游过去；（C）通过陡坡时，应防止滚石伤人；（D）通过竹林区，应防止竹尖扎脚；（E）顺着线路随意踩踏。

答案：ACD

Je3C3047 下列跨越档内导线和架空地线不得有中间接头的情况是（　　）。

（A）高速铁路；（B）500kV 电力线路；（C）国道；（D）三级通信线；（E）乡间大土路。

答案：ABC

Je3C3048 附件安装时需检查的项目是（　　）。

（A）开口销及弹簧销；（B）悬垂绝缘子串倾斜；（C）防振锤安装距离；（D）铝包带缠绕；（E）间隔棒的安装距离。

答案：ABCDE

Je3C3049 导地线展放质量检查项目有（　　）。

（A）导地线规格；（B）因施工损伤补修处理；（C）同一档内接续管数量；（D）各压接管与线夹距离；（E）各压接管与间隔棒距离。

答案：ABCDE

Je3C3050 使用飞车的注意事项有（　　）。

（A）使用前应对飞车进行全面检查；（B）使用中行驶速度不宜过快；（C）使用时安全带连在飞车上；（D）使用后注意保养；（E）作业时可以用飞车当转向起吊工器具。

答案：ABD

Je3C3051 张力放线时，（　　）应接地。

（A）牵引机；（B）导线轴架车；（C）牵引绳和导线；（D）被跨 500kV 电力线路两侧放线滑车；（E）张力机

答案：ACDE

Je3C4052 外拉线抱杆组塔时抱杆布置应（　　）。

（A）布置在主材处；（B）抱杆根部固定在铁塔结点处；（C）抱杆倾斜 25°；（D）抱杆头部应在顺、横线路方向吊件上方；（E）拉线对地夹角不大于 45°。

答案：ABDE

Je3C4053 导线机械特性曲线的计算程序如下（　　）。

（A）导线控制应力计算；（B）导线在各种气象条件时的比载计算；（C）临界档距计算及有效临界档距的判别；（D）利用状态方程式分别求出各有关气象条件下不同代表档距值时的应力和弧垂值；（E）绘制各种气象条件时的应力、弧垂曲线。

答案：ABCDE

Je3C4054 整立杆塔时，（　　）要在一条直线上。

（A）总牵引地锚；（B）制动系统中心；（C）抱杆顶点；（D）电杆根部；（E）固定抱杆的拉线。

答案：ABC

Je3C4055 用外拉线抱杆组立铁塔应遵守的规定是（　　）。

（A）升抱杆必须有统一指挥；（B）吊件垂直下方不得有人；（C）抱杆不得倾斜；（D）吊件外侧应设控制绳；（E）严禁超重起吊。

答案：ABDE

Je3C4056 钢芯铝绞线在液压连接前后应做（　　）检查。

（A）选用的液压管的型号是否符合要求；（B）导线上画印是否符合要求；（C）被连接的架空线绞向是否一致；（D）是否使用导电脂；（E）连接后管口附近不得有明显松股现象。

答案：ABCDE

Je3C4057 导线连接网套的使用应遵守的规定是（　　）。

（A）导线穿入网套必须到位；（B）网套夹持导线的长度不得少于导线直径的30倍；（C）网套末端应用铁丝绑扎；（D）绑扎不得少于12圈；（E）对于大截面导线断头应切割成台阶状。

答案：ABCE

Je3C4058 复合绝缘子安装注意事项包括（　　）。

（A）轻拿轻放，不应投掷；（B）起吊时绳结要打在金属附件上，禁止直接在伞套上绑扎，绳子触及伞套部分应用软布包裹保护；（C）禁止踩踏绝缘子伞套；（D）正确安装均压装置，注意安装到位，不得装反，并仔细调整环面与绝缘子轴线垂直；（E）避免与尖硬物碰撞、摩擦。

答案：ABCDE

Je3C4059 现在推行的张力架线优点有（　　）。

（A）施工作业高度机械化、速度快、工效高；（B）避免导线与地面摩擦致伤，减轻运行中的电晕损失；（C）用于跨越公路、铁路、河网等复杂地形条件，更能取得良好的经济效益；(D) 能减少青苗损失；(E) 没什么优点。

答案：ABCD

Je3C4060 螺栓和销钉安装时穿入方向规定正确的是（ ）。

(A) 顺线路方向，双面结构由内向外，单面结构由送电侧穿入或按统一方向穿入；(B) 横线路方向，两侧由内向外，中间由左向右（面向受电侧）或按统一方向；(C) 铁塔上垂直方向由上向下； (D) 分裂导线上的穿钉、螺栓，一律由线束外侧向内穿；(E) 怎么穿都可以。

答案：ABD

Jf3C3061 线路施工中隐蔽工程包括（ ）。

(A) 现浇基础的钢筋规格、数量；(B) 灌注桩基础的成孔、清孔；(C) 接续管的连接；(D) 导线补修处理；(E) 接地线的焊接和敷设。

答案：ABCDE

Jf3C3062 工作负责人的安全责任包括（ ）等。

(A) 正确安全地组织工作；(B) 工作班成员精神状态是否良好；(C) 负责检查工作票所列安全措施是否正确完备和工作许可人所做的安全措施是否符合现场实际条件，必要时予以补充；(D) 工作前对工作班成员进行危险点告知、交待安全措施和技术措施，并确认每一个工作班成员都已知晓；(E) 督促、监护工作班成员遵守本规程，正确使用劳动防护用品和执行现场安全措施。

答案：ABCDE

Jf3C3063 停电作业接地的要求（ ）。

(A) 应在作业范围的两端挂接地线；(B) 特殊情况下可使用铝导线等其他导线作接地线和短路线；(C) 先接接地端，后接导线端，接地线连接要可靠，不准缠绕，同时使三相短路；(D) 接地线规格不小于 $25mm^2$，临时接地棒埋深不小于 0.6m，材料采用多股软铜线；(E) 遇到抢修可以不验电直接上线作业。

答案：ACD

Jf3C3064 对同杆塔架设的多层电力线路进行验电时，应（ ）。

(A) 先验低压、后验高压；(B) 先验近侧、后验远侧；(C) 先验下层、后验上层；(D) 先验边相、后验中相；(E) 无所谓。

答案：ABC

Jf3C3065 卸扣在使用时，应注意的事项有（ ）。

(A) 应按标记规定的负荷使用；(B) 不得横向受力；(C) U 形环变形或销子螺纹损坏不得使用；(D) 不得处于吊件的转角处；(E) 销子不得扣在能活动的索具内。

答案：ABCDE

Jf3C4066 应进行试验的安全工器具有（ ）。

（A）新购置的安全工器具；（B）对安全工器具的机械、绝缘性能发生疑问或发现缺陷时；（C）检修后或关键零部件经过更换的安全工器具；（D）未试验过的安全工器具；（E）自制的安全工器具。

答案：ABCDE

1.4 计算题

La3D2001 三个电阻$R_1=X_1\Omega$，$R_2=2\Omega$，$R_3=3\Omega$。R_2和R_3并联，然后与R_1串联，则总电阻R为____ Ω。

X_1取值范围：1，2，3

计算公式：$R=X_1+\frac{R_2\times R_3}{R_2+R_3}$

La3D2002 电容器$C_1=2\mu F$、$C_2=4\mu F$，相串联后接到$U=X_1$V电压上。则C_1电容器上的电压U_1为____ V。

X_1取值范围：900，1200，1500

计算公式：$U_1=\frac{C_2}{C_1+C_2}\cdot U=\frac{4}{(2+4)}\times X_1\ \frac{X_1\times 2}{3}$

Lb3D2003 某110kV线路所采用的XP-70型绝缘子悬垂串用$n=X_1$片，每片绝缘子的泄漏距离不小于290mm。其最大泄漏比距S为____ cm/kV。

X_1取值范围：7，8，9

计算公式：$S=\frac{X_1\times 29}{1\times 110}$

Lb3D3004 有两只额定电压均为$U=220$V的白炽灯泡，一只功率$P_1=X_1$W，另一只功率$P_2=100$W。当将两只灯泡串联在$U=220$V电压使用时，两只灯泡实际消耗的功率P_1为____ W，P_2为____ W。

X_1取值范围：40，60，80

计算公式：$P_1=\frac{X_1\times 100^2}{(X_1+100)^2}$

计算公式：$P_2=\frac{X_1^2\times 100}{(X_1+100)^2}$

Lb3D3005 求杆长为$L=X_1$m，壁厚$t=50$mm，直径$d=300$mm的等径杆的质量G为____ kg。钢筋混凝土电杆的密度取$\gamma=2600\text{kg/m}^3$。

X_1取值范围：6，8，9

计算公式：$G=\frac{\pi\times[d^2-(d-2\times t)^2]\times X_1}{4}\times\gamma$

Lb3D3006 钢螺栓钢拉杆长$l=1600$mm，拧紧时产生了$\Delta l=X_1$mm的伸长，已知钢的弹性模量$E=200\times 10^3$MPa，则螺栓钢拉杆内的应力σ为____ MPa。

X_1取值范围：1.1，1.2，1.3

计算公式：$\sigma=\frac{E\times X_1}{l}$

Lb3D3007 设某架空送电线路采用导线为 LGJ-400/35 钢芯铝绞线，其计算质量$G=$1349kg/km，计算截面面积$A=425.24\text{mm}^2$，直径$d=26.82\text{mm}$，风向与导线垂直，则在覆冰厚度$b=5\text{mm}$，风速$v=X_1\text{ m/s}$时的覆冰风压比载g_5为____$\times10^{-3}\text{N/}$（m·mm^2）。（$C=1.2$，$\alpha_F=1$）

X_1取值范围：5，6，7

计算公式：$g_5=\frac{9.8\times\alpha_F C(2b+d)v^2}{16A}$

Lb3D3008 某一根长为$L=X_1\text{m}$，直径$d=16\text{mm}$的钢拉杆，当此杆受到拉力$N=29400\text{N}$时，则其绝对伸长ΔL为____ cm。（材料弹性模量$E=19.6\times10^6\text{N/cm}^2$）

X_1取值范围：2.0～3.0 带 1 位小数的值

计算公式：$\Delta L=\frac{NL}{EA}$

Lb3D3009 已知某架空线路的导线为 LGJ-120/25 型（计算截面面积$A=146.73\text{mm}^2$，计算拉断力$T_p=47880\text{N}$，计算质量$G=526.6\text{kg/km}$），导线在弧垂最低点安全系数$K=2.5$，最低温度时导线的应力为最大使用应力，则在该气象条件下耐张段中一悬点高差为 0m、档距为$l=X_1\text{m}$的导线距某一杆塔 20m 处的弧垂f为____ m。

X_1取值范围：60，70，80

计算公式：$f=\frac{g_0 x}{2\sigma_0}(l-x)=\frac{\left(\frac{9.8\times526.6\times10^{-3}}{146.73}\right)}{\left(\frac{2\times47880}{2.5\times146.73}\right)}\times20\times(X_1-20)$

Lb3D3010 已知 LGJ-400/35 型导线计算质量$G=1349\text{kg/km}$，导线计算截面面积$S=425.24\text{mm}^2$，导线在最大风速时的风压比载$g_4=X_1\times10^{-3}\text{N/}$（m·mm^2），计算直径$d=26.82$ mm，导线的综合比载g_6为____$\times10^{-3}\text{N/}$（m·mm^2）。

X_1取值范围：40.734，41.734

计算公式：$g_1=\frac{9.8\times G}{S}\times10^{-3}$

$$g_6=\sqrt{g_1^2+g_4^2}$$

Lb3D4011 某一线路施工，采用异长法观测弧垂，已知导线的弧垂$f=20.25\text{m}$，在 A 杆上绑弧垂板距悬挂点距离$a=X_1\text{m}$。在 B 杆上应挂弧垂板b为____ m。

X_1 取值范围：16，25，36

计算公式：$b=(2\times\sqrt{f}-\sqrt{a})^2$

Lb3D5012 已知某架空线路的导线为 LGJ-120/25 型，导线的比载 $g=35.196\times10^{-3}$ $N/(m\cdot mm^2)$，导线的应力 $\sigma_0=130.53MPa$，则耐张段中一悬点高差 $\Delta h=10m$、档距 $l=X_1m$ 的导线的长度 L 为____ m。

X_1 取值范围：240，260，280，300

计算公式：$L=l+\frac{h^2}{2l}+\frac{g^2l^3}{24\sigma_0^2}$

Je3D1013 某种导线的设计使用拉断力 $T_b=X_1N$，安全系数 $K=2.5$，请计算其最大使用张力为____ kN。（计算结果保留两位小数）

X_1 取值范围：94875，95230，96250

计算公式：$T_m=\frac{T_b}{K\times1000}$

Je3D1014 某输电线路，耐张段有 4 档，它们的档距分别为 $L_1=X_1m$、362m、422、434m，该耐张段的长度为____ m。

X_1 取值范围：350～370 之间取整数

计算公式：$L=X_1+362+423+434$

Je3D1015 某一铁塔的基础根开为 $L_1=X_1mm$（正方形地脚螺栓式），计算该基础对角线的允许误差值为±____ mm。

X_1 取值范围：6000～7000 之间取整数

计算公式：$L_d=\frac{L_1\times\sqrt{2}\times2}{1000}$

Je3D2016 脚扣的强度取决于它弯曲部分的直径，它的使用允许荷重可按下式近似计算：$Q=63\times d^2$（式中：Q 为脚扣允许荷重，N；d 为脚扣弯曲部分直径，mm）。现有一弯曲部分直径 $d=X_1mm$ 的脚扣，则其允许荷重为____ kN。

X_1 取值范围：16，18，20

计算公式：$Q_1=\frac{63\times d^2}{1000}=\frac{63X_1^2}{1000}$

Je3D2017 某 2-2 滑轮组起吊 X_1kg 重物，牵引绳从动滑轮引出，人力绞磨牵引，提升所需的拉力为____ kN（已知滑轮组综合效率 $\eta=90\%$，$n=4$，其他的系数忽略不计）。

X_1 取值范围：1200，1300，1400，1500

计算公式：已知牵引绳从动滑轮引出，则

$$P=\frac{X_1\times9.8}{\eta\times(n+1)\times1000}$$

Je3D2018 一条 500kV 送电线路，在施工中，沿线共设材料站 3 个，各材料站的运

输质量为 $Q_1=6000$t，$Q_2=7000$t，$Q_3=8000$t；运输半径分别为 $R_1=X_1$km，$R_2=13$km，$R_3=28$km。试计算该线路总的运输量 G 为____ t·km。

X_1 取值范围：20～25 之间取整数

解：运输量 $G=Q_1\times R_1+Q_2\times R_2+Q_3\times R_3$

Je3D3019 如图所示，在 O 点设材料站，供应范围是 AB 之间线路的各桩号，其中 $OC=20$km，$AC=15$km，$BC=X_1$km，则 O 材料站运输半径 R_O ____ km（直角供应方法）。

X_1 取值范围：30，35，40，45，50

计算公式：

$$R_O=\frac{15\times(20+15/2)+X_1\times(20+X_1/2)}{40+X_1}$$

Je3D3020 已知某架空线路的档距 $l=356$m，悬点高差为 0，已知在某气象条件下测得导线的弧垂 $f=X_1$m，试确定距某杆塔 $x=60$m 处的弧垂 f_1 为____ m。

X_1 取值范围：8～10 带 1 位小数的值

计算公式：$f_1=4\times f\times\left(\frac{x}{l}\right)\times\left(1-\frac{x}{l}\right)$

Je3D3021 某耐张段总长为 $L=X_1$m，代表档距 l_0 为 321m，检查某档档距 l_g 为 340m，实测弧垂 f_1 为 6.84m，依照当时气温的设计弧垂值 f_2 为 6.18m，则该段耐张段的线长调整量 L 为____ m。

X_1 取值范围：4000，4500，5000

计算公式：$L=\frac{8\times l_0^2\times L\times(f_1^2-l_2^2)}{3\times l_g^4}$

Je3D3022 现有一电杆，拉线挂点距地面高度 $H=X_1$m，拉线盘埋深 $h=2.5$m，拉线与地面夹角 $\alpha=44°$，拉线坑至杆中心距离 L 为____ m。

X_1 取值范围：10，11，12

计算公式：$L=\frac{H+h}{\tan\alpha}=\frac{X_1+2.5}{\tan 44°}$

Je3D3023 技术员小王带挖掘机进行基坑开挖，图纸上显示基础底盘为 3.4m×3.4m，两侧裕度取 0.3m，放坡系数为 1∶0.4，坑深 $H=X_1$m，坑口的位置边长应该 a 为____ m 的正方形。（精确到小数点 2 位）

X_1取值范围：3～4 带 1 位小数的值

计算公式：$a=3.1+0.3\times 2+X_1\times 0.4$

Je3D3024 技术员小李在校核分坑手册，基础为正方形基础，基础跟开为 X_1m，基础底盘为 3.0m×3.0m，两侧裕度取 0.3m，放坡系数为 1∶0.3，坑深 H=3m，坑口最近的位置距离中心桩 L 为____ m。（精确到小数点 2 位）

X_1取值范围：6.8～8.8 带 1 位小数的值

计算公式：$L=\frac{\sqrt{2}}{2}\times[X_1-(3.0+0.3\times 2+3\times 0.3)]$

Je3D3025 某输电线路，耐张段有 3 档，它们的档距 L_1分别为 X_1m、400m、420m，该耐张段代表档距 L_D 为____ m。

X_1取值范围：350，370

计算公式：$L_D=\sqrt{\frac{L_1^3+L_2^3+L_3^3}{L_1+L_2+L_3}}=\sqrt{\frac{X_1^3+400^3+420^3}{X_1+400+420}}$

Jd3D4026 有一条单回路 110kV 输电线路，水平排列，线间距离为 X_1m，线路等效水平线间距 D 为____ m。（计算结果保留两位小数）

X_1取值范围：4～4.8 带 1 位小数的值

计算公式：$D=\sqrt[3]{X_1\times X_1\times(X_1+X_1)}$

Jd3D4027 某 500kV 线路跨越一条高速公路，高速公路宽度 $B=X_1$m，交叉角度 α=77°，两边的安全距离 S=6m，封顶网宽度 B_1=8m，则该跨越架封顶网的最小长度 L 为____ m。

X_1取值范围：12.5～14.5 带 1 位小数的值

计算公式：$L=\frac{2\times S+B+B_1\times\cos\alpha}{\sin\alpha}$

Jd3D4028 某 1000kV 特高压工程，采用一牵 8 张力放线，导线采用 LJG-500/45 型钢芯铝绞线，破断力 T_p=128100N，主牵引机额定牵引力的系数 K_p 为 X_1，则该牵引机的额定牵引力 P 为____ kN。

X_1取值范围：0.2～0.3 带 1 位小数的值

计算公式：$P\geqslant mK_P T_P/1000\geqslant 8\times X_1\times 128100/1000$

Je3D5029 某一 220kV 线路，已知实测档距 $l=X_1$m，耐张段的代表档距 l_0=390m，导线的线膨胀系数 $\alpha=19\times 10^{-6}$/℃，实测弧垂 f=7m，测量时气温 t=20℃。当最高气温 t_{max}=40℃时的最大弧垂 f_m 为____ m。

X_1取值范围：380，400，420

计算公式：$f_m=\sqrt{f^2+\frac{3l^4}{8l_0{}^2}\times(t_{max}-t)\times\alpha}=\sqrt{f^2+\frac{3X_1^4}{8l_0{}^2}\times(t_{max}-t)\times\alpha}$

Je3D5030 已知采用档端观测法测某输电线路弧垂，已知观测角 $\theta=9°30'$，档距 $l=265$m，导线两悬点之间高差 $H=25$m，导线悬点至仪器中心的垂直距离 $a=X_1$m，仪器位置近方低于远方，则该观测档弧垂值 f 为____ m。

X_1取值范围：20，21，22，23

计算公式：$f=\frac{1}{4}(\sqrt{a}+\sqrt{a-l\tan\theta+H^2})$

1.5 识图题

一、识图题

La3E1001 下图中 R_1、R_2、R_3 三个电阻的关系是（ ）。

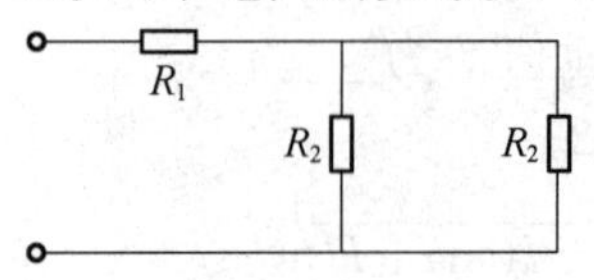

（A）串联；（B）并联；（C）R_2 和 R_3 串联，然后和 R_1 并联；（D）R_2 和 R_3 并联，然后和 R_1 并联。

答案：D

La3E2002 下图是直线悬垂绝缘子串的组装图，下列数字的标注错误的是（ ）。

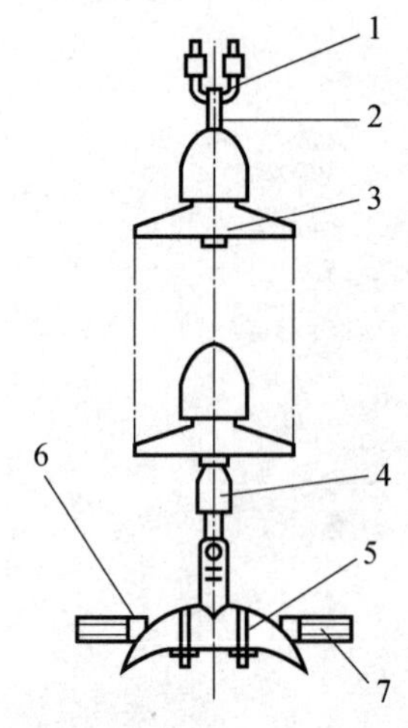

（A）1－U 形螺栓；（B）2－碗头挂板；（C）5－悬垂线夹；（D）6－铝包带。

答案：B

La3E2003 下图为基础平面布置图，向上为线路前进方向，下列四个选项中正确的是（ ）。

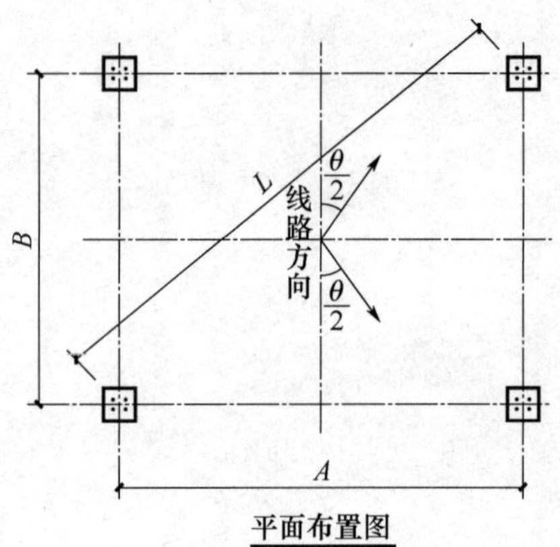

平面布置图

（A）该线路路径左转 θ°；（B）该线路路径左转$\dfrac{\theta^\circ}{2}$；（C）该线路路径右转 θ°；（D）该线路路径右转$\dfrac{\theta^\circ}{2}$。

答案：C

La3E5004　下图为直线塔塔身图，图中标注的内容正确的是（　　）。

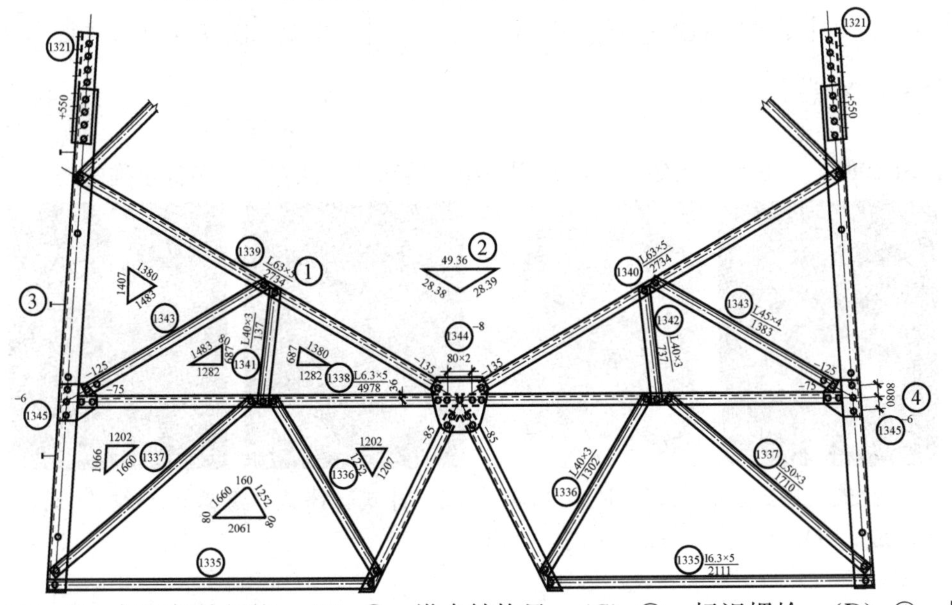

（A）①一标识螺栓规格；（B）②一塔身结构尺；（C）③一标识螺栓；（D）④一标识角钢厚度。

答案：B

Lb3E3005　下列图中表示导线无风有冰时的荷载情况的是（　　）。

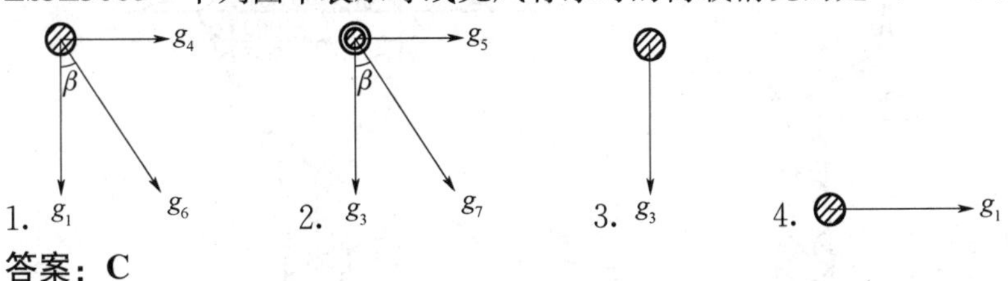

答案：C

Lb3E3006　下列图中属于导线无冰时综合荷载情况的是（　　）。

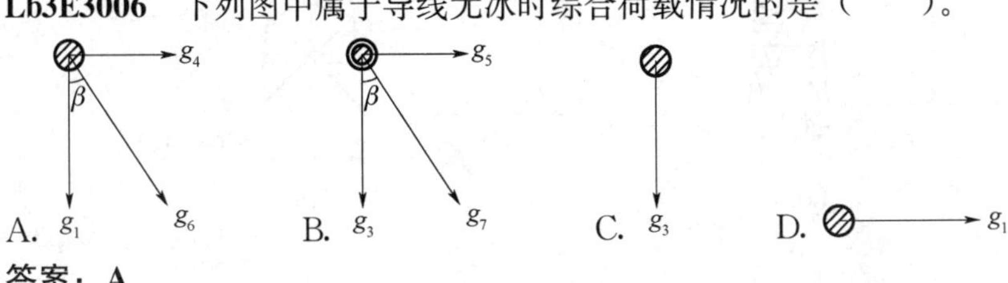

答案：A

Lb3E4007 下图中截面对 y，z 轴的惯性矩正确的是（ ）。

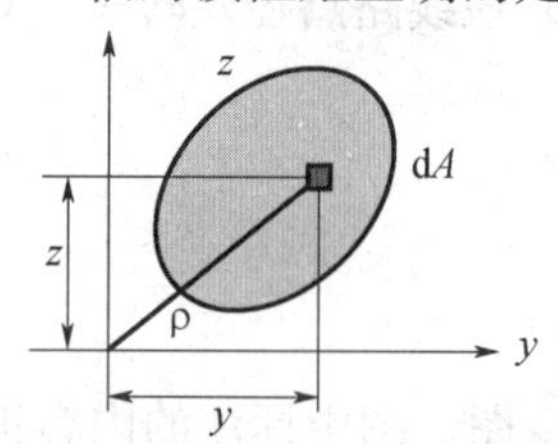

（A）$I_y=\int_A z^2\mathrm{d}A$；（B）$I_z=\int_A z^2\mathrm{d}A$；（C）$I_y=\int_A y^2\mathrm{d}A$；（D）$I_z=\int_A \rho^2\mathrm{d}A$。

答案：A

Lc3E2008 下图为一组线路工程常用绝缘子的图片，从左到右名称正确的是（ ）。

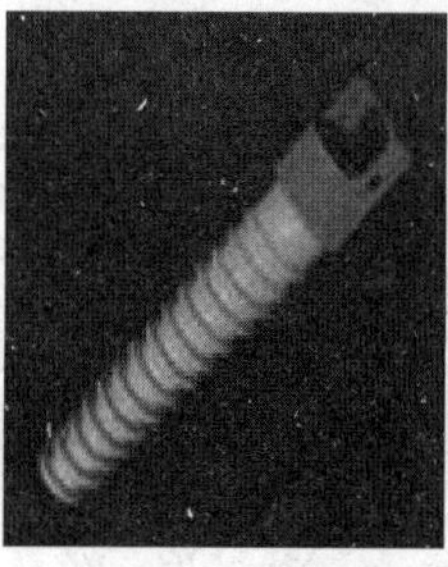

（A）针式、棒式、悬式、合成；（B）合成、针式、棒式、悬式；（C）针式、悬式、棒式、合成；（D）悬式、针式、棒式、合成。

答案：C

Je3E1009 下列塔图中塔型为转角耐张塔的是（ ）。

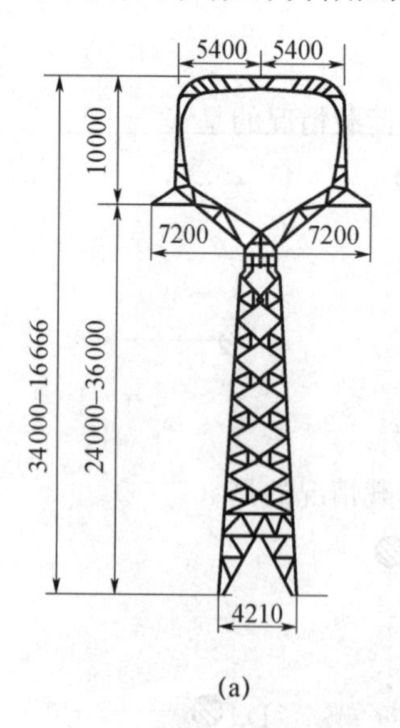

(a)

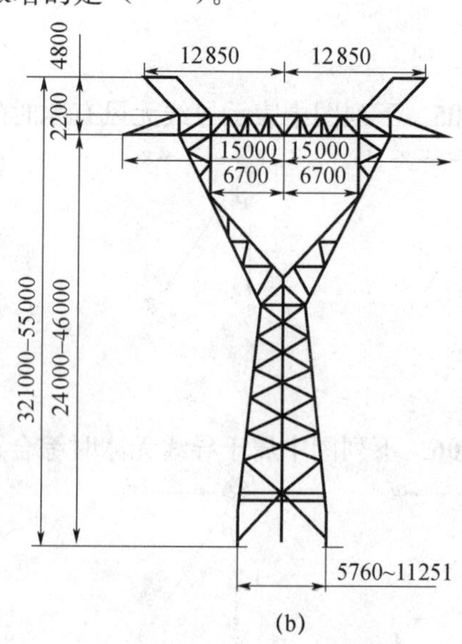

(b)

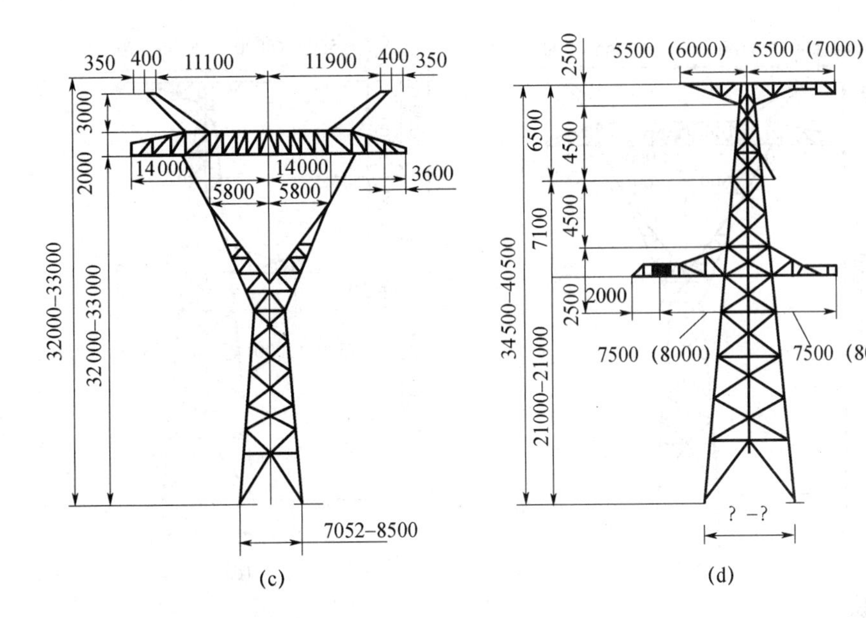

(c)　　(d)

（A）a；（B）b；（C）c；（D）d。

答案：D

Je3E1010　下列塔图中塔型为猫头型直线塔的是（　　）。

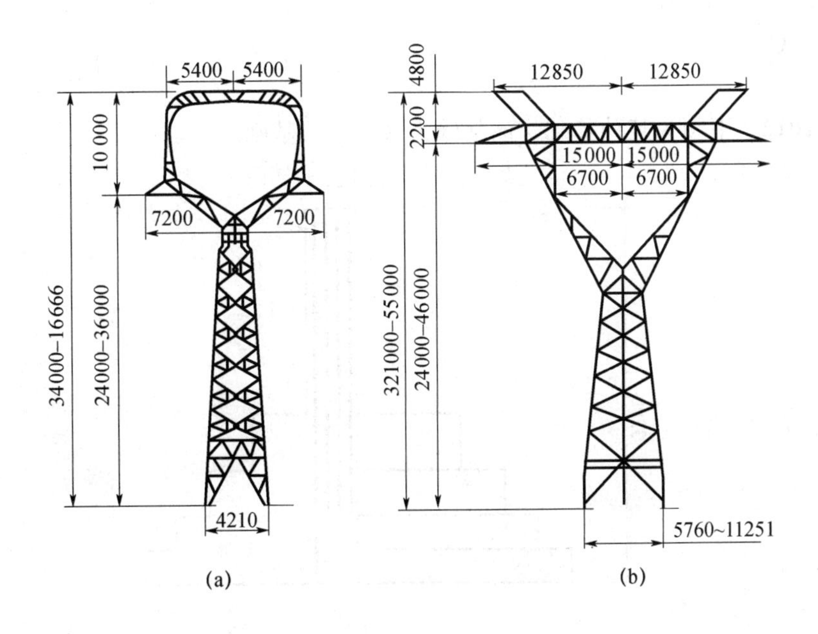

(a)　　(b)

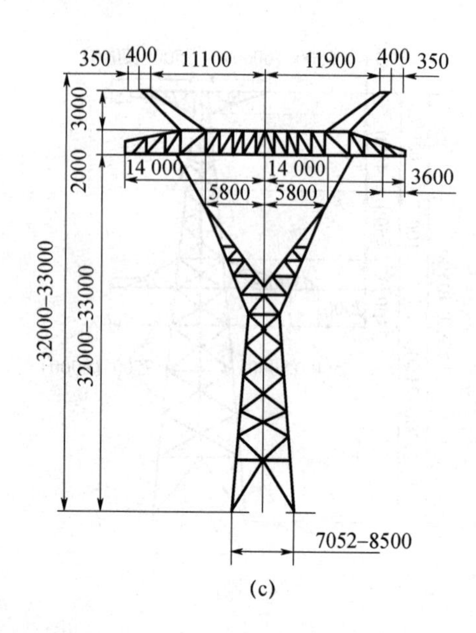

(c)

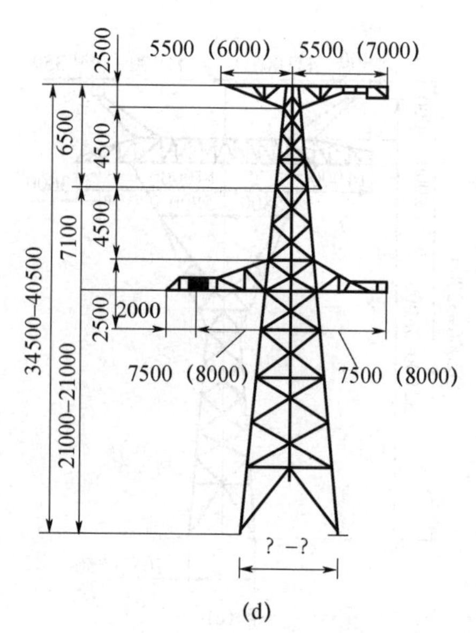

(d)

（A）a；（B）b；（C）c；（D）d。

答案：A

Je3E2011 右图中线路方向已经标明，则每基基础的塔腿编号以面向大号方向 1、2、3、4 依次为（ ）。

（A）A、B、C、D；（B）D、A、B、C；（C）B、C、D、A；（D）C、D、A、B。

答案：C

Je3E2012 下图为某种基础，该基础为（ ）基础。

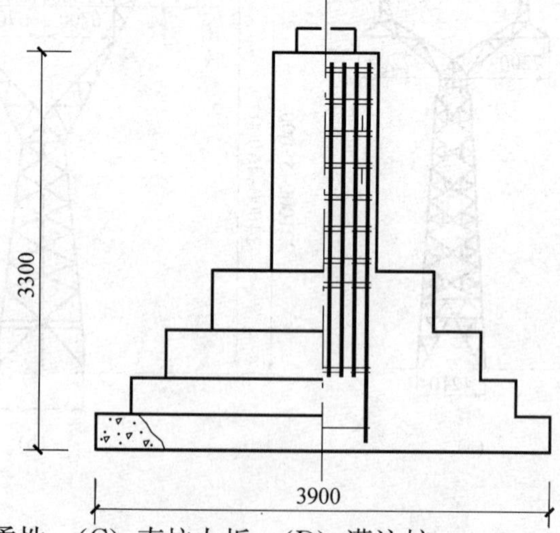

（A）刚性；（B）柔性；（C）直柱大板；（D）灌注桩。

答案：A

Je3E2013 下图为导线放线滑车照片，该放线滑车一般可以同时展放（　　）根子导线。

特高压组合式放线滑车

（A）3；（B）4；（C）5；（D）6。

答案：D

Je3E3014 指出下图施工现场布置图的种类型为（　　）。

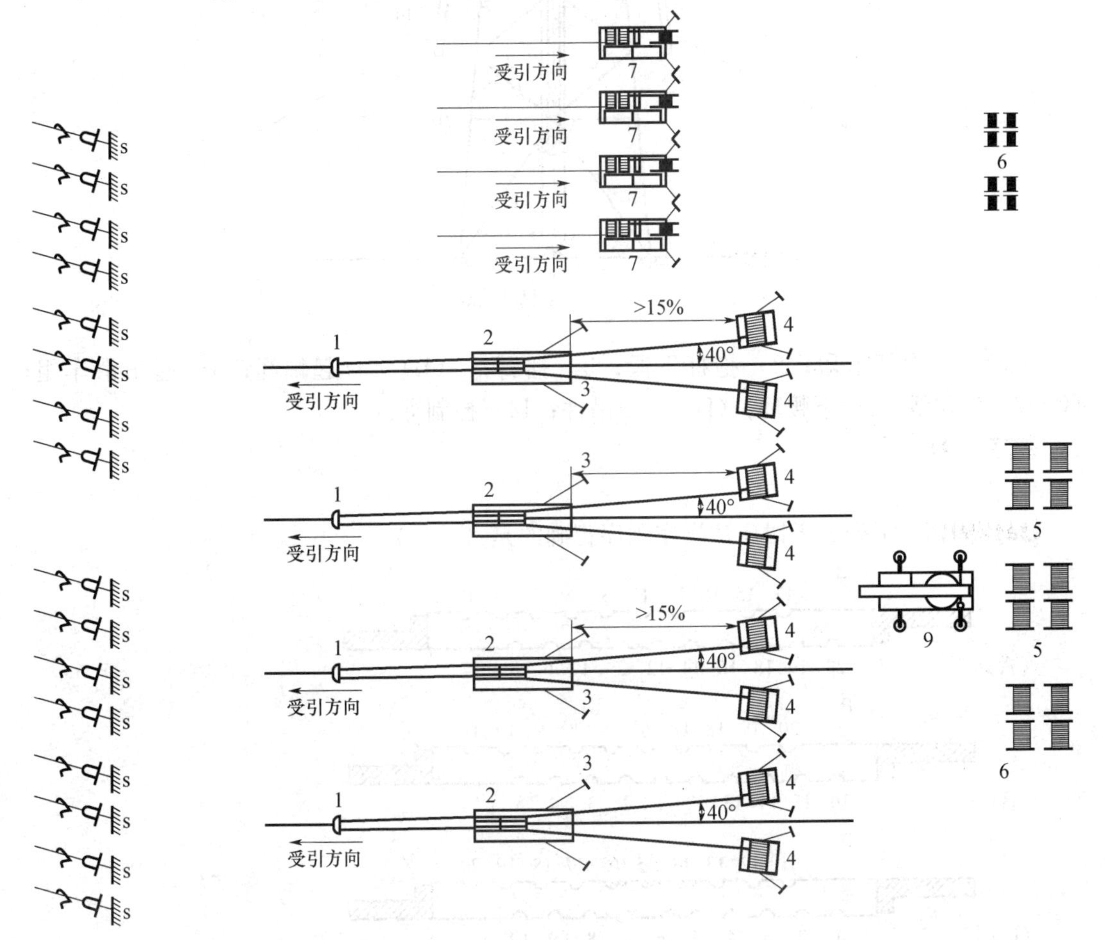

(A) 4× “一牵二”张力架线牵引场平面布置图；(B) 4× “一牵二”张力架线压接升空场平面布置图；(C) 4× “一牵二”张力架线张力场平面布置图；(D) 4× “一牵二”张力架线材料场平面布置图。

答案：C

Je3E3015 下图为某500kV线路工程组立铁塔用内悬浮外拉线摇臂抱杆的布置图，工器具名称标注有错误的是（　　）。

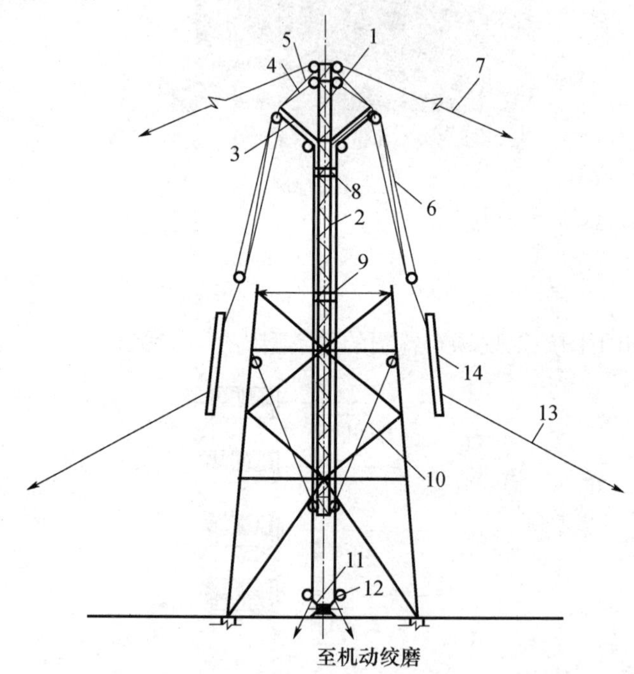

(A) 1—抱杆上段；2—抱杆下段；3—摇臂；　(B) 4—起幅绳；6—起吊滑车组；(C) 7—外拉线；9—下腰环；(D) 13—吊件；14—控制绳。

答案：D

Je3E3016 下列关于钳压法操作顺序正确的是（　　）。

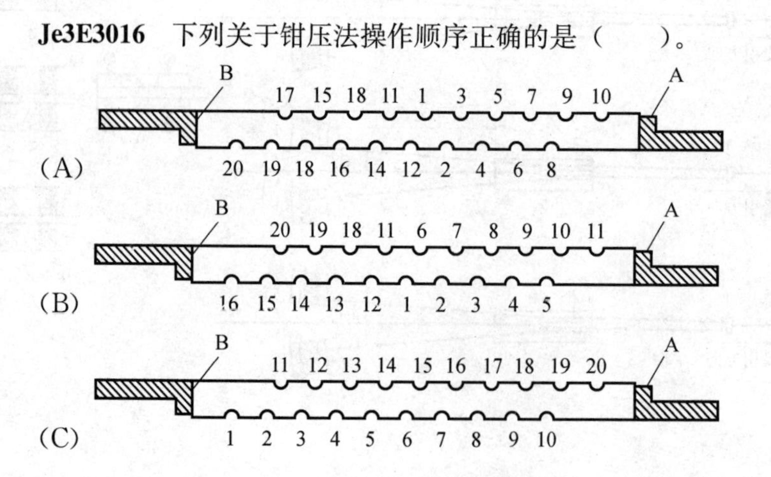

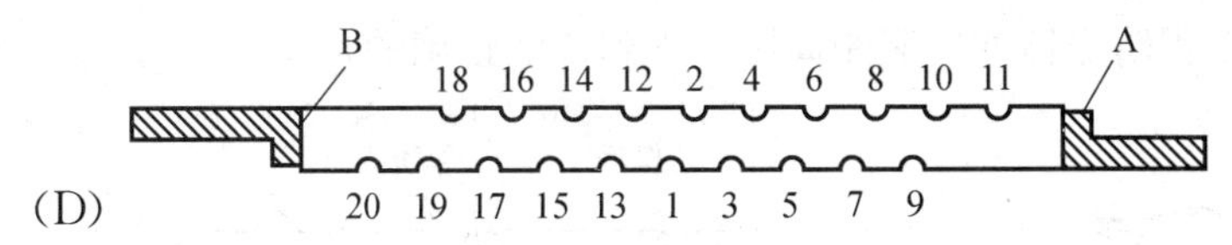

(D)

答案：D

Je3E3017 下图所示的观测弧垂的方法是（　　）。

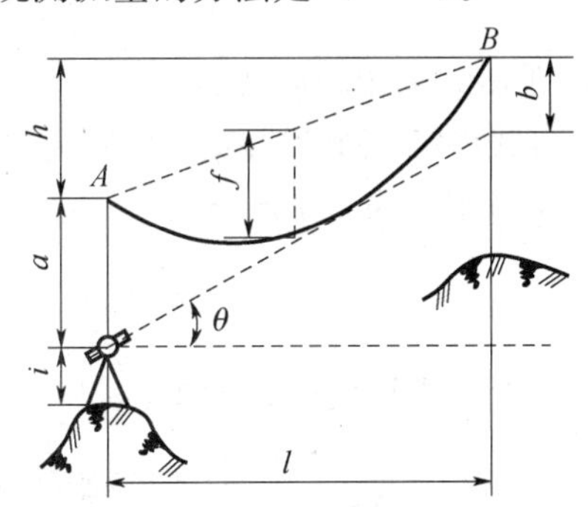

(A) 平行四边形法；(B) 档端角度法；(C) 档外角度法；(D) 档中角度法。

答案：B

Je3E3018 下图为混凝土坍落度的示意图，其中 A_1、A_2、A_3、A_4 表示混凝土坍落度的是（　　）。

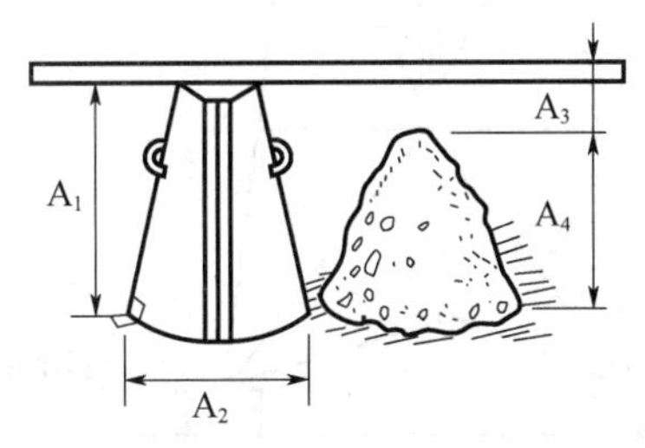

(A) A_1；(B) A_2；(C) A_3；(D) A_4。

答案：C

Je3E3019 下列图中标识在倾斜面地锚埋设正确的是（　　）

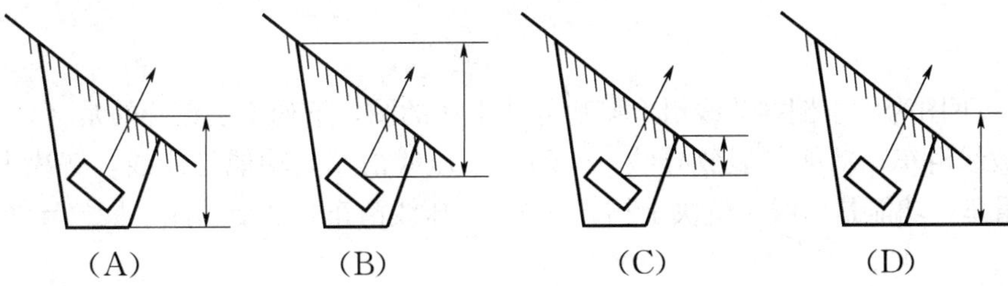

答案：B

Je3E4020　下图为某工程防振锤的安装距离图，下列说法正确的是（　　）。

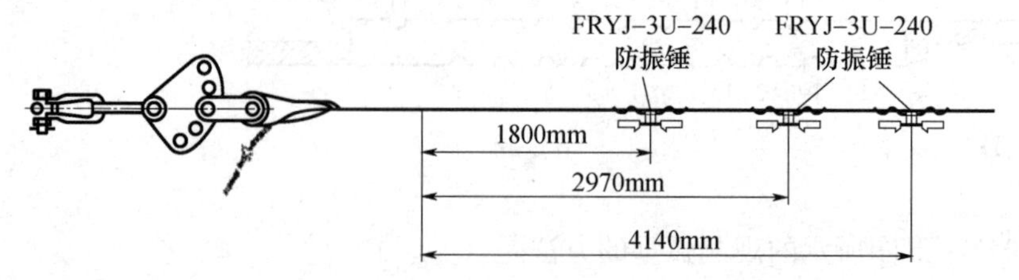

（A）直线塔第一个防振锤距离线夹出口距离为 1800mm；（B）耐张塔第一个防振锤距离挂点距离为 1800mm；（C）直线塔第三个防振锤距离线夹出口距离为 4140mm；（D）耐张塔第二个防振锤和第三个防振锤距离为 1170mm。

答案：D

Je3E4021　下图为（　　）分解组塔的的布置图。

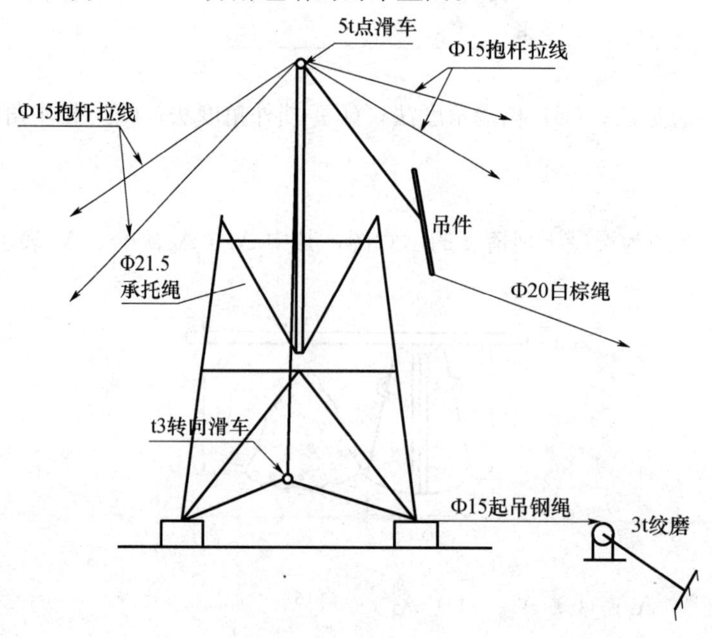

（A）内悬浮外拉线抱杆；（B）内悬浮内拉线抱杆；（C）外拉线小抱杆；（D）外悬浮内拉线抱杆。

答案：A

Je3E4022　下图为以正倒挂放线滑车解决导线上扬的图，下列说法正确的是（　　）。

（A）1—放线滑车，功能是展放导线；（B）1—压线滑车，功能是压线，解决上扬；（C）2—放线滑车，功能是压线，解决上扬；（D）2—压线滑车，功能功能是展放导线。

答案：B

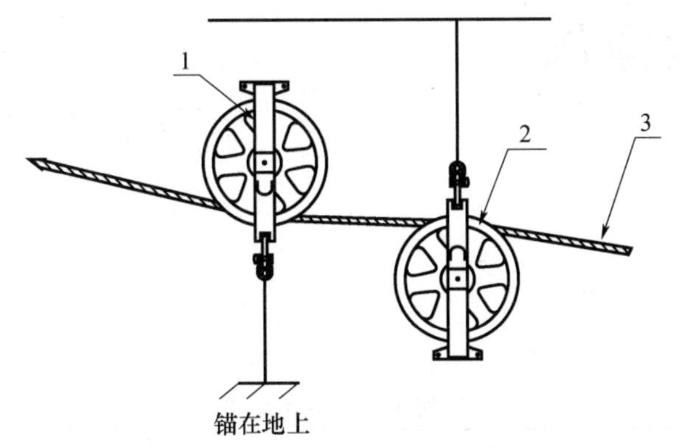

Je3E4023　下图为基础平面布置图，向上为线路前进方向，（　　）腿都压腿，受到位铁塔的压力。

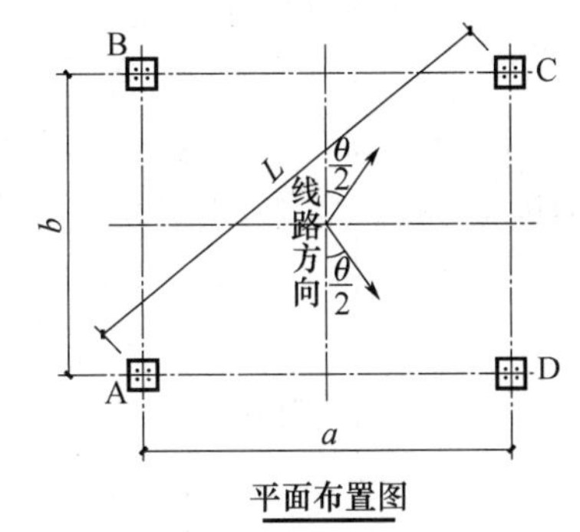

（A）A 腿和 B 腿；（B）C 腿和 D 腿；（C）A 腿和 C 腿；（D）B 腿和 D 腿。

答案：B

Je3E5024　下图为抱杆起吊系统，起吊系统中磨绳为（　　）路绳。

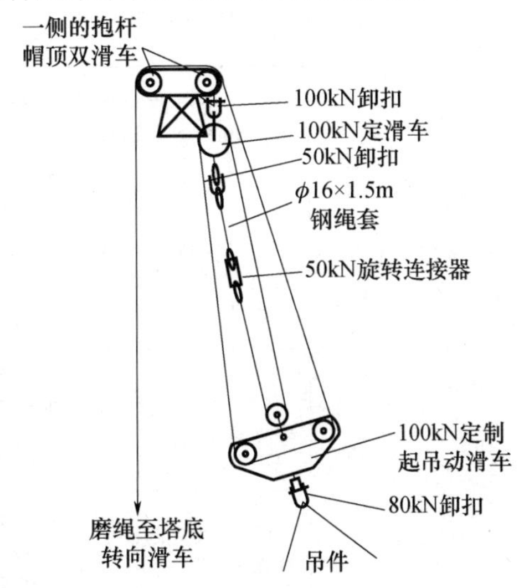

（A）二；（B）三；（C）四；（D）五。

答案：C

2 技能操作

2.1 技能操作大纲

高级工技能操作大纲

等级	考核方式	能力种类	能力项	考核项目	考核主要内容
高级工	技能要求	基本技能	01. 工器具、仪器仪表使用、基础施工	01. 光学经纬仪测量水平两点的距离	(1) 经纬仪的操作使用及保养。 (2) 各种测量方法的应用及计算
				02. 光学经纬仪直线杆塔定位	(1) 经纬仪的操作使用及保养。 (2) 各种测量方法的应用。 (3) 熟悉基础图纸。 (4) 能够对基础的基本数据进行计算
				03. 杆塔接地电阻测量	(1) 熟练掌握绝缘电阻表的使用。 (2) 熟练掌握接地电阻的测量过程。 (3) 仪表操作熟练，读数迅速、准确
		专业技能	01. 机动绞磨	01. 机动绞磨的牵引操作	(1) 熟练掌握机动绞磨的检查与保养。 (2) 熟练掌握机动绞磨的操作
			01. 架线施工	01. 导线（截面面积 $400mm^2$ 以下）液压直线接头制作	(1) 能按正确程序操作。 (2) 能按正确顺序压接，并压接到位。 (3) 能检查验收压接质量是否符合要求
				02. 紧线前耐张塔横担安装一根临时拉线	(1) 掌握登高作业安全技术要求。 (2) 能正确操作、安装铁塔临时补强拉线
				03. 110kV 送电线路直线塔上安装导线悬垂线夹	(1) 掌握登高作业安全技术要求。 (2) 能正确操作、安装导线悬垂线夹
				04. 钢绞线耐张线夹液压操作	(1) 能按正确程序操作，并按正确顺序压接，压接到位。 (2) 能检查验收压接质量是否符合要求
				05. 110kV 调整导线弧垂操作	(1) 掌握登高作业安全技术要求。 (2) 掌握弧垂调整作业流程和作业方法
		相关技能	01. 安全	01. 钢丝绳插编绳套	能按正确程序插编钢丝绳套

2.2 技能操作项目

2.2.1 XJ3JB0101 光学经纬仪测量水平两点的距离

一、作业

（一）工器具、材料、设备

（1）工器具：光学经纬仪、塔尺。

（2）材料：无。

（3）设备：无。

（4）人员：一人操作，一人配合。

（二）安全要求

穿工作服，戴安全帽，穿绝缘鞋。

（三）操作步骤及工艺要求（含注意事项）

（1）正确进行经纬仪对中调平整平操作。

（2）正确测量两点的距离。

二、考核

（一）考核场地

室外实训场或开阔平整的场地。

（二）考核时间

考核时间为30min。

（三）考核要点

（1）能正确进行经纬仪对中整平操作。

（2）能正确测量两点距离。

三、评分标准

行业：电力工程　　工种：送电线路架设工　　等级：三

编号	XJ3JB0101	行为领域	d	鉴定范围		送电线路	
考核时限	30min	题型	B	满分	100分	得分	
试题名称	光学经纬仪测量水平两点的距离						
考核要点及其要求	（1）能正确进行经纬仪对中整平操作。 （2）能正确测量两点的距离						
现场设备、工器具、材料	（1）工器具：光学经纬仪、塔尺。 （2）材料：无。 （3）设备：无						
备注	各考核分项的扣分不超过本分项总分，扣完为止						

评分标准

序号	考核项目名称	质量要求	分值	扣分标准	扣分原因	得分
1	工作前准备					

续表

序号	考核项目名称	质量要求	分值	扣分标准	扣分原因	得分
1.1	着装	穿工作服，扣齐衣、袖口扣	5	不满足，每项扣1分		
		穿绝缘鞋，系紧鞋带		不满足，每项扣1分		
1.2	工器具及材料准备	光学经纬仪、塔尺	5	工具缺或错，每项扣3分		
2	工作过程					
2.1	对中整平	（1）将经纬仪放于一指定点中心桩O点上，对中、调平、对光。 （2）将塔尺立于另一指定点桩上，将望远镜瞄准塔尺，调焦并将十字丝精密对准塔尺	20	缺步骤，每项扣5分。 步骤错误，每项扣5分。 步骤顺序错误，扣5分		
2.2	水平距离测量	正确操作，转动照准部使十字丝中丝与塔尺上的某一处重合，读出上下丝数据	25	缺步骤，每项扣10分。 步骤错误，每项扣5分		
2.3	水平距离计算	视准线同尺垂直，利用公式$D=KL$计算。L为全视距离，K为常数取100	25	缺步骤，每项扣10分。 步骤错误，每项扣5分		
3	工作终结验收					
3.1	安全文明生产	仪器操作方法规范、不损坏仪器，工作完毕，仪器装箱方法正确，清理场地并交还工具	20	不满足，每项扣2分		
3.2	时间	操作时间为30min		每超时1min扣1分		

2.2.2 XJ3JB0102 光学经纬仪直线杆塔定位

一、作业

（一）工器具、材料、设备

（1）工器具：光学经纬仪 J2′（5′）、钢卷尺或皮尺、标杆、锤、木桩、小铁钉，线路杆位图。

（2）材料：无。

（3）设备：无。

（4）人员：一人操作、一人配合。

（二）安全要求

（1）穿工作服，戴安全帽，穿绝缘鞋。

（2）操作中防止损伤仪器。

（三）操作步骤及工艺要求（含注意事项）

（1）经纬仪对中整平。

（2）根据杆位图，利用已知杆位确定另一基杆位。

（3）杆塔定位操作。

二、考核

（一）考核场地

室外实训场，已定有已知直线杆位的中心桩和方向桩。

（二）考核时间

考核时间为 45min。

（三）考核要点

（1）能正确操作经纬仪对中整平。

（2）能正确利用经纬仪进行杆塔定位。

三、评分标准

行业：电力工程　　　　工种：送电线路架设工　　　　等级：三

编号	XJ3JB0102	行为领域	d	鉴定范围		送电线路	
考核时限	45min	题型	B	满分	100 分	得分	
试题名称	光学经纬仪直线杆塔定位						
考核要点及其要求	（1）对中整平操作程序正确。 （2）杆塔定位操作正确						
现场设备、工器具、材料	（1）工器具：光学经纬仪 J2′（5′）、钢卷尺或皮尺、标杆、锤、木桩、小铁钉、线路杆位图。 （2）材料：无。 （3）设备：无						
备注	各考核分项的扣分不超过本分项总分，扣完为止						

评分标准

序号	考核项目名称	质量要求	分值	扣分标准	扣分原因	得分
1	工作前准备					

续表

序号	考核项目名称	质量要求	分值	扣分标准	扣分原因	得分
1.1	着装	穿工作服，扣齐衣、袖口扣	5	不满足，每项扣1分		
		穿绝缘鞋，系紧鞋带		不满足，每项扣1分		
1.2	工器具及材料准备	光学经纬仪J2′（5′）、钢卷尺或皮尺、标杆、锤、桩、小铁钉	5	工具缺或错，每项扣2分		
1.3	识别杆位图	对照杆位图，找出已知杆位中心桩和方向桩	5	不能正确识图，扣2分；不能确定已知桩位，扣3分		
2	工作过程					
2.1	对中整平	将经纬仪放于杆塔中心桩O上，对中、调平、对光。 将标杆插于线路方向上，将望远镜瞄准标杆，调焦并将十字丝精密对准标杆，确定线路方向	20	缺步骤，每项扣5分。 步骤错误，每项扣5分。 步骤顺序错误，扣5分		
2.2	杆塔定位	根据杆位图中的档距，利用经纬仪测距方法，或使用钢卷尺（皮尺）确定档距，用经纬仪进行精确定位，确定中心桩，并钉方向桩	50	档距识图错误，扣10分。 实际确定档距错误，扣10分。 钉中心桩错误，扣10分。 未钉方向桩，扣5分。 操作步骤错误，每项扣5分		
3	工作终结验收					
3.1	安全文明生产	仪器操作方法规范、不损坏仪器，工作完毕，仪器装箱方法正确，清理场地并交还工具	10	不满足，每项扣3分		
3.2	时间	操作时间为45min		每超时5min扣3分		

2.2.3 XJ3JB0103 杆塔接地电阻测量

一、作业

（一）工器具、材料、设备

（1）工器具：接地电阻表（带连接线和接地棒）、手锤。

（2）材料：无。

（3）设备：培训线路，配有接地图纸。

（4）人员：一人操作，一人配合。

（二）安全要求

穿工作服，戴安全帽，穿绝缘鞋，戴手套。

（三）操作步骤及工艺要求（含注意事项）

（1）准备工具、材料。

（2）布置接线，正确连接电阻表。

（3）测量接地。

二、考核

（一）考核场地

培训线路上操作。

（二）考核时间

考核时间为30min。

（三）考核要点

能正确使用电阻表，测量杆塔接地电阻。

三、评分标准

行业：电力工程　　　　工种：送电线路架设工　　　　等级：三

编号	XJ3JB0103	行为领域	d	鉴定范围		送电线路	
考核时限	30min	题型	A	满分	100分	得分	
试题名称	杆塔接地电阻测量						
考核要点及其要求	能正确使用电阻表，测量杆塔接地电阻						
现场设备、工器具、材料	（1）工器具：接地电阻表（带连接线和接地棒）、手锤。 （2）材料：无。 （3）设备：培训线路，配有接地图纸						
备注	各考核分项的扣分不超过本分项总分，扣完为止						

评分标准

序号	考核项目名称	质量要求	分值	扣分标准	扣分原因	得分
1	工作前准备					
1.1	着装	穿工作服，扣齐衣、袖口扣	5	不满足，每项扣1分		
		穿绝缘鞋，系紧鞋带		不满足，每项扣1分		

续表

序号	考核项目名称	质量要求	分值	扣分标准	扣分原因	得分
1.2	工具准备、检查	准备接地电阻表和相关工具，进行外观检查，电阻表有检测合格证。电阻表指针盘无误。将电阻表两端头短接，摇动把手，电阻值显示为零。连接线截面面积为1～5mm²，外层绝缘良好	10	仪器、工具缺或错，每项扣2分，未进行外观检查，扣2分。 所选电阻表无检测合格证，扣2分。 未进行电阻表两端头短接测试，扣2分。 选取的连接线不合格，扣2分		
2	工作过程					
2.1	布置电流极和电压极	查看所测杆塔的接地图，了解接地型式和接地体长度；断开接地线与杆塔身的连接；布置电流极，接线长度为接地体长的4倍；布置电压极，接线长度为接地体长的2.5倍，电压极和电流极引线保持1m以上距离。连接线与电阻表、接地棒、接地体的连接可靠。接地棒打入土中深度不小于接地棒长度的3/4，并与土壤接触良好	35	未查看杆塔的接地图，扣5分。 未断开接地线与杆塔身的连接，扣10分。 电流极和电压极接线布置错误，每处扣5分。 连接线与电阻表、接地棒、接地体的连接不可靠，每处扣5分。 接地棒打入土中深度不够，扣5分		
2.2	接地电阻的测量	将电阻表放于平坦处，一手扶住转盘使电阻表平稳；另一手摇动把手，转速为120r/min。适当选用倍率，转动转盘，使指针指向零位并平稳加速，读数乘以倍率，确定电阻值，共测两次，读数基本一致即可，如读数相差较大要查明原因。恢复塔身与接地线的连接	35	电阻表操作姿势不正确，扣5分。 摇动把手转速过慢，扣5分。 未选择适当的倍率，扣10分。 读数错误，扣10分。 只测一次，扣5分		
3	工作终结验收					
3.1	安全文明生产	工作完毕，清理场地并交还工具、仪器	15	不满足，每项扣3分		
3.2	时间	操作时间为30min		每超时5min扣3分		

2.2.4 XJ3ZY0101 机动绞磨的牵引操作

一、作业

（一）工器具、材料、设备

（1）工器具：牵引绳、钢丝绳套、U形环。

（2）材料：无。

（3）设备：机动绞磨、地锚（已设置好），已配置好吊件吊装系统。

（4）人员：一人操作，三人配合。

（二）安全要求

（1）穿工作服，戴安全帽，穿绝缘鞋，戴手套。

（2）防止机械伤人。

（三）操作步骤及工艺要求（含注意事项）

（1）检查机动绞磨。

（2）启动机动绞磨。

（3）使用机动绞磨进行牵引操作。

（4）操作结束，拆除磨芯牵引绳。

二、考核

（一）考核场地

室外实训场，已设置地锚。

（二）考核时间

考核时间为45min。

（三）考核要点

能正确操作机动绞磨。

三、评分标准

行业：电力工程　　　　工种：送电线路架设工　　　　等级：三

编号	XJ3ZY0101	行为领域	d	鉴定范围		送电线路	
考核时限	45min	题型	B	满分	100分	得分	
试题名称	机动绞磨的牵引操作						
考核要点及其要求	能正确操作机动绞磨						
现场设备、工器具、材料	（1）工器具：牵引绳、钢丝绳套、U形环。 （2）材料：无。 （3）设备：机动绞磨、地锚（已设置好），已配置好吊件吊装系统						
备注	各考核分项的扣分不超过本分项总分，扣完为止						

评分标准

序号	考核项目名称	质量要求	分值	扣分标准	扣分原因	得分
1	工作前准备					
1.1	着装	穿工作服，扣齐衣、袖口扣	5	不满足，每项扣1分		
		穿绝缘鞋，系紧鞋带		不满足，每项扣1分		

续表

序号	考核项目名称	质量要求	分值	扣分标准	扣分原因	得分
1.2	机动绞磨的安放和检查	根据现场整体布置要求，安放机动绞磨，绞磨芯筒中线对准牵引方向。机动绞磨平放。检查机油、汽油、齿轮油均正常，检查地锚设置可靠。人员进行分工	10	安放机动绞磨位置、方向不合理，扣3分。 机动绞磨安放不平稳，扣3分。 未检查机油、汽油、齿轮油情况，扣2分。 未检查地锚，扣2分		
2	工作过程					
2.1	启动机动绞磨，准备牵引	用钢丝绳套将机动绞磨和地锚连接好。打开油管开关，按下加油按钮，变速箱挂空挡，离合器处于离位。调速杆放在中偏低的位置，视汽油机温度适当关上阻风门。拉动启动绳，使汽油机启动预热，打开阻风门	10	机动绞磨与地锚未可靠连接，扣3分。 启动机动绞磨过程的操作不熟练，扣3分。 因操作不当，未一次性启动绞磨，每多操作一次扣2分		
2.2	牵引操作	松开挡板，将牵引绳缠到磨芯，受力绳从磨芯下方进入，不少于5圈。指挥人员拉紧尾绳，装上挡板，收紧磨绳。挂上牵引挡，平稳合上离合器，开始牵引。牵引中尾绳要及时收紧。根据工作情况转换不同挡位进行牵引。操作过程中手不能离开离合器操作杆	50	牵引绳在磨芯缠绕不正确，扣10分。 操作前未收紧磨绳，扣5分。 操作离合器不熟练，扣10分。 牵引中尾绳未及时收紧，扣5分。 转换不同挡位不熟练，扣10分。 操作过程中手离开离合器操作杆，每次扣3分		
2.3	牵引结束	牵引结束后，先用倒挡，松劲后再拆除磨芯的牵引绳。将调速器调至怠速位置，关上油管开关，灭机	10	牵引结束后，未用倒挡松劲，直接松牵引绳，扣10分。 灭机操作不正确，扣2分		
3	工作终结验收					
3.1	安全文明生产	工作完毕，清理场地并交还工具、设备	15	不满足，每项扣3分		
3.2	时间	操作时间为45min		每超时5min扣3分		

2.2.5 XJ3ZY0201 导线（截面面积 400mm² 以下）液压直线接头制作

一、作业

（一）工器具、材料、设备

（1）工器具：液压钳、断线钳、钢锯、游标卡尺、钢卷尺、钢丝刷、油盘、木锤、记号笔、锉刀、毛刷、个人工具。

（2）材料：（截面面积在 400mm² 以下）钢芯铝绞线 LGJ、（相同规格）接续管、电力复合脂、汽油、绑扎线、红油漆。

（3）设备：无。

（4）人员：一人操作，一人配合。

（二）安全要求

（1）工作服、安全帽、绝缘鞋、手套穿戴整齐。

（2）切割导线防止散股伤人。

（3）使用汽油防止着火。

（三）操作步骤及工艺要求（含注意事项）

（1）液压管、导线清洗。

（2）导线划印、穿管。

（3）压接。

（4）质量检查。

二、考核

（一）考核场地

室内或室外实训场，面积大于 15m²。

（二）考核时间

考核时间为 60min。

（三）考核要点

（1）能按正确程序操作。

（2）能按正确顺序压接，并压接到位。

（3）能检查验收压接质量是否符合要求。

三、评分标准

行业：电力工程　　工种：送电线路架设工　　等级：三

编号	XJ3ZY0201	行为领域	e	鉴定范围		送电线路	
考核时限	60min	题型	A	满分	100 分	得分	
试题名称	导线（截面面积 400mm² 以下）液压直线接头制作						
考核要点及其要求	（1）能按正确程序操作。 （2）能按正确顺序压接，并压接到位。 （3）能检查验收压接质量是否符合要求						
现场设备、工器具、材料	（1）工器具：液压钳、断线钳、钢锯、游标卡尺、钢卷尺、钢丝刷、油盘、木锤、记号笔、锉刀、毛刷、个人手持工具。 （2）材料：（截面面积在 400mm² 以下）钢芯铝绞线 LGJ、（相同规格）接续管、电力复合脂、汽油、绑扎线、红油漆。 （3）设备：无						
备注	各考核分项的扣分不超过本分项总分，扣完为止						

续表

评分标准						
序号	考核项目名称	质量要求	分值	扣分标准	扣分原因	得分
1	工作前准备					
1.1	着装	穿工作服，扣齐衣、袖口扣，戴手套	5	不满足，每项扣1分		
		穿绝缘鞋，系紧鞋带		不满足，每项扣1分		
1.2	工器具及材料准备	液压机、液压泵、大剪、钢锯、红铅笔、钢丝刷、游标卡尺、盒尺、木锤、油盘、锉刀、个人手持工具、汽油、绑扎线、电力复合脂、导线、接续管等工具材料准备齐全	8	工具材料缺或错，每项扣2分		
		按规定要求擦拭、检查工器具等外观	2	每项不合格扣1分		
2	工作过程					
2.1	导线锯拆	导线铝股线锯掉长度为钢接续管长度的1/2L＋10mm，尺寸量取、划印及扎线方法正确，锯割铝股线方法及长度符合要求	10	锯割长度误差超过2mm，扣3分。 铁丝或铝线扎导线不紧、松动，扣2分。 锯割时损伤钢芯，扣10分		
2.2	导线氧化膜处理	应将导线连接部位的表面污垢用钢丝刷子清除，再用汽油擦洗揩干，然后上一层电力脂，用钢丝刷清除导线氧化层，电力脂不能消除；清洗长度达到要求	10	未清洗，扣5分。 清洗、处理方法不正确，扣5分。 清洗长度不足，扣5分		
2.3	钢接续管套入	先套入铝接续管，再将钢芯插入钢接续管，钢绞线两端应在钢管中心接触，此时钢管两端应各有10mm空隙	5	未先套入铝接续管，扣5分。 钢接管套入方向错误，扣2分。 钢管两端头留有空隙尺寸误差超过2mm，扣3分		
2.4	钢接续管压接	钢模选择正确，压接顺序正确	10	钢模选择错误，扣5分。 压接顺序错误，扣5分		
2.5	铝接续管压接	铝管中心必须与钢接管中心重合，在铝管外进行液压，铝管与钢管重叠部分不压，压接顺序是由重叠处两端各让出10mm处开始压第一模，分别向两端进行，压完一端再压另一端	20	铝管中心与钢接管中心未重合，误差超过2mm，扣5分。 压接两管重叠部分次，扣3分。 压接顺序错误，扣5分。 未在重叠处两端让出10mm，每处扣3分		
2.6	液压钳操作	相邻两模应重叠5～8mm，钢模闭合时应留有间隙	10	相邻两模未重叠，每处扣3分。 不留间隙，每处扣2分		
3	工作终结验收					
3.1	接续管外观检查	接续管压后的压痕应为六角形，六角形对边尺寸为接续管外径D的0.866倍，最大允许误差$S=0.866\times0.933D+0.2$mm；三个对边只允许有一个达到最大值；接续管液压后不应有肉眼看出的扭曲现象，校直后不应出现裂纹，应挫掉飞边、毛刺	15	压痕不为六角形，每个扣2分。 压痕对边达到规定最大值，每个扣2分。 有扭曲及弯曲现象，扣3分。 校直后出现裂纹，扣3分。 毛刺飞边未处理，扣2分		

续表

序号	考核项目名称	质量要求	分值	扣分标准	扣分原因	得分
3.2	安全文明生产	操作完毕后，将工具、残料整理后放在指定位置	5	不满足，每项扣2分		
		操作完毕后，汇报工作结束		不满足，每项扣2分		

2.2.6 XJ3ZY0202 紧线前耐张塔横担安装一根临时拉线

一、作业

（一）工器具、材料、设备

（1）工器具：钢丝绳、传递绳、紧线器、U形环、铁线、元宝卡、安全带、安全绳、个人工器具。

（2）材料：无。

（3）设备：耐张塔一基（带临时拉线工作孔），临时拉线地锚已埋设好。

（4）人员：一人操作、一人配合。

（二）安全要求

（1）穿工作服，戴安全帽，穿绝缘鞋，戴手套。

（2）防高摔。

（3）防高空落物伤人。

（三）操作步骤及工艺要求（含注意事项）

（1）登塔。

（2）安装横担端临时拉线。

（3）安装地锚处临时拉线。

二、考核

（一）考核场地

室外实训场，培训线路上操作。

（二）考核时间

考核时间为45min。

（三）考核要点

（1）掌握登高作业安全技术要求。

（2）能正确操作、安装铁塔临时补强拉线。

三、评分标准

行业：电力工程　　　　工种：送电线路架设工　　　　等级：三

编号	XJ3ZY0202	行为领域	e	鉴定范围		送电线路	
考核时限	45min	题型	B	满分	100分	得分	
试题名称	紧线前耐张塔横担安装一根临时拉线						
考核要点及其要求	（1）掌握登高作业安全技术要求。 （2）能正确操作、安装铁塔临时补强拉线						
现场设备、工器具、材料	（1）工器具：钢丝绳、传递绳、紧线器、U形环、铁线、元宝卡、安全带、安全绳、个人工器具。 （2）材料：无。 （3）设备：耐张塔一基（带临时拉线工作孔），临时拉线地锚已埋设好						
备注	各考核分项的扣分不超过本分项总分，扣完为止						

续表

评分标准						
序号	考核项目名称	质量要求	分值	扣分标准	扣分原因	得分
1	工作前准备					
1.1	着装	穿工作服，扣齐衣、袖口扣	5	不满足，每项扣1分		
		穿绝缘鞋，系紧鞋带		不满足，每项扣1分		
1.2	工器具及材料准备	安全带、安全绳外观检查，做冲击试验。钢丝绳、传递绳、紧线器等工具做外观检查	10	工具缺或错，每项扣2分。 未进行外观检查，扣2分。 安全带未进行冲击试验，扣3分		
2	工作过程					
2.1	登塔	登塔动作熟练，不掉落工器具	10	登塔动作不熟练，扣5分；掉落工器具，每件扣2分		
2.2	安装横担端临时拉线	工作中正确使用安全带。安全绳。将钢丝绳一端吊至横担，用U形环将钢丝绳端头安装在横担临时拉线工作孔内	40	施工占位不合理，扣5分。 未正确使用安全带、安全绳，扣10分。 操作不熟练，扣5分。 钢丝绳端头未正确安装在拉线工作孔，扣10分		
2.3	固定地锚处钢丝绳尾	下塔后，在地锚处用紧线器收紧钢丝绳，钢丝绳尾在地锚套子上绑扎正确，绳尾用元宝卡子卡牢，拆除紧线器	20	钢丝绳尾在地锚套子上绑扎时，元宝卡子使用错误，扣5分。 拆除紧线器后临时拉线松弛，扣10分。 操作不熟练，扣5分		
3	工作终结验收					
3.1	安全文明生产	工作完毕，清理场地并交还工具	15	不满足，每项扣3分		
3.2	时间	操作时间为45min		每超时5min扣3分		

2.2.7 XJ3ZY0203 110kV 送电线路直线塔上安装导线悬垂线夹

一、作业

（一）工器具、材料、设备

（1）工器具：个人保安线、安全带、安全绳、速差保护器、传递绳、钢丝绳套、提线器、链条葫芦、U形环、个人工器具、下线爬梯。

（2）材料：导线线夹（与导线型号匹配）、铝包带。

（3）设备：110kV 直线塔，该耐张段已紧好线，未附件安装。

（4）人员：一人操作，一人配合。

（二）安全要求

（1）穿工作服，戴安全帽，穿绝缘鞋，戴手套。

（2）防高摔，防感应电。

（3）防高空落物伤人。

（三）操作步骤及工艺要求（含注意事项）

（1）登塔。

（2）向塔上传递工具、材料。

（3）下线，安装悬垂线夹。

二、考核

（一）考核场地

室外实训场，培训线路上操作。

（二）考核时间

考核时间为 60min。

（三）考核要点

（1）掌握登高作业安全技术要求。

（2）能正确操作、安装导线悬垂线夹。

三、评分标准

行业：电力工程　　　　工种：送电线路架设工　　　　等级：三

编号	XJ3ZY0203	行为领域	e	鉴定范围		送电线路	
考核时限	60min	题型	B	满分	100 分	得分	
试题名称	110kV 送电线路直线塔上安装导线悬垂线夹						
考核要点及其要求	（1）掌握登高作业安全技术要求。 （2）能正确操作、安装导线悬垂线夹						
现场设备、工器具、材料	（1）工器具：个人保安线、安全带、安全绳、速差保护器、传递绳、钢丝绳套、提线器、链条葫芦、U形环、个人工器具、下线爬梯。 （2）材料：导线线夹（与导线型号匹配）、铝包带。 （3）设备：110kV 直线塔，该耐张段已紧好线，未附件安装						
备注	各考核分项的扣分不超过本分项总分，扣完为止						

续表

评分标准						
序号	考核项目名称	质量要求	分值	扣分标准	扣分原因	得分
1	工作前准备					
1.1	着装	穿工作服，扣齐衣、袖口扣	5	不满足，每项扣1分		
		穿绝缘鞋，系紧鞋带		不满足，每项扣1分		
1.2	工器具及材料准备	安全带、安全绳、速差保护器外观检查，做冲击试验。钢丝绳套、提线器、链条葫芦等工具做外观检查	10	工具、材料缺或错，每项扣2分；未进行外观检查，扣2分；安全带未进行冲击试验，扣3分；悬垂线夹与导线型号不匹配，扣5分		
2	工作过程					
2.1	登塔	登塔动作熟练	5	登塔动作不熟练，扣5分		
2.2	横担上工作	工作中正确使用安全带、安全绳。使用传递绳吊所需工具、材料，放置在横担合适的位置，导线上加挂个人保安线	20	施工占位不合理，扣5分。 未正确使用安全带、安全绳，扣5分。 掉落工具、材料，每件扣3分。 未正确使用个人保安线，扣5分		
2.3	安装导线悬垂线夹	上、下导线使用下线爬梯。使用钢丝绳套将导线进行后备保护，防止导线脱落。下导线后使用速差保护器。将链条葫芦固定在铁塔预留位置上，配合提线器提升导线。提升导线后拆除导线滑车，在线夹位置的导线上顺外层铝股缠绕铝包带，铝包带缠绕要紧密。安装导线线夹，螺栓紧固，销子开口。检查碗口方向，无误后松链条葫芦。上横担后拆除个人保安线	45	上、下导线未使用下线爬梯，扣5分。 未对导线进行后备保护，扣5分。 下导线后未使用速差保护器，扣10分。 链条葫芦和提线器使用不当，扣10分。 铝包带缠绕方向错误，扣5分；缠绕不紧密，扣3分。 线夹螺栓不紧固，扣3分，销子未开口，扣3分，碗口方向错误，扣3分		
3	工作终结验收					
3.1	安全文明生产	工作完毕，清理场地并交还工具	15	不满足，每项扣3分		
3.2	时间	操作时间为60min		每超时5min扣3分		

2.2.8　XJ3ZY0204　钢绞线耐张线夹液压操作

一、作业

（一）工器具、材料、设备

（1）工器具：个人工具、棉纱、汽油、油盘、细绑线、断线剪、游标卡尺、平锉、盒尺、木槌、防锈漆。

（2）材料：钢绞线、配套的耐张压接管。

（3）设备：液压机及配套模具。

（4）人员：一人操作、一人配合。

（二）安全要求

（1）穿工作服，戴安全帽，穿绝缘鞋，戴手套。

（2）防止机械伤人。

（三）操作步骤及工艺要求（含注意事项）

（1）准备机械、工具、材料。

（2）清洗耐张管。

（3）穿管、压接操作。

（4）压接完成后处理。

二、考核

（一）考核场地

室外实训场。

（二）考核时间

考核时间为45min。

（三）考核要点

（1）能按正确程序操作，并按正确顺序压接，压接到位。

（2）能检查验收压接质量是否符合要求。

三、评分标准

行业：电力工程　　　　工种：送电线路架设工　　　　等级：三

编号	XJ3ZY0204	行为领域	e	鉴定范围		送电线路	
考核时限	45min	题型	B	满分	100分	得分	
试题名称	钢绞线耐张线夹液压操作						
考核要点及其要求	（1）能按正确程序操作，并按正确顺序压接，压接到位。 （2）能检查验收压接质量是否符合要求						
现场设备、工器具、材料	（1）工器具：个人工具、棉纱、汽油、油盘、细绑线、断线剪、游标卡尺、平锉、盒尺、木槌、防锈漆。 （2）材料：钢绞线、配套的耐张压接管。 （3）设备：液压机及配套模具						
备注	各考核分项的扣分不超过本分项总分，扣完为止						

续表

评分标准						
序号	考核项目名称	质量要求	分值	扣分标准	扣分原因	得分
1	工作前准备					
1.1	着装	穿工作服，扣齐衣、袖口扣	5	不满足，每项扣1分		
		穿绝缘鞋，系紧鞋带		不满足，每项扣1分		
1.2	工具、材料准备、检查	准备压接设备和工具、材料，对工具、材料进行外观检查。检查液压机油管、表计，检查钢模与钢绞线匹配。启动液压机进行试车，机器转动正常，无渗漏	10	设备、工具、材料缺或错，每项扣2分；未进行外观检查，扣2分。 未检查液压机油管、表计，扣2分。 钢模与钢绞线不匹配，扣3分。 未进行液压机启动试车，扣2分		
2	工作过程					
2.1	耐张管、钢绞线清洗	用棉纱蘸汽油擦洗耐张管内外壁，并使其干燥；用细绑线绑扎钢绞线端头，并切断，切割要整齐，不散股；用汽油清洗钢绞线并干燥	10	擦洗耐张管和钢绞线不彻底，扣3分；操作前未待其干燥，扣2分。 切割钢绞线不整齐、散股，扣5分		
2.2	穿管、压接	将钢绞线自管口穿入，顺钢线绞制方向推入，直至线端露出5mm为止。握住钢绞线进行压接，钢绞线不能窜动。压接中相邻两模重叠至少5mm，压接到位	40	钢绞线穿入耐张管不熟练，每重复一次扣5分。 压接时钢绞线窜动，扣10分。 压接中相邻两模重叠少于5mm，扣10分。 压接不到位，扣10分		
2.3	压接后的处理	压接完成后，锉去飞边毛刺。距压接管端各20mm左右量取压后尺寸数据两组，每组三个对边，数据正确。压接管涂防锈漆	20	压接完成后，彻底清理飞边毛刺，扣5分。 量取压接尺寸的位置不正确，扣5分。 压接后的数据不符合要求，扣8分。 未涂防锈漆，扣2分		
3	工作终结验收					
3.1	安全文明生产	工作完毕，清理场地并交还工具、设备	15	不满足，每项扣3分		
3.2	时间	操作时间为45min		每超时5min扣3分		

2.2.9 XJ3ZY0205 110kV 调整导线弧垂操作

一、作业

（一）工器具、材料、设备

（1）工器具：紧线器、卡线器、绳套、保险绳、安全带、个人工具、钢卷尺、传递绳。

（2）材料：无。

（3）设备：一个 110kV 孤立档耐张段。

（4）人员：一人操作、一人监护，两人配合。

（二）安全要求

（1）穿工作服，戴安全帽，穿绝缘鞋，手套穿戴整齐。

（2）防高摔。

（3）防高空落物伤人。

（三）操作步骤及工艺要求（含注意事项）

（1）现场布置工作任务，做安全措施，安全工器具检查。

（2）登塔，工作位确定，做安全措施，安装紧线器并进行弧垂调整作业。

（3）工作完成后，下塔，整理工器具，清理现场，报告工作结束。

二、考核

（一）考核场地

室外一个 110kV 孤立档耐张段。

（二）考核时间

考核时间为 60min。

（三）考核要点

（1）掌握登高作业安全技术要求。

（2）掌握弧垂调整作业流程和作业方法。

三、评分标准

行业：电力工程　　　　工种：送电线路架设工　　　　等级：三

编号	XJ3ZY0205	行为领域	e	鉴定范围		送电线路	
考核时限	60min	题型	C	满分	100 分	得分	
试题名称	110kV 调整导线弧垂操作						
考核要点及其要求	（1）掌握登高作业安全技术要求。 （2）掌握弧垂调整作业流程和作业方法						
现场设备、工器具、材料	（1）工器具：紧线器、卡线器、绳套、保险绳、安全带、个人工具、钢卷尺、传递绳。 （2）材料：无。 （3）设备：一个 110kV 孤立档耐张段						
备注	各考核分项的扣分不超过本分项总分，扣完为止						

续表

评分标准						
序号	考核项目名称	质量要求	分值	扣分标准	扣分原因	得分
1	工作前准备					
1.1	着装	穿工作服，扣齐衣、袖口扣，戴手套	5	不满足，每项扣1分		
		穿绝缘鞋，系紧鞋带		不满足，每项扣1分		
1.2	工器具及准备	紧线器、卡线器、绳套、保险绳、安全带、个人工具、钢卷尺、铝包带等	5	工具缺，每项扣2分		
1.3	现场安全措施	布置工作任务。 检查工具材料。 登高工器具检查	10	不满足，每项扣5分		
2	工作过程					
2.1	上塔	上塔动作熟练，到达塔上工作位置，做好安全措施	10	上塔不熟练，扣3分。 安全措施不到位，每项扣5分		
2.2	弧垂调整	（1）将紧线器等工具用传递绳吊上并安装。 （2）安装后备保护。 （3）收紧紧线器，调整调整板，调整导线，使紧线器松开后，弧垂达到要求。 （4）弧垂调整到位后，拆除紧线器和后备保护。 （5）下塔	60	（1）传递工具时，每掉落一件，扣5分。 （2）未安装后备保护，扣10分。 （3）弧垂调整过紧或过松，扣20分。 （4）操作不熟练，每重复操作一次扣5分。 （5）未正确使用个人高空防护用品，扣10分		
3	工作终结验收					
3.1	工作终结	整理工器具，清理现场，报告工作完成	10	不满足，每项扣5分		

2.2.10　XJ3XG0101　钢丝绳插编绳套

一、作业

（一）工器具、材料、设备

（1）工器具：个人工具、断线钳、专用编插头锥、木槌、钢卷尺、细铁丝、胶带。

（2）材料：钢丝绳。

（3）设备：无。

（4）人员：1人操作。

（二）安全要求

（1）穿工作服，戴安全帽，穿绝缘鞋，戴手套。

（2）防止钢丝绳股扎伤。

（三）操作步骤及工艺要求（含注意事项）

（1）准备工具、材料。

（2）穿插钢丝绳套。

二、考核

（一）考核场地

室外或室内实训场。

（二）考核时间

考核时间为45min。

（三）考核要点

能按正确程序插编钢丝绳套。

三、评分标准

行业：电力工程　　　　　　工种：送电线路架设工　　　　　　等级：三

编号	XJ3XG0101	行为领域	f	鉴定范围		送电线路	
考核时限	45min	题型	A	满分	100分	得分	
试题名称	钢丝绳插编绳套						
考核要点及其要求	能按正确程序插编钢丝绳套						
现场设备、工器具、材料	（1）工器具：个人工具、断线钳、专用编插头锥、木槌、钢卷尺、细铁丝、胶带。 （2）材料：钢丝绳。 （3）设备：无						
备注	各考核分项的扣分不超过本分项总分，扣完为止						

评分标准

序号	考核项目名称	质量要求	分值	扣分标准	扣分原因	得分
1	工作前准备					
1.1	着装	穿工作服，扣齐衣、袖口扣	5	不满足，每项扣1分		
		穿绝缘鞋，系紧鞋带		不满足，每项扣1分		
1.2	工具、材料准备、检查	准备钢丝绳和所需工具，对工具、材料进行外观检查	10	工具、材料缺或错，每项扣2分；未进行外观检查，扣2分		

续表

序号	考核项目名称	质量要求	分值	扣分标准	扣分原因	得分
2	工作过程					
2.1	剪取钢丝绳	确定钢丝绳返头长度，绳套一侧双钢丝绳部分长度（20～24倍直径）＋穿插长度（20～24倍直径）＋余量。确定钢丝绳长度，钢丝绳绳套总长度＋2倍钢丝绳返头长度。在所选钢丝绳上量出需要的长度和返头位置，在规定的地方剪断钢丝绳。将钢丝绳端头绑扎处理	35	钢丝绳返头长度确定错误，扣5分。 钢丝绳长度确定错误，扣10分。 返头位置确定不合理，扣10分。 将钢丝绳端头绑扎处理不合格，每处扣5分		
2.2	穿插钢丝绳	用专用编插头锥穿插钢丝绳，单根钢丝绳不被插变形。钢丝绳每股叉开长度合适。穿插顺序、方向正确。穿入后每股均拉紧，后穿一股压紧前穿一股。各股穿插不小于4次。用木槌修整编插部分，使其美观整齐。完成后，剩余钢丝绳股修剪整齐	35	专用编插头锥使用不熟练，扣3分。 单根钢丝绳被插变形，扣10分。 穿插顺序、方向不正确，扣10分。 穿插顺序和次数错误，扣10分。 穿完后不美观，扣2分		
3	工作终结验收					
3.1	安全文明生产	工作完毕，清理场地并交还工具	15	不满足，每项扣3分		
3.2	时间	操作时间为45min		每超时5min扣3分		

第四部分　技　　师

1 理论试题

1.1 单选题

La2A1001 铁磁物质的相对磁导率（　　）。

(A) $r \leqslant 1$；(B) $r < 1$；(C) $r \geqslant 1$；(D) $r > 1$。

答案：C

La2A1002 用于把矩形波脉冲变为尖脉冲的电路是（　　）。

(A) 积分电路；(B) 微分电路；(C) 耦合电路；(D) LC 电路。

答案：B

La2A1003 能随外力撤去而消失的变形叫作（　　）。

(A) 柔性；(B) 弹性变形；(C) 恢复能力；(D) 挤压变形。

答案：B

La2A1004 中性点经消弧线圈接地的电力网，在正常运行情况下，中性点长时间电压位移不应超过额定相电压的（　　）。

(A) 15%；(B) 10%；(C) 20%；(D) 5%。

答案：A

La2A2005 通常线路设计导线时用于计算的比载为（　　）。

(A) 2 种；(B) 6 种；(C) 7 种；(D) 5 种。

答案：C

La2A2006 为防止雷电波的入侵，要求在电缆与架空线的连接处装设（　　）。

(A) 管型避雷器；(B) 地线；(C) 放电间隙；(D) 阀型避雷器。

答案：D

La2A2007 电流互感器的容量通常用额定二次负载（　　）来表示。

(A) 阻抗；(B) 电流；(C) 电压；(D) 电阻。

答案：A

La2A2008 为反映线路经过地区的实际气象情况，所选气象台（站）距线路一般应不大于（　　）km。

（A）100；（B）120；（C）125；（D）140。

答案：A

La2A2009 《电网工程建设预算编制与计算标准》中的架线工程预算定额（　　）。

（A）包括部分附件安装；（B）不包括附件安装；（C）包括附件安装；（D）不包括部分附件安装。

答案：B

La2A2010 三绕组电压互感器辅助二次绕组接成（　　）。

（A）V形；（B）三角形；（C）星形；（D）开口三角形。

答案：D

La2A3011 导线的最低点应力决定后，为了使悬挂点应力不超过许用应力，档距必须规定一个最大值，称为（　　）。

（A）临界档距；（B）极限档距；（C）代表档距；（D）垂直档距。

答案：B

La2A3012 工作接地线应用多股软铜线，截面面积不得小于（　　）mm^2。

（A）25；（B）30；（C）20；（D）15。

答案：A

La2A3013 钢筋混凝土构件，影响钢筋和混凝土粘结力大小的主要因素有（　　）。

（A）钢筋表面积越大，粘结力越小；（B）混凝土强度越高，粘结力越小；（C）钢筋表面越粗糙，粘结力越大；（D）钢筋根数越多，粘结力越小。

答案：C

La2A3014 导线在直线杆采用多点悬挂的目的是（　　）。

（A）解决对拉线的距离不够问题；（B）便于施工；（C）增加线路绝缘；（D）解决单个悬垂线夹强度不够问题或降低导线的静弯应力。

答案：D

La2A3015 《电网工程建设预算编制与计算标准》中的材料费指（　　）。

（A）消耗性材料费；（B）装置性材料费和消耗性材料费；（C）装置性材料费；（D）安装中所有材料费。

答案：A

La2A3016 《电网工程建设预算编制与计算标准》中的直接工程费包括（　　）。

(A) 人工费＋材料费＋施工机械使用费；(B)（人工费＋机械费）×地形系数；(C) 人工费＋材料费＋机械费＋管理费；(D)（人工费＋机械费）×地形系数＋材料费。

答案：A

La2A4017 与介质的磁导率无关的物理量是（　　）。

(A) 磁场强度；(B) 磁感应强度；(C) 磁通；(D) 磁阻。

答案：A

Lb2A2018 送电线路与二级弱电线路的交叉角应大于或等于（　　）。

(A) 35°；(B) 25°；(C) 30°；(D) 20°。

答案：C

Lb2A2019 张力放线用的多轮滑车除有规定外，滑轮的摩擦阻力系数不应大于（　　）。

(A) 1.015；(B) 1.025；(C) 1.045；(D) 1.035。

答案：A

Lb2A2020 年平均雷暴日数不超过（　　）的地区为少雷区。

(A) 20；(B) 15；(C) 25；(D) 30。

答案：B

Lb2A2021 螺纹的中径 d 与内径 d_1、外径 d_2 的关系是（　　）。

(A) $d=(d_1 \times d_2)/2$；(B) $d=2(d_1+d_2)$；(C) $d=(d_1+d_2)/2$；(D) $d=(d_1+d_2)$。

答案：C

Lb2A3022 普通钢筋混凝土基础的强度设计安全系数，不应小于（　　）。

(A) 1.5；(B) 1.7；(C) 2.5；(D) 2.0。

答案：B

Lb2A3023 输电线路的光纤复合架空地线（OPGW、光缆）紧完线后，光缆在滑车中的停留时间不宜超过（　　）h。附件安装后，当不能立即接头时，光纤端头应做密封处理。

(A) 40；(B) 32；(C) 48；(D) 56。

答案：C

Lb2A3024 气焊用的氧气纯度不应低于（　　）。

(A) 95.5%；(B) 96.5%；(C) 98.5%；(D) 94.5%。

答案：C

Lb2A3025 杆塔上两根架空地线之间的水平距离不应超过架空地线与中相导线间垂直距离的（　　）倍。

(A) 3；(B) 6；(C) 5；(D) 7。

答案：C

Lb2A3026 线路拉线应采用镀锌钢绞线，其截面应按受力情况计算确定，且截面面积不应小于（　　）。

(A) 50mm^2；(B) 25mm^2；(C) 35mm^2；(D) 16mm^2。

答案：B

Lb2A3027 损耗电量占供电量的百分比称为（　　）。

(A) 线损率；(B) 消耗率；(C) 变损率；(D) 损耗率。

答案：D

Lb2A3028 相分裂导线同相子导线弧垂允许偏差值应符合下列规定：500kV 为（　　）mm。

(A) 70；(B) 60；(C) 50；(D) 80。

答案：C

Lb2A4029 悬式绝缘子的泄漏距离是指（　　）。

(A) 绝缘子钢帽至钢脚间瓷表面的最近距离；(B) 绝缘子钢帽至钢脚间瓷表面的距离；(C) 绝缘子钢帽至钢脚间的最近距离；(D) 绝缘子瓷表面的最近距离。

答案：A

Lb2A4030 输电线路某杆塔的水平档距是指（　　）。

(A) 耐张段内的平均档距；(B) 相邻档距中两弧垂最低点之间的距离；(C) 相邻两档距中点之间的水平距离；(D) 耐张段的代表档距。

答案：C

Lb2A4031 为了避免线路发生电晕，规范要求 220kV 线路的导线截面面积最小是（　　）。

(A) 150mm^2；(B) 185mm^2；(C) 400mm^2；(D) 240mm^2。

答案：D

Lb2A4032 钢管电杆连接后，其分段及整根电杆的弯曲均不应超过其对应长度的（　　）。

(A) 4‰；(B) 2‰；(C) 3‰；(D) 1‰。

答案：B

Lb2A5033 搭设跨越一般铁路跨越架时，跨越架架面至铁路轨道的水平最小安全距离为（ ）m。

（A）6.5；（B）3；（C）5.5；（D）2.5。

答案：D

Lb2A5034 杆塔整立时，牵引钢丝绳与地夹角不应大于（ ）。

（A）45°；（B）30°；（C）60°；（D）65°。

答案：B

Lc2A3035 接地棒应镀锌，直径应不小于（ ）mm。

（A）18；（B）12；（C）16；（D）20。

答案：B

Lc2A3036 在单相触电、两相触电、接触跨步电压三种触电中最危险是（ ）。

（A）跨步电压触电；（B）两相触电；（C）单相触电；（D）都危险。

答案：B

Lc2A4037 入库水泥应按（ ）分别堆放，防止混淆使用。

（A）品种；（B）出产日期；（C）强度等级；（D）品种、强度等级、生产日期。

答案：D

Lc2A4038 电力线路发生接地故障时，在接地点周围区域将会产生（ ）。

（A）接地电压；（B）短路电压；（C）感应电压；（D）跨步电压。

答案：D

Lc2A5039 绝缘子盐密测量，若采用悬挂不带电绝缘子监测盐密，则每个点悬挂（ ）串并进行编号。

（A）1；（B）2；（C）4；（D）3。

答案：D

Jd2A3040 拆除多轮放线滑车时，不得直接用（ ）松放。

（A）绞磨；（B）张力机；（C）人力；（D）牵引机。

答案：C

Jd2A5041 完全用混凝土在现场浇灌而成的基础，且基础体内没有钢筋，这样的基础为（ ）。

（A）桩基础；（B）钢筋混凝土基础；（C）大块混凝土基础；（D）岩石基础。

答案：C

Je2A1042 间隔棒安装用飞车的爬坡角度不小于（　　），其自重应能保证方便通过线夹。

(A) 25°；(B) 18°；(C) 15°；(D) 30°。

答案：B

Je2A1043 500kV送电线路，相间弧垂允许不平衡最大值为（　　）mm。

(A) 500；(B) 300；(C) 400；(D) 200。

答案：B

Je2A1044 220kV线路跨越通航河流最高水位与最高船桅杆顶的距离不得小于（　　）m。

(A) 3；(B) 6；(C) 5；(D) 4。

答案：A

Je2A2045 110～500kV线路，跨越通航河流大跨越档的相间弧垂最大允许偏差应为（　　）mm。

(A) 300；(B) 800；(C) 500；(D) 1000。

答案：C

Je2A2046 500kV输电线路直线塔组立及架线后结构倾斜允许偏差为（　　）。

(A) 3‰；(B) 4‰；(C) 2‰；(D) 5‰。

答案：A

Je2A2047 330～500kV线路，同相子导线有间隔棒时，同相子导线间弧垂允许偏差应小于或等于（　　）mm。

(A) 80；(B) 50；(C) 100；(D) 30。

答案：B

Je2A2048 一条被跨越35kV电力线路（无地线），线高12m，其两边线距离为2.5m，搭设跨越架，按规程要求其架高、架宽应为（　　）m。

(A) 13.5、5.5；(B) 13、5；(C) 14、6；(D) 14.5、6。

答案：C

Je2A2049 混凝土分层灌筑时，每层混凝土厚度，当用插入式振捣器时，不应超过振动棒长的（　　）倍。

(A) 1；(B) 1.25；(C) 1.5；(D) 1.75。

答案：B

Je2A3050 毛竹跨越架的立杆、大横杆、剪刀撑和支杆有效部分的小头直径不得小于（　　）mm。

(A) 70；(B) 65；(C) 75；(D) 60。

答案：C

Je2A3051 木、竹跨越架立杆均应垂直埋入坑内，杆坑底部应夯实，埋深不得少于（　　）m。

(A) 0.7；(B) 0.5；(C) 1；(D) 1.2。

答案：B

Je2A3052 钢管跨越架宜用外径为48～51mm的钢管，立杆和大横杆应错开搭接，搭接长度不得小于（　　）m。

(A) 0.5；(B) 0.8；(C) 1.2；(D) 1。

答案：A

Je2A3053 拉线的挂点或支杆或剪刀撑的绑扎点应设在立杆与横杆的交接处，且与地面的夹角不得大于（　　）。

(A) 55°；(B) 50°；(C) 45°；(D) 60°。

答案：D

Je2A3054 牵引机牵引卷筒槽底直径不得小于被牵引钢丝绳直径的（　　）倍。

(A) 20；(B) 25；(C) 35；(D) 30。

答案：B

Je2A3055 搭设跨越高速铁路跨越架时，跨越架封顶网（杆）距铁路轨顶的垂直最小安全距离应不小于（　　）m。

(A) 5.5；(B) 6.5；(C) 12；(D) 8。

答案：C

Je2A3056 直线杆塔的绝缘子串顺线路方向的偏斜角（除设计要求的预偏外）大于（　　），且其最大偏移值大于300mm，应进行处理。

(A) 15°；(B) 7.5°；(C) 10°；(D) 5°。

答案：B

Je2A3057 搭设跨越高速铁路跨越架时，跨越架封顶网（杆）距铁路电杆顶或距导线的垂直最小安全距离应不小于（　　）m。

(A) 4；(B) 1；(C) 2.5；(D) 0.6。

答案：A

Je2A3058 跨越架两端及每隔（　　）根立杆应设置剪刀撑、支杆或拉线。

(A) 5～6；(B) 6～8；(C) 6～7；(D) 5～8。

答案：C

Je2A4059 搭设跨越高速铁路跨越架时，跨越架架面距铁路附加导线的水平最小安全距离应不小于（　　）m，且位于防护栅栏外。

(A) 5.5；(B) 6.5；(C) 8；(D) 7。

答案：D

Je2A4060 张力放线工程牵引场转向布设时，使用专用的（　　），锚固应可靠。

(A) 放线滑车；(B) 穿越滑车；(C) 转向滑车；(D) 压线滑车。

答案：C

Je2A4061 张力放线时，牵引机及张力机出线端的牵引绳及导线上应安装（　　）。

(A) 压线滑车；(B) 放线滑车；(C) 转向滑车；(D) 接地滑车。

答案：D

Je2A4062 浇筑混凝土基础时，保护层厚度的误差应不超过（　　）。

(A) ±3mm；(B) －5mm；(C) －3mm；(D) ±5mm。

答案：B

Je2A4063 使用悬索跨越架时，绝缘网宽度应满足导线风偏后的保护范围，绝缘网伸出被保护的电力线外长度不得小于（　　）m。

(A) 8；(B) 6；(C) 10；(D) 12。

答案：C

Je2A5064 支杆埋入地下的深度不得小于（　　）m。

(A) 0.3；(B) 0.8；(C) 0.5；(D) 1。

答案：A

Jf2A1065 220kV 送电线路与铁路交叉跨越时，在导线最大弧垂情况下，至铁路标准轨顶的垂直距离应不小于（　　）m。

(A) 8.5；(B) 7.5；(C) 6.5；(D) 5。

答案：A

Jf2A2066 送电线路的导线和地线的设计安全系数不应小于（　　）。

(A) 3.5；(B) 2.5；(C) 3.0；(D) 2.0。

答案：B

Jf2A2067 安全工作规程规定：用于机动绞磨、电动卷扬机或拖拉机直接或通过滑车组立杆塔或收紧导线、地线用的牵引绳和磨绳的安全系数是（ ）。

（A）3.0；（B）4.5；（C）4.0；（D）3.5。

答案：B

Jf2A2068 防扭钢丝绳的安全系数应不小于（ ）。

（A）3.5；（B）3.0；（C）2.5；（D）4.0。

答案：B

Jf2A2069 网套连接器的夹持力与额定拉力之比应不小于3，网套连接器强度安全系数应不小于（ ）。

（A）4.0；（B）3.0；（C）3.5；（D）2.5。

答案：B

Jf2A2070 送电线路的光纤复合架空地线（OPGW）的引下线应顺直美观，每隔1.5～2m安装一个固定卡具。引下光缆弯曲半径应不小于（ ）倍的光缆直径。

（A）40；（B）32；（C）48；（D）56。

答案：A

Jf2A3071 在220kV带电线路杆塔上工作的安全距离是（ ）。

（A）0.7m；（B）1.5m；（C）1.0m；（D）3.0m。

答案：D

Jf2A3072 任何单位和个人不得在距电力设施周围（ ）m范围内（指水平距离）进行爆破作业。

（A）500；（B）400；（C）200；（D）300。

答案：D

Jf2A3073 在带电线路杆塔上工作与带电导线最小安全距离10kV及以下为（ ）。

（A）0.7m；（B）0.8m；（C）1.2m；（D）1.0m。

答案：A

Jf2A3074 高压架空线路发生接地故障时，会对邻近的通信线路发生（ ）。

（A）电磁感应；（B）接地感应；（C）电压感应；（D）静电感应。

答案：A

Jf2A4075 运行中的绝缘子串，分布电压最高的一片绝缘子是（ ）。

（A）中间的一片；（B）靠近导线的第一片；（C）靠近横担的第一片；（D）靠近导线

的第二片。

答案：B

Jf2A4076 导线、地线更换施工，带电更换架空地线或架设耦合地线时，应通过（ ）可靠接地。

（A）金属滑车；（B）转向滑车；（C）放线滑车；（D）压线滑车。

答案：A

Jf2A4077 保安接地线应使用截面面积不小于（ ）的多股软铜线。

（A）$16mm^2$；（B）$8mm^2$；（C）$32mm^2$；（D）$64mm^2$。

答案：A

Jf2A4078 各种液压管压后呈正六边形，其对边距 S 的允许最大值为（ ）。

（A）$S=0.866\times0.993D+0.2mm$；（B）$S=0.8\times0.993D+0.1mm$；（C）$S=0.8\times0.993D+0.2mm$；（D）$S=0.866\times0.993D$。

答案：A

Jf2A5079 液化石油气瓶与灶具的安全距离不应小于（ ）m。

（A）0.8；（B）0.5；（C）0.2；（D）1.0。

答案：B

Jf2A5080 张力放线前，放线施工段内的杆塔应与（ ）装置连接。

（A）接地；（B）牵引；（C）临锚；（D）机械。

答案：A

1.2　判断题

La2B1001　线圈中的感应电动势的方向，总是企图使它所产生的感应电流反抗原有的磁通变化。（√）

La2B1002　并联电路中的总电阻为各支路电阻之和。（×）

La2B1003　功率不能做功，因此也不会给系统带来电能损失。（×）

La2B1004　交流电有趋肤效应，当交流电通过导体时，越靠近导体表面，电流密度越大。（√）

La2B2005　由于硅稳压管的反向电压很低，所以它在稳压电路中不允许反接。（×）

La2B2006　制动绳刚起吊开始阶段受力最大。（×）

La2B2007　合力在数值上一定大于分力。（×）

La2B2008　导线的水平张力是指架空线在弧垂最低点所受的设计应力与架空线本身截面面积相乘的拉力。（√）

La2B2009　合力在任一轴上的投影等于所有分力在同一轴上投影的代数和。（√）

La2B2010　起吊瞬间可以认为整个系统处于平衡状态。（√）

La2B2011　作用力和反作用力是等值、反向、共线的一对力，此二力因平衡可相互抵消。（×）

La2B2012　力沿其作用线在平面内移动时，对某一点的力矩将随之改变。（×）

La2B3013　对从事电工、金属焊接与切割、高处作业、起重、机械操作、企业内机动车驾驶等特种作业施工人员，必须进行安全技术理论的学习和实际操作的培训，经有关部门考核合格后，持证上岗。（√）

La2B3014　我国技术标准一般分为国家标准、行业标准和企业标准。（√）

La2B3015　工程计划成本是反映企业降低工程成本的具体计划指标，即降低成本计划。（√）

La2B3016　断路器跳闸时间加上保护装置的动作时间，就是切除故障时间。（√）

La2B3017　过负荷保护是按照躲开可能发生的最大负荷电流而整定的保护，当继电保护中流过的电流达到整定电流时，保护装置发出信号。（√）

La2B3018　保证导线运行的安全可靠应考虑运行时对导线疲劳破坏的影响。（×）

La2B4019　拉线电杆主杆抗弯强度一般受正常最大风情况控制。（√）

La2B4020　地线拉线只承受地线的顺线张力。（√）

La2B4021　耐张杆塔的导线拉线，正常情况时，承担全部水平荷载和顺线路方向导线的不平衡张力。（√）

La2B5022　电力建设、生产、供应和使用应当依法保护环境，采用新技术，减少有害物质排放，防治污染和其他公害。（√）

Lc2B1023　机动绞磨是以内燃机为动力，通过变速箱将动力传送到磨芯进行牵引的机械。（√）

Lc2B2024　耐张绝缘子串的安装费用，按附件工程考虑。（×）

Lc2B2025 拉线制作和安装费用包括在杆塔组立定额之内。(√)

Lc2B2026 土（石）方工程安装费不包括回填夯实的费用。(×)

Lc2B2027 不影响施工安装和运行安全的项目为重要项目。(×)

Lc2B2028 不同金属、不同规格、不同绞制方向的导线或架空地线，严禁在一个耐张段内连接。(√)

Lc2B2029 光纤中纤芯的作用是传播光波，包层的作用是将光波封闭在光纤中传播。(√)

Lc2B2030 选取坍落度的数值主要是根据构件情况决定的。(√)

Lc2B2031 杆塔的跳线弧垂主要是按大气过电压的要求来考虑的。(√)

Lc2B3032 三自检验制是操作者的自检、自分、自盖工号的检查制度。(×)

Lc2B3033 在耐张塔上进行附件安装时，腰绳可以绑在耐张串绝缘子上进行工作。(×)

Lc2B3034 线路铁塔各塔段的塔面轮廓面积的形心高度，即可以视为各塔段结构的高度。(√)

Lc2B3035 灌注桩基础混凝土强度检验应以试块为依据，试块的制作应每根桩取一组，承台及连梁应每个承台或连梁取一组。(×)

Lc2B3036 同一条线路不管档距大小，线间距离总是一样。(×)

Lc2B3037 转角杆一般用深埋式基础。(×)

Lc2B3038 钢筋直接浇制在混凝土中，形成联合工作的整体称为整体混凝土构件。(×)

Lc2B3039 避雷针或避雷线的作用是吸引雷电击于自身，并将雷电流迅速泄入大地，从而使避雷针（线）附近的物体得到保护。(√)

Lc2B3040 组织应根据风险预防要求和项目的特点，制订职业健康安全生产技术措施计划，确定职业健康及安全生产事故应急救援预案，完善应急准备措施，建立相关组织。(√)

Lc2B3041 在带电线路上方的导线上测量间隔棒距离时，应使用干燥的绝缘绳，严禁使用带有金属丝的测绳。(√)

Lc2B4042 建筑安装工程费中的直接费是由人工费、材料费和施工机械使用费组成。(×)

Lc2B4043 邻近或交叉 500kV 电力线工作的安全距离为 5.5m。(×)

Lc2B4044 电伤最危险，因为电伤是电流通过人体所造成的内伤。(×)

Lc2B5045 钢丝绳套在制作时，其插接长度应不小于钢丝绳直径的 15 倍，且不得小于 300mm。(√)

Lc2B5046 当发现有人触电时，救护人必须分秒必争，及时通知医务人员到现场救治。(×)

Jd2B3047 机械牵引放线时，导引绳或牵引绳的连接应该用专用连接工具。(√)

Jd2B3048 放线滑车允许荷载应满足放线的强度要求，安全系数不得小于 3。(√)

Jd2B3049 导线、地线连接网套的使用应与所夹持的导线、地线规格相匹配。(√)

Jd2B3050 较大截面的导线穿入网套前，其端头应做坡面梯节处理。（√）

Jd2B3051 使用导线、地线连接网套时，网套末端应用铁丝绑扎，绑扎不得少于10圈。（×）

Jd2B3052 抗弯连接器有裂纹、变形、磨损严重或连接件拆卸不灵活时禁止使用。（√）

Jd2B3053 使用抗弯连接器的相关规定，抗弯连接器表面应平滑，与连接的绳套相匹配。（√）

Jd2B3054 张力放线施工旋转连接器时，旋转连接器不宜长期挂在线路中。（√）

Jd2B3055 旋转连接器不应直接进入牵引轮或卷筒。（√）

Jd2B4056 旋转连接器的横销应拧紧到位，与钢丝绳或网套连接时应安装滚轮并拧紧横销。（√）

Jd2B4057 用链条葫芦起吊重物时，如已吊起的重物需在中途停留较长时间，将手拉链拴在起重链即可。（×）

Jd2B4058 送电线路所说的转角杆塔桩的角度，是指转角桩的前一直线和后一直线（线路进行方向）的延长线的夹角。（×）

Jd2B4059 所谓杆塔的定位就是在输电线路平断面图上，结合现场实际地形，用定位模板确定杆塔的位置并选定杆塔的型式。（√）

Jd2B5060 张力放线滑车应采用滚动轴承滑轮，使用前应进行检查并确保转动灵活。（×）

Jd2B5061 选线测量时，当线路通过有关协议区时，可不按协议要求，选定路径测量协议区的相对位置。（×）

Je2B1062 张力架线施工中的过轮临锚的作用是确保已紧区段不发生跑线事故。（×）

Je2B1063 500kV线路跳线安装后，任何气象条件下，跳线均不得与金具相摩擦碰撞。（√）

Je2B1064 张力放线施工前，施工技术员必须对转角耐张塔进行预倾斜计算后选用滑车挂绳。（√）

Je2B1065 内拉线抱杆分解组塔方法适用于多种塔型，但抱杆稳定性较差。（√）

Je2B2066 杆塔起吊时，总牵引绳在杆塔起立到70°～80°时受力最大。（×）

Je2B2067 附近没有平行线路的带电运行线路，附件安装作业的杆塔在作业时，可以不装设保安接地线。（×）

Je2B2068 在塔上进行安装导线、地线的耐张线夹时，必须采取防止跑线的可靠措施。（√）

Je2B2069 导引绳、牵引绳的端头连接部位、旋转连接器及抗弯连接器在使用前应由专人检查；钢丝绳损伤、销子变形、表面裂纹等严禁使用。（√）

Je2B2070 跨越不停电线路时，施工人员不得在跨越架内侧攀登或作业，并严禁从封顶架上通过。（√）

Je2B2071 观测弧垂时，实测温度应能代表导地线周围空气的温度。（√）

Je2B2072 木、竹跨越架的立杆、大横杆、小横杆相交时，应先绑2根，再绑第3

根，也可以一扣绑 3 根。(×)

Je2B2073 附件安装完毕后，方可拆除跨越架。(√)

Je2B2074 拆除跨越架时应上下同时拆架或将跨越架整体推倒。(×)

Je2B3075 放线时的通信应畅通、清晰、指令统一，不得在无通信联络的情况下放线。(√)

Je2B3076 人力及机械牵引放线，被跨越的低压线路或弱电线路需要开断时，开断低压线路应遵守停电作业的有关规定。(√)

Je2B3077 线盘架应稳固、转动灵活、制动可靠，必要时打上临时拉线固定。(√)

Je2B3078 穿越滑车的引绳应根据导、地线的规格选用，引绳与线头的连接应牢固。穿越时，作业人员不得站在导线、地线的垂直下方。(√)

Je2B3079 人力及机械牵引放线时，线盘或线圈展放处应由监理人员传递信号。(×)

Je2B3080 架线时，除应在杆塔处设监护人外，对被跨越的房屋、路口、河塘、裸露岩石及跨越架和人畜较多处均应派专人监护。(√)

Je2B3081 导线、地线（光缆）被障碍物卡住时，作业人员应站在线弯的里侧直接处理。(×)

Je2B3082 放线时，转角塔（包括直线转角塔）的预倾滑车及上扬处的压线滑车应设专人监护。(√)

Je2B3083 高压输电线路在每一杆塔下一般都设有接地体，并通过引线与避雷线相连，其目的是使击中避雷线的雷电流通过较低的接地电阻而进入大地。(√)

Je2B4084 牵引场转向布设时，牵引过程中，各转向滑车围成的区域外侧禁止有人。(×)

Je2B4085 内拉线抱杆组塔时，腰环的作用是稳定抱杆。(×)

Je2B4086 缠绕铝包带应露出线夹，但不超过 10mm，其端部应回缠绕于线夹内压住。(√)

Je2B4087 多分裂导线作地面临时锚固时应用锚线架。(√)

Je2B4088 线路工程施工中规定，耐张杆塔应在架线后浇筑保护帽。(√)

Je2B4089 张力架线施工时，紧线段内紧线后，每基杆塔，不论是直线还是耐张，转角均应划印。(√)

Je2B4090 接地装置是指埋入地中并直接与土壤接触的金属导体。(×)

Je2B4091 在线路复测时发现一基转角桩的角度值的偏差大于 2°，施工负责人可以决定不查明偏差原因而进行下道工序。(×)

Je2B4092 接地体是接地体和接地线的总称。(×)

Je2B5093 紧线时，紧线滑车要紧靠挂线点。(√)

Je2B5094 导线连接后，连接管两端附近的导线不得有鼓包，如鼓包不大于原直径的30%时，可用圆木棍将鼓包部分依次滚平；如超过 30%时，必须切断重接。(×)

Je2B5095 耐张杆的四根地线拉线在正常情况下，不考虑地线拉线受力。(√)

Je2B5096 接地体应尽可能埋设在土壤电阻率较低的土层内。(√)

Jf2B1097 用飞车飞越带电 35kV 线路时，飞车最下端对带电 35kV 线路的距离不应

小于 2.5m。(√)

Jf2B3098 开断低压线路应遵守停电作业的有关规定，开断时应有防止电杆倾倒的措施。(√)

Jf2B4099 安全带必须拴在牢固的构件上，并不得低挂高用。(√)

Jf2B5100 工程验收检查应按隐蔽工程验收检查、中间验收检查、竣工验收检查三个程序进行。(√)

1.3 多选题

La2A2001 地线最大使用应力选择的原则是（ ）。

（A）当+15℃无风时，在档距中央导线与地线间的距离 $s \geqslant 0$；（B）有足够的对地安全距离；（C）弧垂满足要求；（D）地线强度安全系数宜大于同杆塔导线的强度安全系数。

答案：AD

La2A2002 土重法计算上拔稳定时，则基础的计算极限上拔力为（ ）之和。

（A）上拔基础底板上所切的倒截土锥体重力；（B）混凝土基础自重；（C）上拔基础底板上的土体重力；（D）基础侧壁的土抗力。

答案：ABC

La2A2003 雷云放电，可分为以下（ ）阶段。

（A）起始阶段；（B）余辉放电；（C）主放电；（D）先导放电。

答案：BCD

La2A3004 国家电网公司人才强企战略就是提高队伍整体素质，建设结构合理、素质优良的（ ）。

（A）管理人才队伍；（B）经营人才队伍；（C）技术人才队伍；（D）技能人才队伍。

答案：ABCD

La2A3005 自立塔质量检查一般项目有（ ）。

（A）脚钉；（B）螺栓方向；（C）螺栓紧固；（D）保护帽。

答案：BC

La2A3006 地线最大支持力用于计算电杆（ ）。

（A）头部的受弯（导线横担处弯矩）；（B）受扭；（C）根部的受弯（嵌固点处弯矩最大）；（D）基础倾覆。

答案：AB

La2A4007 当电杆的基础受到外力矩 M 作用时，电杆倾覆，从而引起（ ），共同形成对基础的抵抗倾覆力矩。

（A）基础侧面土主动侧压力；（B）侧面土对基础侧壁的被动压力；（C）基础底部土的正压力；（D）底部土对基础底的摩阻力。

答案：BD

La2A4008 作用在杆塔上的荷载按其性质分类可分为（ ）。

（A）永久荷载；（B）横向荷载；（C）可变荷载；（D）特殊荷载。

答案：ACD

Lb2A1009 混凝土和钢筋之间存在着黏着力，黏着力的产生主要有（ ）方面的原因。

（A）混凝土收缩将钢筋紧紧握固而产生的摩擦力；（B）混凝土抗压强度很高；（C）混凝土颗粒的化学作用而产生的混凝土与钢筋之间的胶合力；（D）钢筋表面凹凸不平与混凝土之间产生的机械咬合力。

答案：ACD

Lb2A1010 导地线展放质量检查主控项目有（ ）。

（A）因施工损伤补修处理；（B）导地线规格；（C）同一档内接续管数量；（D）各压接管与线夹间隔棒距离。

答案：AB

Lb2A1011 无拉线拔梢单杆具有（ ）的特点。

（A）运行维护简便；（B）结构简单；（C）占地面积少；（D）抗扭性能好。

答案：ABC

Lb2A2012 现浇混凝土铁塔基础一般项目有（ ）。

（A）水泥；（B）钢筋保护层厚度；（C）基础埋深；（D）基础顶面高差。

答案：BD

Lb2A2013 用钢圈连接的水泥杆，在焊接时应遵守的规定有（ ）。

（A）钢圈应对齐，中间留有 2～5mm 的焊口缝隙；（B）钢圈焊口上的油脂、铁锈、泥垢等污物应清除干净；（C）焊口合乎要求后，先点焊 3～4 处，点焊长度一般不大于 10mm，然后再行施焊点焊，所用焊条应与正式焊接用的焊条相同；（D）电杆焊接必须由持有合格证的焊工操作。

答案：ABD

Lb2A2014 附件安装时，质量检查主控项目有（ ）。

（A）绝缘子的规格数量；（B）跳线连接板及并沟线夹连接；（C）跳线制作；（D）跳线及带电导体对杆塔电气间隙。

答案：AD

Lb2A2015 线路检查交叉跨越时，着重注意（ ）。

（A）检查时，应记录当时的气温，并换算到最高气温，以计算最小的交叉距离；

（B）在检查交叉跨越距离是否合格时，各应分别以导线结冰或导线最高允许温度来验算；（C）在检查时，一定要注意交叉点与杆塔的距离；（D）在检查时，一定要注意导线与跨越物之间的交叉角，以计算最小的交叉距离。

答案：ABC

Lb2A3016 由于电力系统内部进行操作或发生事故而产生的过电压，称为（　　）。

（A）内过电压；（B）短路过电压；（C）操作过电压；（D）外部过电压。

答案：AC

Lb2A3017 附件安装时，质量检查一般项目有（　　）。

（A）悬垂绝缘子串倾斜；（B）开口销及弹簧销；（C）防振锤安装距离；（D）铝包带缠绕。

答案：ABCD

Lb2A3018 在钢筋混凝土构件的设计中，（　　）。

（A）总是用混凝土来承受压力；（B）用钢筋承受压力；（C）总是用混凝土承受拉力；（D）用钢筋承受拉力。

答案：AD

Lb2A3019 对架空线应力有直接影响的设计气象条件的三要素是（　　）。

（A）风速；（B）最大覆冰；（C）覆冰厚度；（D）最高气温；（E）气温。

答案：ACE

Lb2A3020 普通钢筋混凝土受弯构件裂缝发展的阶段一般分为（　　）。

（A）发现阶段；（B）裂缝可见阶段；（C）裂缝起始阶段；（D）裂缝开展阶段。

答案：BCD

Lb2A3021 环形截面普通钢筋混凝土构件，当沿纵轴各横截面上的（　　）均相同时，称为均截面构件。

（A）截面几何尺寸；（B）配筋；（C）混凝土强度等级；（D）受力情况。

答案：ABC

Lb2A3022 线路纵断面的测量，是沿线路中心线测量地形起伏变化点的（　　），并据此绘制线路纵断面图。

（A）垂距；（B）高程；（C）平距；（D）高差。

答案：BC

Lb2A3023　导线的初伸长对线路的影响有（　　）。

（A）弧垂减小；（B）应力减小；（C）弧垂增大；（D）应力增大。

答案：BC

Lb2A3024　当遇有障碍物时，则用（　　）间接定出直线方向。

（A）等高法；（B）三角形法；（C）矩形法；（D）平行四边形法。

答案：BCD

Lb2A3025　各类杆塔一般均应计算线路（　　）的荷载。

（A）正常运行；（B）最大风速；（C）断线；（D）安装及特殊情况。

答案：ACD

Lb2A4026　灌注桩基础主控项目有（　　）。

（A）混凝土强度；（B）地脚螺栓、钢筋规格数量；（C）桩深；（D）桩径。

答案：ABC

Lb2A4027　无拉线直线单杆一般用（　　）。

（A）等径电杆；（B）拔梢电杆；（C）深埋式基础；（D）等径双杆。

答案：BC

Lb2A4028　经常受下压的基础，如（　　）。

（A）铁塔的分开式基础；（B）转角杆塔内角侧基础；（C）带拉线的直线型；（D）耐张型杆塔基础。

答案：BCD

Lb2A5029　下列说法正确的是（　　）。

（A）雨、雪、大风中只有采取妥善防护措施后方可施焊，如气温低于－20℃，焊接应采取预热措施（预热温度为100～120℃），焊后应使温度缓慢地下降；（B）焊接后的焊缝应符合规定，当钢圈厚度为6mm以上时不允许采用V形坡口多层焊接，焊缝中要严禁堵塞焊条或其他金属，且不得有严重的气孔及咬边等缺陷；（C）焊接的水泥杆，其弯曲度不得超过杆长的2‰，如弯曲超过此规定时，必须割断调直后重新焊接；（D）接头焊好后，应根据天气情况加盖，以免接头未冷却时突然受雨淋而变形。

答案：ACD

Lb2A5030　杆塔定位的主要要求是使导线上任意一点在任何正常运行情况下都保证有足够的对（　　）的安全距离。

（A）上下层导线；（B）架空地线；（C）地；（D）各种被跨越物。

答案：CD

Lb2A5031 耐张杆的四根导线拉线在导线断线及安装情况时，承受（ ）。

（A）地线不平衡张力；（B）断线或安装情况的水平荷载；（C）导线引起的顺线方向荷载；（D）地线断线张力。

答案：BC

Lc2A1032 电缆试验过程中发生异常情况时，应立即断开电源，经（ ）、（ ）后方可检查。

（A）接地；（B）放电；（C）试验；（D）保护。

答案：BC

Lc2A2033 下列关于扁钢、圆管、槽钢、薄板、深缝的锯割方法叙述正确的有（ ）。

（A）从扁钢较窄的面下锯，这样可使锯缝的深度较浅而整齐，锯条不致卡住；（B）直径较大的圆管，不可一次从上到下锯断，应在管壁被锯透时，将圆管向推锯方向转动，边锯边转，直至锯断；（C）从槽钢较宽的面下锯，这样可使锯缝的深度较浅而整齐，锯条不致卡住；（E）锯割深缝时，应将锯条在锯弓上转动45°角，操作时使锯弓放平，平握锯柄，进行推锯；（D）锯割3mm以下的薄板时，薄板两侧应用木板夹住锯割，以防卡住锯齿，损坏锯条。

答案：BCD

Lc2A4034 送电线路启动带电必须具备的条件是（ ）。

（A）已确认线路上无人登杆作业；（B）线路上的临时接地线已全部拆除；（C）线路的各种标志皆已检查验收合格；（D）线路带电期间的巡视人员已上岗。

答案：ABCD

Lc2A5035 事故处理的主要任务是（ ）。

（A）对已停电的用户尽快恢复供电；（B）迅速组织抢修；（C）采取措施防止行人接近故障导线和设备，避免发生人身事故；（D）尽量缩小事故停电范围和减少事故损失；（E）尽快查出事故地点和原因，消除事故根源，防止扩大事故。

答案：ACDE

Jd2A3036 手动钳压器应有固定设施，操作时（ ）。

（A）平稳放置；（B）两侧扶线人应对准位置；（C）防止线头回弹伤人；（D）手指不得伸入压模内。

答案：ABD

Jd2A3037 钳压机压接应遵守（ ）。

（A）手动钳压器应有固定设施，操作时平稳放置；（B）手指不得伸入压模内；

（C）两侧扶线人应对准位置；（D）切割导线时线头应扎牢，并防止线头回弹伤人。

答案：ABCD

Je2A1038 接地装置质量检查一般项目是（　　）。

（A）接地体敷设；（B）接地体防腐；（C）回填土；（D）接地引下线安装。

答案：ABCD

Je2A1039 灌注桩基础一般项目有（　　）。

（A）整基基础扭转；（B）基础顶面间高差；（C）桩顶清理；（D）基础根开及对角线尺寸。

答案：ABCD

Je2A1040 敷设水平接地体宜满足下列规定（　　）。

（A）两接地体间的平行距离不应小于5m；（B）遇倾斜地形宜沿等高线敷设；（C）接地体敷设应平直；（D）垂直接地体应垂直打入，并防止晃动。

答案：ABC

Je2A2041 附件安装时的接地应遵守（　　）规定。

（A）附件安装作业区间两端应装设接地线，施工的线路上有高压感应电时，应在作业点两侧加装工作接地线；（B）作业人员应在装设个人保安接地线后，方可进行附件安装；（C）地线附件安装前，应采取接地措施；（D）在330kV及以上电压等级的运行区域作业，应采取防静电感应措施，例如穿戴相应电压等级的全套屏蔽服（包括帽、上衣、裤子、手套、鞋等，下同）或静电感应防护服和导电鞋等（220kV线路杆塔上作业时宜穿导电鞋）；（E）在±400kV及以上电压等级的直流线路单极停电侧进行作业时，应穿着全套屏蔽服。

答案：ABCDE

Je2A2042 导地线连接时，质量检查主控项目有（　　）。

（A）压接后的弯曲；（B）压接管的试验强度；（C）压接管的规格型号；（D）压接后的尺寸。

答案：BCD

Je2A2043 摇臂抱杆组塔的特点是（　　）。

（A）安装方便灵活；（B）适用各种塔型；（C）适用于各种复杂地形；（D）工器具轻便灵活。

答案：ABC

Je2A2044 附件安装完毕后，方可拆除跨越架。（　　）跨越架应自上而下逐根拆除，并应有人传递，不得抛扔。不得上下同时拆架或将跨越架整体推倒。

（A）悬索；（B）木质；（C）钢管；（D）毛竹；（E）新型金属格构式。

答案：BCD

Je2A2045 终勘测量，其工作的内容主要为（　　）。

（A）在图上选线路径方案；（B）线路纵断面测量；（C）平面测量；（D）选定的线路路径。

答案：BC

Je2A2046 钢管跨越架宜用外径为 48～51mm 的钢管，（　　）应错开搭接，搭接长度不得小于 0.5m。

（A）扫地杆；（B）大横杆；（C）立杆；（D）小横杆。

答案：BC

Je2A2047 下列关于人力及机械牵引放线正确的是（　　）。

（A）被跨越的低压线路或弱电线路需要开断时，应事先征得有关单位的同意；（B）放线时作业人员站在线圈内操作；（C）放线时的通信应畅通、清晰、指令统一，不得在无通信联络的情况下放线；（D）穿越滑车的引绳应根据导、地线的规格选用。

答案：ACD

Je2A3048 下列对于紧线准备工作的规定说法正确的是（　　）。

（A）螺栓应紧固；（B）杆塔的部件应齐全；（C）紧线杆塔的临时拉线和补强措施应准备完毕；（D）导线、地线的临锚应准备完毕。

答案：ABCD

Je2A3049 下列关于人力及机械牵引放线正确的是（　　）。

（A）被跨越的低压线路或弱电线路开断时，应有防止电杆倾倒的措施；（B）有开门装置的放线滑车应有关门保险；（C）线盘架应稳固、转动灵活、制动可靠，必要时打上临时拉线固定；（D）放线滑车使用前应进行外观检查。

答案：ABCD

Je2A3050 牵引过程中发生（　　）跳槽、走板翻转或平衡锤搭在导线上等情况时，应停机处理。

（A）导引绳；（B）牵引绳；（C）拉线；（D）导线。

答案：ABD

Je2A3051 牵引绳与导线、地线连接应使用（　　）。

（A）专用连接网套；（B）专用牵引头；（C）防护栅栏；（D）挂胶滚动横梁。

答案：AB

Je2A3052 人力及机械牵引架线时，除应在杆塔处设监护人外，对被跨越的（　　）及（　　）和人畜较多处均应派专人监护。

（A）裸露岩石；（B）路口；（C）河塘；（D）房屋；（E）跨越架。

答案：ABCDE

Je2A4053 导线在同一处损伤同时符合（　　）情况可不做补修，只将损伤处棱角与毛刺用砂纸磨光。

（A）导线在同一截面处，损伤面积为导电部分截面面积的5%及以下，且强度损失小于4%；（B）导线在同一截面处，损伤面积为导电部分截面面积的5%及以下，且强度损失小于5%；（C）导线在同一截面处，单股损伤深度小于直径的1/2；（D）导线在同一截面处，单股损伤深度小于直径的3/5。

答案：AC

Je2A4054 下列选项中关于紧线的说法正确的是（　　）。

（A）紧线杆塔的临时拉线和补强措施以及导线、地线的临锚应准备完毕；（B）地锚布置与受力方向一致，并埋设可靠；（C）障碍物以及导线、地线跳槽等应处理完毕；（D）埋入地下或临时绑扎的导线、地线挖出或解开后直接升空。

答案：ABC

Je2A4055 在跨越（　　）等的线段杆塔上安装附件时，应采取防止导线或地线坠落的措施。

（A）通航河流；（B）铁路；（C）公路；（D）电力线。

答案：ABCD

Je2A4056 紧线过程中，关于监护人员应遵守的规定，下列说法正确的是（　　）。

（A）可以站在悬空导线、地线的垂直下方；（B）不得跨越将离地面的导线或地线；（C）不得站在悬空导线、地线的垂直下方；（D）监视行人不得靠近牵引中的导线或地线；（E）传递信号应及时、清晰，不得擅自离岗。

答案：BCDE

Je2A4057 接地装置质量检查主控项目是（　　）。

（A）接地体埋深；（B）接地电阻值；（C）接地体规格数量；（D）接地体连接。

答案：BCD

Je2A4058 混凝土杆质量检查主控项目有（　　）。

（A）部件规格数量；（B）混凝土杆纵向裂纹；（C）焊接质量；（D）结构倾斜。

答案：ABC

Je2A5059 木质跨越架所使用的杉木杆，出现（　　）等情况的不得使用。

（A）损伤严重；（B）枯黄；（C）木质腐朽；（D）弯曲过大。

答案：ACD

Jf2A1060 混凝土杆质量检查一般项目有（　　）。

（A）根开；（B）拉线安装检查；（C）迈步；（D）横线路方向位移。

答案：ABCD

Jf2A2061 线路防护设施质量检查一般项目是（　　）。

（A）排水沟、挡土墙；（B）基础护坡或防洪堤；（C）拦江线或公路高度限标；（D）线路防护标志。

答案：CD

Jf2A3062 自立塔质量检查一般项目有（　　）。

（A）直线塔结构倾斜；（B）螺栓防盗；（C）螺栓防松；（D）螺栓紧固。

答案：ABCD

Jf2A3063 混凝土杆质量检查一般项目有（　　）。

（A）结构倾斜；（B）混凝土杆横向裂纹；（C）横担高差；（D）螺栓紧固。

答案：ABCD

Jf2A3064 自立塔质量检查主控项目有（　　）。

（A）部件规格数量；（B）转角、终端塔向受力反方向倾斜；（C）节点间主材弯曲；（D）螺栓紧固。

答案：ABC

Jf2A3065 线路检查项目按性质可分为（　　）。

（A）重要项目；（B）主控项目；（C）普通项目；（D）一般项目。

答案：BD

Jf2A4066 下列情况应填用电力线路第二种工作票的是（　　）。

（A）电力线路、电缆不需要停电的工作；（B）带电线路杆塔上且与带电导线最小安全距离应符合《电力安全工作规程》的规定；（C）直流线路上不需要停电的工作；（D）直流接地极线路上不需要停电的工作；（E）在停电的线路或同杆（塔）架设多回线路中的部分停电线路上的工作。

答案：ABCD

Jf2A5067　同杆塔架设有多层电力线时，验电应遵循（　　）。

（A）先验低压、后验高压；（B）先验上层、后验下层；（C）先验下层、后验上层；（D）先验高压、后验低压；（E）无顺序要求。

答案：AC

Jf2A5068　停电作业时，现场作业负责人在接到已停电许可作业命令后，下列做法正确的是（　　）。

（A）验电使用相应电压等级合格的验电器；（B）首先安排人员进行验电；（C）验电时戴绝缘手套；（D）验电时逐相进行；（E）验电时各相同时进行。

答案：ABCD

Jf2A5069　停电作业结束后，作业负责人应报告工作许可人，报告的内容包括（　　）。

（A）该线路上某处（说明起止杆塔号、分支线名称等）作业已经完工；（B）作业负责人姓名；（C）线路改动情况；（D）作业地点所挂的工作接地线已全部拆除；（E）杆塔和线路上已无遗留物。

答案：ABCDE

Jf2A5070　线路工程竣工验收除应确认工程施工质量外，尚应包括（　　）。

（A）遗留问题的处理情况；（B）杆塔固定标志；（C）临时接地线的拆除；（D）线路走廊障碍物的处理情况。

答案：ABCD

1.4 计算题

La2D1001 某企业某年总产值 K 为 X_1 万元，年平均生产工人 N 为 4000 人，干部 M 为 700 人，该单位的工人劳动生产率 η 为________。

X_1 取值范围：9000，10000，11000

计算公式： $\eta=\frac{K}{N}=\frac{X_1}{4000}$

La2D1002 某线路导线，其瞬时拉断力 T 为 23390N，安全系数 $K=X_1$，则截面面积 S 为 79 mm^2，导线的最大使用应力 σ 为________ MPa。

X_1 取值范围：2，2.5，3

计算公式： $\sigma=\frac{T}{S/K}=\frac{23390}{79/X_1}$

La2D3003 有一个星形接线的三相负载，每相的电阻 $R=X_1\Omega$，电抗 $X=8\Omega$，电源相电压 $U=220V$，则每相的电流大小 I 为________ A。

X_1 取值范围：2，4，6

计算公式： $I=\frac{U}{\sqrt{R^2+X^2}}=\frac{220}{\sqrt{X_1^2+8^2}}$

Lb2D2004 某现场施工时，需用撬杠把 M 为 X_1kg 的重物撬起来，撬杠长度 L 为 2m，重物与支点距离 L_1 为 0.2m（撬杠质量及宽度不计），人对撬杠施加的力 F 为________ N。

X_1 取值范围：200，220，240

计算公式： $F=9.8\times M\times\frac{L_1}{L-L_1}=9.8\times X_1\times\frac{0.2}{2-0.2}$

Lb2D2005 某一线路施工，采用异长法观察弧垂，已知导线的弧垂 f 为 X_1m，在 A 杆上绑弧垂板距悬挂点距离 $a=4$m，在 B 杆上应挂弧垂板距悬挂点 b 为________ m。

X_1 取值范围：5，5.5，6

计算公式： $b=(2\sqrt{f}-\sqrt{a})^2=(2\sqrt{X_1}-\sqrt{4})^2$

Lb2D3006 某公司承包一工程，该工程预算成本为 X_1 万元，经过施工人员努力，实际用成本为 600 万元，该工程的成本降低率 K 为________。

X_1 取值范围：800，850，900

计算公式： $K=\frac{X_1-600}{X_1}$

Lb2D3007 一条500kV送电线路，在施工中，沿线共设材料站3个，各材料站的运输质量$Q_1=11000t$，$Q_2=8000t$，$Q_3=14000t$；运输半径$R_1=X_1km$，$R_2=15km$，$R_3=30km$，该线路总的运输量G为________ t·km。

X_1 取值范围：15～20之间的整数

计算公式：$G=Q_1R_1+Q_2R_2+Q_3R_3=11000\times X_1+8000\times 15+14000\times 30$

Lb2D4008 用经纬仪测量线路导线与被跨越的通信线间的距离，仪器至线路交叉点的水平距离L为X_1m，观测线路交叉处导线时的仰角a为15°，观测线路交叉处通信线的仰角b是5°，线路交叉跨越距离H为________ m。

X_1 取值范围：50～55之间的整数

计算公式：$H=X_1\times(\tan a-\tan b)=(\tan 15°-\tan 5°)$

Lb2D5009 某环截面普通钢筋混凝土电杆，当受到初偏心距为$e=X_1$m、偏心距增大系数$m=1.13$、轴向偏心压力$N=82.66$kN作用时，则电杆力矩M为________ kN·m。

X_1 取值范围：0.85，0.86，0.87

计算公式：$M=N\times e\times m=82.66\times X_1\times 1.13$

Lb2D5010 有一根LGJ-120/25导线，单位长度质量W为526.6kg/km，计算直径$d=15.74$mm，计算截面面积$A=X_1mm^2$，该导线自重比载g为________ N/m·mm²。

X_1 取值范围：140，145，150，146.73

计算公式：$g=\frac{9.8\times G}{A}\times 10^{-3}=\frac{9.8\times 0.5266}{X_1}$

Lc2D2011 某公司现有职工$N=X_1$人，在某年施工中出现重伤事故$N_1=2$起，轻伤事故$N_2=3$起，该公司本年负伤事故频率K为________。

X_1 取值范围：2400，2500，2600

计算公式：$K=\frac{N_1+N_2}{N}=\frac{2+3}{X_1}$

Jd2D2012 某输电线路，耐张段有4档，它们的档距分别是$L_1=350$m、$L_2=400$m、$L_3=380$m、$L_4=X_1$m，该耐张段的代表档距L_0为________ m。

X_1 取值范围：400，410，420

计算公式：$L_0=\sqrt{\frac{L_1^3+L_2^3+L_3^3+L_4^3}{L_1+L_2+L_3+L_4}}=\sqrt{\frac{350^3+400^3+380^3+X_1^3}{350+400+380+X_1}}$

Je2D3013 输电线路工程进入放线施工阶段，已知导线单位重为$W=0.6$kg/m，导线拖放长度为$L=1000$m，放线始点与终点高差为$H=X_1$m，摩擦系数$K=0.5$，该段放线牵引力F为________ N。

X_1 取值范围：4～6之间的整数

计算公式：$F=(K\times W\times L+W\times H)\times 9.8=(0.5\times 0.6\times 1000+0.6\times X_1)\times 9.8$

Je2D3014 由三轮与三轮滑车组成的3-3滑车组，牵引端由定滑轮绕出。已知滑车组的综合效率 $\eta=0.6$，重物 $Q=X_1$N，提升重物 Q 时，牵引力 F 是________N。

X_1 取值范围：8000，8500，8600，8800

计算公式：$F=\frac{Q}{\eta/6}=\frac{X_1}{0.6/6}$

Je2D3015 已知某悬挂点等高耐张段的导线型号为LGJ-185，代表档距 L_0 为50m，计算弧垂 f_0 为0.8m，采用减少弧垂法减少12%补偿导线的塑性伸长，观测档距 L 为 X_1m，则弧垂 f 为________m时应停止紧线。

X_1 取值范围：60，65，70

计算公式：$f=\left(\frac{L}{L_0}\right)^2\times f_0\times(1-0.12)=\left(\frac{X_1}{50}\right)^2\times 0.8\times(1-0.12)$

Je2D3016 220kV送电线路在紧线施工时，紧线的张力 F 为 X_1kN，安全系数 K 为4.5，动荷系数 K_1 为1.2，不平衡系数 K_2 为1.2，选择牵引绳时，其破断拉力 T 应不小于________kN。

X_1 取值范围：22，23，24

计算公式：$T=K\times K_1\times K_2\times F=4.5\times 1.2\times 1.2\times X_1$

Je2D4017 220kV耐张转角塔，一侧在紧挂线时，需对该塔做反向临时拉线，已知导线最大紧线张力 $H=X_1$N，临时拉线对地夹角 $a=30°$，临时拉线与导线的水平夹角（投影）$b=10°$，临时拉线平衡导线紧挂线张力的平衡系数 $K=0.5$，单根临时拉线的静张力 F 为________N。

X_1 取值范围：22000，23000，24000

计算公式：$F=\frac{K\times H}{\cos a\times\cos b}=\frac{0.5\times X_1}{\cos 30°\times\cos 10°}$

Je2D4018 拉线坑中心地面低于施工基面时，分拉线坑，拉线与电杆夹角 a 为30°，拉线挂点至杆根部 $L_1=X_1$m，拉线盘埋深 $L_2=2$m，拉线坑低于电杆施工基面 $L_3=2.5$m，拉线坑中心至电杆的水平距离 L 为________m。

X_1 取值范围：10～12之间的整数

计算公式：$L=(L_1+L_2+L_3)\times\tan a=(X_1+2+2.5)\times\tan 30°$

Je2D4019 在某线路验收中检查导线弧垂，计算该气温下的弧垂值为 $f_1=X_1$m，实际测弧垂为 $f=13$m，则导线弧垂的偏差 ΔF 为________m。

X_1 取值范围：12，12.2，12.5

计算公式：$\Delta F=\frac{f-f_1}{f_1}=\frac{13-X_1}{X_1}$

Jf2D2020 有一电压U＝200V的单相负载，其功率因数为0.8，该负载消耗的有功功率P为X_1kW，则该负载的无功功率Q为________ kV·A。

X_1取值范围：4，6，8

计算公式：$Q=\sqrt{(P/0.8)^2-P^2}=\sqrt{(X_1/0.8)^2-X_1^2}$

1.5 识图题

La2E1001 图示三视图，图 1、图 2、图 3 中有错误的是（ ）。

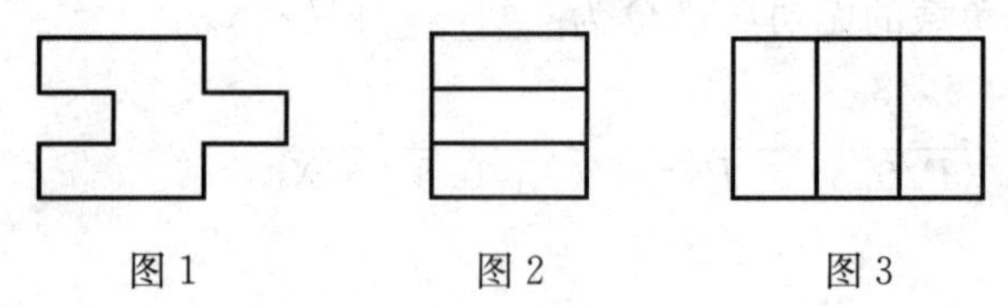

图 1　　图 2　　图 3

（A）图 1；（B）图 2；（C）图 3；（D）都没错。

答案：B

Lb2E2002 右图所示的拉线坑埋深是否正确（ ）。

（A）正确；（B）错误。

答案：A

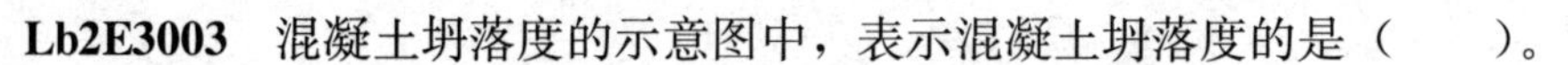

Lb2E3003 混凝土坍落度的示意图中，表示混凝土坍落度的是（ ）。

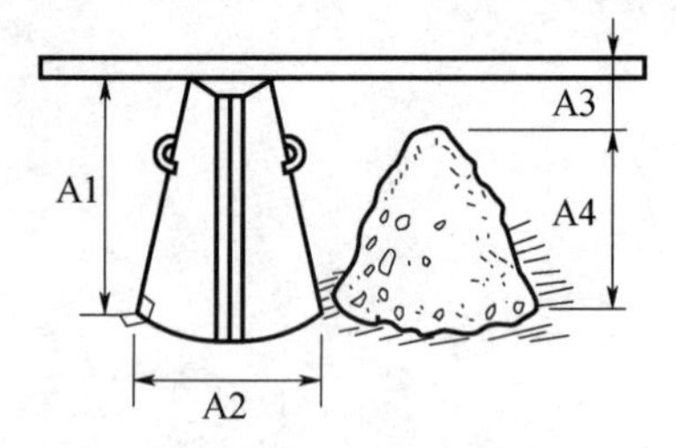

（A）A1；（B）A2；（C）A3；（D）A4。

答案：C

Lb2E4004 图示转角杆塔的转角度数为（ ）。

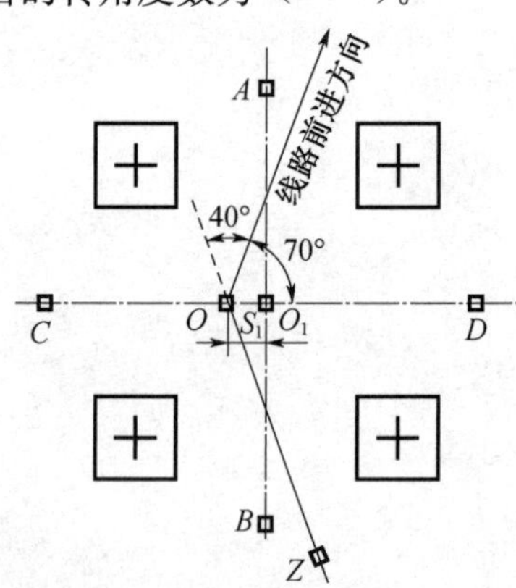

（A）40°；（B）70°；（C）110°；（D）140°。

答案：A

Lb2E5005 根据以下导线安装曲线图，说法错误的是（　　）。

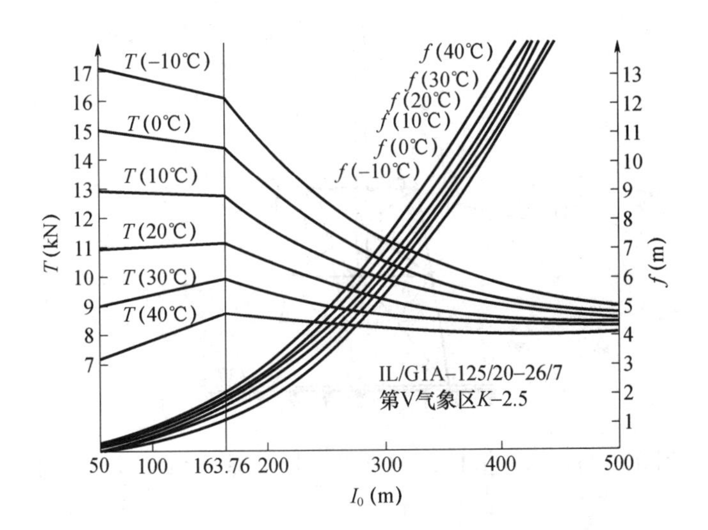

（A）图中显示了张力和弧垂两种曲线；（B）图中横坐标为观测档距；（C）图中左边的纵坐标为张力；（D）图中右边纵坐标为弧垂。

答案：B

Jd2E2006 针对下图，说法错误的是（　　）。

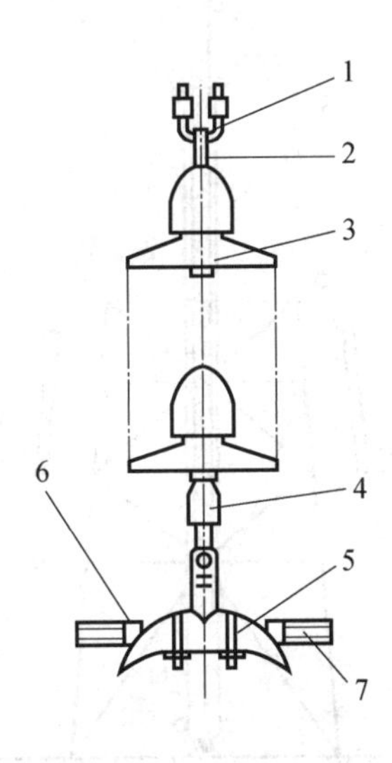

（A）1—U形螺栓，6—铝包带；（B）4—碗头，5—悬垂线夹；（C）2—球头挂环，7—导线；（D）1—U形挂环，2—球头挂环。

答案：D

Je2E2007 对下图内拉线内悬浮抱杆分解组塔平面布置示意图中各部位的工器具描述错误的是（ ）。

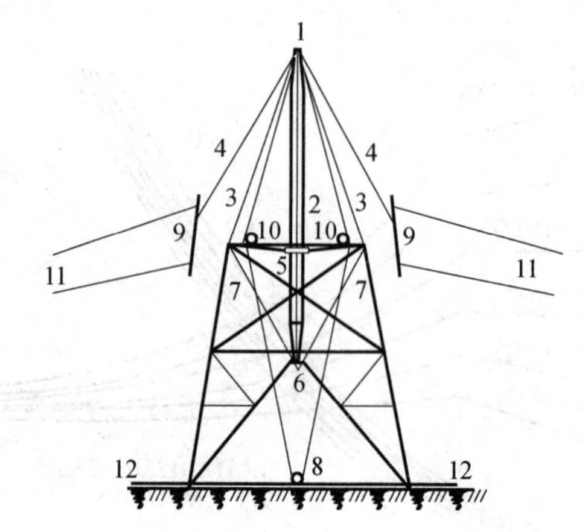

（A）1—朝天滑车；（B）2—抱杆；（C）4—起吊绳；（D）11—吊件控制绳，连接牵引系统。

答案：D

Je2E2008 以下是500kV线路工程内悬浮外拉线摇臂抱杆组立铁塔的布置图，对其所用的工器具描述错误的是（ ）。

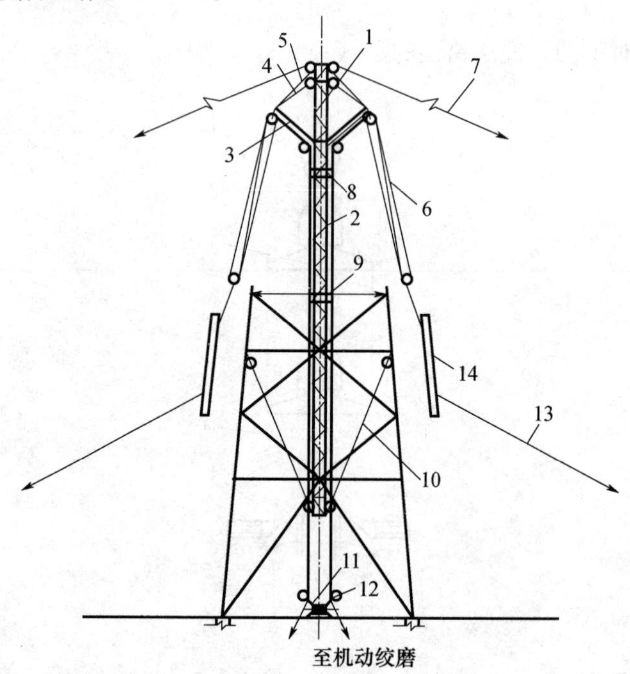

（A）1—抱杆；（B）6—起吊滑车组；（C）7—外拉线；（D）10—内悬浮拉线。

答案：D

Je2E3009 下面牵引场平面布置图中的设备描述错误的是（ ）。

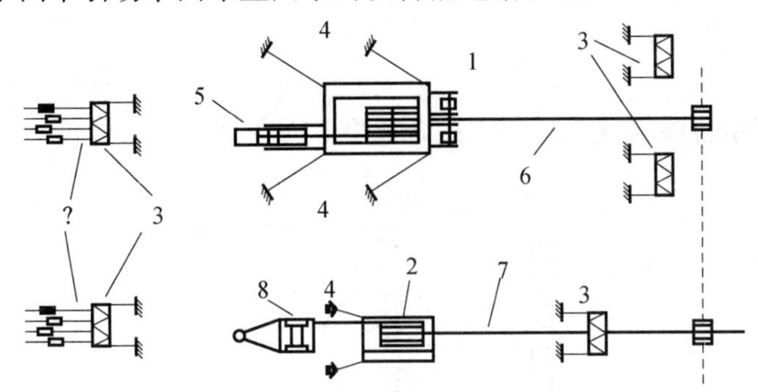

（A）1—张力机；（B）2—小张力机；（C）3—锚线架；（D）4—牵张机地锚。

答案：A

Je2E3010 以下是人字抱杆组立 21m 门型混凝土双杆的平面布置示意图，图中标出的各部位描述错误的是（ ）。

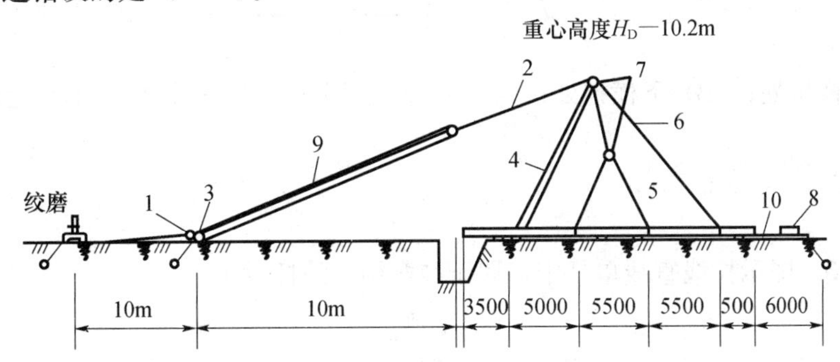

（A）1—导向滑车；（B）2—吊点钢丝绳；（C）4—抱杆；（D）8—制动地锚。

答案：B

Je2E4011 图示拉线直线单杆中，属于压弯构件的杆段是（ ）。

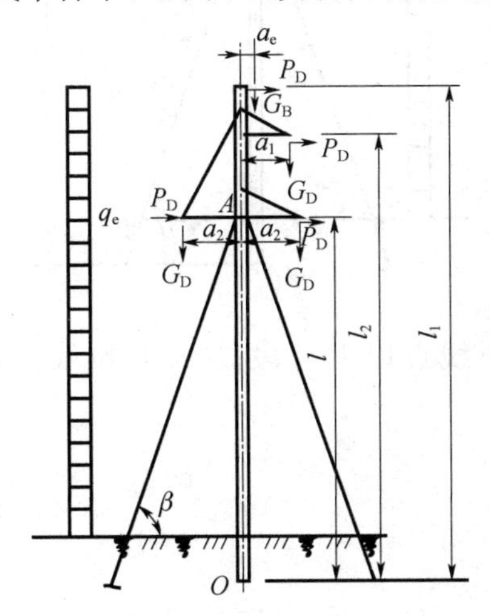

（A）整根电杆；（B）拉线点以上杆段；（C）拉线点以下杆段；（D）地面以下杆段。

答案：C

Je2E4012　图示拉线直线单杆中，抗弯危险截面在（　　）。

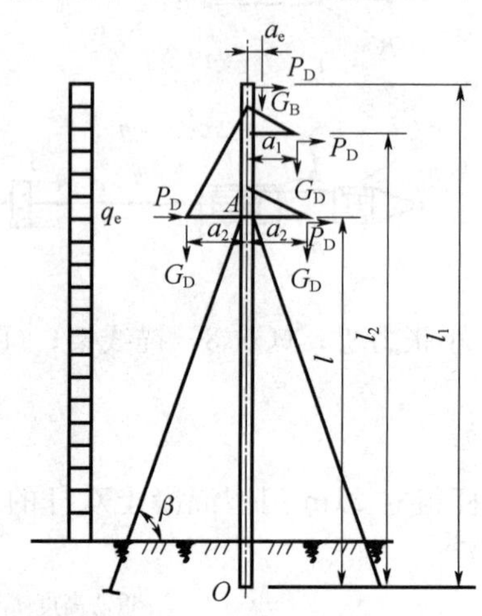

（A）上横担处；（B）下横担处；（C）拉线点以下杆段跨度中央；（D）地面以下嵌固点处。

答案：C

Je2E4013　图示拉线直线单杆中，属于纯弯构件的杆段是（　　）。

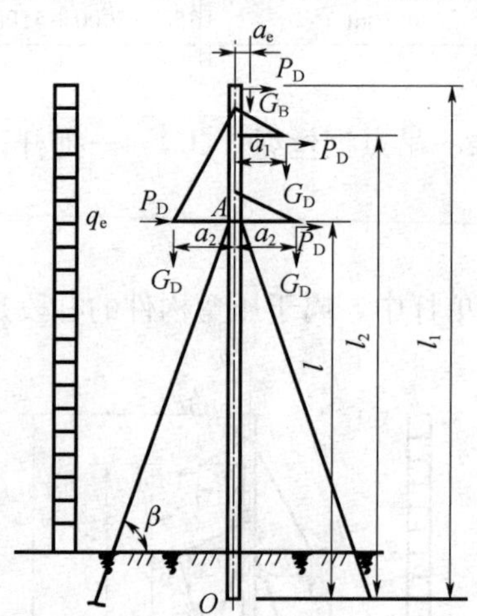

（A）整根电杆；（B）拉线点以上杆段；（C）拉线点以下杆段；（D）地面以下杆段。

答案：B

Je2E4014 图示拉线直线单杆中，抗剪抗扭危险截面在（ ）。

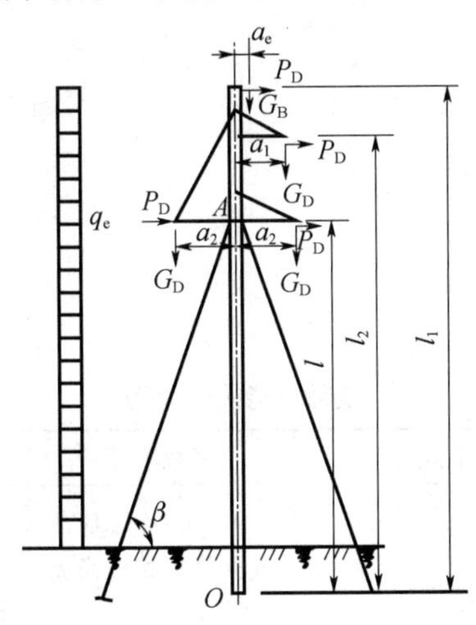

（A）上横担处；（B）下横担处；（C）拉线点以下杆段跨度中央；（D）地面以下嵌固点处。

答案：B

Je2E5015 下图所示大体积混凝土施工的方案，其中表示分段分层的是（ ）。

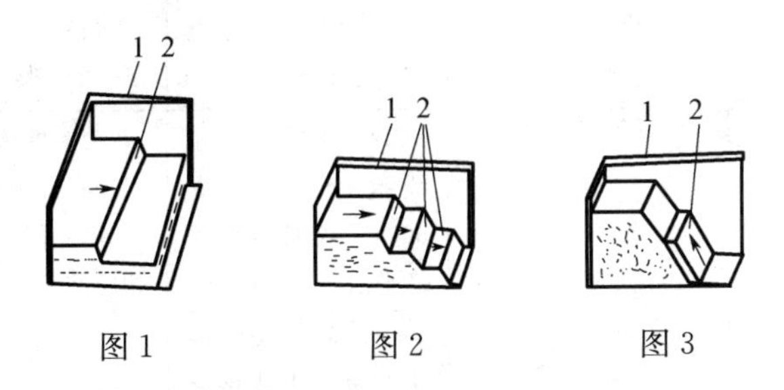

图 1　　图 2　　图 3

（A）图 1；（B）图 2；（C）图 3；（D）都不是。

答案：B

2 技能操作

2.1 技能操作大纲

技师技能操作大纲

等级	考核方式	能力种类	能力项	考核项目	考核主要内容
技师	技能操作	基本技能	01. 仪器使用	01. 用经纬仪测量被跨越物的高度和距离	(1) 熟练掌握经纬仪的使用方法。 (2) 能够用视距法进行距离的计算，利用角度法测量高度
				02. 用经纬仪直线塔施工分坑测量距离的操作	(1) 熟练掌握经纬仪的使用方法。 (2) 能够懂图纸，并进行分坑计算
			02. 杆塔施工	01. 机动绞磨的使用操作	熟练掌握机动绞磨的使用
		专业技能	03. 架线施工	01. 杆塔接地电阻测量的操作	(1) 熟练掌握绝缘电阻表的使用。 (2) 熟练掌握接地电阻的测量过程
				02. 内悬浮外拉线抱杆分解组立500kV双回路直线塔平面布置的操作	(1) 熟练辨识铁塔的图纸。 (2) 能够按照图纸选择相应的工器具。 (3) 能够按照现场平面情况进行相应的工器具布置
				01. 全站仪档端法测量输电线路导线弧垂的操作	(1) 全站仪的操作。 (2) 档端法测量弧垂的计算
				02. 钢芯铝绞线耐张线夹液压连接的准备	熟练掌握液压机的使用方法
				03. 部分损伤导线预绞丝修补处理	熟练操作直线预绞丝的缠绕施工
				04. 500kV送电线路安装四分裂导线间隔棒的操作	(1) 在导线上安装间隔棒。 (2) 登高作业及安全防护用品的使用
				05. 500kV送电线路安装光缆防振锤的操作	(1) 高处作业。 (2) 防振锤的安装
		相关技能	01. 安全施工	01. 干粉灭火器的应用操作	干粉灭火器的使用方法

2.2 技能操作项目

2.2.1 XJ2JB0101 用经纬仪测量被跨越物的高度和距离

一、作业

（一）工器具、材料、设备

（1）工具：选用光学经纬仪、电子经纬仪均可，塔尺、钢卷尺、计算器等。

（2）材料：无。

（3）设备：实训基地或已经建成的送电线路工程。

（二）安全要求

防触电伤人。

（三）操作步骤及工艺要求（含注意事项）

（1）根据工作需要选择工器具。

（2）选定仪器站点。

（3）仪器调平、对光、调焦。

（4）测距离。

（5）测角度。

（6）计算。

（7）整理收工。

二、考核

（一）考核场地

考场可以设在实训基地或已经建成的送电线路工程进行。

（二）考核时间

考核时间为 30min。

（三）考核要点

（1）要求一人操作、一人配合。

（2）熟练掌握仪器的使用。

（3）能够用视距法进行距离的计算，利用角度法测量高度。

三、评分标准

行业：电力工程　　　　工种：送电线路架设工　　　　等级：二

编号	XJ2JB0101	行为领域	d	鉴定范围		送电线路	
考核时限	30min	题型	A	满分	100 分	得分	
试题名称	用经纬仪测量被跨越物的高度和距离						
考核要点及其要求	（1）要求一人操作、一人配合。 （2）熟练掌握仪器的使用。 （3）能够用视距法进行距离的计算，利用角度法测量高度						
现场设备、工器具、材料	（1）工具：选用光学经纬仪、电子经纬仪均可，塔尺、钢卷尺、计算器等。 （2）材料：无。 （3）设备：实训基地或已经建成的送电线路工程						
备注	每项扣分扣完为止						

续表

评分标准						
序号	作业名称	质量要求	分值	扣分标准	扣分原因	得分
1	工器具选择		16			
1.1	经纬仪	检查经纬仪的合格标志	4	未检查，扣4分		
1.2	塔尺	检查塔尺合格	4	未检查，扣4分		
1.3	计算器	合格	4	未检查，扣4分		
1.4	盒尺	合格	4	未检查，扣4分		
2	选定仪器站点		7			
2.1	选用站点正确	站点位置在线路中心线方向上	7	偏离中心线，扣7分		
3	仪器调平、对光、调焦		10			
3.1	调平、对光	操作正确	4	不正确，扣4分		
3.2	测量仪器高度	读数准确	2	不正确，扣2分		
3.3	指挥在线路和被跨越物交叉点正下方树一塔尺	塔尺竖直	2	不正确，扣2分；不熟练，扣1分		
3.4	将镜筒瞄准塔尺、调焦	使塔尺刻度最清晰	2	不清晰，扣2分		
4	测距离		20			
4.1	对准塔尺	将照准部锁紧螺旋及望远镜螺旋锁锁紧	5	未锁紧照准部螺旋，扣3分；未锁紧望远镜螺旋锁，扣2分		
4.2	十字丝进行调整	转动照准部微动螺旋，使十字丝上下丝能夹住塔尺；转动望远镜微动螺旋，使十字丝上丝与塔尺上某一起始刻度重合	7	十字丝上下丝未能夹住塔尺，扣4分；十字丝上丝与刻度不重合，扣3分		
4.3	读数和计算	视距时，镜筒尽量保持水平读数准确，读出上丝及下丝所夹塔尺刻度长度乘100得出距离A	8	读数不正确，扣4分；计算不正确，扣4分		
5	测垂直角		15			
5.1	将镜筒瞄准被跨越物顶端	锁紧望远镜制动手轮	5	未瞄准，扣5分		

续表

序号	作业名称	质量要求	分值	扣分标准	扣分原因	得分
5.2	转动望远镜微动手轮	使十字丝与导线精确相切	5	不精确，扣5分		
5.3	角度读数	读出度、分、秒得β	5	读数不正确，扣5分		
6	计算	利用公式计算出交叉跨越间的距离＝A（tanα－tanβ）＋仪器高	15	计算公式错误，扣15分；得数错误，扣5分		
7	其他要求		17			
7.1	将仪器装箱、三脚架清理干净	要求一次装箱成功	5	一次不成功，扣1分；两次未成功，扣3分；未整理脚架，扣2分		
7.2	操作动作	动作熟练流畅	4	基本熟练，扣1分；基本不熟练，扣2分；不熟练，扣4分		
7.3	按时完成	按时按要求完成	8	每超时2min扣1分		

2.2.2 XJ2JB0102 用经纬仪直线塔施工分坑测量距离的操作

一、作业

（一）工器具、材料、设备

（1）工具：光学经纬仪或电子经纬仪，塔尺、钢卷尺、计算器、卷尺、花杆、锤等。

（2）材料：木桩、小钉、粉笔等。

（3）设备：实训基地或可以打桩的空地。

（二）安全要求

打桩防止砸手伤人。

（三）操作步骤及工艺要求（含注意事项）

（1）根据查看断面图、杆塔明细表、杆型图等进行分坑计算。

（2）核对线路方向，开始操作仪器，对中、整平。

（3）钉横担方向桩。

（4）基坑分坑及画出开挖面。

（5）整理收工。

二、考核

（一）考核场地

考场可以设在实训基地或可以打桩的空地。

（二）考核时间

考核时间为 40min。

（三）考核要点

（1）要求一人操作、一人配合。

（2）熟练掌握仪器的使用。

（3）能够懂图纸，并进行分坑计算。

三、评分标准

行业：电力工程　　　　工种：送电线路架设工　　　　等级：二

编号	XJ2JB0102	行为领域	d	鉴定范围		送电线路	
考核时限	40min	题型	A	满分	100 分	得分	
试题名称	用经伟仪直线塔施工分坑测量距离的操作						
考核要点及其要求	（1）要求一人操作、一人配合。 （2）熟练掌握仪器的使用。 （3）能够懂图纸，并进行分坑计算						
现场设备、工器具、材料	（1）工具：光学经纬仪或电子经纬仪，塔尺、钢卷尺、计算器、卷尺、花杆、锤等。 （2）材料：木桩、小钉、粉笔等。 （3）设备：实训基地或可以打桩的空地						
备注	每项扣分扣完为止						

评分标准

序号	作业名称	质量要求	分值	扣分标准	扣分原因	得分
1	准备工作		15			

续表

序号	作业名称	质量要求	分值	扣分标准	扣分原因	得分
1.1	资料准备	查看断面图、杆塔明细表、杆型图等，了解所需要的技术数据	3	不能识图，扣3分		
1.2	计算中心桩至坑口近点距离	计算出中心桩至坑口近点距离	6	不正确，扣6分		
1.3	计算中心桩至坑口远点距离	计算出中心桩至坑口远点距离	6	不正确，扣6分		
2	核对线路方向		20			
2.1	架设仪器	将经纬仪架设于铁塔中心桩上，对中、调平、对光	10	根据对中情况，扣1～4分；整平水准管气泡误差偏出1格，扣1分；偏长2格，扣4分；目镜看不清楚数据，扣2分		
2.2	线路方向校核	望远镜瞄准花杆，调焦并将十字丝双丝段精密夹着标杆，核对线路方向无误	5	花杆不垂直，扣1分；十字丝偏离花杆中心，扣1分；十字丝偏出花杆，扣4分		
2.3	钉前、后方向桩	在塔位前后方向合适位置处各钉一方向桩	5	方向桩影响开挖一处，扣2.5分		
3	钉横担方向桩		20			
3.1	仪器转90°	在线路垂直方向的两侧离中心桩左右各钉一个横担方向桩，桩位置准确	15	转角度错误，扣15分		
3.2	桩位置选择	钉横担方向桩处要考虑方便施工	5	影响施工，扣5分		
4	基坑分坑及画出开挖面		30			
4.1	用卷尺和木桩画出开挖坑口	数据和位置准确	30	坑口位置错误，每个扣6分；坑口不规整，每个扣1.5分		
5	其他要求		15			
5.1	操作动作	动作熟练流畅	5	基本熟练，扣1分；基本不熟练，扣3分；不熟练，扣5分		
5.2	仪器收起装箱	一次放成功，清理脚架	5	一次不成功，扣2分；两次未成功，扣3分；未整理脚架，扣2分		
5.3	考核时间	按时完成	5	每超时2min扣1分		

2.2.3 XJ2ZY0101 机动绞磨的使用操作

一、作业

（一）工器具、材料、设备

（1）工具：无。

（2）材料：无。

（3）设备：机动绞磨。

（二）安全要求

遵守机动绞磨的操作规定。

（三）操作步骤及工艺要求（含注意事项）

（1）工作准备。

（2）机具准备。

（3）检查绞磨。

（4）牵引。

（5）整理工用具。

二、考核

（一）考核场地

考场可以设在实训基地或空旷场地。

（二）考核时间

考核时间为25min。

（三）考核要点

（1）要求一人操作、一人辅助抬设备。

（2）熟练掌握机动绞磨的使用。

三、评分标准

行业：电力工程　　　　工种：送电线路架设工　　　　等级：二

编号	XJ2ZY0101	行为领域	e	鉴定范围		送电线路	
考核时限	25min	题型	A	满分	100分	得分	
试题名称	机动绞磨的使用操作						
考核要点及其要求	（1）要求一人操作、一人辅助抬设备。 （2）熟练掌握机动绞磨的使用						
现场设备、工器具、材料	（1）工具：无。 （2）材料：无。 （3）设备：机动绞磨						
备注	每项扣分扣完为止						

评分标准

序号	作业名称	质量要求	分值	扣分标准	扣分原因	得分
1	工作准备		10			
1.1	劳动保护用品	安全帽、手套、工装等安全防护用具大小合适、锁扣自如	5	不正确，每项扣2分		

续表

序号	作业名称	质量要求	分值	扣分标准	扣分原因	得分
1.2	机具准备	正确齐全	5	未检查，扣5分		
2	机动绞磨安放位置的选择		10			
2.1	有操作场所，现场开阔、视线好	地势较平坦，能看见指挥信号和起吊过程	3	地势不平坦，扣1分；看不见指挥信号，扣1分；看不见起吊，扣1分		
2.2	符合安全规定的要求	全面考虑操作人员的安全	4	布置不符合规程规范，扣4分		
2.3	符合现场工作的要求	尽量不妨碍其他项目的操作，布置时要考虑一点多用，尽力不发生一个工作现场转移绞磨的工作	3	妨碍其他项目操作，扣1分；需要转移一次，扣1分；转移两次，扣2分		
3	机动绞磨检查		14			
3.1	机动绞磨放平	绞磨平稳	4	不平稳，扣4分		
3.2	检查机油、汽油、齿轮箱油	机油油面合格，汽油够用，齿轮箱油面合格	6	一项不检查，扣2分		
3.3	认真检查锚桩	必须有可靠的地锚或桩锚（可以口述）	4	未检查，扣4分		
4	牵引		50			
4.1	后钢丝绳与锚桩连接好	绞磨芯筒中线对准牵引方向（可以口述）	7	方向偏移5°以内不扣分；偏移5°～10°扣3分；超过10°扣7分		
4.2	打开油管开关，按下加油按钮	操作正确	6	不正确，扣6分		
4.3	变速箱挂空挡，离合器处于离位	操作正确	6	不正确，扣6分		
4.4	调速杆放在中偏低的位置上，视汽油机温度适当关上阻风门	操作正确	7	不正确，扣7分		

续表

序号	作业名称	质量要求	分值	扣分标准	扣分原因	得分
4.5	拉动启动绳，使汽油机启动预热，打开阻风门	操作正确	6	不正确，扣6分		
4.6	将绞磨芯拔至牵引位置	操作正确	6	不正确，扣6分		
4.7	挂上高速挡，平稳合上离合器	操作正确	6	不正确，扣6分		
4.8	根据工作情况配合挡位，调速器（油门大小）进行牵引工作	操作正确	6	不正确，扣6分		
5	绞磨熄火	调速器（油门）加大，让汽油机高速运转几秒再熄火，调速器（油门）放至怠速位置，关上油管开关	5	不正确，扣5分		
6	其他要求		11			
6.1	操作动作	动作熟练流畅、离合器分合切实到位、熟悉指挥信号，反应迅速	3	基本熟练，扣1分；基本不熟练，扣2分；不熟练，扣3分		
6.2	整理工用具	符合文明生产要求	3	不符合，每条扣1分		
6.3	时间要求	按时完成	5	每超时2min，倒扣1分		

2.2.4 XJ2ZY0201 杆塔接地电阻测量的操作

一、作业

（一）工器具、材料、设备

（1）工具：ZC-8型接地绝缘电阻表1个及连接线、接地棒、手锤等。

（2）材料：无。

（3）设备：实训基地或建成的线路。

（二）安全要求

打桩防止砸手伤人。

（三）操作步骤及工艺要求（含注意事项）

（1）电表检查调整。

（2）布置电流极和电压极。

（3）断开接地装置与塔身的连接。

（4）电表上接线。

（5）操作绝缘电阻表及读数。

（6）整理工用具。

二、考核

（一）考核场地

考场可以设在实训基地或建成的线路。

（二）考核时间

考核时间为20min。

（三）考核要点

（1）要求一人操作。

（2）熟练掌握绝缘电阻表的使用。

（3）熟练掌握接地电阻的测量过程。

三、评分标准

行业：电力工程　　　　工种：送电线路架设工　　　　等级：二

编号	XJ2ZY0201	行为领域	e	鉴定范围		送电线路	
考核时限	20min	题型	A	满分	100分	得分	
试题名称	杆塔接地电阻测量的操作						
考核要点及其要求	（1）要求一人操作。 （2）熟练掌握绝缘电阻表的使用。 （3）熟练掌握接地电阻的测量过程						
现场设备、工器具、材料	（1）工具：ZC-8型接地绝缘电阻表1个及连接线、接地棒、手锤等。 （2）材料：无。 （3）设备：实训基地或建成的线路						
备注	每项扣分扣完为止						

续表

评分标准						
序号	作业名称	质量要求	分值	扣分标准	扣分原因	得分
1	电表检查调整		15			
1.1	外观检查	检查合格并有有效的检测合格证	5	未检查，扣5分		
1.2	指针度盘检查	检查并静态调正指针	2	未检查，扣2分		
1.3	将电表桩头短接，摇动摇把	动态检查，阻值应为零	3	未检查，扣3分		
1.4	连接线的检查	截面面积不小于$1\sim1.5mm^2$，塑铜线质量好	3	未检查，扣3分		
1.5	连接线外绝缘层检查	绝缘层良好，无脱落与龟裂	2	未检查，扣2分		
2	查看有关图纸资料	了解接地形式及接地体的长度	5			
2.1	断开接地装置与塔身的连接	操作正确	5	未断开，扣5分		
3	布置电流极和电压极		27			
3.1	布线要求	布线方向应与线路或地下金属管道垂直	4	85°以上，不扣分；75°～85°，扣1分；65°～75°，扣2分；65°及以下，扣4分		
3.2	连接线要求	连接线与接地棒接触良好	4	接触不良，扣4分		
3.3	引线要求	电压极与电流极引线应保持1m以上的距离	4	不正确，扣4分		
3.4	接地棒打入土中	打入土中的深度不小于接地棒长度的3/4，并与土壤接触良好	4	深度不够，扣2分；接触不良，扣2分		
3.5	电表上接线	正确	6	不正确，扣6分		
3.6	将接地极清理干净，将接线连接好	保证接触可靠	5	接地极清理不干净，扣2分；连接不好，扣3分		
4	操作绝缘电阻表及读数		30			

续表

序号	作业名称	质量要求	分值	扣分标准	扣分原因	得分
4.1	将表放于平坦处，一手扶住转盘并压住使绝缘电阻表平稳	姿势正确	4	不平稳，扣2分；姿势不正确，扣2分		
4.2	另一手摇动摇把	转速为120r/min	2	不正确，扣2分		
4.3	适当选用倍率并转动转盘	操作正确	3	不能测量，扣3分		
4.4	使指针指向零位并平稳加速，要感觉到调速器起作用	使指针稳定地指向零位	3	加速不均匀，扣3分		
4.5	读数报出电阻值	正确读数。读数乘以倍率，报出电阻值正确	5	读数不正确，扣2分；电阻不正确，扣3分		
4.6	再摇测一次	要求两次测量读数基本一致，相差较大要查明原因	13	未复测，扣13分；两次相差超过2Ω，扣5分		
5	恢复接地线与塔身的连接合格	螺栓紧固，接地极整理整齐	6	未恢复连接，扣6分；螺栓未紧固，扣2分；接地极未整理整齐，扣2分		
6	其他要求		17			
6.1	操作动作	动作熟练流畅	5	基本熟练，扣1分；基本不熟练，扣3分；不熟练，扣5分		
6.2	整理工用具	符合文明生产要求	5	不规范，每项扣1分		
6.3	按时完成	在规定的时间内完成	7	每超时1min扣1分		

2.2.5　XJ2ZY0202　内悬浮外拉线抱杆分解组立 500kV 双回路直线塔平面布置的操作

一、作业

（一）工器具、材料、设备

（1）工具：地锚、磨绳、卸扣等。

（2）材料：无。

（3）设备：抱杆、机动绞磨、铁塔图纸一套、现场平面布置图。

（二）安全要求

无。

（三）操作步骤及工艺要求（含注意事项）

（1）工作准备。

（2）机具准备。

（3）检查绞磨。

（4）牵引。

（5）整理工用具。

二、考核

（一）考核场地

考场可以设在实训基地或空旷场地。

（二）考核时间

考核时间为 40min。

（三）考核要点

（1）要求一人操作，模拟进行布置。

（2）熟练辨识铁塔的图纸。

（3）能够按照图纸选择相应的工器具。

（4）能够按照现场平面情况进行相应的工器具布置。

三、评分标准

行业：电力工程　　　　　　　　工种：送电线路架设工　　　　　　　　等级：二

编号	XJ2ZY0202	行为领域	e	鉴定范围		送电线路	
考核时限	40min	题型	A	满分	100 分	得分	
试题名称	内悬浮外拉线抱杆分解组立 500kV 双回路直线塔平面布置的操作						
考核要点及其要求	（1）要求一人操作，模拟进行布置。 （2）熟练辨识铁塔的图纸。 （3）能够按照图纸选择相应的工器具。 （4）能够按照现场平面情况进行相应的工器具布置						
现场设备、工器具、材料	（1）工具：地锚、磨绳、卸扣等。 （2）材料：无。 （3）设备：抱杆、机动绞磨、铁塔图纸一套、现场平面布置图						
备注	每项扣分扣完为止						

续表

评分标准						
序号	作业名称	质量要求	分值	扣分标准	扣分原因	得分
1	图纸准备		15			
1.1	根据图纸确定铁塔全高和重量	铁塔全高和重量正确	10	不正确，每项扣5分		
1.2	根据铁塔的形式选择抱杆的参数	□500或□600钢铝结合或钢抱杆	5	不正确，扣5分		
2	人员准备		20			
2.1	现场总指挥	负责组塔现场全面工作	2	错、漏，扣2分		
2.2	现场副总指挥	辅助总指挥协调组塔作业，监控张力等	2	错、漏，扣2分		
2.3	测工	质量监控、各部受力及抱杆挠度监控	2	错、漏，扣2分		
2.4	地面安全监护	地面及协调安全监护	2	错、漏，扣2分		
2.5	塔上安全监护	塔上安全监护	2	错、漏，扣2分		
2.6	地面组装、移运	负责对料组装、塔件移动运输工作	2	错、漏，扣2分		
2.7	拉线控制	负责拉线调整及锚固、监视工作	2	错、漏，扣2分		
2.8	控制绳控制	负责调整吊件与塔身的距离	2	错、漏，扣2分		
2.9	绞磨操作	负责牵引系统全部工作	2	错、漏，扣2分		
2.10	塔上作业	塔上工作	2	错、漏，扣2分		
3	平面布置		50			
3.1	抱杆及牵引系统	抱杆上部采用可旋转抱杆头，抱杆顶部四角设置拉线挂孔用于悬挂拉线，2个起重滑车组可单独进行起吊作业；抱杆底部设置4个承托绳悬吊平衡滑车和提升底滑车（组）	5	不正确，每项扣2分		
3.2	起吊系统	起吊动滑车和磨绳组成起吊系统	5	不正确，扣5分		
3.3	拉线系统	拉线地锚位于与基础对角线方向的延长线上，拉线对地夹角不大于45°且拉线地锚距塔位中心距离不小于1.2倍塔高，并尽量减小拉线对地角度	5	方向错误，扣2分；对地夹角大于45°，扣2分；距离错误，扣1分		

续表

序号	作业名称	质量要求	分值	扣分标准	扣分原因	得分
3.4	控制绳系统	铁塔两侧各埋设控制绳地锚或地锚钻	4	错、漏一侧，扣2分		
3.5	承托绳系统	4根承托绳通过各自抱杆底部的平衡滑车后分别固定于塔身节点处	4	承托绳未通过底部平衡滑车，扣2分；未固定到节点，扣2分		
3.6	机动绞磨	对于一般线路，机动绞磨与铁塔中心的距离应不小于塔全高的1.2倍；对于高塔，不小于0.5倍，且不小于40m。绞磨设置地点要预先进行平整，并采取打小锚桩固定等措施防止绞磨倾覆；磨绳用拖地滚筒支撑	4	距离错误，扣2分；未进行平整，扣1分；未设置防磨措施，扣1分		
3.7	通信系统	高空作业人员、拉线控制岗、控制绳岗、绞磨岗配备对讲机及耳麦，总指挥配备对讲机、双色指挥旗、口哨、扩音器。提前规定好作业信号和警报信号	4	不正确，每项扣1分		
3.8	其他	地锚（地锚钻）规格、埋深、马道、地锚套连接等项目须专人检查并记录	4	不正确，每项扣1分		
3.9	布置图	根据现场的地形图画出抱杆起立以前布置图，抱杆、拉线、塔材、地面、绞磨、控制地锚等相关位置	15	布置图未画，扣15分；图中布置不正确，每项扣2分		
4	其他要求		15			
4.1	操作动作	动作熟练流畅、熟悉指挥信号，反应迅速	10	基本熟练，扣2分；基本不熟练，扣5分；不熟练，扣10分		
4.2	时间要求	按时完成	5	每超时2min倒扣1分		

2.2.6 XJ2ZY0301 全站仪档端法测量输电线路导线弧垂的操作

一、作业

（一）工器具、材料、设备

（1）工具：记录本、计算器、钢卷尺、个人工具。

（2）材料：无。

（3）设备：全站仪一台（脚架、花杆、棱镜）。

（二）安全要求

无。

（三）操作步骤及工艺要求（含注意事项）

（1）测量设备检查与准备。

（2）查看地形及仪器架设的位置。

（3）仪器架设及整平。

（4）测量对侧杆塔 b 值。

（5）测量仪器侧杆塔 a 值。

（6）计算弧垂。

（7）整理工用具。

二、考核

（一）考核场地

已经建成的输电线路下操作。

（二）考核时间

考核时间为 30min。

（三）考核要点

（1）单独操作，配合一人。

（2）仪器的操作。

（3）档端法测量弧垂的计算。

三、评分标准

行业：电力工程　　　　工种：送电线路架设工　　　　等级：二

编号	XJ2ZY0301	行为领域	e	鉴定范围		送电线路	
考核时限	30min	题型	A	满分	100 分	得分	
试题名称	全站仪档端法测量输电线路导线弧垂的操作						
考核要点及其要求	（1）单独操作，配合一人。 （2）仪器的操作。 （3）档端法测量弧垂的计算						
现场设备、工器具、材料	（1）工具：记录本、计算器、钢卷尺、个人工具。 （2）材料：无。 （3）设备：全站仪一台（脚架、花杆、棱镜）						
备注	每项扣分扣完为止						

续表

评分标准						
序号	作业名称	质量要求	分值	扣分标准	扣分原因	得分
1	工器具准备		10			
1.1	测量设备	全站仪一台，脚架、花杆、棱镜，检查测量设备的合格标志	6	未检查，每项扣2分		
1.2	其他工具	记录本、计算器、钢卷尺等	4	少一项扣2分		
2	仪器架设		15			
2.1	查看地形及仪器架设的位置	测量方式符合现场要求；保证视线不受到阻挡	4	仪器架设位置不正确，扣5分		
2.2	仪器架设及整平	仪器在导线悬挂点正下方，仪器稳固、水平	8	位置错误，扣3分；脚架不稳固，扣2分；水准管气泡偏出一格的，扣1分；偏出两格，扣2分；偏出三格及以上，扣3分		
2.3	测量仪器高度 i 值	仪器中心点对地面至仪器望远镜中点	3	未测量，扣3分；位置不正确，扣2分		
3	测量对侧杆塔b值		20			
3.1	指挥配合人员架设花杆及瞄准棱镜	指令清晰，花杆架设在对侧杆塔导线悬挂点正下方	5	位置不正确，扣5分		
3.2	测量对侧杆塔导线悬点至地面的高度b值	全站仪测量程序正确；测量对侧杆塔导线悬点至地面距离和角度，计算出b；操作熟练，并记录数据	15	测量程序错误，扣5分；测量距离错误，扣4分；角度错误，扣4分；数据未记录，扣2分		
4	测量导线最低点高度 h_2	调整仪器使仪器与导线相切，并记录数据	10	仪器与导线未相切，扣4分；角度错误，扣4分；数据未记录，扣2分		
5	测量仪器侧杆塔a值		15			
5.1	测量仪器架设侧杆塔导线悬点至地面的高度a	根据a=铁塔呼称高−绝缘子串长，并记录数据	15	计算过程错误，扣10分；代入数据错误，扣3分；数据未记录，扣2分		

续表

序号	作业名称	质量要求	分值	扣分标准	扣分原因	得分
6	计算弧垂	计算方法正确。 $a=h_3-i$ $b=h_1-h_2$ $2\sqrt{f}=\sqrt{a}+\sqrt{b}$	15	计算公式错误，扣15分；a值错误，扣5分；b值错误，扣5分；f值错误，扣5分		
7	其他要求		15			
7.1	操作动作	动作熟练流畅	5	基本熟练，扣1分；基本不熟练，扣3分；不熟练，扣5分		
7.2	清理测试设备	符合文明生产要求，现场不遗留物品	5	现场有遗留物品，一件扣1分		
7.3	按时完成	按时完成	5	每超时1min扣1分		

2.2.7 XJ2ZY0302 钢芯铝绞线耐张线夹液压连接的准备

一、作业

（一）工器具、材料、设备

（1）工具：油盘、锉刀、专用毛刷、卡尺等。

（2）材料：耐张线夹、导电脂、汽油、棉纱、铁丝等。

（3）设备：液压机及钢模。

（二）安全要求

遵守液压机的操作规定。

（三）操作步骤及工艺要求（含注意事项）

（1）工作准备。

（2）机具和材料准备，要选择适合的钢锚、铝管、钢模、铝模。

（3）导线校直和画印切割。

（4）穿管。

（5）整理工用具。

二、考核

（一）考核场地

考场可以设在实训基地或空旷场地。

（二）考核时间

考核时间为40min。

（三）考核要点

（1）要求一人操作、一人配合。

（2）熟练掌握液压机的使用。

三、评分标准

行业：电力工程　　　　工种：送电线路架设工　　　　等级：二

编号	XJ2ZY0302	行为领域	e	鉴定范围		送电线路	
考核时限	40min	题型	A	满分	100分	得分	
试题名称	钢芯铝绞线耐张线夹液压连接的准备						
考核要点及其要求	（1）要求一人操作、一人配合。 （2）熟练掌握液压机的使用						
现场设备、工器具、材料	（1）工具：油盘、锉刀、专用毛刷、卡尺等。 （2）材料：耐张线夹、导电脂、汽油、棉纱、铁丝等。 （3）设备：液压机及钢模						
备注	每项扣分扣完为止						

评分标准

序号	作业名称	质量要求	分值	扣分标准	扣分原因	得分
1	工作准备		10			
1.1	劳动保护用品	安全帽、手套、工作服等安全防护用具大小合适、锁扣自如	5	不正确，每项扣2分		

续表

序号	作业名称	质量要求	分值	扣分标准	扣分原因	得分
1.2	机具准备	液压机及钢模，油盘、锉刀、专用毛刷、卡尺等规格型号、数量及质量满足工作要求	5	缺一件扣1分		
2	操作步骤		74			
2.1	检查并正确连接液压机	液压机的缸体应垂直地平面，并放置平稳	5	不垂直，扣2分；不平稳，扣3分		
2.2	选择并清理钢锚、铝管	测量钢锚和铝管，并记录测量数据，然后用汽油进行内外的清洗	8	未测量，扣4分；未记录，扣2分；未清洗，扣2分		
2.3	选择并安装钢模、铝模	选择的钢模、铝模应与被压管配套，钢模安装正确	8	选择错误，扣4分；安装错误，扣4分		
2.4	导线校直与绑扎	将被压接的导线掰直，端头用绑线扎好	6	未校直，扣3分；未绑扎，扣3分		
2.5	导线清洗	清洗长度不短于管长的1.5倍	6	未清洗，扣6分；长度不够，扣2分		
2.6	穿入铝管	先将铝管穿入导线	4	未穿入铝管，扣4分		
2.7	导线切割	在距绑扎线5～8mm处，用割线器或钢锯割去铝股部分，在切割内层铝股时，只割到每股直径的3/4处，然后将铝股逐股掰断	8	伤及钢芯，扣8分；不整齐，扣3分		
2.8	清洗露出的钢芯	用汽油清洗钢芯	4	未清洗，扣4分		
2.9	穿入钢锚		5	未穿到底，扣5分		
2.10	导线画印	画印记后应立即检查印记位置是否正确	8	印记错误，扣8分		
2.11	涂抹导电脂	先将导电脂薄薄地均匀涂上一层，以将外层铝股覆盖住，再用钢丝刷沿钢芯铝绞线轴线方向进行擦刷	6	未涂抹，扣6分；未沿轴线方向进行，扣2分；未覆盖全，扣2分；不均匀，扣2分		
2.12	压力要求	口答铝模到63MPa和钢模到80MPa，每模达到额定工作压力后维持3～5s	6	铝模压力错误，扣2分；钢模压力错误，扣2分；维持时间错误，扣2分		
3	其他要求		16			
3.1	操作动作	动作熟练流畅、离合器分合切实到位、熟悉指挥信号，反应迅速	3	基本熟练，扣1分；基本不熟练，扣2分；不熟练，扣3分		

续表

序号	作业名称	质量要求	分值	扣分标准	扣分原因	得分
3.2	安全要求	操作人员头部应在液压机侧面并避开钢模，防止钢模压碎飞出伤人	3	发生一次扣3分		
3.3	计算最大对边距推荐值	压后对边距尺寸 $S=0.866\times 0.993D+0.2$mm，D是压接管外径尺寸	5	不正确，扣5分		
3.4	时间要求	按时完成	5	每超时5min倒扣1分，超过15min终止		

2.2.8 XJ2ZY0303 部分损伤导线预绞丝修补处理

一、作业

（一）工器具、材料、设备

（1）工具：记号笔、钳子、改锥等。

（2）材料：JL/G1A-400/35 型导线约 10m，配套预绞丝一套等。

（3）设备：实训基地或不带电的培训线路。

（二）安全要求

注意个人防护用品的使用。

（三）操作步骤及工艺要求（含注意事项）

（1）档距中导线损伤严重，需要进行预绞丝补修。

（2）一人操作。

（3）受损导线已放至地面。

（4）地形平坦。

（5）整理工用具。

二、考核

（一）考核场地

考场可以设在实训基地或空旷场地。

（二）考核时间

考核时间为 30min。

（三）考核要点

（1）要求一人操作。

（2）熟练掌握直线预绞丝的缠绕施工。

三、评分标准

行业：电力工程　　　　工种：送电线路架设工　　　　等级：二

编号	XJ2ZY0303	行为领域	e	鉴定范围		送电线路	
考核时限	30min	题型	A	满分	100 分	得分	
试题名称	部分损伤导线预绞丝修补处理						
考核要点及其要求	（1）要求一人操作。 （2）熟练掌握直线预绞丝的缠绕施工						
现场设备、工器具、材料	（1）工具：记号笔、钳子、改锥等。 （2）材料：JL/G1A-400/35 型导线约 10m，配套预绞丝一套等。 （3）设备：实训基地或不带电的培训线路						
备注	每项扣分扣完为止						

评分标准

序号	作业名称	质量要求	分值	扣分标准	扣分原因	得分
1	准备工作		15			
1.1	查看损坏情况	需要查看实际情况	5	未查看，扣 5 分；调查情况不清楚，扣 2 分		

续表

序号	作业名称	质量要求	分值	扣分标准	扣分原因	得分
1.2	准备材料	准备相应预绞丝	5	准备型号错误，扣5分		
1.3	准备工具	准备相应工具，记号笔、钳子、改锥等	5	缺少一件扣2分		
2	进行缠绕操作		50			
2.1	确定位置	要将损伤位置进行量取，然后在中心画印	14	未量取损伤长度，扣5分；未确定中心，扣4分；未画印，扣5分		
2.2	确定开始缠绕位置	根据预绞丝的长度两边画印	12	一边不画印，扣6分		
2.3	从一头开始缠绕	开头就整齐	12	未从一头开始缠绕，扣6分；开头不整齐，每根扣1分		
2.4	缠绕完成	所有预绞丝都用上	12	未缠绕上的，每根扣6分		
3	质量检查		20			
3.1	检查缠绕情况	紧密均匀，发现不均匀进行调整	10	未检查，扣10分；不均匀未调整，每处扣2分		
3.2	清理	工具和材料进行清理	10	未清理，扣10分；摆放不整齐，每件扣1分；施工垃圾清理不干净，每处扣0.5分		
4	其他要求		15			
4.1	操作动作	动作熟练流畅	5	基本熟练，扣1分；基本不熟练，扣2分；不熟练，扣5分		
4.2	质量要求	预绞丝缠绕均匀紧密，预绞丝端头整齐	5	缠绕不均匀，每处扣1分；端头不整齐，每根扣1分		
4.3	时间要求	按时完成	5	每超时1min倒扣1分		

2.2.9 XJ2ZY0304 500kV送电线路安装四分裂导线间隔棒的操作

一、作业

（一）工器具、材料、设备

（1）工具：间隔棒扳手、吊绳、小滑车、绝缘测绳、个人工具等。

（2）材料：四分裂导线间隔棒（型号：JZF型-铝合金方框支撑型间隔棒）等。

（3）设备：四分裂的不带电的培训线路。

（二）安全要求

（1）高处作业的安全要求。

（2）个人防护用品的使用，尤其二道防线和安全带不能共用。

（三）操作步骤及工艺要求（含注意事项）

（1）工作准备，对个人安全保护、间隔棒安装所需要的工具和材料进行检查与准备。

（2）进行登塔作业。

（3）挂个人保安接地线。

（4）出线到安装的位置。

（5）将间隔棒提到导线上。

（6）间隔棒的安装。

（7）整理工用具，下塔。

二、考核

（一）考核场地

四分裂的不带电的培训线路。

（二）考核时间

考核时间为50min。

（三）考核要点

（1）四分裂导线上单独操作，指挥一人、地面监护一人。

（2）间隔棒由作业人员在导线上安装。

（3）登高作业及安全防护用品的使用。

三、评分标准

行业：电力工程　　　　工种：送电线路架设工　　　　等级：二

编号	XJ2ZY0304	行为领域	e	鉴定范围		送电线路	
考核时限	50min	题型	A	满分	100分	得分	
试题名称	500kV送电线路安装四分裂导线间隔棒的操作						
考核要点及其要求	（1）四分裂导线上单独操作，指挥一人、地面监护一人。 （2）间隔棒由作业人员在导线上安装。 （3）登高作业及安全防护用品的使用						
现场设备、工器具、材料	（1）工具：间隔棒扳手、吊绳、小滑车、绝缘测绳、个人工具等。 （2）材料：四分裂导线间隔棒（型号：JZF型-铝合金方框支撑型间隔棒）等。 （3）设备：四分裂的不带电的培训线路						
备注	每项扣分扣完为止						

续表

评分标准						
序号	作业名称	质量要求	分值	扣分标准	扣分原因	得分
1	工作准备		14			
1.1	个人安全保护用品检查	保安接地线、安全带、安全帽等	6	缺一项扣2分		
1.2	间隔棒安装所需要的工具检查	吊绳、小滑车、绝缘测绳、间隔棒扳手等	5	缺一项扣1分		
1.3	间隔棒	准备与检查	3	未检查，扣3分		
2	登塔作业		25			
2.1	作业人员上塔	协调、灵活、轻巧	5	基本熟练，扣1分；基本不熟练，扣3分；不熟练，扣5分		
2.2	上铁塔和横担的动作	协调、灵活、轻巧	5	基本熟练，扣1分；基本不熟练，扣3分；不熟练，扣5分		
2.3	正确使用安全带	使用正确，检查扣环	5	不正确，扣5分		
2.4	挂个人保安接地线	操作正确，先挂铁塔端，然后挂光缆端	5	不正确，扣5分		
2.5	正确使用速差保护器，下到导线上	使用正确	5	不正确，扣5分		
3	间隔棒安装		50			
3.1	出线	安全带应拴在一根子导线上。到达间隔棒安装位置	4	安全带不正确，扣2分；未到达安装位置，扣2分		
3.2	距离确定	从耐张塔开始测量第一只间隔棒的位置，并在导线上画印间隔棒安装距离，偏差不应大于端次档距的±1.5%，其余不应大于次档距的±3%	4	测量起始位置不正确，扣4分；次档距超差，扣2分		
3.3	起吊间隔棒	利用小滑车和小吊绳将间隔棒吊到安装部位	3	不正确，扣3分		
3.4	间隔棒安装	取下间隔棒上的胶管，在导线画印点位置安装；间隔棒有胶管（垫）不需要缠铝包带，先在上线安装夹头；按规定穿入夹头螺栓、垫片等，螺栓稍紧后安装下线夹头，按规定穿入夹头螺栓、垫片等，螺栓稍紧	15	未在画印位置安装，扣5分；安装顺序错误，扣2分；螺栓方向，每错一处扣1分		

续表

序号	作业名称	质量要求	分值	扣分标准	扣分原因	得分
3.5	间隔棒整体安装方向	由送电侧→受电侧	3	安装错误，扣3分		
3.6	子导线夹头的方向	由外向内	4	安装错误，扣4分		
3.7	调整间隔棒方向，夹头螺栓紧固	间隔棒的结构面应与导线垂直，螺栓紧固有力矩要求的应用扭力扳手紧固	4	结构面未与导线垂直，扣2分；未紧固到位，扣2分		
3.8	位置校核	间隔棒安装后检查其与压接管（或补修管）的位置符合规程规范要求	3	未校核，扣2分；不符合规范要求，扣1分		
3.9	回到铁塔	符合安全规程要求	4	一次违章扣1分		
3.10	拆除个人保安接地线	符合安全规程要求	4	不正确，扣4分		
3.11	放下工具，下塔	符合安全规程要求	2	直接抛扔，一件扣2分		
4	其他要求		11			
4.1	动作要求	动作熟练流畅	4	基本熟练，扣1分；基本不熟练，扣2分；不熟练，扣4分		
4.2	着装要求	着装正确	3	一项不正确扣1分		
4.3	时间要求	按时完成	4	每超时2min倒扣1分		

2.2.10 XJ2ZY0305 500kV送电线路安装光缆防振锤的操作

一、作业

（一）工器具、材料、设备

（1）工具：扳手、改锥、钢卷尺、个人工具等。

（2）材料：光缆防振锤、铝包带等。

（3）设备：不带电的培训线路。

（二）安全要求

高处作业安全要求。

（三）操作步骤及工艺要求（含注意事项）

（1）工作准备，对个人安全保护、防振锤安装所需要的工具和材料进行检查与准备。

（2）进行登塔作业。

（3）挂个人保安接地线。

（4）出线到安装的位置。

（5）防振锤棒的安装和校核。

（6）整理工用具，下塔。

二、考核

（一）考核场地

已经建成的输电线路上操作。

（二）考核时间

考核时间为30min。

（三）考核要点

（1）单独操作，监护一人、配合一人。

（2）高处作业。

（3）防振锤的安装。

三、评分标准

行业：电力工程　　　　工种：送电线路架设工　　　　等级：二

编号	XJ2ZY0305	行为领域	e	鉴定范围		送电线路	
考核时限	30min	题型	A	满分	100分	得分	
试题名称	500kV送电线路安装光缆防振锤的操作						
考核要点及其要求	（1）单独操作，监护一人、配合一人。 （2）高处作业。 （3）防振锤的安装						
现场设备、工器具、材料	（1）工具：扳手、改锥、钢卷尺、个人工具等。 （2）材料：光缆防振锤、铝包带等。 （3）设备：不带电的培训线路						
备注	每项扣分扣完为止						

续表

评分标准						
序号	作业名称	质量要求	分值	扣分标准	扣分原因	得分
1	工作准备		13			
1.1	个人安全保护准备与检查	保安接地线、安全带、安全帽等准备与检查	6	缺少一项扣2分		
1.2	防振锤的检查	防振锤准备与检查	4	未检查，扣4分		
1.3	所需图纸、工具检查	查看图纸安装距离，检查扳手、改锥等工具	3	缺少一项扣1分		
2	登塔作业		20			
2.1	作业人员上塔	协调、灵活、轻巧	5	基本熟练，扣1分；基本不熟练，扣3分；不熟练，扣5分		
2.2	上铁塔和横担的动作	协调、灵活、轻巧	5	基本熟练，扣1分；基本不熟练，扣3分；不熟练，扣5分		
2.3	正确使用安全带	使用正确，检查扣环	5	不正确，扣5分		
2.4	挂个人保安接地线	先挂铁塔端，然后挂光缆端	5	不正确，扣5分		
3	防振锤安装		56			
3.1	测量第一只防振锤的位置，并在光缆上画印	按照图纸要求进行测量，并在光缆上画印	5	位置错误，扣3分；未画印，扣2分		
3.2	安全带应拴在铁塔上。到达防振锤安装位置	位置准确	5	不准确，扣5分		
3.3	利用小滑车和小吊绳将防振锤吊到安装部位	操作正确	5	不正确，扣5分		
3.4	在光缆画印点位置缠绕铝包带	预绞丝的不需要缠铝包带，铝包带缠绕紧密，回头压住	5	缠绕不正确，扣5分；铝包带缠绕不紧密，扣2分		
3.5	安装防振锤	① 防振锤整体安装方向和光缆平行；② 防振锤大小头的方向小头朝铁塔	14	不平行，扣7分；大小头错误，扣7分		

续表

序号	作业名称	质量要求	分值	扣分标准	扣分原因	得分
3.6	螺栓穿向	按照规范要求正确	4	不正确，扣4分		
3.7	销子	销子开口正确	4	不正确，扣4分		
3.8	防振锤安装后检查复测安装距离	符合规范要求	4	超差，扣4分		
3.9	拆除个人保安接地线	符合安全规程要求	5	不正确，扣5分		
3.10	放下工具，下塔	符合安全规程要求	5	直接抛扔，一件扣2分		
4	其他要求		11			
4.1	动作要求	动作熟练流畅	4	基本熟练，扣1分；基本不熟练，扣2分；不熟练，扣4分		
4.2	着装要求	着装正确	3	一项不正确扣1分		
4.3	时间要求	按时完成	4	每超时2min扣1分		

2.2.11 XJ2XG0101 干粉灭火器的应用操作

一、作业

（一）工器具、材料、设备

（1）工具：无。

（2）材料：无。

（3）设备：干粉灭火器和模拟起火的电子屏。

（二）安全要求

灭火器的使用。

（三）操作步骤及工艺要求（含注意事项）

（1）选择灭火器。

（2）选择灭火位置，要站在上风头。

（3）去掉铅封。

（4）压下把手。

（5）拔除销子。

（6）一手扶瓶身，一手扶喷头对准火焰的根部扫射灭火。

二、考核

（一）考核场地

在安全警示教育基地进行。

（二）考核时间

考核时间为5min。

（三）考核要点

（1）单独操作。

（2）灭火器的应用操作。

三、评分标准

行业：电力工程　　　　工种：送电线路架设工　　　　等级：二

编号	XJ2XG0101	行为领域	f	鉴定范围		送电线路	
考核时限	5min	题型	A	满分	100分	得分	
试题名称	干粉灭火器的应用操作						
考核要点及其要求	（1）单独操作。 （2）干粉灭火器的应用操作						
现场设备、工器具、材料	（1）工具：无。 （2）材料：无。 （3）设备：干粉灭火器和模拟起火的电子屏						
备注	每项扣分扣完为止						

评分标准

序号	作业名称	质量要求	分值	扣分标准	扣分原因	得分
1	工作准备		20			

续表

序号	作业名称	质量要求	分值	扣分标准	扣分原因	得分
1.1	选择灭火器	根据火灾情况选择灭火器	10	不正确，扣10分		
1.2	灭火器的准备与检查	准备与检查	5	未检查，扣5分		
1.3	选择灭火位置	站在上风头	5	位置错误，扣5分		
2	灭火操作		60			
2.1	进行颠倒	使用前要将瓶体颠倒几次，使桶内的干粉松动	10	未颠倒，扣10分		
2.2	去掉铅封	操作正确	10	不正确，扣10分		
2.3	压下把手	操作正确	5	不正确，扣5分		
2.4	拔除销子	操作正确	5	不正确，扣5分		
2.5	一手扶喷管，一手压着把手	操作迅速	10	不正确，扣10分		
2.6	在距离火焰两米的地方，压下把手，开始左右喷射	对准火焰根底部进行，并左右扫射	10	未对准根部，扣5分；未进行左右扫射，扣5分		
2.7	喷射干粉覆盖燃烧区，至火苗熄灭	火苗完全熄灭	10	未完全熄灭，扣10分		
3	其他要求		20			
3.1	动作要求	动作熟练流畅	10	基本熟练，扣2分；基本不熟练，扣5分；不熟练，扣10分		
3.2	时间要求	按时完成	10	每超时20s扣1分		

第五部分　高级技师

1 理论试题

1.1 单选题

Lb1A1001 锥形水泥杆的锥度为（　　）。
（A）1/60；（B）1/75；（C）1/85；（D）1/100 。
答案：B

Lb1A1002 用楞次定律可判断感应电动势的（　　）。
（A）方向；（B）大小；（C）不能判断；（D）大小和方向。
答案：D

Lb1A1003 电力线路适当加强导线绝缘或减少地线的接地电阻，目的是为了（　　）。
（A）减小雷电流；（B）避免反击闪络；（C）减少接地电流；（D）避免内过电压。
答案：B

Lb1A2004 相分裂导线比单导线对地电容（　　）。
（A）大；（B）小；（C）相等；（D）差不多。
答案：A

Lb1A2005 相分裂导线比单导线电抗（　　）。
（A）大；（B）小；（C）差不多；（D）相等。
答案：B

Lb1A2006 相分裂导线与单根导线相比（　　）。
（A）电容小；（B）线损低；（C）电感大；（D）对通信干扰加重。
答案：B

Lb1A2007 沿面放电就是（　　）的放电现象。
（A）沿液体介质表面；（B）沿固体介质表面；（C）沿导体表面；（D）沿介质表面。
答案：B

Lb1A2008 在负荷和线路长度相同的情况下，导线的电能损耗与导线截面大小(　　)。

(A) 成正比；(B) 平方成正比；(C) 成反比；(D) 平方成反比。

答案：C

Lb1A3010 组立杆塔用的抱杆计算中，长细比 λ 的含义是（　　）。

(A) 结构长度比等效直径再乘长度折算系数；(B) 结构等效长度比等效直径；(C) 结构长度比截面惯性矩再乘长度折算系数；(D) 结构长度比截面。

答案：C

Lb1A3011 地锚的抗拔力是指地锚受外力垂直向上的分力作用时，抵抗（　　）滑动的能力。

(A) 向左；(B) 向右；(C) 向上；(D) 向下。

答案：C

Lb1A3012 输电线路杆塔的垂直档距（　　）。

(A) 决定杆塔承受的水平荷载；(B) 决定杆塔承受的风压荷载；(C) 决定杆塔承受的垂直荷载；(D) 决定杆塔承受的水平荷载、风压荷载。

答案：C

Lb1A3013 同一耐张段、同一气象条件下各档导线的水平张力（　　）。

(A) 悬挂点最大；(B) 弧垂点最大；(C) 高悬挂点最大；(D) 一样大。

答案：D

Lb1A3014 直流高压输电线路和交流高压输电线路的能量损耗相比（　　）。

(A) 无法确定；(B) 交流损耗小；(C) 两种损耗一样；(D) 直流损耗小。

答案：D

Lb1A3015 各种液压管压后呈正六边形，其对边距 S 的允许最大值为（　　）。

(A) $0.8\times0.993D+0.2$；　(B) $0.8\times0.993D+0.1$；(C) $0.866\times0.993D+0.2$；(D) $0.866\times0.993D$。

答案：C

Lb1A3016 只要保持力偶矩的大小和力偶的（　　）不变，力偶的位置可在其作用面内任意移动或转动都不影响该力偶对刚体的效应。

(A) 力的大小；(B) 转向；(C) 力臂的长短；(D) 作用点。

答案：B

Lb1A3017 LGJ-400/50 型导线与其相配合的架空地线的最小规格为（　　）。

（A）GJ-25 型；（B）GJ-35 型；（C）GJ-50 型；（D）GJ-70 型。

答案：C

Lb1A3018 架空地线对导线的保护角变小时，防雷保护的效果（　　）。

（A）变好；（B）变差；（C）无任何明显变化；（D）根据地形确定。

答案：A

Lb1A3019 外拉线抱杆属于（　　）支承方式。

（A）上绞支下绞支自由；（B）上绞下自由；（C）上绞下嵌固；（D）下嵌固。

答案：C

Lb1A3020 组立杆塔用的抱杆计算中，许用压应力折算系数 ψ 与细长比 λ 的关系是（　　）。

（A）λ 越小 ψ 越小；（B）λ 越小 ψ 越大；（C）根据经验定；（D）无关。

答案：B

Lb1A3021 导线对地距离，除考虑绝缘强度外，还应考虑（　　）影响来确定安全距离。

（A）集肤效应；（B）最小放电距离；（C）电磁感应；（D）静电感应。

答案：D

Lb1A4022 组立杆塔用的抱杆稳定许用应力 $[\delta]_{稳}$ 与材料的许用应力 $[\delta]_{压}$ 的关系是（　　）。

（A）$[\delta]_{稳} > [\delta]_{压}$；（B）$-[\delta]_{稳} = \psi[\delta]_{压}$；（C）$[\delta]_{稳} = [\delta]_{压}$；（D）$[\delta]_{稳} < [\delta]_{压}$。

答案：B

Lb1A4023 相同长度的绝缘子串 50%全波冲击闪络电压较高的是（　　）。

（A）防污型瓷绝缘子；（B）复合绝缘子；（C）钢化玻璃绝缘子；（D）普通型瓷绝缘子。

答案：A

Lc1A1024 终勘工作应在初勘工作完成，（　　）定性后进行。

（A）施工图设计；（B）设计；（C）初步设计；（D）室内选线。

答案：C

Lc1A2025 各类安全工器具应经过国家规定的型式试验、出厂试验和使用中的周期性试验，35kV 验电器的试验周期为（　　）。

（A）3个月；（B）半年；（C）1年；（D）2年。

答案：C

Lc1A2026 （　　）的策划是职业健康安全管理体系的重要要素，是体系建立的基础。

（A）危险源辨识；（B）风险评价；（C）风险控制；（D）危险源辨识、风险评价和风险控制。

答案：D

Lc1A3027 导地线悬挂点的设计安全系数不应小于（　　）。

（A）2.0；（B）2.25；（C）2.5；（D）3.0。

答案：B

Lc1A4028 送电线路测量中，常用的全站仪采用（　　）测距原理进行测距。

（A）静态定位；（B）动态定位；（C）脉冲法；（D）相位法。

答案：D

Lf1A2029 对各种类型的钢芯铝绞线，在正常情况下其最高工作温度为（　　）。

（A）40℃；（B）65℃；（C）70℃；（D）90℃。

答案：C

Lf1A3030 导线直径在12～22mm、档距在350～700m范围内，一般情况下安装防振锤个数为（　　）

（A）1个；（B）2个；（C）3个；（D）4个。

答案：B

Jd1A2031 连接2根直径为13的钢丝绳，需要选用M（　　）的螺纹销直形卸扣。

（A）16；（B）18；（C）20；（D）22。

答案：C

Jd1A2032 采用机动驱动时，起重滑车槽底直径与钢丝绳直径之比应不小于（　　）。

（A）9.0；（B）10.0；（C）11.0；（D）12.0。

答案：C

Jd1A2033 滑车组中滑轮的轮数越多，重物上升速度（　　）。

（A）越快；（B）不变；（C）越慢；（D）不清楚。

答案：C

Jd1A3034 用于供人升降用的起重钢丝绳的安全系数为（　　）。

（A）10；（B）14；（C）5～6；（D）8～9。

答案：B

Jd1A3035 起重滑车的安全系数为：100kN 以下应不小于 3；160～500kN 应不小于（　　）。

（A）2.0；（B）2.5；（C）3.0；（D）3.5。

答案：B

Jd1A3036 旋转连接器的安全系数应不小于 3。旋转连接器应保证在（　　）倍额定载荷下转动灵活。

（A）1.0；（B）1.25；（C）1.50；（D）2.0。

答案：B

Je1A2037 跨越架封顶杆与通信线的最小安全距离应不小于（　　）m。

（A）0.5；（B）1.0；（C）1.5；（D）2.0。

答案：B

Je1A2038 跨越架封顶网的承力绳必须绑牢，且张紧后的最大弧垂不大于（　　）m。

（A）1.0；（B）1.5；（C）2.0；（D）2.5。

答案：D

Je1A3039 基础钢筋（钢筋型号 HR400）采用搭接单面焊时，其搭接长度应大于（　　）倍的钢筋直径。

（A）5；（B）8；（C）10；（D）12。

答案：C

Je1A3040 接地体之间的连接，圆钢应为双面焊接，焊接长度应为其直径的（　　）倍。

（A）6；（B）5；（C）4；（D）10。

答案：A

Je1A4041 杆塔连接螺栓在组立结束时必须（　　）紧固一次，检查扭矩合格后方准进行架线。架线后，螺栓还应复紧一遍。

（A）90%；（B）95%；（C）98%；（D）全部。

答案：D

Je1A4042 光纤复合架空地线（OPGW）张力放线时，牵张场的位置应保证进出线仰角满足制造厂要求，一般不宜大于（　　），其水平偏角应小于7°。

（A）25°；（B）30°；（C）35°；（D）40°。

答案：A

Je1A5043 1250mm² 大截面导线液压连接中，直线接续管中铝管的压接顺序是（　　）。

（A）正压，牵引场方向向张力场方向依次压接；（B）倒压，张力场方向向牵引场方向依次压接；（C）先压中间后压接两端；（D）无所谓。

答案：A

Je1A5044 1250mm²大截面导线液压连接中，耐张线夹中铝管的压接顺序是（　　）。

（A）正压，从钢锚端向管口端依次压接；（B）倒压，从管口端向钢锚端压接；（C）先压中间后压接两端；（D）无所谓。

答案：B

Je1A5045 如图所示，采用三角分析法进行测距，测得 $a=95$m，$\angle C=65°15'$，$\angle B=75°25'$，AC 间直线距离等于（　　）m。

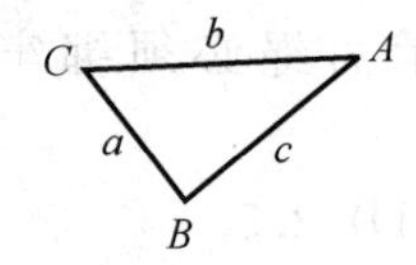

（A）145.063；（B）136.115；（C）206.07；（D）91.939。

答案：A

Je1A5046 光纤复合架空地线（OPGW）在用张力机放线时，张力放线机主卷筒槽底直径不应小于光缆直径的（　　）倍，且不得小于1m。

（A）60；（B）65；（C）70；（D）75。

答案：C

Je1A5047 光纤复合架空地线（OPGW）的放线滑轮槽底直径不应小于光缆直径的（　　）倍，且不得小于500mm。

（A）35；（B）40；（C）45；（D）50。

答案：B

Jf1A1048 自立塔组的质量等级评定中，（　　）项目为主控项目。

（A）螺栓防松；（B）螺栓防卸；（C）脚钉；（D）节点间主材弯曲。

答案：D

Jf1A3049 15～30m 高度可能坠落范围半径是（ ）。

（A）3m；（B）4m；（C）5m；（D）6m。

答案：C

Jf1A4050 送电线路复测时，GPS 应用越来越普遍，GPS 采用的是（ ）定位作业模式。

（A）静态；（B）动态；（C）脉冲法；（D）相位差分。

答案：D

Jf1A4051 安全工作规程规定：临时固定用的拉线（钢丝绳）的安全系数是（ ）。

（A）3.0；（B）3.5；（C）4.0；（D）4.5。

答案：A

Jf1A4052 电源箱中漏电保护器的额定漏电动作电流不应大于（ ）mA，额定漏电动作时间不应大于 0.1s。

（A）20；（B）30；（C）35；（D）40。

答案：B

Jf1A4053 在（ ）倍额定载荷作用下，卡线器夹嘴与线体在纵横方向均无明显相对滑移，卸载后卡线器应装、拆自如。

（A）1.0；（B）1.5；（C）2.0；（D）2.5。

答案：C

Jf1A4054 输电线路施工放线滑车的安全系数应不小于（ ）。

（A）2.0；（B）2.5；（C）3.0；（D）3.5。

答案：C

Jf1A4055 对所有纠正和预防措施，在实施前应先通过（ ）以便对其有效性进行评审。

（A）危险源识别；（B）风险评价；（C）协商交流；（D）风险控制。

答案：B

1.2　判断题

Lb1B2001　接地沟的回填宜选取未掺有石块及其他的泥土并应夯实，回填后应筑有防沉层，工程移交时回填土不得低于地面100～400mm。(×)

Lb1B2002　在Word 2003的编辑状态中，执行“编辑”命令“粘贴”后将剪贴板中的内容拷贝到当前插入点处。(×)

Lb1B2003　起重滑车在起重过程中所做的有效功永远小于牵引力所做的功，功效永远小于100%。(√)

Lb1B2004　在计算机应用中，“计算机辅助设计”的英文缩写为CAD。(√)

Lb1B3005　在计算机应用中，“计算机辅助设计”的英文缩写为CAM。(×)

Lb1B4006　主要用镐，少许用锹、锄头挖掘的黏土、黄土、压实填土等称为坚土。(√)

Lb1B5007　主要用镐，少许用锹、锄头挖掘的黏土、黄土、压实填土等称为次坚石。(×)

Lc1B1008　污染预防是指在避免、控制、减少污染而对各种过程、惯例、材料或产品的采用，可包括再循环、处理、过程更改、控制机制、资源的有效利用和原材料替代等。(√)

Lc1B1009　在软土、坚土、砂、岩石四者中，电阻率最高的是岩石。(√)

Lc1B2010　氧气瓶与乙炔气瓶混放在一起。(×)

Lc1B2011　跨越不停电线路时，牵引机及张力机出线端的牵引绳及导线上必须安装接地滑车，两侧杆塔的放线滑车可以不接地。(×)

Lc1B2012　《中华人民共和国安全生产法》第24条中生产经营单位新建、改建、扩建工程项目的安全设施，必须与主体工程同时设计、同时施工、同时投入生产和使用。安全设施投资应当纳入建设项目概算。(√)

Lc1B3013　生产经营单位与从业人员订立的劳动合同，应当载明有关保障从业人员劳动安全、防止职业危害的事项，以及依法为从业人员办理工伤社会保险的事项。(√)

Lc1B4014　最容易引起架空线发生微风振动的风向是垂直线路方向。(√)

Lc1B4015　最容易引起架空线发生微风振动的风向是旋转风方向。(×)

Lc1B4016　经过滑车的接续管应使用与接续管相匹配的护套进行保护。当接续管通过滑车时，应提前通知牵引机加速牵引快速通过。(×)

Lc1B4017　绝缘架空地线放电间隙的安装，应使用专用模具，控制误差不超出±5mm。(×)

Lc1B5018　在带电线路上方的导线上测量间隔棒距离时，使用带有金属丝的测绳、皮尺。(×)

Lc1B5019　跨越不停电线路时，施工人员在跨越架内侧攀登、作业。(×)

Jd1B2020　产生环境污染和其他公害的单位，必须把环境保护工作纳入计划，建立环境保护责任制度；采取有效措施，防止在生产建设或者其他活动中产生的废气、废水、废

渣、粉尘、恶臭气体、放射性物质以及噪声、振动、电磁波辐射等对环境的污染和危害。(√)

Jd1B5021 粗沙平均粒径不小于0.5mm。(√)

Je1B1022 粗沙平均粒径不小于0.35mm。(×)

Je1B2023 对危险性、复杂性和困难程度较大的作业项目，应进行现场勘察。(√)

Je1B2024 工程建设过程中产生的建筑垃圾和生活垃圾，应及时清运到指定地点，集中处理，防止对环境造成污染。工程建设项目的施工、生活用水，应按清、污分流方式，合理组织排放。(√)

Je1B2025 班组安全施工应有明确的管理目标，逐步实现制度化、规范化、标准化，减少记录事故，杜绝轻伤事故，努力实现各类灾害事故为零的目标。(√)

Je1B2026 雷击跳闸率，指的是每年实际发生的雷击跳闸次数被该单位实际拥有的线路（百千米）数除，然后归算到40雷暴日所得到的数值。(√)

Je1B2027 接触电压是指人手摸设备的1.8m高处，人脚离设备的水平距离为0.8m之间的电位差。(√)

Je1B3028 接地装置各接地体的连接可以用螺栓连接也可焊接。(×)

Je1B3029 某3－3滑车组，牵引绳从动滑车引出，若忽略摩擦，则牵引钢绳受力为被吊物重力的1/6。(×)

Je1B3030 电力线路适当加强导线绝缘或减少避雷线的接地电阻，目的是为了减少雷电流。(×)

Je1B3031 接地装置各接地体的连接采用焊接时，应搭接的长度：圆钢为直径的6倍，并双面焊牢；扁钢为带宽的2倍，并四面焊牢。(√)

Je1B3032 计算杆塔的垂直荷载取计算气象条件下的导线综合比载。(×)

Je1B3033 当引下线直接从架空地线引下时，引下线应绕紧杆身，以防晃动。(×)

Je1B3034 带电导线的垂直距离导线弧垂、交叉跨越距离，可用测量仪或使用绝缘测量工具测量，严禁使用皮尺、普通绳索、线尺等非绝缘工具进行测量。(√)

Je1B3035 全站仪若长时间不用，应取出电池，并间隔一段时间进行充、放电维护，以延长电池使用寿命。(√)

Je1B3036 防扭钢丝绳绳套应采用插接，插头处拉断力应不小于原钢丝绳拉断力。防扭钢丝绳中间不允许有搭接、插接、错股、乱股等现象。(√)

Je1B3037 跨越场两侧的放线滑车在跨越施工前，必须可靠接地。(√)

Je1B3038 接地体当采用搭接焊接时，圆钢的搭接长度应为其直径的6倍并应双面施焊；扁钢的搭接长度应为其宽度的2倍并应四面施焊。(√)

Je1B3039 项目经理部应对施工现场的环境因素进行分析，对于可能产生的污水、废气、噪声、固体废弃物等污染源采取措施，进行控制。(√)

Je1B3040 从业人员在作业过程中，应当严格遵守本单位的安全生产规章制度和操作规程，服从管理，正确佩戴和使用劳动防护用品。(√)

Je1B3041 生产经营单位进行爆破、吊装等危险作业，应当安排专门人员进行现场安全管理，确保操作规程的遵守和安全措施的落实。(×)

Je1B3042 紧线时转角杆必须打内角临时拉线，以防紧线时杆塔向外角侧倾斜或倒塌。(×)

Je1B3043 接地沟的回填宜选取未掺有石块及其他的泥土并应夯实，回填后应筑有防沉层，工程移交时回填土不得低于地面 100～300mm。(×)

Je1B3044 接地装置各接地体的连接采用焊接时，圆钢的搭接长度应为其直径的 6 倍并应双面施焊；扁钢的搭接长度应为其宽度的 2 倍并应两面焊牢。(×)

Je1B4045 当引下线直接从架空地线引下时，引下线应固定并贴紧杆身，以防晃动。(√)

Je1B4046 40mm 宽角钢变形不超过 50‰时，可采用冷矫正法进行矫正。(×)

Je1B4047 40mm 宽角钢变形不超过 35‰时，可采用冷矫正法进行矫正。(√)

Je1B4048 杆塔整体起立抱杆失效时，制动绳受力最大。(√)

Je1B4049 土壤的许可耐压力是指土壤允许承受的压力。(×)

Je1B4050 施工人员可以搭乘挖掘机的斗上下坑。(×)

Je1B4051 挖掘机的斗可以用来传递物件。(×)

Je1B4052 挖掘机暂停作业时，将挖斗放到地面。(√)

Je1B4053 铁塔组立完成后，缺少地脚螺栓的螺帽，可以开始放线作业。(×)

Je1B5054 张力放线可以用手机进行通信联络。(×)

Je1B5055 检修工作中，工作接地线一经拆除，该线路即视为带电，严禁任何人在登杆塔进行任何作业。(√)

Je1B5056 制作跳线的导线必须用经受过张力的导线。(×)

Jf1B1057 对危险源辨识只需要考虑作业场所内设施和人员的活动。(×)

Jf1B1058 计算杆塔的垂直荷载，取计算大风条件下的导线综合比载。(×)

Jf1B1059 雷击导线的概率随保护角减小而减小。(√)

Jf1B1060 某杆塔的水平档距与垂直档距相等时，垂直档距大小随气象条件的变化而改变。(×)

Jf1B1061 杆塔接地装置各接地体的连接可以用螺栓连接也可焊接。(×)

Jf1B2062 导线的尾线或牵引绳的尾绳在张力机线盘或牵引机绳盘上的盘绕圈数均不得少于 5 圈。(×)

Jf1B2063 牵引过程中，牵引绳进入的主牵引机高速转向滑车与钢丝绳卷车的外角侧严禁有人。(×)

Jf1B2064 个人保安线应在杆塔上接触或接近导线的作业开始前挂接，作业结束脱离导线后拆除。装设时，应先接接地端，后接导线端，且接触良好，连接可靠。拆个人保安线的顺序与此相反。(√)

Jf1B2065 耐张段代表档距很大，则该耐张段导线最大使用应力出现在最大比载气象条件下。(√)

Jf1B2066 张力放线通常采用的是耐张塔直路通过、直线塔档间紧线的施工方法。(√)

Jf1B2067 同杆架设的多层电力线路挂接地线时，应先挂低压、后挂高压，先挂下

层、后挂上层，先挂近侧、后挂远侧。拆除时次序相反。(√)

Jf1B3068 压接管压接后应检查弯曲度，不得超过5%L。有明显弯曲时应校直，校直后如有裂纹应割断重接。(×)

Jf1B3069 牵引时接到任何岗位的停车信号都应立即停止牵引，停止牵引时应先停止张力机，再停牵引机。恢复牵引时应先开张力机，再开牵引机。(×)

Jf1B3070 雷击导线的概率随保护角减小而增加。(×)

Jf1B3071 接地棒宜镀锌，截面不应小于16mm^2，插入地下的深度应大于0.6 m。(√)

Jf1B3072 对大跨越档架空线在最高气温气象条件下必须按导线温度为+70℃对交叉跨越点的距离进行校验。(×)

Jf1B3073 当雷击有避雷线线路杆塔顶部时，雷电流大部分经过被击杆塔入地，小部分电流则经过避雷线由相邻杆塔入地。(√)

Jf1B3074 直流特高压工程在导线展放施工中，导引绳、牵引绳的安全系数不得小于3；特殊跨越架线的导引绳、牵引绳的安全系数不得小于3.5。(√)

Jf1B3075 张力场缺少一个50kN的卸扣，可以用金具环U-7代替。(×)

Jf1B3076 笼型跳线地面组装，在跳线垂直投影下方处进行跳线组装，应用支撑物在适当位置进行支垫，并用仪器进行操平，使笼型骨架处于水平状态，确保笼型骨架对接后整体平直。(√)

Jf1B3077 1250mm^{2}大截面导线换轴时，将放出的线尾与新轴线头用双头蛇皮网套进行连接，然后牵引到压接位置。(×)

Jf1B4078 最容易引起架空线发生微风振动的风向是与线路呈45°角的方向。(×)

Jf1B4079 某杆塔的水平档距与垂直档距相等时，垂直档距大小不随气象条件的变化而改变。(√)

Jf1B5080 GPS线路复测采用的转换坐标系是通过匹配计算各控制点的WGS84坐标全球坐标系统和北京54坐标地方坐标系建立的。(√)

1.3 多选题

La1C2001 施工图各分卷、册的主要内容有（ ）。

（A）施工图总说明书及附图：其主要内容有线路设计依据、设计范围及建设期限、路径说明方案、工程技术特性、经济指标、线路主要材料和设备汇总表、附图；（B）线路平断面图和杆塔明细表：其主要内容有线路平断面图、线路杆塔明细表、交叉跨越分图、铁塔组装图；（C）机电施工安装图及说明：其主要内容有架空线型号和机械物理特性、导线相位图、绝缘子和金具组合、架空线防振措施、防雷保护及绝缘配合、接地装置施工；（D）杆塔施工图：其主要内容有混凝土电杆制造图、混凝土电杆安装图、铁塔安装图、路径图；（E）材料汇总表：其主要内容有施工线路所用的材料名称、规格、型号、数量及加工材料的有关要求。

答案：ABCE

Lb1C2002 某施工项目发生索赔事项，承包商提出材料费索赔，在其可索赔费用中应包括材料的（ ）。

（A）运输费；（B）使用费；（C）合理的损耗费；（D）仓储费；（E）进货费。

答案：ACD

Lb1C2003 杆件的四种基本变形及强度计算是指杆件的（ ）。

（A）挤压；（B）弯曲；（C）拉伸压缩；（D）剪切；（E）扭转。

答案：ABDE

Lb1C2004 进行线路换位的措施是（ ）。

（A）可在每条线路上进行循环换位，即让每一相导线在线路的总长中所处位置的距离相等；（B）可采用变换各回路相序排列的方法进行换位；（C）可以在导线上直接换位；（D）可以利用跳线，在杆塔上直接换位；（E）不能在导线上直接换位。

答案：ABCD

Lb1C2005 杆塔工程中，规定螺栓方向的目的是（ ）。

（A）杆塔结构受力要求；（B）为紧固螺栓提供方便，便于拧紧；（C）为质量检查提供方便；（D）达到统一的目的；（E）达到整齐美观的目的。

答案：BCDE

Lb1C2006 线路的绝缘配合就是根据（ ）的要求，决定线路绝缘子串中绝缘子的个数和正确选择导线对杆塔的空气间隙。

（A）大气过电压；（B）额定工作电压；（C）最高运行电压；（D）内过电压；（E）外过电压。

答案：AD

Lb1C2007 下列（ ）是杆塔结构的永久荷载。

(A) 导线及地线的重力荷载；(B) 土压力及预应力等荷载；(C) 覆冰荷载；(D) 风压荷载；(E) 绝缘子和金具的重力荷载。

答案：ABE

Lb1C2008 下列（ ）是杆塔结构的可变荷载。

(A) 风和冰雪荷载；(B) 导线、地线及拉线的张力；(C) 各种振动动力荷载；(D) 土压力荷载；(E) 结构变形引起的次生荷载。

答案：ABCE

Lc1C2009 安全工器具使用前的外观检查应包括（ ）。

(A) 绝缘部分有无裂纹、老化、绝缘层脱落、严重伤痕；(B) 固定联结部分有无松动、锈蚀、断裂等现象；(C) 进行冲击试验；(D) 对其绝缘部分的外观有疑问时应进行绝缘试验合格后方可使用；(E) 不用检查。

答案：ABD

Jb1C2010 现在架线施工中，导引绳的展放有（ ）等方法。

(A) 牵放法；(B) 铺牵法；(C) 铺放法；(D) 绕牵法；(E) 2 牵八。

答案：ABCD

Je1C2011 内悬浮外拉线抱杆分解组塔工艺有（ ）等优点。

(A) 技术成熟；(B) 成本低；(C) 起吊系统稳定安全；(D) 工效低；(E) 工器具很多，运输难度大。

答案：ABC

Je1C2012 内悬浮外拉线抱杆分解组塔工艺有（ ）等缺点。

(A) 外拉线需较好的地形条件；(B) 临近带电体作业时，拉线与控制绳布置受到限制；(C) 功效低；(D) 起吊重量小；(E) 施工方案复杂，需要配电动卷扬机。

答案：AB

Je1C2013 张力放线时，（ ）应接地。

(A) 牵引机；(B) 导线轴架车；(C) 牵引绳和导线；(D) 被跨电力线路两侧放线滑车；(E) 张力机。

答案：ACDE

Je1C2014 某基础施工现场在使用挖掘机进行基坑开挖作业，下列（ ）行为违反安全规定。

(A) 工人甲进入斗内进入基坑；(B) 工人乙利用挖斗递送物件；(C) 暂停作业时，

挖斗放在坑内；（D）安全监护人监护作业人员严禁在伸臂及挖斗下面通过或逗留；（E）针对旁边的10kV电力线设置安全围栏隔离。

答案：ABC

Je1C3015 送电线路在埋设水平接地体时，下列（ ）符合规定。

（A）遇倾斜地形宜沿等高线埋设；（B）两接地体间的平行距离不应小于3m；（C）接地体敷设应平直；（D）对无法满足上述要求的特殊地形，施工人员现场解决；（E）材料可以以小带大。

答案：AC

Je1C3016 某现场正在进行起重机吊装作业，下列（ ）行为违反安全规定。

（A）工人甲站在吊件和起重臂下方；（B）工人乙随吊件上升；（C）现场设置取得资格证的吊车指挥；（D）吊挂钢丝绳间的夹角为150°；（E）吊件吊起10cm时应暂停，检查制动装置，确认完好后方可继续起吊。

答案：ABD

Je1C3017 塔上组装，下列规定正确的是（ ）。

（A）塔片就位时应先高侧后低侧；（B）多人组装同一塔段片时，应由一人负责指挥；（C）高处作业人员应站在塔身外侧；（D）需要地面人员协助操作时，应经现场指挥人下达操作指令；（E）塔片就位时应先低侧后高侧。

答案：BDE

Je1C3018 倒落式人字抱杆整体组立杆塔时，杆塔起立角约（ ）°时应减慢牵引速度，约（ ）°时应停止牵引，利用临时拉线将杆塔调正、调直。

（A）50；（B）60；（C）70；（D）80；（E）90。

答案：CD

Je1C4019 座地摇（平）臂抱杆分解组塔，（ ）或（ ）时，应将起吊滑车组收紧在地面固定。禁止悬吊构件在空中停留过夜。

（A）大风；（B）停工；（C）阴天；（D）雨雪天；（E）过夜。

答案：BE

Je1C5020 金属抱杆出现下列（ ）情况不得使用。

（A）局部弯曲严重；（B）磕瘪变形；（C）表面腐蚀；（D）表面裂纹；（E）表面脱焊。

答案：ABCDE

Jf1C2021 安全文明施工和安全控制的具体目标包括（ ）。

（A）减少或消除人的不安全行为的目标；（B）改善生产环境和保护自然环境的目标；

（C）缩短建设工期的目标；（D）减少或消除设备、材料的不安全状态的目标；（E）减少建设项目总投资的目标。

答案：ABD

Jf1C2022 建设工程施工中应避免不可接受风险的威胁。不可接受风险是指（ ）。

（A）超出了法律、法规和规章的要求目标；（B）超出了建设工程项目的总体目标；（D）超出了人们的判断；（C）超出了方针、目标和企业规定的其他要求；（E）超出了人们普遍接受的要求判断能力的限度。

答案：ACE

Jf1C2023 以下属于转包的是（ ）。

（A）总承包单位将建设工程分包给不具备相应资质条件的单位；（B）承包单位将其承包的全部工程肢解后以分包的名义分别转给他人承包；（C）分包单位将其承包的建设工程再分包的；（D）施工总承包单位将建设工程主体结构分包给其他单位；（E）承包单位承包建设工程后，不履行合同约定的责任和义务，将其承包的全部建设工程转给他人。

答案：BE

Jf1C2024 根据现场勘察结果，对危险性、复杂性和困难程度较大的作业项目，应编制（ ），经本单位主管生产领导（总工程师）批准后执行。

（A）组织措施；（B）安全措施；（C）技术措施；（D）管理措施；（E）监督检查。

答案：ABC

Jf1C2025 档案归档时，案卷内科技文件材料的载体和书写材料应符合耐久性要求。不能有（ ）复写纸等书写的字迹。

（A）铅笔；（B）圆珠笔；（C）红墨水；（D）纯蓝墨水；（E）黑色签字笔。

答案：ABCD

1.4 计算题

Lb1D4001 钢芯铝绞线为 JL/G1A-630/45，导线参数如下：导线单质量 $G_0=2079.2$kg/km，截面面积 $A=674$mm²，直径 $d=33.8$mm，冰厚 $b=X_1$mm，按雨凇冰取密度；风速 $v=5$m/s，风速不均匀系数 $\alpha_F=1.0$，体形系数 $C=1.1$，风向和导线垂直，则该导线的覆冰综合总比载为____N/（m·mm²）。重力加速度 g=9.8m/s²。

X_1取值范围：5，6，7

计算公式： 自重比载 $g_1=\frac{9.8\times G_0}{A}\times 10^{-3}$

冰重比载 $g_2=\frac{9.8\times 0.9\pi b\ (b+d)}{A}\times 10^{-3}$

垂直总比载 $g_3=g_1+g_2$

覆冰风压比载 $g_5=\frac{9.8\times \alpha_F C\ (2b+d)\ v^2}{16A}\times 10^{-3}$

覆冰综合总比载 $g_7=\sqrt{g_3^2+g_5^2}$

Je1D1002 某送电线路工程准备架设 OPGW 光缆，光缆外径 $d=X_1$mm，则要求的放线滑车槽底最小直径 $D=$____ mm。

X_1取值范围：20，30，40

计算公式：

$D\geqslant 40X_1$

且不小于 500mm

Je1D1003 送电线路基础施工中，有一正方形基础，已知基础底尺寸 $D=3.5$m，坑深 $H=X_1$m，基础与坑底边的距离 $e=0.3$m，边坡 $f=0.3$m，求坑口 a 为____ m和坑底 b 为____ m。

X_1取值范围：3，3.5，4

计算公式：

$b=D+2\times e$

$a=b+2\times f\times H$

Je1D2004 送电线路架设完成后，技术员去测量导线与被跨越的 10kV 电力线间的距离。仪器高度为 1.5m，仪器至线路交叉点的水平距离为 X_1m，观测线路交叉处导线时的仰角为 16°15′，观测线路交叉处 10kV 电力线最高点的仰角是 6°30′，则线路交叉跨越距离为____ m。

X_1取值范围：50，60，70

计算公式：

$H=X_1\times\ (\tan 16°15'-\tan 6°30')$

Je1D2005 某导线的外径 D 为 X_1mm，张力机张力轮轮径 ϕ 最小应为____ mm。

X_1取值范围：47.35，47.85

计算公式：

$\phi \geqslant 40D-100$

Je1D2006 组塔吊装塔材，如图所示，两点起吊，已知塔材重 $Q_1=X_1$kg，补强用的钢管为 $Q_2=150$kg，两根吊点绳夹角为 $\alpha=100°$，则一根吊点绳受力____ kN。

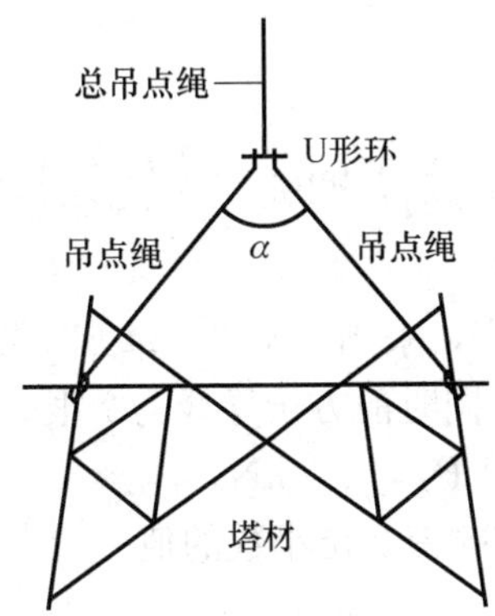

X_1取值范围：1500，1600，1700

计算公式：

塔片总重量 $Q=X_1+150$

两根吊点绳夹角 $\alpha=100°$

吊点绳受力 $T=\dfrac{Q\times 9.8}{1000\times 2\times \cos\left(\dfrac{\alpha}{2}\right)}$

Je1D2007 一铁塔混凝土现场浇制基础，地形为山区，混凝土量为 X_1m^3，混凝土强度为C20，配合比为质量比见下表，则该基础施工时现场应准备水泥____ t、中砂____ t和碎石____ t，损耗率按《电力建设工程预算定额　第四册输电线路工程 2013 版》。

混凝土标号	水灰比	配比类别	水	水泥	砂	石
C20	0.53	每立方米混凝土用量	175	330	651	1264
		每包水泥配用	26.5	50	98.5	191.5
		质量比	0.53	1	1.97	3.83

根据定额，山区的损耗率：水泥 7%，中砂 18%，石子 15%。

X_1取值范围：58～68 之间的整数

计算公式：

$C=X_1\dfrac{330}{1000}\times(1+0.07)$

$M=X_1\dfrac{651}{1000}\times(1+0.18)$

$G=X_1\frac{1264}{1000}\times(1+0.10)$

Je1D3008 铁塔组立施工中，拉线地锚采用 50kN 地锚，已知条件如下：矩形地锚的宽度 d 取 0.33m，地锚长度 l 取 1.2m，地锚入土深度 h 取 2.3m，地锚受力方向与水平方向的夹角 α 取 45°，土壤的计算抗拔角 φ_1 取 23°，土壤的密度 $r=X_1\text{kN/m}^3$，地锚抗拔系数 k 取 2.5，地锚容许抗拔力为____ kN。

X_1取值范围：16，17，18

计算公式：

$$Q=\frac{1}{K}\left[dl\left(\frac{h}{\sin\alpha}\right)+(d+l)\left(\frac{h}{\sin\alpha}\right)^2\tan\varphi_1+\frac{4}{3}\left(\frac{h}{\sin\alpha}\right)^3\tan^2\varphi_1\right]r\sin\alpha$$

Je1D3009 某直流特高压工程，采用 4×“一牵 2”张力架线施工，导线为 JL1/G3A-1250，导线计算拉断力为 X_1kN，同时前方子导线为 2 根，主牵引机额定牵引力系数 K_p 取值为 0.3，主牵引机的额定牵引力 $P\geqslant$____ kN。

X_1取值范围：294.23～313.36 带 2 位小数的值

计算公式：

$P\geqslant mK_pX_1\geqslant2\times0.3\times X_1$

Je1D3010 某送电线路工程准备架设 OPGW 光缆，光缆外径 $d=X_1$mm，则要求的张力机导线轮槽底直径 D 最小为____ mm。

X_1 取值范围：10，20，30

计算公式：

$D\geqslant70d$

且 D 不小于 1000mm

Je1D3011 某种导线所用的接续管铝管的外径 $D=X_1$mm，则接续管液压后对边距尺寸 S 最大允许值为____ mm（精确到小数点 2 位）。

X_1取值范围：40，45，50

计算公式：

接续管液压后对边距尺寸 S 的最大允许值为：

$S=0.866\times0.993D+0.2$（D 为管外径，mm）

Je1D3012 一送电线路铁塔现浇正方形基础，基础底盘为 4.1m×4.1m，无垫层，两侧裕度取 0.3m，放坡系数为 1∶0.3，坑深 $H=X_1$m，该基整基挖方数量为____ m³。

X_1取值范围：4～5 之间带 1 位小数的值

计算公式：

$a=4.1+0.3\times2$

$b=a+X_1\times0.3\times2$

$V=4\times\frac{H}{3}(a^2+ab+b^2)$

Je1D3013 某单个 6.8 级螺栓受剪，有 1 个剪切面，直径 $d=X_1$mm，抗剪强度设计值为 240N/mm²，计算该螺栓能承受的剪切力为____ kN。

X_1取值范围：16～20 之间的整数

计算公式：

$$N_v^b=n_v\frac{\pi d^2}{4}f_v^b$$

式中 n_v——受剪面数目，本结构中 $n_v=1$；

d——螺栓直径，mm，取 20mm；

f_v^b——螺栓连接的抗剪强度设计值，N/mm²，6.8 级螺栓取 240N/mm²。

Je1D4014 某种导线设计给出的 20℃时档距为 470m、480m、490m 时的设计弧垂值如下表（表中数据已经考虑降温 25℃），该耐张端代表档距为 482m，观测档 L_x 为 X_1m，悬点高差为 0°，则该观测档在 20℃弧垂为____ m。计算过程保留 4 位小数，计算结果保留 2位小数。

序号	气温（℃）	代表档距（m）	弧垂（m）
1	20	490	14.79
2	20	480	14.18
3	20	470	13.58

X_1取值范围：461～469

计算公式：

$f(100)=(14.79/4.90^2-14.18/4.80^2)\times 2/10+14.18/4.80^2$

$f_x=\frac{f(100)}{\cos\beta}\left(\frac{L_x}{100}\right)^2$

Je1D5015 送电线路工程用内悬浮外拉线抱杆分解组塔，如图所示，吊件重 $W=X_1$ N，拉线合力作用线与抱杆夹角 $\alpha=45°$，相邻两拉线夹角 $\beta=90°$，抱杆与地面的夹角 $\theta=75°$，抱杆和拉线的自重忽略不计，滑车的摩擦力忽略不计，计算拉线受力为____ N和抱杆受力为____ N。

X_1取值范围：11000，12000，13000

计算公式：

拉线受力

$T=\frac{W\times\sin(90°-\theta)}{\sin\alpha}$

起吊时为两根拉线受力，T 为两拉线的合力，故

$T_1=\frac{T}{2\times\cos(\beta/2)}$

抱杆受力

$N=W\times\cos(90^{\circ}-\theta)+P+T\times\cos\alpha$

$P=W$

$N=W\times(1+\sin\theta)+T\times\cos\alpha$

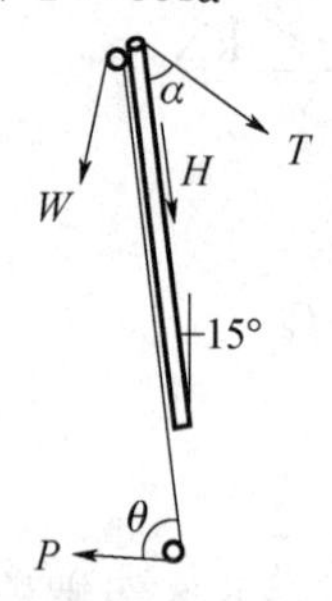

(a) 工器具受力图　　(b) 拉线受力分析图

Je1D5016　某输电线路工程，导线型号为 LGJ-300/25 钢芯铝绞线，自重 $G=1.058\text{kg/m}$，总截面面积 $A=333.31\text{mm}^2$，孤立档档距 $l_0=X_1\text{m}$，最大过牵引应力 $\sigma_1=145\text{N/mm}^2$，架线时的设计应力 $\sigma_2=46.2\text{N/mm}^2$，导线弹性系数 $E=80000\text{N/mm}^2$，悬挂点高差角 $\alpha=5°$，允许最大过牵引长度为____ mm。

X_1取值范围：156，158，160

计算公式：

$$g_1=\frac{G\times g}{A}=\frac{1.058\times 9.8}{333.31}$$

$$\Delta L=\left[\frac{l_0^2\times g_1^2}{24}\times\left(\frac{1}{\sigma_2^2}-\frac{1}{\sigma_1^2}\right)+\frac{1}{E}\times(\sigma_1-\sigma_2)\right]\times\frac{l_0}{\cos\alpha}$$

Jf1D4017　220kV 送电线路在紧线施工时，紧线的张力 P 为 X_1，计算应选择的牵引绳破断拉力应不小于____。（可不考虑钢丝绳破断力换算系数，K 为安全系数，取 4.5；K_1为动荷系数，取 1.2；K_2 为不平衡系数，取 1.2；精确到小数点 1 位）

X_1取值范围：23～30 之间的整数

计算公式：

$T=K\times K_1\times K_2\times P=4.5\times 1.2\times 1.2\times X_1$

1.5 识图题

Lb1E2001 下列图中表示导线覆冰时综合比载情况的是（ ）。

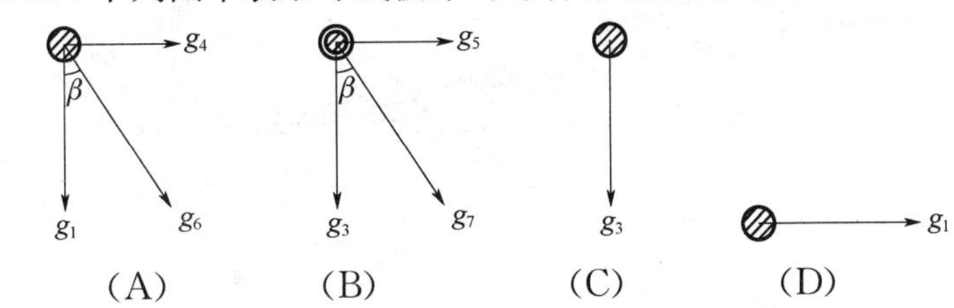

答案：B

Lc1E3002 下图为120kN地线单联悬垂金具串组装图（BX1-12），图中②表示的金具名称是（ ）。

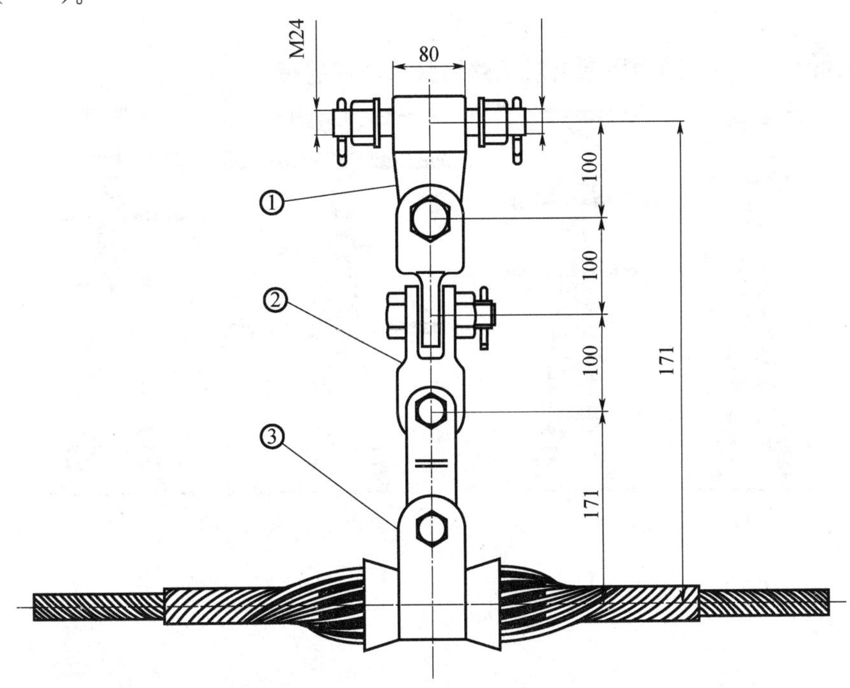

（A）耳轴挂板；（B）悬垂线夹；（C）直角挂板；（D）平行挂板。

答案：C

Lc1E5003 下图为导线机械特性曲线图，该图表示的临界档距是（ ），年平均运行应力是（ ）曲线（年平均气温0℃）。

（A）163.76m，σ_4；（B）500m，σ_9；（C）398.76m，σ_2；（D）398.76m，σ_5。

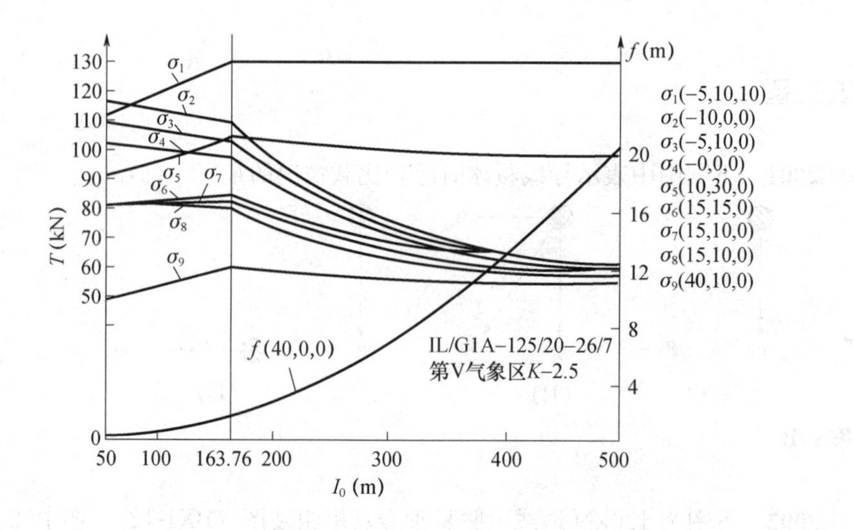

答案：**A**

Jd1E1004　下列塔图中塔型为双回路耐张换位塔的是（　　）。

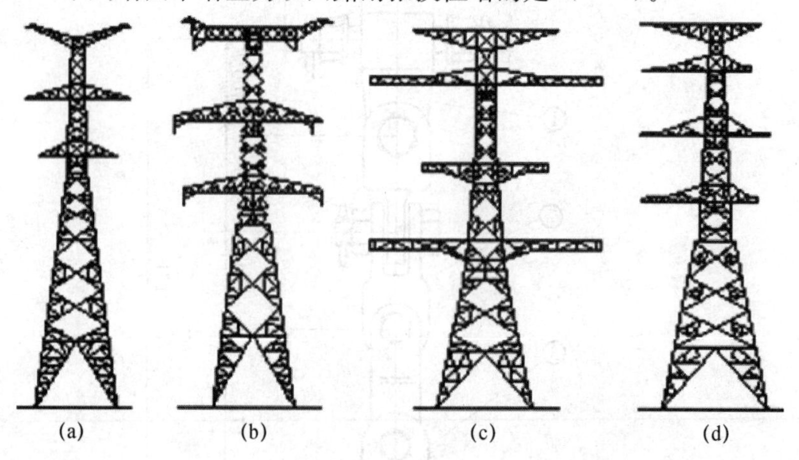

（A）a；（B）b；（C）c；（D）d。

答案：**C**

Je1E1005　下图为跨越架示意图，该跨越架类型为（　　）

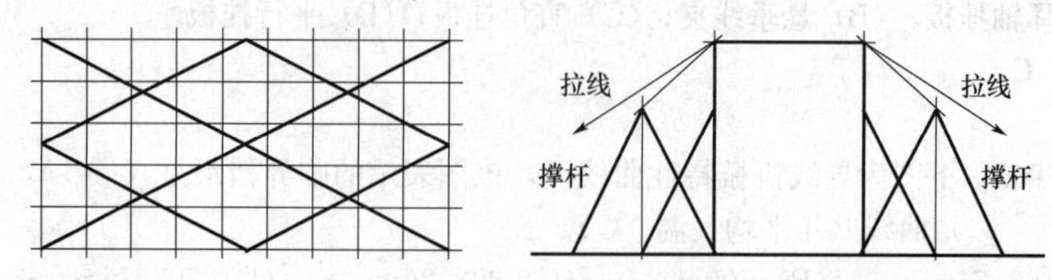

（A）丁型跨越架；（B）丙型跨越架；（C）乙型跨越架；（D）甲型跨越架。

答案：**D**

Jf1E2006 下图为拉线杆塔拉线组装示意图，数字标注为楔形线夹的是（　　）。

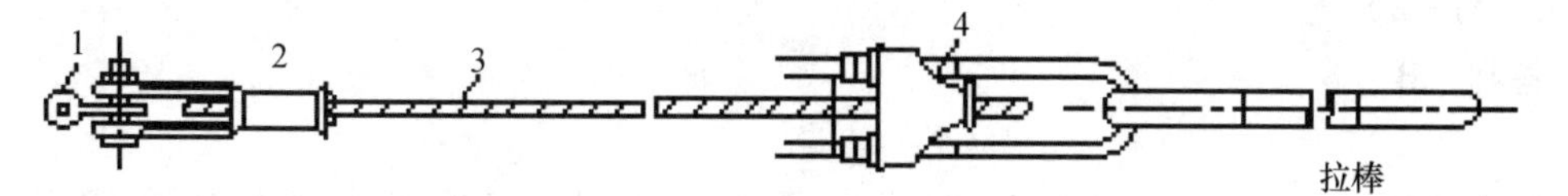

（A）1；（B）2；（C）3；（D）4。

答案：B

Jd1E2007 下图中不包括的塔型是（　　）。

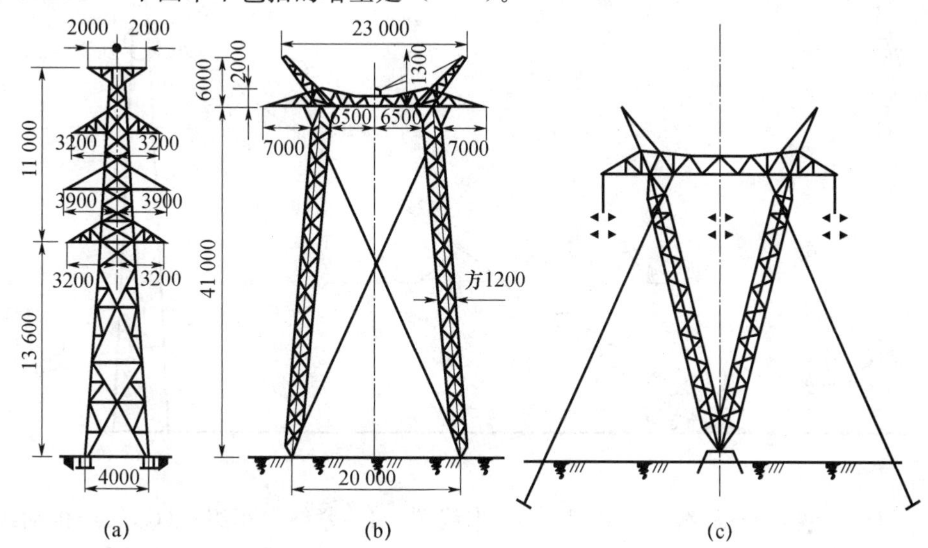

（A）鼓型双回路塔；（B）拉线 V 型塔：（C）伞型双回路塔；（D）门型塔。

答案：C

Je1E3008 下图为高低腿铁塔基础分坑图，下列表达正确的是（　　）。

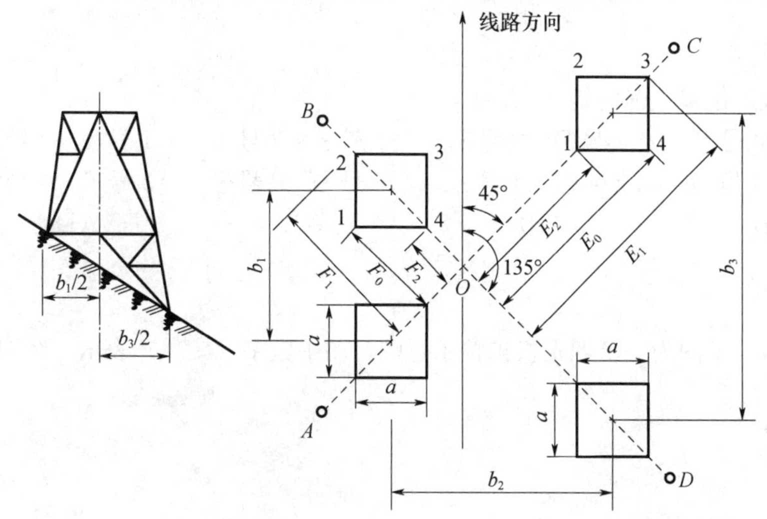

(A) $E_0=0.707b_2$；(B) $E_1=0.707\ (b_3+a)$；(C) $F_2=0.707\ (b_2-a)$；(D) $F_1=0.707\ (b_2+a)$。

答案：B

Je1E3009　下图为某 500kV 直线塔紧线示意图，工器具名称标注有错误的是(　　)。

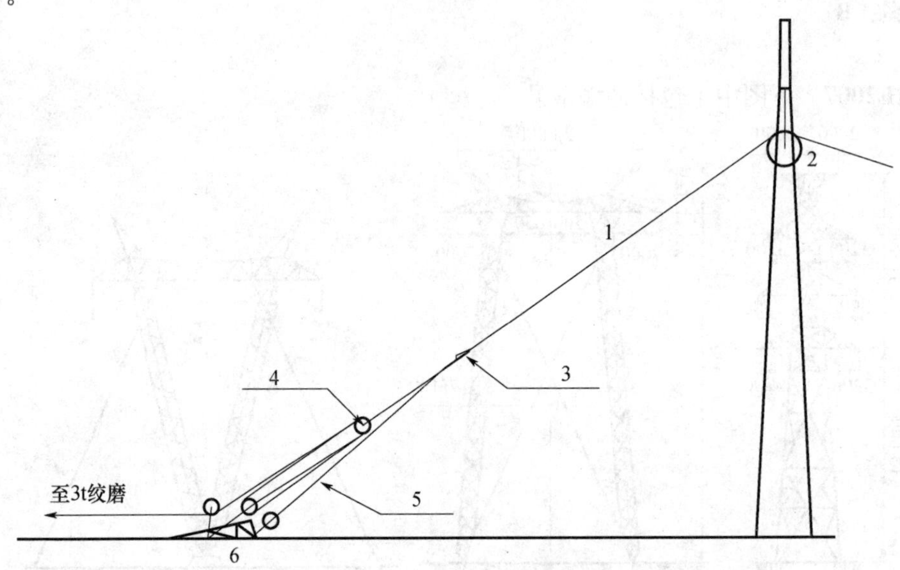

(A) 1—导线，2—放线滑车；(B) 3—卡线器，4—紧线滑车组；(C) 5—机动绞磨地锚；(D) 6—滑车组地锚及临锚架。

答案：C

Je1E3010　四分裂导线在放线施工中，子导线的排列如下图。

1号　2号　3号　4号

⊙　⊙　⊙　⊙

附件完成后位置正确的是(　　)

(A)	(B)	(C)	(D)
1号⊙　4号⊙	1号⊙　3号⊙	1号⊙　3号⊙	1号⊙　2号⊙
2号⊙　3号⊙	2号⊙　4号⊙	4号⊙　2号⊙	3号⊙　4号⊙

答案：A

Je1E3011　下图为一牵四走板连接示意图，图中数字(　　)表示一牵四走板。

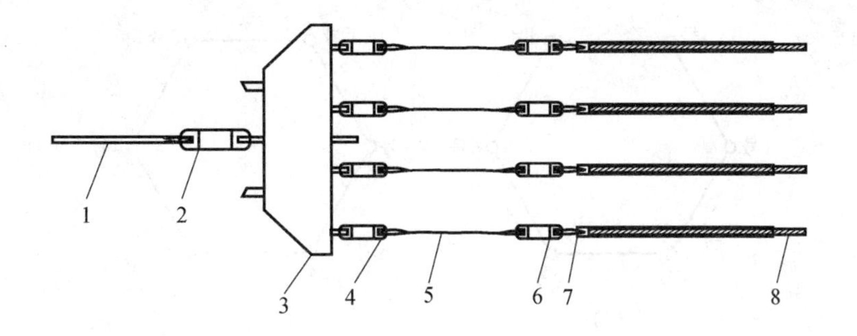

（A）1；（B）2；（C）3；（D）4。

答案：C

Je1E4012　下图为基础平面布置图，该基础为终端塔，向上为线路前进方向，小号侧为变电站架构，（　　）不用考虑基础顶面的预偏值。

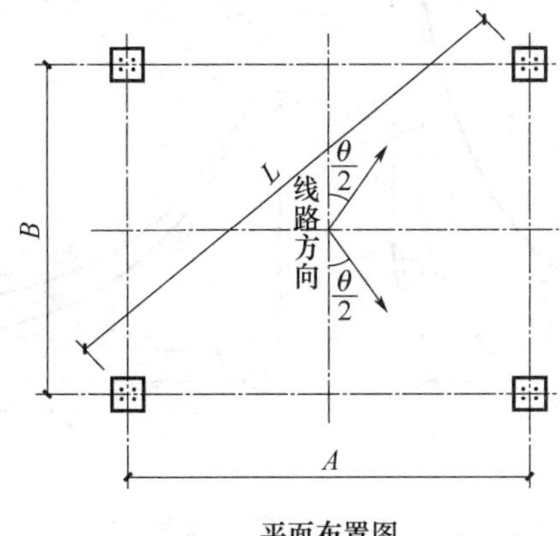

平面布置图

（A）A腿；（B）B腿；（C）C腿；（D）D腿。

答案：A

Je1E4013　下图为六分裂1250mm²大截面放线及附件前每相导线子导线编号，面向大号侧从左到右依次为1号～6号：

1号　2号　3号　4号　5号　6号

附件完成后位置正确的是（　　）

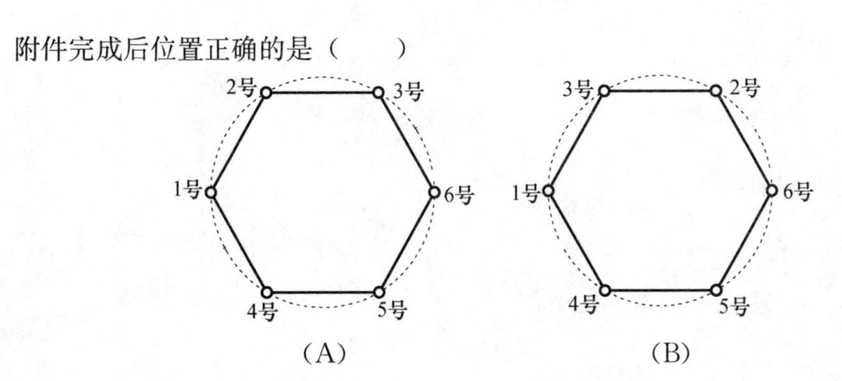

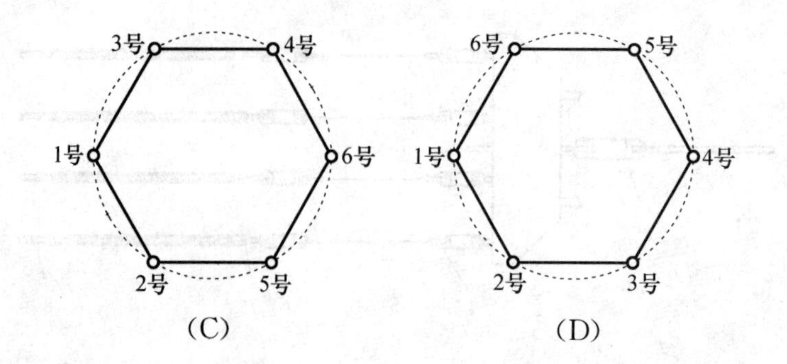

(C)　　　　　　　　(D)

答案：C

Je1E4014　下图为（　　），是在弛度观测中，条件允许的情况下优先使用的一种弧垂观测方法。当观测温度与弧垂板所设温度的差不超过±10℃，弛度变化 Δf 时，可保持视点端 A 点弧垂板位置不变，测站端弧垂板位置 B 应调整（　　），进行观测。

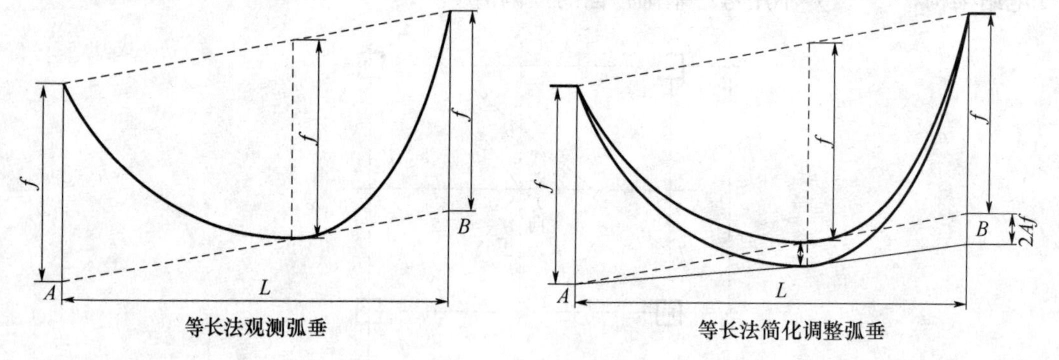

等长法观测弧垂　　　　　　等长法简化调整弧垂

(A) 等长法，Δf；(B) 等长法，$2\Delta f$；(C) 异长法，Δf；(D) 异长法，$2\Delta f$。

答案：B

1.6 论述题

La1F1001 送电线路GPS量测系统主要包括哪几部分？

答案：主要包括：参考基站主机、参考基站电源、参考基站电台、参考基站卫星信号接收天线、流动站主机、流动站卫星信号接收天线、流动站显示器及对中杆。

La1F2002 全站仪线路复测时遇到障碍物，不能通视，试举两种绕桩复测方法。

答案：有两种比较简便的方法：等腰三角形法和矩形法（平行四边形法）。

La1F3003 试阐述全站仪测量的主要使用步骤。

答案：主要使用步骤包括：

（1）在观测站安置好三脚架，将仪器安放在机座上，并进行对中、整平，这与光学经纬仪相同，然后开启电源开关。

（2）设置气象改正、大地曲率等参数（参数值由仪器说明书查取）。

（3）量取仪器高。

（4）在目标点安置棱镜，根据测程选择不同的棱镜组，经对中整平后，将棱镜的反光镜对准全站仪。

（5）用望远镜瞄准反光镜后，按下"测量"按钮，测量结果显示在仪器显示屏上，运用键盘可显示平距、高差等数据。

La1F5004 GPS线路复测通常采用一点匹配法、二点匹配法、三点匹配法定义转换坐标系进行线路桩位复测，试阐述各种方法的适用范围。

答案：（1）一点匹配法测量精度较低，大体可控制在10m范围内，通常用于：在只知道前一桩位的情况下，匹配计算前一桩位点北京54坐标和WGS84坐标建立转换坐标系，并根据下一桩位的北京54坐标采用搜索下一桩位的大概位置。

（2）二点匹配法定义的转换坐标系通常用于某一直线耐张段内的桩位复测，并且定义转换坐标系的控制点能够覆盖该复测直线耐张段（即控制点间距离大于耐张段长度），这样便保证了该耐张段复测的准确性，当复测至下一耐张段时，原先定义的转换坐标系将无法保证桩位复测的准确性，需重新定义转换坐标系。

（3）三点匹配法定义的转换坐标系通常用于几个耐张段甚至整条线路的复测，建立三点转换坐标系的控制点可以是复测时已找到的线路桩位点，也可是测绘部门提供的标准控制点（WGS84坐标无约束平差且已知这些点的北京54坐标），三个控制点所连接形成的三角形应能够覆盖整个测量区域中的各点。采用三点匹配法定义转换坐标系进行线路复测时，复测的准确度和效率将大大提高，因此GPS线路复测补桩时优先考虑采用三点匹配建立转换坐标系。

Lb1F2005 作业指导书的基本内容有哪些？

答案：作业指导书应包括下列基本内容，视作业指导书范围及要求可有所增删，但必须有保证质量和安全的措施。对特殊操作工艺应详细明确。主要包括如下内容：

（1）工程概况（及工程量）。

（2）准备工作（包括施工组织）。

（3）主要施工方案（含作业流程）。

（4）质量要求。

（5）职业健康安全与环境保护管理要求（包括安全文明施工、危险源辨识和预控措施）。

（6）附录：① 作业过程系统流程图；② 施工场地布置图；③ 安装作业示意图（必要时提供主要计算结果）；④ 特殊工艺要求；⑤ 施工机具、计量器具配备表。

Lb1F4006 项目管理实施规划或施工组织设计主要包含哪些内容？

答案：（1）编制依据。

（2）工程概况与工程实施条件分析。

（3）项目施工管理组织机构。

（4）工期及施工进度计划。

（5）质量管理。

（6）安全管理。

（7）环境保护与文明施工。

（8）工地管理和施工平面布置。

（9）施工方法与资源需求计划。

（10）施工管理与协调。

（11）标准工艺应用。

（12）创优策划。

（13）施工新技术应用。

（14）主要技术经济指标。

Jc1F2007 简述心肺复苏法抢救的过程。

答案：心肺复苏法的三项基本措施为：通畅气道、口对口人工呼吸和胸外按压。

（1）通畅气道：伤员平躺，仰头抬颏，使其舌根抬起，气道畅通。

（2）口对口人工呼吸：救护人员用手指捏住伤员鼻翼，深吸气后与伤员口对口在不漏气的情况下，先连续大口吹气两次，每次1～1.5s，两次吹气后仍无脉搏，要立即同时进行胸外按压。

（3）胸外按压：使伤员仰面躺在平硬的地方，救护人员立或跪在伤员一侧肩旁，两臂伸直，两手掌根相叠，手指翘起，放在伤员肋骨和胸骨接合处的中点；利用上身的重力，垂直将伤员胸骨压陷3～5cm，每分钟匀速按压80次左右。

（4）在医务人员未接替抢救前，现场抢救人员不得放弃现场抢救。

Jc1F3008 项目部应急处置方案应包括哪些内容?

答案:(1)工程概况。含工程规模，工程开工、竣工日期。

(2)项目部简介。含项目经理、安全负责人、安全员等姓名、证书号码等。

(3)施工现场安全事故应急救护组织。包括具体责任人的职务、联系电话等。

(4)救援器材、设备的配备。

(5)安全事故救护单位。包括建设工程所在市、县医疗救护中心、医院的名称、电话，行驶路线等。

(6)应急保障措施。

Jd1F1009 试列举张力放线施工中需要的机械设备。

答案:主张力机、主牵引机、小张力机、小牵引机、放线滑车、防捻牵引绳、导引绳、液压机、卡线器、地锚、走板、旋转连接器、抗弯连接器、机动绞磨、卸扣等。

Jd1F4010 迪尼玛绳在使用中应该注意哪些事项?

答案:(1)迪尼玛绳在使用前应进行外观检查，发现有断股或烧伤时严禁使用。发现迪尼玛绳有破损、断丝，强度降低5%以上时不得使用。

(2)迪尼玛绳在使用中应避免与尖锐硬物摩擦、撞击和挤压，严禁接触火源、热源和电弧烧伤。在使用过程中不允许和硬物件间发生摩擦，防止发热损伤迪尼玛绳。迪尼玛绳的使用环境温度应低于60℃。

(3)迪尼玛绳在使用中必须通过绳端的环形套经U形环或专用连接器与钢丝绳连接。严禁采用打绳结、系扣或打背扣等不正确的方法与钢丝绳连接。

(4)迪尼玛绳在使用中如要通过滑车时，滑车的槽底直径应大于迪尼玛绳直径的11倍;用作牵引的迪尼玛绳宜使用双摩擦卷筒，卷筒直径应大于迪尼玛绳直径的25倍。

(5)用于不停电跨越架线的迪尼玛绳在使用前应进行绝缘电阻的测量。严禁在雨天或湿度超过75%的气候条件下使用。

(6)迪尼玛绳在使用、运输和保管中，应保持干燥、清洁，注意防潮，不得沾染水、油污、固定颗粒等，不得接触地面。

(7)迪尼玛绳在使用后应清理干净。

(8)迪尼玛绳应存放在通风干燥的库房内。

(9)迪尼玛绳应定期进行绝缘试验。

Je1F2011 铁塔组立中，螺栓安装有哪些要求?

答案:(1)螺栓应与构件平面垂直，螺栓头与构件间的接触处不应有空隙。

(2)螺母拧紧后，螺栓露出螺母的长度:对单螺母，不应少于两个螺距;对双螺母，可与螺母相平。

(3)单母螺栓加装薄螺母后按双螺母考虑。

(4)螺栓应加垫者，每端不宜超过两个垫圈。

(5)同一位置处的螺栓出扣长度一致。

Je1F2012 送电线路在埋设水平接地体时应符合哪些规定？

答案：（1）遇倾斜地形宜沿等高线埋设。

（2）两接地体间的平行距离不应小于 5m。

（3）接地体敷设应平直。

（4）对无法满足上述要求的特殊地形，应与设计协商解决。

Je1F2013 1250mm² 大截面导线压接，采取哪些措施避免压接管尺寸超差、弯曲？

答案：（1）压接操作人员必须经有关部门考试合格并取证后方可上岗操作。

（2）选用合格的液压泵站和模具，保证液压泵站状况良好。

（3）压接时必须有质检员和监理工程师监督。

（4）检查压后尺寸，如有超差，坚决割断重接。

（5）在保证导线与金具配合握力的前提下，通过耐张线夹铝管“倒压”。直线接续管铝管“顺压”的方式可减小在铝管管口处出现的“导线松股”程度，提高大截面导线液压接续施工质量。

（6）各种液压管在第一模压好后应检查压后对边距尺寸，符合标准后再继续进行液压操作，如不符合要求，可进行复压。

（7）过滑车的接续管应使用与接续管相匹配的护套进行保护。当接续管通过滑车时，应提前通知牵引机减速。

（8）对于超过 30°的转角塔，垂直档距较大、相邻档高差大的直线塔，合理设置双放线滑车。

Je1F2014 子导线收紧次序应综合考虑哪些因素？

答案：（1）子导线应对称收紧，尽可能先收紧放线滑车最外边的两根子导线，避免滑车倾斜导致导线跳槽。

（2）宜先收紧张力较大弧垂较小的子导线。

（3）宜先收紧在线档中间搭在其他子导线之上的子导线。

（4）考虑风向的作用，尽量避免在紧线过程中子导线因风吹造成相互驮线而绞劲。

（5）同相（极）子导线应保持相同的紧线经历，且收紧速度不宜过快。

Je1F2015 铁塔保护帽的浇制要注意哪些事项？

答案：（1）混凝土强度要达到设计要求。

（2）保护帽的结构尺寸要符合设计要求，全线路要统一。

（3）保护帽与基础接触面要清洗干净，保护帽的混凝土与基础面要连接牢固。

（4）保护帽混凝土面要光洁，无蜂窝、麻面、裂纹，保护帽顶面做散水坡度。

Je1F3016 铁塔组立过程中，螺栓穿入方向，应一致美观，符合哪些规定？

答案：（1）水平方向由内向外。

（2）垂直方向自下而上。

（3）斜面结构：由斜下向斜上穿，不便时应在同一斜面内取统一方向。

（4）个别螺栓不易安装时，穿入方向允许变更处理。凡双角钢主材（含联板）上的螺栓穿向按线路前进方向顺时针布置，对个别螺栓存在碰撞的情况时，可按实际情况进行调整。

Je1F3017 导引绳的展放有哪几种方法？

答案：（1）牵放法：初级导引绳可利用直升机、动力伞、热气球、氢气球、飞艇等飞行器或采用发射器沿线路方向展放，初级导引绳可落入铁塔横担顶部，用人工将初级导引绳放入展放相放线滑车内，初级导引绳牵引次级导引绳，依此类推，最后牵出所需要规格的导引绳。

（2）铺牵法：先铺放一根导引绳，利用已铺放的导引绳牵放出其他导引绳，并将它们挪移至所需展放相放线滑车内。

（3）铺放法：先将每盘导引绳分散运到放线段内指定位置，用人工沿线路前后展放，导引绳穿过放线滑车，与邻段导引绳相连接。

Je1F3018 在张力放线过程中，牵引板（走板）过放线滑车时应该注意哪些事项？

答案：（1）牵引板（走板）过放线滑车前要注意牵引板（走板）不应翻身。

（2）牵引板（走板）在过放线滑车时，牵引速度要放慢，不要冲击放线滑车。

（3）牵引板（走板）在过放线滑车后，注意走板的平衡锤不应搭在导线上。

（4）导线不应跳槽。

Je1F3019 送电线路工程灌注桩施工应遵守哪些规定？

答案：（1）潜水钻机的电钻应使用封闭式防水电机，接入电机的电缆不得破损、漏电。

（2）孔顶应埋设护筒，埋深应不小于1m。

（3）不得超负荷进钻。

（4）应由专人收放电缆线和进浆胶管。

（5）接钻杆时，应先停止电钻转动，后提升钻杆。

（6）严禁作业人员进入没有护筒或其他防护设施的钻孔中工作。

（7）应按规定排放泥浆，保护好环境。

Je1F3020 导线切割及连接时有哪些规定？

答案：（1）切割导线铝股时严禁伤及钢芯。

（2）切口应整齐。

（3）导线及架空地线的连接部分不得有线股绞制不良、断股、缺股等缺陷。

（4）连接后管口附近不得有明显的松股现象。

Je1F3021 紧线前应完成哪些准备工作？

答案：（1）检查各子导线在放线滑车中的位置，消除跳槽现象。

（2）检查子导线是否相互绞劲，如绞劲，需打开后再收紧导线。

（3）检查接续管位置，如不合适，应处理后再紧线。

（4）导线损伤应在紧线前按技术要求处理完毕。

（5）现场核对弧垂观测档位置，复测观测档档距，设立观测标志。

（6）放线滑车在放线过程中设立的临时接地，紧线时仍应保留，并于紧线前检查是否仍良好接地。

（7）放线滑车采取高挂时，应向下移挂至最终线夹高度。

Je1F3022 试述多分裂导线弧垂调整程序和方法。

答案：（1）以各观测档和紧线场温度的平均值为观测温度。

（2）收紧导地线，调整距紧线场最远的观测档的弧垂，使其合格或略小于要求弧垂；放松导线，调整距紧线场次远的观测档的弧垂，使其合格或略大于要求弧垂；再收紧，使较近的观测档合格，依此类推，直至全部观测档调整完毕。

（3）同一观测档同相（极）子导线应同为收紧调整或同为放松调整，否则可能造成非观测档子导线弧垂不平。

（4）同相（极）子导线用经纬仪统一操平，并利用测站尽量多检查一些非观测档的子导线弧垂情况。

（5）弧垂调整发生困难，各观测档不能统一时，应检查观测数据；发生紊乱时，应放松导线，暂停一段时间后重新调整。

（6）滑车悬挂高度对弧垂的影响，在弧垂调整中消除。

Je1F3023 锚线作业应注意哪些问题？

答案：（1）导线本线临锚和过轮临锚的临锚工器具按承受全部紧线张力选择。

（2）锚线时不应使紧线操作塔上的印记位置移动过多。

（3）锚线方向应基本顺线路方向。

（4）锚线布置应便于松锚作业，且应符合杆塔设计条件。

Je1F4024 铁塔组立中，防坠落装置安装有哪些要求？

答案：（1）防坠落装置施工工艺参照铁塔安装工艺执行。

（2）刚性导轨要确保顺直不下坠。

（3）椭圆孔安装好垫片。

（4）柔性导索锚固收紧。

（5）安装位置要符合设计要求。

Je1F4025 施工用低压电缆应遵守哪些规定？

答案：低压施工用电缆线路有下列要求：

(1) 电缆中必须包含全部工作芯线和用作保护零线或保护线的芯线。需要三相四线制配电的电缆线路必须采用五芯电缆。

(2) 电缆截面的选择应根据其长期连续负荷允许载流量和允许电压偏移确定。

(3) 电缆线路应采用埋地或架空敷设，严禁沿地面明设，并应避免机械损伤和介质腐蚀。埋地电缆路径应设方位标志。

(4) 电缆类型应根据敷设方式、环境条件选择。

(5) 电缆直接埋地敷设的深度不应小于0.7m，并应在电缆紧邻上、下、左、右侧均匀敷设不小于50m厚的细砂，然后覆盖砖或混凝土板等硬质保护层。

(6) 埋地电缆在穿越建筑物、构筑物、道路、易受机械损伤、介质腐蚀场所及引出地面从2.0m高到地下0.2m处，必须加设防护套管，防护套管内径不应小于电缆外径的1.5倍。

(7) 埋地电缆与其附近外电电缆和管沟的平行间距不得小于2m，交叉间距不得小于1m。

(8) 埋地电缆的接头应设在地面上的接线盒内，接线盒应能防水、防尘、防机械损伤，并应远离易燃、易爆、易腐蚀场所。

(9) 架空电缆应沿电杆、支架或墙壁敷设，并采用绝缘子固定，绑扎线必须采用绝缘线，固定点间距应保证电缆能承受自重所带来的荷载，敷设高度应符合规范的要求，但沿墙壁敷设时最大弧垂距地不得小于2.0m。架空电缆严禁沿脚手架、树术或其他设施敷设。

(10) 电缆线路必须有短路保护和过载保护。

Je1F4026 试述1250mm^{2}大截面导线换轴的流程。

答案：(1) 所展放的一组导线放至余20圈时通知大牵减速准备停车，线轴上尚剩6圈导线时停止牵引，张力机制动。

(2) 将尾线用ϕ20尼龙绳、卡线器临时锚固在轴架上（锚固力为导线尾部张力）；将线轴上的余线放出后换新导线轴；卸空盘换新盘。

(3) 导线盘采用可拆卸式全钢瓦楞盘，线盘的吊装使用专用槽钢吊架，以防止线盘在吊装时变形损坏，将放出的线尾与新轴线头分别用两个单头网套连接器串联一个SLKX-80型抗弯旋转连接器临时连接，将余线全部盘绕到新线轴上。

(4) 恢复线轴制动，拆除尾线临锚。

(5) 打开张力机制动；牵引机慢速牵引。网套连接器到达压接操作点时停止牵引，张力机制动；准备开始压接施工。

Je1F4027 安装防振锤应符合哪些要求？

答案：(1) 测量防振锤预绞丝中心至线夹的距离符合本工程防振锤安装距离的要求后，方可缠绕预绞丝。防振锤夹板中心对准防振锤预绞丝中心安装，拧紧夹板固定螺栓，螺栓穿向应正确。

(2) 调整防振锤，使其锤头与架空线平行、夹板与架空线垂直、左右不歪扭。

(3) 防振锤安装后必须复查安装距离并做好记录。

(4) 防振锤安装后锤头不得歪扭、耷头。

Je1F5028 试述直线松锚升空作业的操作程序和方法。

答案:(1) 相邻两紧线段导、地线接头的接续管已经压接完毕。

(2) 在本线临锚附近安装卡线器，接入牵引滑车或其他牵引工具，作为松锚工具；收紧松锚工具，至放线临锚钢丝绳不再受力时，拆除放线临锚。

(3) 放松松锚工具，松至一定程度时，用压线装置压下导地线，拆除松锚工具，再松开压线装置。进行此项作业时，紧线操作端同时配合收紧导地线，保持导地线始终有适当的架空高度。

(4) 紧线场继续进行紧线，至上一紧线段线尾临锚钢丝绳的受力方向由顺导地线方向改变成偏于向上时，用压线滑车压下导地线，拆除线尾临锚锚具。慢慢放松压线装置，至完全不受力时，拆除压线滑车。

(5) 同一相(极)的各子导线应对称松锚，使放线滑车保持平衡。

(6) 松锚时避免发生子导线相互驮线，造成绞劲。

(7) 余线较多时，不宜将一根线一次松完后再松另一根线，而应分几次交替放松各子导线。

Je1F5029 试述 $1250mm^2$ 大截面导线 SJ1-ϕ80×1050/43 型接续管保护装置的拆除步骤。

答案:(1) 拆掉绑扎水袋的胶带，剪开水袋，注意不要伤到导线。

(2) 用专用吊环螺栓拧入接续管保护装置的蛇节和端头，用细绳索将各个安装好的吊环螺栓串成一体，防止蛇节拆除后掉落。从外至内一次拧开蛇节间的内六方螺栓，逐个拆除蛇节，将蛇节、螺栓放入工具袋中。

(3) 拧开钢管上的内六方螺钉，将两个半圆钢管松开。安装时两个半圆钢管之间缠有胶带，钢管不会掉落。剪开胶带将钢管放入专用工具袋中。

(4) 拆除绑扎橡胶头的喉箍，然后拆开橡胶头，放至专用工具袋内。

(5) 将所有工具袋用绳索依次缓慢放至地面。

Jf1F1030 什么是“四不放过”的原则?

答案:“四不放过”的原则是：事故原因不查清不放过；防范措施不落实不放过；职工群众未受到教育不放过；事故责任者未受到处理不放过。

Jf1F1031 送电线路工程在使用挖掘机开挖土方时应遵守哪些规定?

答案:(1) 应注意工作点周围的障碍物及架空线。

(2) 严禁在伸臂及挖斗下面通过或逗留。

(3) 严禁人员进入斗内；不得利用挖斗递送物件。

(4) 暂停作业时，应将挖斗放到地面。

Jf1F1032 紧急救护的基本原则是什么？

答案：紧急救护的基本原则是在现场采取积极措施保护伤员生命，减轻伤情，减少痛苦，并根据伤情需要，迅速联系医疗部门救治。急救的成功条件是动作快、操作正确。任何拖延和操作错误都会导致伤员伤情加重或死亡。

Jf1F1033 施工项目部的人员组成要切实满足现场施工的功能要求，主要配备哪些岗位？

答案：项目经理（项目副经理）、项目总工（项目副总工）、项目部安全员、项目部质检员、项目部技术员、项目部造价员、项目部资料信息员、项目部综合管理员、项目部材料员、线路施工协调员。

Jf1F2034 对新入厂人员三级安全教育的主要内容有哪些？

答案：对新入厂人员（包括正式工、合同工、临时工、代训工，实习和参加劳动的学生以及聘用的其他人员等）应进行不少于40个课时的三级安全教育培训，经考试合格，持证上岗工作。

三级安全教育的主要内容：

（1）公司级（工程项目部）：国家、地方、行业安全健康与环境保护法规、制度、标准；本企业安全工作特点；工程项目安全状况；安全防护知识；典型事故案例等。

（2）工地级（施工队、专业公司）：本工地施工特点及状况；工种专业安全技术要求；专业工作区域内主要危险作业场所及有毒、有害作业场所的安全要求和环境卫生、文明施工要求。

（3）班组级：本班组、工种安全施工特点、状况；施工范围所使用工、机具的性能和操作要领；作业环境、危险源的控制措施及个人防护要求、文明施工要求。

Jf1F2035 起重机在装卸作业时应遵守哪些规定？

答案：（1）吊件和起重臂下方严禁有人。

（2）吊件吊起10cm时应暂停，检查制动装置，确认完好后方可继续起吊。

（3）严禁吊件从人或驾驶室上空越过。

（4）起重臂及吊件上严禁有人或有浮置物。

（5）起吊速度均匀、平稳，不得突然起落。

（6）吊挂钢丝绳间的夹角不得大于120°。

（7）吊件不得长时间悬空停留；短时间停留时，操作人员、指挥人员不得离开现场。

（8）起重机运转时，不得进行检修。

（9）工作结束后，起重机的各部应恢复原状。

Jf1F2036 氧气瓶的存放和保管应遵守哪些规定？

答案：（1）存放处周围10m内严禁明火，严禁与易燃、易爆物品同间存放。

（2）严禁气瓶和瓶阀沾染油脂。

（3）严禁与乙炔气瓶混放在一起。

（4）卧放时不宜超过5层，两侧应设立桩，立放时应有支架固定。

(5) 应有瓶帽和两个防振圈。

(6) 瓶帽应拧紧，气阀应朝向一侧。

(7) 严禁靠近热源或在烈日下曝晒。

(8) 存放间应设专人管理，并在醒目处设置“严禁烟火”的标识。

Jf1F3037 《国家电网公司电力安全工作规程（电力线路部分）》工作票制度规定中填写第一种工作票的工作有哪些？

答案： 填写第一种工作票的工作有：

(1) 在停电的线路或同杆（塔）架设多回路中的部分停电线路上的工作。

(2) 在全部或部分停电的配电设备上的工作。所谓全部停电，系指供给该配电设备上的所有电源线路均已全部断开者。

(3) 高压电力电缆停电的工作。

Jf1F3038 《国家电网公司电力安全工作规程（电力线路部分）》工作票制度规定中工作负责人（监护人）的安全责任有哪些内容？

答案：(1) 正确安全地组织工作。

(2) 负责检查工作票所列安全措施是否正确完备和工作许可人所做的安全措施是否符合现场实际条件，必要时予以补充。

(3) 工作前对工作班成员进行危险点告知，交待安全措施和技术措施，并确认每一个工作班成员都已知晓。

(4) 严格执行工作票所列安全措施。

(5) 督促、监护工作班成员遵守本规程，正确使用劳动保护用品和执行现场安全措施。

(6) 工作班成员精神状态是否良好。

(7) 工作班成员变动是否合适。

Jf1F3039 高塔就位组装所需操作工具多、操作程序多，试述采取哪些措施避免发生高空落物，造成人员伤害。

答案：(1) 合理安排，尽量避免多层交叉作业。

(2) 所有高空作业人员所用扳手、撬棍等必须系有安全绳，使用时固定在塔上或高处作业人员身上，不使用时要放入工具袋内。

(3) 上下传递工具、钢丝绳等，必须使用绳索传递，严禁抛扔。可在适当位置设置多根传递绳索。

(4) 螺栓应用专用工具袋，供施工人员随身携带。

(5) 起吊过程中高空就位人员应选择在安全位置。

Jf1F4040 在送电线路工程施工中，电气设备及电动工具的使用应遵守哪些规定？

答案：(1) 不得超铭牌使用。

(2) 外壳必须接地或接零。

（3）严禁将电线直接钩挂在闸刀上或直接插入插座内使用。

（4）严禁一个开关或一个插座接两台及以上电气设备或电动工具。

（5）移动式电气设备或电动工具应使用软橡胶电缆；电缆不得破损、漏电；手持部位绝缘良好。

（6）不得用软橡胶电缆电源线拖拉或移动电动工具。

（7）严禁用湿手接触电源开关。

（8）工作中断必须切断电源。

Jf1F4041 石墨基柔性材料接地体施工有哪些特殊要求？

答案：（1）引下线为石墨基柔性材料：在施工之前，应对石墨基柔性接地引下线压接件进行提前压接。引下线压接件采用金属材料，压接应采用电动扣压机完成，引下线连接金具和与铁塔连接的螺栓均采用镀锌件。

（2）引下线为镀锌钢材料：接地引下线应提前准备完成，引下线上端与塔腿的连接部分采用镀锌端头连接，另一端头与石墨基柔性接地体采用压接连接方式。

（3）接地体之间连接：石墨基柔性接地体之间的连接采用非金属压接件，搭接长度不小于20cm。压接件应具有连接强度大、耐老化、耐腐蚀性的特性。搭接点的电阻应不大于3mΩ。

Jf1F4042 起重机吊装铁塔施工中，采取哪些预控措施防止出现倾翻、物体打击、坠物伤人等危险？

答案：（1）起重机经检验合格，性能良好，方可投入使用。

（2）吊装前选择确定合适的场地进行平整，衬垫支腿枕木不得少于两根且长度不得小于1.2m，认真检查各起吊系统，具备条件后方可起吊。

（3）施工前仔细核对施工图纸的吊段参数（杆塔型、段别组合、段重），严格施工方案，控制单吊重量。

（4）加强现场监督，起吊物垂直下方严禁逗留和通行。吊件捆扎、连接可靠。

（5）应正确操作起重设备，严禁超载作业或任意扩大使用范围。

（6）每次使用都要对各主要部件和安全装置进行检查，防止由于机械部件的损坏而发生折断倾翻事故。

（7）钢丝绳、吊钩、滑轮、安全装置及起重机械工器具等定期按有关标准进行检验、检查和保养，确认符合安全要求后方可使用。

（8）两人以上从事起重作业，必须有一人任起重指挥，现场其他起重作业人员或辅助人员必须听从起重指挥的统一指挥，但在发生紧急危险情况时，任何人都可以发出符合要求的停止信号和避让信号。

Jf1F5043 金属格构式跨越架使用时有哪些相关规定？

答案：（1）新型金属格构式跨越架架体应经过静荷载试验，合格后方可使用。

（2）跨越架架体宜采用倒装分段组立或吊车整体组立。

（3）跨越架的拉线位置应根据现场地形情况和架体组立高度确定。跨越架的各个主柱应有独立的拉线系统，立柱的长细比不应大于120。

（4）采用提升架提升或拆除架体时，应控制拉线并用经纬仪检测调整垂直度。

Jf1F5044 手拉链条葫芦使用有哪些要求？

答案：（1）使用前应进行外观检查。不得超载使用，不得增人强拉。检查各部分有无异常现象，制动部分是否完好。

（2）在使用手拉链条葫芦时，要防止链条被卡住或脱槽。

（3）手拉葫芦通常装有制动器，即受力后不会回松。如果松时，应向反方向拉动细链条，方能回松。但也有装棘轮制动的，使用时应随时检查其可靠性，以防突然跑链。

（4）有拉力的葫芦需要长时间停留或过夜时，应将受力的粗链条的尾部在受力侧的链条上绑上一个背扣，然后用细链条将尾部绑牢。

2 技能操作

2.1 技能操作大纲

高级技师技能操作大纲

等级	考核方式	能力种类	能力项	考核项目	考核主要内容
高级技师	技能要求	基本技能	01. 工器具、仪器仪表使用、图纸辨识、基础施工	01. 用经纬仪测量图 XJ1JB0101-1 中 *AB* 间的水平距离	(1) 经纬仪或全站仪的操作使用及保养。 (2) 各种测量方法的应用
				02. 不等高基础分坑	(1) 经纬仪或全站仪的操作使用及保养。 (2) 各种测量方法的应用。 (3) 能够熟悉基础图纸。 (4) 能够对不等高基础的基本数据进行计算
		专业技能	01. 杆塔组装	01. 500kV 单回路直线塔地线支架组装操作	(1) 能够熟练看懂杆塔图纸。 (2) 能够根据图纸选择相应的塔料。 (3) 熟练掌握铁塔组装的知识。 (4) 了解铁塔组装的规范要求
				02. 耐张塔结构倾斜检查的操作	(1) 经纬仪或全站仪的操作使用及保养。 (2) 铁塔横向倾斜值的测量。 (3) 铁塔顺向倾斜值的测量。 (4) 铁塔倾斜率的计算。
			02. 架线施工	01. 组织指挥 500kV 导线张力放线的操作	(1) 熟悉架线施工的图纸。 (2) 能够根据图纸汇总相应的装置性材料。 (3) 能够对放线区段准备相应的工器具、设备。 (4) 能够熟练进行现场的组织分工。 (5) 熟悉张力架线的流程。 (6) 能够写出一般现场特殊情况的注意事项。 (7) 熟悉张力架线的质量要求

续表

等级	考核方式	能力种类	能力项	考核项目	考核主要内容
高级技师	技能要求	专业技能	02. 架线施工	02. 组织指挥OPGW张力放线的操作	(1) 熟悉OPGW光缆施工的图纸。 (2) 能够对放线区段准备相应的工器具、设备。 (3) 能够熟练进行现场的组织分工。 (4) 熟悉张力架线的流程。 (5) 能够写出一般现场特殊情况的注意事项。 (6) 熟悉OPGW光缆的质量要求
				03. 大截面钢芯铝绞线耐张线夹液压连接的操作	(1) 掌握液压机的使用，并能正确选择模具。 (2) 能够熟练掌握耐张线夹液压连接的操作。 (3) 掌握大截面导线的“倒压”。 (4) 能够熟练计算压后推荐值。 (5) 熟练使用游标卡尺等测量工具。 (6) 能够正确填写相关的压接记录
				04. 组织指挥500kV带电线路停电落线耐张转角塔耐张串换绝缘子的操作	(1) 能够根据施工区段的图纸了解工程情况。 (2) 能够根据图纸汇总相应的装置性材料。 (3) 能够根据工作内容准备相应的工器具、设备。 (4) 熟练进行现场的组织分工。 (5) 熟悉停电作业的施工流程。 (6) 能够写出更换耐张绝缘子的一般注意事项。 (7) 熟悉各施工任务的安全注意事项及监督要点
				05. 组织指挥500kV线路耐张转角塔高空平衡挂线的操作	(1) 根据施工图纸了解工程情况。 (2) 能够根据图纸汇总相应的装置性材料。 (3) 能够对放线区段准备相应的工器具、设备。 (4) 能够选定弧垂观测档，指挥紧线操作。 (5) 能够熟练进行现场的组织分工。 (6) 熟悉高空平衡挂线的流程。 (7) 熟悉弧垂观测的质量要求
		相关技能	01. 安全	01. 徒手心肺复苏法的操作	(1) 能够熟练判断患者意识。 (2) 能够熟练判断患者呼吸。 (3) 掌握徒手心肺复苏法的操作要领和步骤

2.2 技能操作项目

2.2.1 XJ1JB0101 用经纬仪测量图 XJ1JB0101-1 中 AB 间的水平距离

一、作业

（一）工器具、材料、设备

（1）工具：塔尺、小铁锤、花杆、50m 皮尺、钢卷尺、计算器等。

（2）材料：木桩、小铁钉等。

（3）设备：光学经纬仪、电子经纬仪均可。

（二）安全要求

无。

（三）操作步骤及工艺要求（含注意事项）

（1）根据工作需要选择设备和工器具。

（2）选定仪器站点。

（3）仪器调平、对光、对中、调焦。

（4）进行计算和测量。

（5）校核和钉桩。

（6）整理收工。

二、考核

（一）考核场地

室外符合题意的场地均可。

（二）考核时间

考核时间为 45min。

（三）考核要点

（1）要求一人操作、一人配合。

（2）熟练掌握仪器的使用。

（3）D 为障碍物，测点由考核人员在现场确定。

（4）题目中的两种方法任意选用一种。

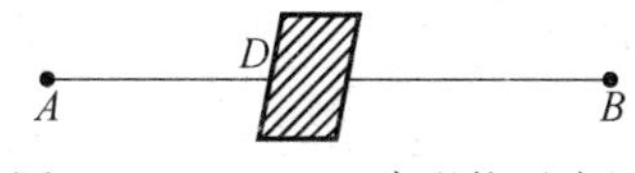

图 XJ1JB0101-1 障碍物示意图

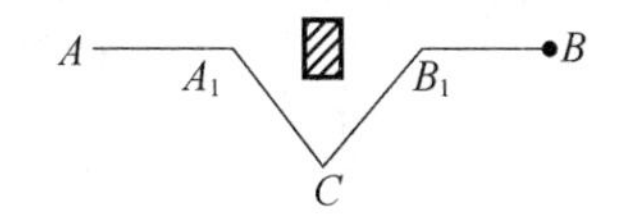

图 XJ1JB0101-2 等腰三角形法示意图

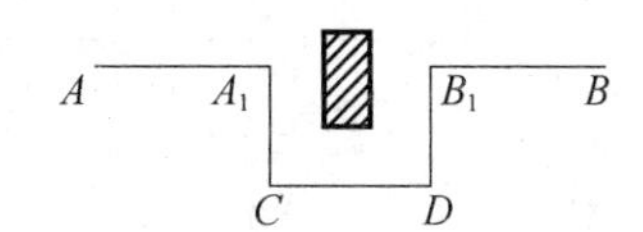

图 XJ1JB0101-3 矩形法示意图

三、评分标准

行业：电力工程　　　　　　　　工种：送电线路架设工　　　　　　　　等级：一

编号	XJ1JB0101	行为领域	d	鉴定范围		送电线路	
考核时限	45min	题型	A	满分	100分	得分	
试题名称	用经纬仪测量图XJ1JB0101-1中AB间的水平距离						
考核要点及其要求	(1) 要求一人操作、一人配合。 (2) 熟练掌握仪器的使用。 (3) D为障碍物，测点由考核人员在现场确定。 (4) 题目中的两种方法任意选用一种。 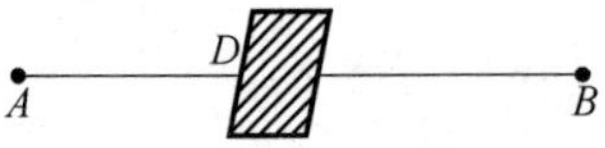 A D B 图XJ1JB0101-1　障碍物示意图 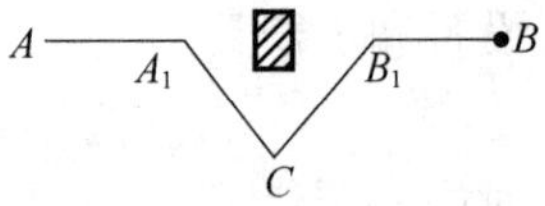 A A_1 B_1 B C 图XJ1JB0101-2　等腰三角形法示意图 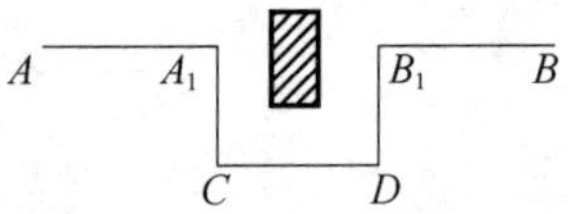 A A_1 B_1 B C D 图XJ1JB0101-3　矩形法示意图						
现场设备、工器具、材料	(1) 工具：塔尺、小铁锤、花杆、50m皮尺、钢卷尺、计算器等。 (2) 材料：木桩、小铁钉等。 (3) 设备：光学经纬仪、电子经纬仪均可						
备注	每项扣分扣完为止						

评分标准

序号	作业名称	质量要求	分值	扣分标准	扣分原因	得分
1	工器具选择		10			
1.1	经纬仪检查	检查经纬仪的合格标志	4	未检查，扣4分		
1.2	工器具检查	塔尺、盒尺、皮尺合格	6	每一项未检查，扣2分		
2	经纬仪的使用		15			
2.1	仪器出箱	操作正确熟练	3	操作不正确，扣2分；不熟练，扣1分		
2.2	仪器架设高度	同操作身高相符	2	不符者，扣2分		
2.3	经纬仪对中	对中准确	5	偏出但未出圈，扣1分；偏出中圈半个气泡，扣3分；气泡偏出中圈，扣5分		

续表

序号	作业名称	质量要求	分值	扣分标准	扣分原因	得分
2.4	经纬仪整平	水准管气泡居中	3	水准管气泡误差在1格以内（含1格），不扣分；偏出1格的扣1分；偏出2格扣2分；偏出3格及以上，扣3分		
2.5	测量仪器高度	读数准确	2	不正确扣2分		
3	测量方法1：等腰三角形法	见图XJ1JB0101-2	55			
3.1	A_1点架设仪器	在AB线间架设仪器于A_1，瞄准A点，花杆垂直，十字丝和花杆中心重合；用皮尺测量AA_1间距离	5	花杆不垂直，扣1分；十字丝偏离花杆中心，扣1分，十字丝偏出花杆，扣2分；测量错误，扣2分		
3.2	利用测回法定线	在A_1点架设仪器，利用测回法旋转120°角测设出A_1C线	8	仪器未操平，扣2分；未对中，扣2分；角度不正确，扣2分；未用测回法，扣2分		
3.3	利用视距法定出A_1C距离	利用视距法水平距离计算公式，确定A_1C距离，做好记录	7	读数错误，扣3分；计算错误，扣3分；未记录或记录错误，扣1分		
3.4	定出A_1C线	A_1C线长度应躲过障碍物，定出C点	8	第一次未躲过障碍物，扣4分；第二次仍未躲过障碍物，扣8分		
3.5	利用测回法定线	在C点架设仪器，利用测回法旋转60°角测设出CB_1线	8	仪器未操平，扣2分；未对中，扣2分；角度不正确，扣2分；未用测回法，扣2分		
3.6	定出CB_1线	A_1C等于CB_1	5	不相等，扣5分		
3.7	利用视距法定出CB_1距离	利用视距法水平距离计算公式，确定CB_1距离，做好记录	7	读数错误，扣3分；计算错误，扣3分；未记录或记录错误，扣1分		
3.8	测回法校正角度	在B_1架设仪器，利用测回法测设$\angle CB_1B$等于120°，则B_1B线为AA_1的延长线	7	仪器未操平，扣1分；未对中，扣1分；角度不等于120°，扣3分；未用测回法，扣2分		
4	测量方法2：矩形法	见XJ1JB0101-3	55			
4.1	A_1点架设仪器	在AB线间架设仪器于A_1，瞄准A点，花杆垂直，十字丝和花杆中心重合，交叉点瞄准花杆根部；用皮尺测量AA_1间距离	5	花杆不垂直，扣1分；十字丝偏离花杆中心，扣1分；十字丝偏出花杆，扣2分；测量错误，扣2分		

续表

序号	作业名称	质量要求	分值	扣分标准	扣分原因	得分
4.2	利用测回法定线	在 A_1 点架设仪器，利用测回法旋转 90°角测设出 A_1C 线	7	仪器未操平，扣 2 分；未对中，扣 2 分；角度不正确，扣 2 分，未用测回法，扣 1 分		
4.3	利用视距法定出 A_1C 距离	利用视距法水平距离计算公式，确定 A_1C 距离，做好记录	6	读数错误，扣 3 分；计算错误，扣 2 分；未记录或记录错误，扣 1 分		
4.4	定出 A_1C 线	A_1C 线长度应躲过障碍物，定出 C 点	4	第一次未躲过障碍物，扣 2 分；第二次仍未躲过障碍物，扣 4 分		
4.5	利用测回法定线	在 C 点架设仪器，利用测回法旋转 90°角测设出 CD 线	6	仪器未操平，扣 2 分；未对中，扣 2 分；角度不正确，扣 1 分；未用测回法，扣 1 分		
4.6	定出 CD 线	CD 线应该越过障碍物	4	第一次未躲过障碍物，扣 2 分；第二次仍未躲过障碍物，扣 4 分		
4.7	利用视距法定出 CD 距离	利用视距法水平距离计算公式，确定 CD 距离，做好记录	5	读数错误，扣 2 分；计算错误，扣 2 分；未记录或记录错误，扣 1 分		
4.8	利用测回法定线	在 D 点架设仪器，利用测回法旋转 90°角测设出 DB_1 线	6	仪器未操平，扣 2 分；未对中，扣 2 分；角度不正确，扣 1 分；未用测回法，扣 1 分		
4.9	利用视距法定出 DB_1 距离	利用视距法水平距离计算公式，确定 DB_1 距离，DB_1 线应该等于 A_1C 线，做好记录	5	读数错误，扣 2 分；计算错误，扣 2 分；未记录或记录错误，扣 1 分		
4.10	测回法校正角度	在 B_1 架设仪器，利用测回法测设$\angle DB_1B$ 等于 90°角，则 B_1B 线为 AA_1 的延长线	7	仪器未操平，扣 1 分；未对中，扣 1 分；角度不等于 90°，扣 3 分；未用测回法，扣 2 分		
5	完成测量	AB 之间的距离	5	不正确，扣 5 分		
6	其他要求		15			
6.1	操作动作	动作熟练流畅	5	基本熟练，扣 1 分；基本不熟练，扣 3 分；不熟练，扣 5 分		
6.2	仪器收起装箱	一次放成功，整理脚架	5	一次不成功，扣 2 分；两次未成功，扣 3 分；未整理脚架，扣 2 分		
6.3	时间要求	按时完成	5	每超时 1min 扣 1 分		

2.2.2 XJ1JB0102 不等高基础分坑

一、作业

（一）工器具、材料、设备

（1）工具：塔尺、钢卷尺、计算器、卷尺、花杆、手锤等。

（2）材料：木桩、小钉、粉笔等。

（3）设备：光学经纬仪或电子经纬仪。

（二）安全要求

打桩防止砸手伤人。

（三）操作步骤及工艺要求（含注意事项）

（1）根据查看断面图、杆塔明细表、杆型图等进行分坑计算。

（2）核对线路方向，开始操作仪器，对中、整平。

（3）钉横担方向桩。

（4）基坑分坑及画出开挖面。

（5）整理收工。

二、考核

（一）考核场地

考场可以设在实训基地或可以打桩的空地。

（二）考核时间

考核时间为60min。

（三）考核要点

（1）本题包括测量和计算两部分。

（2）分坑时，钉四个基础底板外角坑分角桩，不需要画坑。

（3）计算数据时不考虑边坡距离。

（4）测量时需两名普工配合操作。

（5）直线塔水平半根开、基础底板宽度和柱顶标高（柱顶标高是基础立柱顶面与杆塔中心桩处地面标高的高差）如下表所示。

塔腿编号	水平半根开（mm）	底板宽度（mm）	柱顶标高（mm）
A	$a=7553$	$K=6000$	+1500
B	$b=7730$	$K=6000$	0
C	$c=7730$	$K=6000$	0
D	$d=8218$	$K=6000$	−1500

（6）示意图如图XJ1JB0102-1所示。

XJ1JB0102-1　基础示意图

三、评分标准

行业：电力工程　　　　**工种：送电线路架设工**　　　　**等级：一**

编号	XJ1JB0102	行为领域	d	鉴定范围		送电线路	
考核时限	60min	题型	B	满分	100 分	得分	
试题名称	不等高基础分坑						

考核要点及其要求

（1）本题包括测量和计算两部分。

（2）分坑时，钉四个基础底板外角坑分角桩，不需要画坑。

（3）计算数据时不考虑边坡距离。

（4）测量时需两名普工配合操作。

（5）直线塔水平半根开、基础底板宽度和柱顶标高（柱顶标高是基础立柱顶面与杆塔中心桩处地面标高的高差）如下表所示

塔腿编号	水平半根开（mm）	底板宽度（mm）	柱顶标高（mm）
A	a=7553	K=6000	＋1500
B	b=7730	K=6000	0
C	c=7730	K=6000	0
D	d=8218	K=6000	－1500

示意图见图 XJ1JB0102-1。

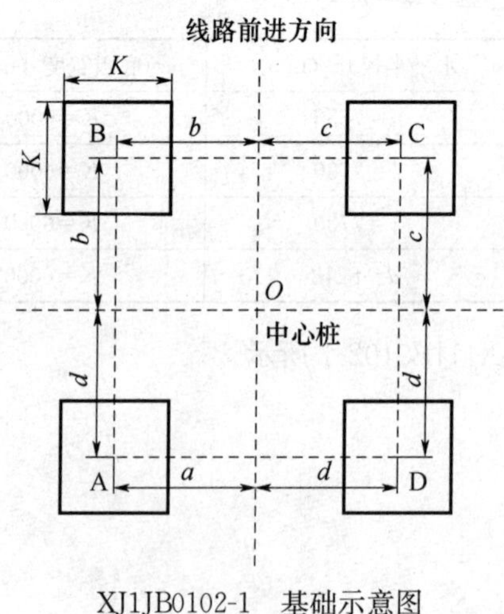

XJ1JB0102-1　基础示意图

续表

现场设备、工器具、材料	(1) 工具：塔尺、钢卷尺、计算器、卷尺、花杆、锤等。 (2) 材料：木桩、小钉、粉笔等。 (3) 设备：光学经纬仪或电子经纬仪
备注	每项扣分扣完为止

评分标准

序号	作业名称	质量要求	分值	扣分标准	扣分原因	得分
1	计算数据		35			
1.1	计算器开机，并检查其是否符合使用要求	开机并检查	1	未检查，扣1分		
1.2	计算A腿桩角度值和中心桩至A腿桩的距离	正确计算A腿桩角度值；A腿坑口近点、远点、中心点距中心桩的水平距离和斜距	8	角度错误，扣3分；其他数值错一个扣1分		
1.3	计算B腿桩角度值和中心桩至B腿桩的距离	正确计算B腿桩角度值；B腿坑口近点、远点、中心点距中心桩的水平距离	6	角度错误，扣3分；其他数值错一个扣1分		
1.4	计算C腿桩角度值和中心桩至C腿桩的距离	正确计算C腿桩角度值；C腿坑口近点、远点、中心点距中心桩的水平距离	6	角度错误，扣3分；其他数值错一个扣1分		
1.5	计算D腿桩角度值和计算中心桩至D腿桩的距离	正确计算D腿桩角度值；D腿坑口近点、远点、中心点距中心桩的水平距离和斜距	8	角度错误，扣3分；其他数值错一个扣1分		
1.6	复核上述计算结果	复核并正确	6	未复核，扣6分		
2	测量		35			
2.1	检查经纬仪已校验并在有效期内	检查并有效	4	未检查，扣4分		
2.2	在中心桩架设经纬仪	对中准确；水准管气泡居中	8	对中偏出但未出圈，扣1分；偏出中圈半个气泡，扣3分；气泡偏出中圈，扣5分；水准管气泡误差在1格以内（含1格），不扣分；偏出1格的，扣1分；偏出2格，扣2分；偏出3格及以上，扣3分		

续表

序号	作业名称	质量要求	分值	扣分标准	扣分原因	得分
2.3	经纬仪归零并瞄准方向桩	经纬仪归零；花杆垂直，十字丝和花杆中心重合，交叉点瞄准花杆根部	3	花杆不垂直，扣1分；十字丝偏离花杆中心，扣1分；十字丝偏出花杆，扣2分		
2.4	拨角度并指挥钉A腿桩	转角度数正确，桩位置准确	5	度数错误，扣3分；钉位置不上桩，扣2分		
2.5	指挥并钉C腿桩	转角度数正确，桩位置准确	5	度数错误，扣3分；钉位置不上桩，扣2分		
2.6	拨角度并指挥钉D腿桩	转角度数正确，桩位置准确	5	度数错误，扣3分；钉位置不上桩，扣2分		
2.7	指挥并钉B腿桩	转角度数正确，桩位置准确	5	度数错误，扣3分；钉位置不上桩，扣2分		
3	实际操作		20			
3.1	检查工具齐全	检查钢尺、盒尺、皮尺、塔尺等量具有“CMC”标志并齐全	4	未检查，一件扣1分		
3.2	钉A腿四角分角桩并钉钉	量距正确，钉桩牢固	4	量距错误，扣3分；钉桩不牢，扣1分		
3.3	钉C腿四角分角桩并钉钉	量距正确，钉桩牢固	4	量距错误，扣3分；钉桩不牢，扣1分		
3.4	钉D腿四角分角桩并钉钉	量距正确，钉桩牢固	4	量距错误，扣3分；钉桩不牢，扣1分		
3.5	钉B腿四角分角桩并钉钉	量距正确，钉桩牢固	4	量距错误，扣3分；钉桩不牢，扣1分		
4	其他要求		10			
4.1	操作动作	动作熟练流畅	3	基本熟练，扣1分；基本不熟练，扣2分；不熟练，扣3分		
4.2	仪器收起装箱	一次放成功，整理脚架	3	一次不成功，扣1分；两次未成功，扣2分；未整理脚架，扣1分		
4.3	时间要求	按时完成	4	每超时2min扣1分		

2.2.3 XJ1ZY0101　500kV单回路直线塔地线支架组装操作

一、作业

（一）工器具、材料、设备

（1）工具：扳手、尖扳手、道木等。

（2）材料：地线支架塔材及螺栓、垫片、垫块等。

（3）设备：一套图纸。

（二）安全要求

遵守高处作业和铁塔组装的操作规定。

（三）操作步骤及工艺要求（含注意事项）

（1）工作准备。

（2）机具和材料准备，要核对塔材。

（3）开始组装主材。

（4）组装辅材。

（5）进行检查和复核。

（6）整理工用具。

二、考核

（一）考核场地

考场可以设在实训基地或空旷场地。

（二）考核时间

考核时间为80min。

（三）考核要点

（1）要求一人操作、一人配合。

（2）熟练识别铁塔图纸。

（3）能够按照图纸进行铁塔地线支架的组装。

（4）螺栓的穿向符合施工及验收规范的要求。

三、评分标准

行业：电力工程　　　　工种：送电线路架设工　　　　等级：一

编号	XJ1ZY0101	行为领域	e	鉴定范围		送电线路	
考核时限	80min	题型	A	满分	100分	得分	
试题名称	500kV单回路直线塔地线支架组装操作						
考核要点及其要求	（1）要求一人操作、一人配合。 （2）熟练识别铁塔图纸。 （3）能够按照图纸进行铁塔地线支架的组装。 （4）螺栓的穿向符合施工及验收规范的要求						
现场设备、工器具、材料	（1）工具：扳手、尖扳手、道木等。 （2）材料：地线支架塔材及螺栓、垫片、垫块等。 （3）设备：一套图纸						
备注	每项扣分扣完为止						

续表

评分标准						
序号	作业名称	质量要求	分值	扣分标准	扣分原因	得分
1	工作准备		10			
1.1	劳动保护用品	安全帽、手套等安全防护用具大小合适、锁扣自如	5	每项不正确扣2分		
1.2	机具准备	扳手、道木等工具数量、规格、品种齐备	3	缺少一件扣1分		
1.3	材料准备	按照图纸清点塔材和螺栓数量、规格、品种齐备	2	未清点，扣2分		
2	组装步骤		70			
2.1	摆放道木	根据主材的情况，合理布置道木，道木放置要平稳牢固	5	一处不平稳扣1分		
2.2	将底面主材摆放在道木上	将主材放在道木上，放置要平稳，两人抬主材时要同起同落，号令一致	10	违反安全规定，一次扣5分		
2.3	连接底面的辅材	辅材安装正确，螺栓选用正确，螺栓穿向正确	5	一处不正确扣1分		
2.4	安装顶面一侧主材及辅材	塔材安装正确，螺栓选用正确，螺栓穿向正确	10	一处不正确扣1分		
2.5	安装顶面另一侧主材及辅材	塔材安装正确，螺栓选用正确，螺栓穿向正确	10	一处不正确扣1分		
2.6	安装顶面辅材	辅材安装正确，螺栓选用正确，螺栓穿向正确	10	一处不正确扣1分		
2.7	安装地线挂线板	安装正确，螺栓选用正确，螺栓穿向正确，螺栓要采用双帽，销子要开口	8	一处不正确扣1分		
2.8	安装隔面辅材	辅材安装正确，螺栓选用正确，螺栓穿向正确	8	一处不正确扣1分		
2.9	将剩余的辅材补齐	没有缺件	4	缺少一件扣1分		
3	进行检查		10			
3.1	检查螺栓	检查螺栓规格和穿向以及露扣是否符合要求	5	未检查，扣5分		

续表

序号	作业名称	质量要求	分值	扣分标准	扣分原因	得分
3.2	检查塔材是否齐全	没有缺件	5	未检查，扣5分；缺少一件扣1分		
4	其他要求		10			
4.1	安全要求	操作行为符合安规要求	4	警告一次扣1分		
4.2	质量要求	符合施工及验收规范要求	3	一处不符合扣1分		
4.3	时间要求	在规定时间内完成	3	每超时5min扣1分		

2.2.4 XJ1ZY0102 耐张塔结构倾斜检查的操作

一、作业

（一）工器具、材料、设备

（1）工具：计算器、记录本、钢卷尺等。

（2）材料：无。

（3）设备：经纬仪或全站仪。

（二）安全要求

无。

（三）操作步骤及工艺要求（含注意事项）

（1）工作准备。

（2）横向倾斜值的测量。

（3）顺向倾斜值的测量。

（4）计算铁塔倾斜率。

（5）整理工用具。

二、考核

（一）考核场地

实训基地或已经架设完成的送电线路。

（二）考核时间

考核时间为40min。

（三）考核要点

（1）要求一人操作、一人配合。

（2）熟练掌握经纬仪的使用。

（3）熟练掌握耐张塔结构倾斜的检查操作和计算。

三、评分标准

行业：电力工程　　　　工种：送电线路架设工　　　　等级：一

编号	XJ1ZY0102	行为领域	e	鉴定范围		送电线路	
考核时限	40min	题型	A	满分	100分	得分	
试题名称	耐张塔结构倾斜检查的操作						
考核要点及其要求	（1）要求一人操作、一人配合。 （2）熟练掌握经纬仪的使用。 （3）熟练掌握耐张塔结构倾斜的检查操作和计算						
现场设备、工器具、材料	（1）工具：计算器、记录本、钢卷尺等。 （2）材料：无。 （3）设备：经纬仪或全站仪						
备注	每项扣分扣完为止						

评分标准

序号	作业名称	质量要求	分值	扣分标准	扣分原因	得分
1	工作准备		5			

续表

序号	作业名称	质量要求	分值	扣分标准	扣分原因	得分
1.1	工具仪器准备	需要检查经纬仪、计算器、记录本等	4	未检查经纬仪，扣4分；其他未检测，每项扣0.5分		
1.2	着装要求	着装不影响仪器操作	1	不正确，扣1分		
2	横向倾斜值的测量		37			
2.1	仪器站点选择	在顺线路方向中心线上，观测方便	5	偏离中心线，扣5分		
2.2	距离正确	塔高2倍左右，对于高塔要能看到塔顶	5	看不到塔顶，扣3分；移动一次后仍然看不到，扣5分		
2.3	仪器调平、对光、调焦	仪器架稳固；水准管气泡居中；仪器对准铁塔顶部调焦清楚	10	仪器架不稳固，扣2分；水准管气泡，偏出1格的扣2分，偏出2格扣3分，偏出3格及以上扣4分；调焦不清楚，扣4分		
2.4	测前侧横向倾斜值 X_1	首先将望远镜中丝瞄准横担中点，然后俯视铁塔根部，用钢卷尺量取中丝与横向根开中间点的距离即横向倾斜值 X_1	6	数据不正确，扣6分		
2.5	同样方法测后侧横向倾斜值 X_2	方法正确	6	数据不正确，扣6分		
2.6	计算横向倾斜值	计算正确（注意：X_1、X_2 方向同侧相减，异侧相加）	5	不正确，扣5分		
3	顺向倾斜值的测量		28			
3.1	仪器站点选择	在铁塔横担方向上	5	偏离中心线，扣5分		
3.2	距离正确	塔高2倍左右，对于高塔要能看到塔顶	5	看不到塔顶，扣3分；移动一次后仍然看不到，扣5分		
3.3	仪器调平、对光、调焦	操作正确	6	仪器架不稳固，扣2分；水准管气泡，偏出1格的扣2分，偏出2格扣3分，偏出3格及以上扣4分		
3.4	测左侧顺向倾斜值 Y_1	首先将望远镜中丝瞄准横担中点，然后俯视铁塔根部，用钢卷尺量取中丝与顺线根开中点间的距离即为顺向倾斜值 Y_1	6	不正确，扣6分		

续表

序号	作业名称	质量要求	分值	扣分标准	扣分原因	得分
3.5	同样的方法测右侧顺向倾斜值Y_2	方法正确	3	不正确，扣3分		
3.6	计算顺向倾斜值	计算正确（注意：Y_1、Y_2方向，同侧相减，异侧相加）	3	不正确，扣3分		
4	计算铁塔倾斜率		8			
4.1	铁塔倾斜值Z	计算正确	4	不正确，扣4分		
4.2	铁塔倾斜率η	计算正确	4	不正确，扣4分		
5	其他要求		22			
5.1	仪表装箱	一次放成功，整理脚架	3	一次不成功，扣1分；两次未成功，扣2分；未整理脚架，扣1分		
5.2	操作动作	动作熟练流畅	5	基本熟练，扣1分；基本不熟练，扣3分；不熟练，扣5分		
5.3	按时完成	按要求时间完成	4	每超时2min扣1分		
5.4	回答：结构发生倾斜后的处理方法	根据提问正确回答	10	视情况扣2～10分		

2.2.5 XJ1ZY0201 组织指挥500kV导线张力放线的操作

一、作业

（一）工器具、材料、设备

（1）工具：记录本、计算器等。

（2）材料：无。

（3）设备：张力放线的图纸。

（二）安全要求

无。

（三）操作步骤及工艺要求（含注意事项）

（1）查看图纸，选定张牵场，设备、工具等。

（2）主要人员分工安排。

（3）宣讲安全技术措施。

（4）主要工器具的检查。

（5）跨越架的检查。

（6）指挥导地线开始展放施工。

（7）指挥导地线换盘。

（8）指挥导地线临时锚线。

（9）对展放完成的线路进行检查。

二、考核

（一）考核场地

考场设在实训基地。

（二）考核时间

考核时间为60min。

（三）考核要点

（1）全过程地负责指挥导线张力放线。

（2）模拟实际操作，人员分工后，指挥工作人员进行每项操作。

（3）准备施工图纸一套。

（4）现场模拟实际操作。

（5）安排好其他工作人员。

三、评分标准

行业：电力工程　　　　工种：送电线路架设工　　　　等级：一

编号	XJ1ZY0201	行为领域	e	鉴定范围		送电线路	
考核时限	60min	题型	C	满分	100分	得分	
试题名称	组织指挥500kV导线张力放线的操作						
考核要点及其要求	（1）全过程地负责指挥导线张力放线。 （2）模拟实际操作，人员分工后，指挥工作人员进行每项操作。 （3）准备施工图纸一套。 （4）现场模拟实际操作。 （5）安排好其他工作人员						

续表

现场设备、工器具、材料	（1）工具：记录本、计算器等。 （2）材料：无。 （3）设备：张力放线的图纸
备注	每项扣分扣完为止

评分标准

序号	作业名称	质量要求	分值	扣分标准	扣分原因	得分
1	查看图纸	认真看施工图纸，了解工程概况，写好问题答案后，口头回答	14			
1.1	导线地型号及线路架设长度	回答内容正确	2	错一项扣1分		
1.2	不允许接头档	回答内容正确	2	漏一项扣1分		
1.3	地形情况	特殊地形处采取的特殊措施	2	漏一项扣1分		
1.4	交叉跨越情况	电力线、通信线、公路、铁路、河流等（含需要办停电申请的被跨越电力线名称及电源点）	2	漏一项扣1分		
1.5	选定弧垂观测档	选择原则符合规范要求	2	错误，扣3分		
1.6	选定牵张场地	查看运输道路、施工场地是否满足要求	2	漏一项扣1分		
1.7	查看耐张塔拉线情况	耐张塔需打临时拉线，临时拉线的设置符合要求	2	错误，扣3分		
2	主要人员安排	人员安排正确、合理	24			
2.1	牵引场指挥	人员安排正确	2	漏项扣2分		
2.2	张力场指挥	人员安排正确	2	漏项，扣2分		
2.3	牵引场安全监护	人员安排正确	2	漏项，扣2分		
2.4	张力场安全监护	人员安排正确	2	漏项，扣2分		
2.5	牵引机操作工	人员安排正确	2	漏项，扣2分		

续表

序号	作业名称	质量要求	分值	扣分标准	扣分原因	得分
2.6	张力机操作工	人员安排正确	2	漏项，扣2分		
2.7	停电联系人	人员安排正确	2	漏项，扣2分		
2.8	对外联系人	人员安排正确	2	漏项，扣2分		
2.9	沿线护线人员	人员安排正确	2	漏项，扣2分		
2.10	弧垂观测人员	人员安排正确	2	漏项，扣2分		
2.11	张力场压接人员	人员安排正确	2	漏项，扣2分		
2.12	施工队其他人员	人员安排正确	2	漏项，扣2分		
3	施工准备		18			
3.1	宣讲安全技术措施	重点突出，清楚明了	6	错、漏，扣6分		
3.2	个人防护用品	配置齐全，符合安全要求	2	错、漏，扣1分		
3.3	通信联络	统一指挥，通信良好	2	错、漏，扣1分		
3.4	导线检查	品种、规格、盘号、长度等进行检查，符合设计要求和规范要求	2	错、漏，扣1分		
3.5	主要工器具检查	张力机主卷筒、放线滑车槽底直径及材料与导线相适应；防捻走板、抗弯和旋转连接器、网套、紧线器、锚线工具符合施工规范和技术措施要求	6	错、漏一项扣1分		
4	被跨越电力线处理	所有被跨越电力线必须停电并做好验电、接地工作	7			
4.1	跨越架要求	符合规范和安规要求。在有可能磨伤导线的地方要采取措施。组织验收，并派专人看守	1	错、漏一项扣1分		
4.2	悬挂放线滑车	放线滑车符合要求	1	错、漏一项扣1分		

续表

序号	作业名称	质量要求	分值	扣分标准	扣分原因	得分
4.3	判断是否上扬	上扬采取措施	1	错、漏一项扣1分		
4.4	张力场布场	确定张力机、吊车、导线临锚线区域	1	错、漏一项扣1分		
4.5	牵引场布场	确定牵引机、牵引绳换盘、临锚区域	1	错、漏一项扣1分		
4.6	牵引机和张力机接地要求	牵引机及张力机出线端的牵引绳和导线上必须安装接地滑车	1	错、漏一项扣1分		
4.7	沿线护线人员	指定专人负责	1	错、漏一项扣1分		
5	导线展放		21			
5.1	通信调试	沿线护线人员逐一试联络畅通，通知准备展放导线	1	错、漏一项扣1分		
5.2	准备牵引	通知牵张两场，牵引机、张力机发动准备开牵导线	1	错、漏一项扣1分		
5.3	通知牵引场慢速牵引		1	错、漏一项扣1分		
5.4	通知牵引场中速牵引		1	错、漏一项扣1分		
5.5	张力控制	询问沿线重要跨越处导线距跨越物的安全距离，并调整导线张力	2	错、漏一项扣1分		
5.6	准备换盘	通知牵引机慢速牵引并告知牵、张两场导线换盘	2	错、漏一项扣1分		
5.7	通知牵张场停机并指挥张力场人员导线换盘	指挥正确，操作正确	2	错、漏一项扣1分		
5.8	指挥人员进行导线压接	指挥正确，操作正确	2	错、漏，扣2分		
5.9	通知牵张两场导线继续牵引	指挥正确，操作正确	1	错、漏一项，扣1分		
5.10	临时锚线	导线展放结束，通知牵张两场停机并指挥人员将导线指挥临时锚线正确、操作正确	2	错、漏一项扣1分		

续表

序号	作业名称	质量要求	分值	扣分标准	扣分原因	得分
5.11	导线检查	放线过程中，对导线进行外观检查。对制造厂在线上设有损伤或断头标志的地方，应查明原因，妥善处理	2	错、漏，扣2分		
5.12	损伤处理	尽力减小导线损伤，如受损伤要按规范标准进行补修处理或割断重新以接续管连接	2	错、漏，扣2分		
5.13	不平衡张力调整	导线弧垂不平衡偏差应在允许范围内，展放过程中需调整导线张力	1	错、漏一项扣1分		
5.14	做好展放下一相导线准备		1	错、漏，扣1分		
6	自检工作		6			
6.1	复核交叉跨越距离	指定测量人员负责检查	2	错、漏一项扣1分		
6.2	指挥整理工器具	整齐、干净	2	错、漏一项扣1分		
6.3	被停电线路联系并恢复送电	停电联系人员负责	2	错、漏一项扣1分		
7	其他要求		10			
7.1	措施要求	措施全面（要求根据现场情况补充）	3	错、漏一项扣1分		
7.2	指挥要求	指挥熟练、果断、正确	4	基本熟练，扣1分；基本不熟练，扣2分；不熟练，扣4分		
7.3	时间要求	按时完成	3	每超时5min扣1分		

2.2.6 XJ1ZY0202 组织指挥 OPGW 光缆张力放线的操作

一、作业

（一）工器具、材料、设备

（1）工具：记录本、计算器等。

（2）材料：无。

（3）设备：张力展放 OPGW 的图纸。

（二）安全要求

无。

（三）操作步骤及工艺要求（含注意事项）

（1）查看图纸，选定张牵场，设备、工具等。

（2）主要人员分工安排。

（3）宣讲安全技术措施。

（4）主要工器具的检查。

（5）跨越架的检查。

（6）指挥 OPGW 光缆开始展放施工。

（7）指挥牵引绳换盘。

（8）指挥光缆临时锚线。

（9）对展放完成的线路进行检查。

二、考核

（一）考核场地

考场可以设在实训基地。

（二）考核时间

考核时间为 60min。

（三）考核要点

（1）全过程地负责指挥 OPGW 光缆张力放线。

（2）模拟实际操作，人员分工后，指挥工作人员进行每项操作。

（3）准备施工图纸一套。

（4）现场模拟实际操作。

（5）安排好其他工作人员。

三、评分标准

行业：电力工程　　　　工种：送电线路架设工　　　　等级：一

编号	XJ1ZY0202	行为领域	e	鉴定范围		送电线路	
考核时限	60min	题型	C	满分	100 分	得分	
试题名称	组织指挥 OPGW 光缆张力放线的操作						
考核要点及其要求	（1）全过程的负责指挥 OPGW 光缆张力放线。 （2）模拟实际操作，人员分工后，指挥工作人员进行每项操作。 （3）准备施工图纸一套。 （4）现场模拟实际操作。 （5）安排好其他工作人员						

现场设备、工器具、材料	(1) 工具：记录本、计算器等。 (2) 材料：无。 (3) 设备：张力展放OPGW的图纸
备注	每项扣分扣完为止

评分标准

序号	作业名称	质量要求	分值	扣分标准	扣分原因	得分
1	认真看施工图纸，了解工程概况	写好答案后口头回答	12			
1.1	线路架设长度	区段长度计算	2	长度错误，扣2分		
1.2	OPGW型号	OPGW型号符合设计要求	2	错、漏，扣2分		
1.3	地形情况	特殊地形处采取的特殊措施	2	漏一项扣1分		
1.4	交叉跨越情况	电力线、通信线、公路、铁路、河流等（含需要办停电申请的被跨越电力线名称及电源点）	2	漏一项扣1分		
1.5	初步选定弧垂观测档	选择原则符合规范要求	2	错误，扣2分		
1.6	初步选定牵张场地	查看运输道路、施工场地是否满足要求	2	漏一项扣1分		
2	相关主要计算		16			
2.1	牵、张机选型计算	牵、张机的轮径和牵引力符合要求	4	选型错误，扣2分		
2.2	牵引绳选型及用量计算	考虑安全系数，牵引绳的选型和用量满足要求	4	选型错误，扣2分；用量不满足要求，扣2分		
2.3	放线张力计算	按照图纸选择合适的放线张力	4	不满足要求，扣4分		
3	查看工作现场		9			
3.1	查看交叉跨越	电力线、通信线、公路、铁路、河流等（含需要办停电申请的被跨越电力线名称及电源点）	2	漏一项扣1分		

续表

序号	作业名称	质量要求	分值	扣分标准	扣分原因	得分
3.2	查看运输道路、施工场地	选定牵、张场	2	漏项，扣2分		
3.3	查看耐张塔拉线情况	耐张塔需打临时拉线，临时拉线的设置符合要求	1	漏项，扣1分		
3.4	查看地形、地貌及特殊地形	特殊地形处采用的特殊措施	2	漏项，扣2分		
3.5	选定观测档及弧垂观测方式	选择原则符合规范要求	2	漏项，扣2分		
4	主要人员安排	人员安排正确、合理	21			
4.1	牵引场指挥	人员安排正确、合理	2	错、漏，扣2分		
4.2	张力场指挥	人员安排正确、合理	2	错、漏，扣2分		
4.3	牵引场安全监护	人员安排正确、合理	2	错、漏，扣2分		
4.4	张力场安全监护	人员安排正确、合理	2	错、漏，扣2分		
4.5	牵引机操作工	人员安排正确、合理	2	错、漏一项扣1分		
4.6	张力机操作工	人员安排正确、合理	2	错、漏，扣2分		
4.7	停电联系人	人员安排正确、合理	2	错、漏，扣2分		
4.8	对外联系人	人员安排正确、合理	2	错、漏，扣2分		
4.9	沿线护线人员	人员安排正确、合理	2	错、漏，扣2分		
4.10	弧垂观测人员	人员安排正确、合理	2	错、漏，扣2分		
4.11	施工队其他人员	人员安排正确、合理	1	错、漏，扣1分		
5	施工准备		20			
5.1	宣讲安全技术措施	重点突出，清楚明了	5	错、漏，扣5分		
5.2	个人防护用品	配置齐全，符合安全要求	1	错、漏，扣1分		

续表

序号	作业名称	质量要求	分值	扣分标准	扣分原因	得分
5.3	通信联络	统一指挥，通信良好	1	错、漏，扣1分		
5.4	OPGW检查	品种、规格、盘号、长度、端头密封性进行检查，符合设计要求和规范要求	1	错、漏，扣1分		
5.5	主要工器具检查	张力机主卷筒、放线滑车槽底直径及材料应与OPGW相适应；防捻走板、专用编织套、专用紧线夹具、锚线工具符合规范和技术措施的要求	4	错、漏一项扣1分		
5.6	被跨越电力线处理	所有被跨越电力线必须停电并做好验电、接地工作	1	错、漏，扣1分		
5.7	跨越架要求	符合规范和安规要求。在有可能磨伤OPGW的地方要采取措施。组织验收，并派专人看守	1	错、漏一项扣0.5分		
5.8	悬挂放线滑车	放线滑车符合要求	1	错、漏，扣1分		
5.9	判断是否上扬	上扬采取措施	1	错、漏，扣1分		
5.10	张力场布场	确定张力机、吊车、OPGW临锚区域	1	错、漏，扣1分		
5.11	牵引场布场	确定牵引机、牵引绳换盘、临锚线区域	1	错、漏一项扣0.5分		
5.12	牵引机和张力机接地要求	牵引机及张力机出线端的牵引绳和OPGW上必须安装接地滑车	1	错、漏一项扣0.5分		
5.13	沿线护线人员	指定专人负责	1	错、漏，扣1分		
6	OPGW展放		12			
6.1	通信畅通	沿线护线人员逐一试联络畅通，通知准备展放OPGW	2	错、漏项，扣1分		
6.2	通知牵张两场，牵引机、张力机发动准备开牵OPGW	指挥正确，操作正确	2	指挥错误，扣2分		

续表

序号	作业名称	质量要求	分值	扣分标准	扣分原因	得分
6.3	通知牵引场慢速牵引	指挥正确，操作正确	1	指挥错误，扣1分		
6.4	通知牵引场中速牵引	指挥正确，操作正确	1	指挥错误，扣1分		
6.5	询问沿线重要跨越处OPGW距跨越物安全距离，在满足安规要求下尽量低张力展放	指挥正确，操作正确	1	指挥错误，扣1分		
6.6	通知牵引机慢速牵引并告知牵、张两场牵引绳即将换盘	指挥正确，操作正确	1	指挥错误，扣1分		
6.7	通知牵张场停机并指挥牵引场人员牵引绳换盘	指挥正确，操作正确	1	指挥错误，扣1分		
6.8	通知牵张两场OPGW继续牵引	指挥正确，操作正确	1	指挥错误，扣1分		
6.9	OPGW展放结束，通知牵张两场停机并指挥人员将OPGW临时锚线	指挥正确，操作正确	1	指挥错误，扣1分		
6.10	OPGW在同一处损伤、强度不超过总拉断力的17%时，采用专用预绞丝补修	指挥正确，操作正确	1	指挥错误，扣1分		

续表

序号	作业名称	质量要求	分值	扣分标准	扣分原因	得分
7	自检工作		3			
7.1	整理工器具	指挥正确，操作正确	2	错、漏一项扣1分		
7.2	被停电线路联系并恢复送电	停电联系人员负责	1	错漏，扣1分		
8	其他要求		7			
8.1	措施要求	措施全面（要求根据现场情况补充）	2	错、漏，扣2分		
8.2	指挥要求	指挥熟练、果断、正确	2	基本不熟练，扣1分；不熟练，扣2分		
8.3	时间要求	按时完成	3	每超时5min扣1分		

2.2.7 XJ1ZY0203 大截面钢芯铝绞线耐张线夹液压连接的操作

一、作业

（一）工器具、材料、设备

（1）工具：油盘、锉刀、专用毛刷、卡尺等。

（2）材料：耐张线夹、导电脂、汽油、棉纱、铁丝等。

（3）设备：液压机及钢模、铝模等。

（二）安全要求

遵守液压机的操作规定。

（三）操作步骤及工艺要求（含注意事项）

（1）工作准备。

（2）机具和材料准备，要选择适合的钢锚、铝管、钢模、铝模。

（3）导线校直和画印切割剥线。

（4）穿管。

（5）压钢锚。

（6）压铝管。

（7）整理工用具。

二、考核

（一）考核场地

考场可以设在实训基地或空旷场地。

（二）考核时间

考核时间为90min。

（三）考核要点

（1）要求一人操作、一人配合。

（2）熟练掌握液压机的使用。

（3）大截面导线要求“倒压”。

三、评分标准

行业：电力工程　　　　工种：送电线路架设工　　　　等级：一

编号	XJ1ZY0203	行为领域	e	鉴定范围		送电线路	
考核时限	90min	题型	A	满分	100分	得分	
试题名称	大截面钢芯铝绞线耐张线夹液压连接的操作						
考核要点及其要求	（1）要求一人操作、一人配合。 （2）熟练掌握液压机的使用。 （3）大截面导线要求“倒压”						
现场设备、工器具、材料	（1）工具：油盘、锉刀、专用毛刷、卡尺等。 （2）材料：耐张线夹、导电脂、汽油、棉纱、铁丝等。 （3）设备：液压机及钢模、铝模等						
备注	每项扣分扣完为止						

续表

评分标准						
序号	作业名称	质量要求	分值	扣分标准	扣分原因	得分
1	工作准备		8			
1.1	劳动保护用品	安全帽、手套、工作服等安全防护用具大小合适、锁扣自如	5	每项不正确扣2分		
1.2	机具准备	液压机及钢模，油盘、锉刀、专用毛刷、卡尺等规格型号、数量及质量满足工作要求	3	缺一件扣1分		
2	操作步骤		74			
2.1	检查并正确连接液压机	液压机的缸体应垂直地平面，并放置平稳	4	不垂直，扣2分；不平稳，扣2分		
2.2	选择并清理钢锚、铝管	测量钢锚和铝管，并记录测量数据，然后用汽油进行内外的清洗	6	未测量，扣6分；未记录，扣2分；未清洗，扣2分		
2.3	选择并安装钢模、铝模	选择的钢模、铝模应与被压管配套，钢模安装正确	6	选择错误，扣4分；安装错误，扣2分		
2.4	导线校直与绑扎	将被压接的导线掰直，端头用绑线扎好	4	未校直，扣2分；未绑扎，扣2分		
2.5	导线清洗	清洗长度不短于管长的1.5倍	4	未清洗，扣4分；长度不够，扣2分		
2.6	穿入铝管	先将铝管穿入导线	4	未穿入铝管，扣4分		
2.7	导线剥线，并做倒角	在距绑扎线5～8mm处，用割线器或钢锯割去铝股外层部分，在切割内层铝股时，只割到每股直径的3/4处，做倒角，然后将铝股逐股掰断	6	伤及钢芯，扣6分；不整齐，扣2分		
2.8	用汽油或其他清洗剂清洗露出的钢芯	清洗干净	4	未清洗，扣4分		
2.9	耐张线夹钢锚穿管	穿到底	2	未通过在钢芯上画印来检测是否插至管底，扣2分		
2.10	耐张线夹钢锚压接	要达到工作压力3～5s，重叠长度符合要求，压接顺序正确，压后要测量对边距	10	钢锚压接顺序不正确，扣4分；压好第一模后未检测对边距，扣2分；测量数据不准确，扣1分；没有达到额定工作压力，扣4分；压接重叠长度不符合要求，每次扣1分		

续表

序号	作业名称	质量要求	分值	扣分标准	扣分原因	得分
2.11	钢锚压后检查及防锈处理	测量压后长度及对边距，并涂抹防锈漆	2	钢锚压接后未测量对边距、钢锚长度不符合要求，每项扣1分		
2.12	涂电力脂	导线上要均匀涂抹电力复合脂	2	未正确涂电力复合脂，扣1分；导线未涂电力复合脂，扣2分		
2.13	导线、耐张线夹铝管画印及耐张线夹铝管穿管	导线、耐张线夹铝管画印及耐张线夹铝管穿管，印记重合	3	铝管穿管与印记不重合，扣3分		
2.14	耐张线夹铝管压接（引流板与钢锚环平面垂直）	要达到工作压力3～5s，重叠长度符合要求，压接顺序正确，压后要测量对边距	10	铝管压接顺序不正确，扣4分；压好第一模后未检测对边距，扣2分；测量数据不准确，扣1分；铝管压接重叠长度不符合要求，每次扣1分；没有达到额定工作压力，扣4分		
2.15	铝管压接后处理、测量及记录	处理飞边后，用砂纸打磨，测量对边距，并压接后铝管端口、钢锚处涂刷红油漆	2	铝管压接后未测量对边距、铝管长度，每项扣1分；铝管压接后未规范要求处理飞边及磨光，扣0.5分；压接后铝管端口、钢锚处未涂刷红油漆，扣1分		
2.16	打上操作人员钢印代号，填写验评表	在指定位置打钢印代号，填写评级记录	3	检查合格后未打钢印，扣1分；压接记录填写错误，每处扣0.5分；未填写记录，扣2分		
2.17	施工清理	工器具应按原位置摆放整齐，并清理现场施工垃圾	2	摆放不整齐，每件扣0.5分；施工垃圾清理不干净，扣0.5分		
3	其他要求		18			
3.1	操作动作	动作熟练流畅	3	基本熟练，扣1分，基本不熟练，扣2分，不熟练，扣3分		
3.2	安全要求	操作人员头部应在液压机侧面并避开钢模，防止钢模压碎飞出伤人	3	发生一次扣3分		
3.3	计算要求	计算压后对边距尺寸S准确，$S=0.86D+0.2mm$，D是压接管外径尺寸	3	不正确，扣3分		
3.4	质量要求	外观光滑没有裂纹，弯曲符合规范要求，对边距测量未超差	6	有裂纹，扣6分；压接且导线有明显的松股、背股，每处扣0.5分；弯曲超过1%，扣3分；对边距不符合规范要求，每处扣2分		
3.5	时间要求	按时完成	3	每超时5min倒扣1分；超过15min终止		

导线耐张线夹压接记录

<table>
<tr><td rowspan="10">钢锚</td><td rowspan="5">压前值（mm）</td><td rowspan="2">外径 D</td><td>最 大</td><td></td></tr>
<tr><td>最 小</td><td></td></tr>
<tr><td rowspan="2">内径 d</td><td>最 大</td><td></td></tr>
<tr><td>最 小</td><td></td></tr>
<tr><td colspan="2">长度</td><td></td></tr>
<tr><td rowspan="3">压后值（mm）</td><td rowspan="2">对边距 S</td><td>最 大</td><td></td></tr>
<tr><td>最 小</td><td></td></tr>
<tr><td colspan="2">长度</td><td></td></tr>
<tr><td rowspan="5">压前值（mm）</td><td rowspan="2">外径 D</td><td>最 大</td><td></td></tr>
<tr><td>最 小</td><td></td></tr>
</table>

<table>
<tr><td rowspan="8">铝管</td><td rowspan="5">压前值（mm）</td><td rowspan="2">外径 D</td><td>最 大</td><td></td></tr>
<tr><td>最 小</td><td></td></tr>
<tr><td rowspan="2">内径 d</td><td>最 大</td><td></td></tr>
<tr><td>最 小</td><td></td></tr>
<tr><td colspan="2">长度</td><td></td></tr>
<tr><td rowspan="3">压后值（mm）</td><td rowspan="2">对边距 S</td><td>最 大</td><td></td></tr>
<tr><td>最 小</td><td></td></tr>
<tr><td colspan="2">长度</td><td></td></tr>
<tr><td colspan="4">压接管清洗是否干净</td><td></td></tr>
<tr><td colspan="4">压接管压前外观检查</td><td></td></tr>
<tr><td colspan="4">切割单股铝丝时，钢芯是否有损伤</td><td></td></tr>
<tr><td colspan="4">钢锚压后是否防腐处理</td><td></td></tr>
<tr><td colspan="4">铝管压接前预偏值检查</td><td></td></tr>
<tr><td colspan="4">压接人姓名</td><td></td></tr>
<tr><td colspan="4">钢印代号</td><td></td></tr>
</table>

2.2.8 XJ1ZY0204 组织指挥500kV带电线路停电落线耐张转角塔耐张串换绝缘子的操作

一、作业

（一）工器具、材料、设备

（1）工具：记录本。

（2）材料：无。

（3）设备：施工图纸一套。

（二）安全要求

符合安全规程要求。

（三）操作步骤及工艺要求（含注意事项）

（1）根据施工图纸了解工程情况。

（2）确定施工范围及方案。

（3）人员分工。

（4）放松绝缘子串前的准备。

（5）绝缘子串放松及更换。

（6）重新悬挂绝缘子串。

（7）附件安装及清理。

二、考核

（一）考核场地

已经建成的输电线路。

（二）考核时间

考核时间为60min。

（三）考核要点

（1）全过程的负责指挥。

（2）模拟实际操作，人员分工好后，指挥工作人员进行每项操作。

（3）准备作业指导书。

（4）现场模拟实际操作。

三、评分标准

行业：电力工程 **工种：送电线路架设工** **等级：一**

编号	XJ1ZY0204	行为领域	e	鉴定范围		送电线路	
考核时限	60min	题型	C	满分	100分	得分	
试题名称	组织指挥500kV带电线路停电落线耐张转角塔耐张串换绝缘子的操作						
考核要点及其要求	（1）全过程的负责指挥。 （2）模拟实际操作，人员分工好后，指挥工作人员进行每项操作。 （3）准备作业指导书。 （4）现场模拟实际操作						
现场设备、工器具、材料	（1）工具：记录本。 （2）材料：无。 （3）设备：施工图纸一套						
备注	每项扣分扣完为止						

续表

评分标准						
序号	作业名称	质量要求	分值	扣分标准	扣分原因	得分
1	认真看施工图纸，了解工程情况	写好答案后口头回答	10			
1.1	换绝缘子档长度	回答内容正确	2	错误扣2分		
1.2	导线型号	回答内容正确	2	错误扣2分		
1.3	绝缘子、金具型号及连接方式	回答内容正确	2	错、漏一项扣0.5分		
1.4	地形情况	回答内容正确	1	错、漏一项扣0.5分		
1.5	交叉跨越情况	回答内容正确	1	错、漏一项扣0.5分		
1.6	讲出工程所需要材料名称及数量	回答内容正确	2	错、漏一项扣0.5分		
2	模拟回答查看工作现场的内容		15			
2.1	停电范围	线路名称、编号，需要办停电申请的范围。明确停电联系人和工作负责人、安全员等	3	错、漏一项扣0.5分		
2.2	作业地点档内交叉跨越情况	需要对交叉跨越采取的措施，如电力线、通信线、低压线路、房屋等	3	错、漏一项扣0.5分		
2.3	临时拉线设置	查耐张塔情况，确定临时拉线的方案和位置	3	错误，扣3分		
2.4	查直线塔做过轮临锚的方案和位置	回答内容正确	2	错误，扣2分		
2.5	查上述两基塔的地形、地貌及特殊地形需要采取特殊措施	回答内容正确	2	错、漏一项扣0.5分		
2.6	青赔赔偿	查沿线村庄和庄稼，派对外联系人进行赔偿洽谈	2	错、漏，扣2分		

续表

序号	作业名称	质量要求	分值	扣分标准	扣分原因	得分
3	组织分工，确定作业人员		16			
3.1	作业负责人	人员安排正确	2	错、漏，扣2分		
3.2	安全员	人员安排正确	2	错、漏，扣2分		
3.3	停、送电联系人员	人员安排正确	2	错、漏，扣2分		
3.4	对外联系人员	人员安排正确	2	错、漏，扣2分		
3.5	技术负责人员	人员安排正确	2	错、漏，扣2分		
3.6	质检员	人员安排正确	2	错、漏，扣2分		
3.7	材料管理人员	人员安排正确	2	错、漏，扣2分		
3.8	施工班组	人员安排正确，充足	2	错、漏，扣2分		
4	作业准备		18			
4.1	停电线路停电，运行单位挂接地	指定专人负责	2	未挂接地，扣2分		
4.2	安全技术交底	宣讲技术规范及要求，对作业人员进行作业指导书交底，要求全体施工人员参加，对技术、安全和质量的要求，特别对安全措施和要求应交代清楚，指定专人负责检查(模拟技术交底口头回答)	3	未交底，扣2分；错、漏一项扣0.5分		
4.3	跨越有人通行但没有跨越架的地方有专人看守	指定专人负责看守	2	错、漏一项扣1分		
4.4	指挥人员以及作业人员之间的通信联络要畅通	通信设备良好	1	错、漏一项扣1分		

续表

序号	作业名称	质量要求	分值	扣分标准	扣分原因	得分
4.5	跨越档内的跨越架要保证高度和宽度，要牢固，并派专人看守	指定专人负责，亲自检查	2	错、漏一项扣1分		
4.6	工器具检查	所有工具要认真检查，不合格者严禁使用，严禁超载使用，指定安全员负责检查	2	错、漏一项扣1分		
4.7	安全保护用品的使用	现场工作人员要正确着装，戴安全帽，塔上工作人员要使用安全带，要按安规操作，塔下要加强监护，督促所有工作人员执行	2	错、漏一项扣1分		
4.8	安全监督	督促所有工作人员要严守《安全工作规程》，互相关心施工安全，监督《安全工作规程》及现场安全措施的落实	2	错、漏一项扣1分		
4.9	增加补充安全措施	安全员和大家发言	2	错、漏一项扣1分		
5	施工作业		34			
5.1	工作区域挂接地	指定专人负责停电线路停电、运行单位挂接地后，在施工区域挂施工接地（在耐张塔和直线塔）	2	未挂施工接地，扣2分		
5.2	施工跨越档内被跨的电力线停电并挂接地	指定专人负责	2	错、漏一项扣1分		
5.3	在直线塔将线夹换成放线滑车，做过轮临锚	指定专人负责	2	错、漏，扣2分		
5.4	拆除间隔棒	将耐张塔到直线塔档内换绝缘子的一相线上的间隔棒拆除	2	错、漏，扣2分		
5.5	临锚设置	在耐张塔上进行塔上临锚，临锚钢绞线要有护胶保护导线，钢绞线长度要保证绝缘子串能够放到地面	2	错、漏，扣2分		
5.6	跳线拆除	将换绝缘子侧的跳线拆除	2	错、漏，扣2分		
5.7	收紧导线、临锚钢绞线	将径锚钢绞线收紧，摘除绝缘子	2	错、漏，扣2分		

续表

序号	作业名称	质量要求	分值	扣分标准	扣分原因	得分
5.8	放下绝缘子	用走1走2滑车组将绝缘子串放至地面	2	错、漏，扣2分		
5.9	更换绝缘子	清洁并检查绝缘子，换去坏绝缘子，装上新绝缘子，做好记录	2	错、漏一项扣1分		
5.10	金具检查	对绝缘子金具等要求检查做好记录	2	错、漏一项扣1分		
5.11	挂绝缘子串	收紧磨绳，将绝缘子串起吊挂好	2	错、漏，扣2分		
5.12	放松导线临锚钢绞线，拆除锚线工具	拆除干净，打磨导线	2	错、漏，扣2分		
5.13	拆除挂绝缘子工具	拆除干净	2	错、漏，扣2分		
5.14	间隔棒安装和跳线安装	安装正确	2	错、漏一项扣1分		
5.15	拆除过轮临锚，换上悬垂线夹	拆除干净，打磨导线	2	错、漏一项扣1分		
5.16	清理耐张塔和直线塔上的工具	清理干净	2	错、漏一项扣1分		
5.17	接地线拆除，人员下塔	拆除正确	1	错、漏，扣1分		
5.18	清理现场，工作结束，恢复送电	工作负责人再次检查后，向运行单位停电联系人汇报	1	错、漏，扣1分		
6	其他要求		7			
6.1	措施要求	措施全面（要求根据现场情况补充）	2	错、漏一项扣1分		
6.2	指挥要求	指挥熟练、果断、正确	2	基本熟练，扣1分；不熟练，扣2分		
6.3	时间要求	按时完成	3	每超时5min扣1分		

2.2.9 XJ1ZY0205　组织指挥500kV线路耐张转角塔高空平衡挂线的操作

一、作业

（一）工器具、材料、设备

（1）工具：记录本。

（2）材料：无。

（3）设备：施工图纸一套。

（二）安全要求

符合安全规程要求。

（三）操作步骤及工艺要求（含注意事项）

（1）根据施工图纸了解工程情况。

（2）材料准备，确定观测档。

（3）人员组织和分工。

（4）高空锚线和过轮临锚安装。

（5）紧线施工和弧垂观测。

（6）液压连接。

（7）安装绝缘子串。

（8）附件安装及清理。

二、考核

（一）考核场地

已经建成的输电线路下操作。

（二）考核时间

考核时间为60min。

（三）考核要点

（1）全过程的负责指挥。

（2）模拟实际操作，人员分工好后，指挥工作人员进行每项操作。

（3）准备图纸一套。

三、评分标准

行业：电力工程　　　　工种：送电线路架设工　　　　等级：一

编号	XJ1ZY0205	行为领域	e	鉴定范围		送电线路	
考核时限	60min	题型	C	满分	100分	得分	
试题名称	组织指挥500kV线路耐张转角塔高空平衡挂线的操作						
考核要点及其要求	（1）全过程的负责指挥。 （2）模拟实际操作，人员分工好后，指挥工作人员进行每项操作。 （3）准备图纸一套						
现场设备、工器具、材料	（1）工具：记录本。 （2）材料：无。 （3）设备：施工图纸一套						
备注	每项扣分扣完为止						

续表

评分标准						
序号	作业名称	质量要求	分值	扣分标准	扣分原因	得分
1	认真查看施工图纸，了解相关参数	写好答案后口头回答	6	错、漏一项扣2分		
1.1	导线型号	回答内容正确	2	错、漏，扣2分		
1.2	绝缘子、金具型号及连接方式	回答内容正确	2	错、漏一项扣0.5分		
1.3	初步选定弧垂观测档	原则正确	2	错、漏一项扣1分		
2	计算数据	计算正确	12			
2.1	整基耐张塔所需材料名称、规格型号及数量	统计正确	6	错、漏一项扣1分		
2.2	观测档弧垂计算值	计算正确	6	错一档扣3分		
3	查看工作现场内容		6			
3.1	检查材料规格、质量及齐备情况	指定专人检查并亲自抽查	1	错、漏，扣1分		
3.2	检查工具规格型号、质量及符合安全要求	直线塔过轮临锚；弧垂板；地面紧线走2走2滑车组60kN；地锚；卸扣；卡线器；链条葫芦；过轮临锚钢绞线；耐张塔临时拉线；液压机等指定专人检查并亲自抽查，绞磨做试启动	4	错、漏一项扣0.5分		
3.3	确定临时补强拉线位置及数量	回答内容正确	1	错、漏，扣1分		
4	人员分工		6			
4.1	指挥1人	人员安排正确	1	错、漏，扣1分		
4.2	安全监护1人	人员安排正确	1	错、漏，扣1分		
4.3	弧垂观测1人	人员安排正确	1	错、漏，扣1分		

续表

序号	作业名称	质量要求	分值	扣分标准	扣分原因	得分
4.4	压接1人	人员安排正确	1	错、漏扣1分		
4.5	机动绞磨3人	人员安排正确	1	错、漏扣1分		
4.6	高空作业4人地面人员4人	人员安排正确	1	错、漏一项扣0.5分		
5	宣传安全注意事项		15			
5.1	认真检查补强临时拉线，安装可靠后方可开线	指定专人负责	3	错、漏，扣3分		
5.2	所使用的起重工具必须严格检查，严禁超载使用	指定专人负责	3	错、漏，扣3分		
5.3	工作中要统一指挥，保持通信良好	现场检查通信设备	3	错、漏，扣3分		
5.4	高空人员使用合格的安全带，佩戴好个人防护用品	指定安全员检查	3	错、漏，扣3分		
5.5	根据现场情况补充安全措施内容	安全员、工作人员发言	3	错、漏，扣3分		
6	紧线操作	模拟实际操作，按人员分工，提出要求	48			
6.1	高空临时锚线，导线卡线处衬垫胶管	指挥正确，操作正确	2	错、漏，扣2分		
6.2	收紧导线	在铁塔送受两侧同时收紧导线，使放线滑车处导线自然松弛	8	错误，扣8分		
6.3	高空断线	用液压剪刀在放线滑车处高空开断导线	4	错误，扣4分		

续表

序号	作业名称	质量要求	分值	扣分标准	扣分原因	得分
6.4	拆除放线滑车	用钢丝绳将放线滑车送至地面	2	错、漏，扣2分		
6.5	地面进行耐张串组装	按图纸要求，地面进行耐张串组装	4	错、漏，扣4分		
6.6	吊装已组装完成的耐张串	指挥正确，操作正确；吊点绑扎正确，塔身设置转向滑车、绞磨在规定的位置；设置控制绳	6	错漏一项扣1分		
6.7	紧线施工	指挥正确，紧线快至合格弧垂后，慢速牵引，听从弧垂观测人员的指挥，至弧垂合格后停止牵引	8	未放慢牵引速度，扣3分；未听从弧垂观测人员指挥，扣3分；弧垂合格未停止，扣2分		
6.8	压接耐张线夹	高空作业人员进行画印，在标记处缠绕胶带，作业平台进行高空压接，按要求制作耐张线夹	8	未画印，扣2分；未安装作业平台，扣2分；未压接，扣4分		
6.9	再次紧线将线挂上	金具连接牢固	2	错、漏，扣2分		
6.10	弧垂复测	再次观测弧垂并要求合格	2	错、漏，扣2分		
6.11	重复操作将所有线全部挂上	重复6.1—6.10完成挂线作业	2	错、漏，扣2分		
7	其他要求		7			
7.1	整理工器具	清洁整齐	2	错、漏，扣2分		
7.2	指挥要求	指挥熟练、果断、正确	3	基本熟练，扣1分；不熟练，扣3分		
7.3	时间要求	按时完成	2	每超时5min扣1分		

2.2.10 XJ1XG0101　徒手心肺复苏法的操作

一、作业

（一）工器具、材料、设备

（1）工具：无。

（2）材料：无。

（3）设备：医用假人。

（二）安全要求

无。

（三）操作步骤及工艺要求（含注意事项）

（1）判断患者意识。

（2）判断患者呼吸。

（3）判断患者颈动脉搏动。

（4）开放气道。

（5）确定按压部位。

（6）人工呼吸。

二、考核

（一）考核场地

场地满足要求即可。

（二）考核时间

考核时间为10min。

（三）考核要点

（1）单独操作。

（2）徒手心肺复苏法的操作。

三、评分标准

行业：电力工程　　　　工种：送电线路架设工　　　　等级：一

编号	XJ1XG0101	行为领域	f	鉴定范围		送电线路	
考核时限	10min	题型	A	满分	100分	得分	
试题名称	徒手心肺复苏法的操作						
考核要点及其要求	（1）单独操作。 （2）心肺复苏法的操作						
现场设备、工器具、材料	（1）工具：无。 （2）材料：无。 （3）设备：医用假人						
备注	每项扣分扣完为止						

评分标准

序号	作业名称	质量要求	分值	扣分标准	扣分原因	得分
1	判断患者意识	呼叫患者、轻拍患者肩部	5	未进行判断，扣5分		

续表

序号	作业名称	质量要求	分值	扣分标准	扣分原因	得分
2	判断患者呼吸		9			
2.1	眼看	胸部有无起伏	3	漏项，扣3分		
2.2	面部	有无气流流出	3	漏项，扣3分		
2.3	耳听	有无呼吸音	3	漏项，扣3分		
3	判断患者颈动脉搏动	操作者食指和中指指尖触及患者器官正中部（相当于喉结的部位），向同侧下方滑动2～3cm，至胸锁乳突肌前缘凹陷处。判断时间为5～10s。不能确认有颈动脉搏动，立即进行心肺复苏	6	位置不正确，扣3分；时间不正确，扣3分		
4	实施步骤		70			
4.1	露出胸部	将床放平，（软床）胸下垫胸外按压板，去枕仰卧位，解开衣领、腰带，暴露胸部	5	未放平，扣1分；未去枕头，扣1分；未解开衣领、腰带，扣1分；未露出胸部，扣2分		
4.2	开放气道	清理呼吸道，取下义齿（仰头抬颏法，托颌法）	10	未清理呼吸道，扣5分；未抬头托颌，扣5分		
4.3	确定按压部位	胸骨下部。一手掌根部放于按压部位，另一手平行重叠于该手手背上，手指并拢，只以掌根部接触按压部位，双臂位于患者胸骨的正上方，双肘关节伸直，利用上身重量垂直下压，以胸骨下陷4～5cm为宜，而后迅速放松，反复进行。按压时间与放松时间大致相同，按压频率100次/分钟以上	25	位置错误，扣10分；下压过深，扣10分；下压不够，扣3分；频率不正确，扣2分		
4.4	人工呼吸	吹气时注意一定要抬起病人下颌，捏住鼻子，注意观察病人胸廓是否起伏，不能漏气	20	未抬起下颌，扣5分；未捏住鼻子，扣5分；未观察病人胸廓是否起伏，扣10分		
4.5	判断患者意识	胸外按压与人工呼吸比例为30：2。操作5个循环后，再次判断颈动脉搏动及呼吸，如已恢复，进行进一步生命支持（如颈动脉搏动及呼吸未恢复，继续上述操作5个循环后再次判断）	10	不够5个循环，扣3分；未再次判断颈动脉搏动及呼吸，扣5分；胸外按压与人工呼吸比例错误，扣2分		
5	其他要求		10			
5.1	动作要求	动作熟练流畅	5	基本熟练，扣1分；基本不熟练，扣3分；不熟练，扣5分		
5.2	时间要求	按时完成5个循环	5	每超时30s扣1分